国家出版基金项目
NATIONAL PUBLICATION FOUNDATION

高超声速出版工程
（第二期）

高超声速飞行器
主动减阻降热方法及应用

罗世彬　冯彦斌　庙智超　李戴威　王俊峰　陈　铮　著

科学出版社
北　京

内 容 简 介

新一代高超声速飞行器面临更为严峻的热环境,需要引入总体性能更优的主动式和组合式热防护技术。本书介绍高超声速飞行器主动减阻降热技术研究成果及其应用,包括高超声速气动力热数值模拟方法、高超声速飞行器喷流减阻降热、高超声速飞行器喷流-激波针减阻降热、高超声速飞行器气膜冷却、高超声速飞行器发散冷却、高超声速飞行器气膜-发散组合冷却等内容。

本书可供航空航天相关专业科研人员和工程技术人员参考阅读,也可作为从事高超声速飞行器总体设计技术和热防护技术研究的高校教师和研究生的参考书。

图书在版编目(CIP)数据

高超声速飞行器主动减阻降热方法及应用 / 罗世彬等著. -- 北京 : 科学出版社, 2025. 7. -- ISBN 978-7-03-082381-6

Ⅰ. V47

中国国家版本馆 CIP 数据核字第 2025G2R788 号

责任编辑:徐杨峰 霍明亮 / 责任校对:谭宏宇
责任印制:黄晓鸣 / 封面设计:殷 靓

科学出版社 出版
北京东黄城根北街 16 号
邮政编码:100717
http://www.sciencep.com
南京展望文化发展有限公司排版
苏州市越洋印刷有限公司印刷
科学出版社发行 各地新华书店经销

*

2025 年 7 月第 一 版 开本:B5(720×1000)
2025 年 7 月第一次印刷 印张:20
字数:392 000

定价:160.00 元

(如有印装质量问题,我社负责调换)

高超声速出版工程(第二期)
专家委员会

丛书序

飞得更快一直是人类飞行发展的主旋律。

1903 年 12 月 17 日,莱特兄弟发明的飞机腾空而起,虽然飞得摇摇晃晃,犹如蹒跚学步的婴儿,但拉开了人类翱翔天空的华丽大幕;1949 年 2 月 24 日,Bumper-WAC 从美国新墨西哥州白沙发射场发射升空,其上面级飞行马赫数超过 5,成为人类历史上首次实现高超声速飞行。从学会飞行,到跨入高超声速,人类用了不到五十年,蹒跚学步的婴儿似乎长成了大人,但实际上,迄今人类还没有实现真正意义的商业高超声速飞行,我们还不得不忍受洲际旅行需要十多个小时甚至更长飞行时间的煎熬。试想一下,如果我们将来可以在两小时内抵达全球任意城市,这个世界将会变成什么样?这并不是遥不可及的梦!

今天,人类进入高超声速领域已经快 70 年了,无数科研人员为之奋斗了终生。从空气动力学、控制、材料、防隔热到动力、测控、系统集成等,在众多与高超声速飞行相关的学术和工程领域内,一代又一代科研和工程技术人员传承创新,为人类的进步努力奋斗,共同致力于达成人类飞得更快这一目标。量变导致质变,仿佛是天亮前的那一瞬,又好像是蝶即将破茧而出,几代人的奋斗把高超声速推到了嬗变前的临界点上,相信高超声速飞行的商业应用已为期不远!

高超声速飞行的应用和普及必将颠覆人类现在的生活方式,极大地拓展人类文明,并有力地促进人类社会、经济、科技和文化的发展。这一伟大的事业,需要更多的同行者和参与者!

书是人类进步的阶梯。

实现可靠的长时间高超声速飞行堪称人类在求知探索的路上极为艰苦卓绝的一次前行,将披荆斩棘走过的路夯实、巩固成阶梯,以便于后来者跟进、攀登,意义深远。

以丛书这样一种出版形式，将高超声速基础研究和工程技术方面取得的阶段性成果和宝贵经验固化下来，有助于建立基础研究与高超声速技术应用之间的桥梁。为广大研究人员和工程技术人员提供一套科学、系统、全面的高超声速技术参考书，可以起到为人类文明探索、前进构建阶梯的作用。

2016 年，科学出版社就精心策划并着手启动了“高超声速出版工程”这一非常符合时宜的事业。我们围绕“高超声速”这一主题，邀请国内优势高校和主要科研院所，组织国内各领域知名专家，结合基础研究的学术成果和工程研究实践，系统梳理和总结，共同编写了“高超声速出版工程”丛书，丛书突出高超声速特色，体现学科交叉融合，确保丛书具有系统性、前瞻性、原创性、专业性、学术性、实用性和创新性。

这套丛书记载和传承了我国半个多世纪尤其是近十几年高超声速技术发展的科技成果，凝结了航天航空领域众多专家学者的智慧，既可供相关专业人员学习和参考，又可作为案头工具书。期望本套丛书能够为高超声速领域的人才培养、工程研制和基础研究提供有益的指导和帮助，更期望本套丛书能够吸引更多的新生力量关注高超声速技术的发展，并投身于这一领域，为我国高超声速事业的蓬勃发展做出力所能及的贡献。

是为序！

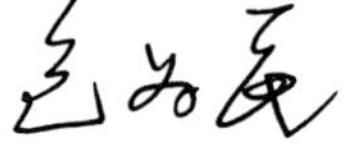

2017 年 10 月

前 言

高超声速飞行器具有高马赫数、高热载、大空域、长航时等飞行特征，面临着严酷的气动加热和复杂的力学环境，兼顾维形承载和耐久使用功能的热防护系统面临巨大的挑战。高升阻比和机体/发动机一体化设计需求使高超声速飞行器气动外形趋于复杂，扁平结构、尖锐前缘和局部凸起等导致局部热流加剧，飞行器表面不同区域的热流分布差异增大。长时间气动加热造成高额的热量累积，结构温升引起机体构件的强/刚度弱化，飞行器外壁面材料烧蚀带来形貌变化，进而影响气动特性，增加飞行控制难度。如何降低高超声速飞行器的气动加热，提升热防护系统的研制水平，成为近年国内外的研究热点。

传统的被动式和半被动式热防护方法难以承受长时间的高热流冲击，飞行器气动外形仍受到气动加热的显著影响，并且存在结构质量大、制造维护成本高和可重复使用率低等缺陷。新一代宽速域高超声速飞行器面临的热环境更为严酷，传统的单一、被动式热防护方法难以为继，需要引入冷却性能更强的主动式和组合式热防护方法，通过精细化设计实现飞行器减阻与降热的综合效益。本书系统地介绍高超声速飞行器典型主动减阻降热方法，汇集作者团队近年来在该领域的研究进展和应用探索。

全书内容分为四部分，共 10 章内容。第一部分为研究背景与研究方法，包括第 1、2 章：介绍高超声速飞行器主动减阻降热技术需求和研究现状，建立高超声速飞行器气动力/热数值模拟方法。第二部分为喷流在高超声速飞行器中的应用，包括第 3、4 章：揭示高超声速来流中不同喷流方案的流场演化过程和减阻降热机理，探究喷流参数和飞行参数对飞行器气动特性与减阻降热特性的影响。第三部分为喷流-激波针组合方法在高超声速飞行器中的应用，包括第

5~8 章：研究逆向喷流-激波针在不同头部构型中的应用效果及参数化特性，引入侧向喷流来改善非设计点工况下的减阻降热性能；提出新型双喷流-激波针组合方法，探究不同组合方案的减阻降热性能；针对极高动压飞行环境，研究喷流、激波针及其组合方法的应用效能。第四部分为气膜冷却、发散冷却及其组合方法在高超声速飞行器中的应用，包括第 9、10 章：建立气膜冷却与发散冷却数值计算模型，对比分析前缘气膜冷却、发散冷却及组合冷却性能；评估气膜-发散组合冷却方法在高超声速飞行器中的应用潜力，探究前缘构型参数和飞行参数对组合冷却特性的影响。

在本书撰写过程中，作者所在团队的研究生付出了大量心血与智慧。刘俊副教授、宋佳文副研究员、戴婷副教授为本书提供了宝贵的意见。全书由罗世彬、冯彦斌、李戴威统稿和校订。

高超声速飞行器主动减阻降热技术方兴未艾，新概念、新技术、新途径不断涌现。希望本书能够起到抛砖引玉的作用，为同行提供有益的参考。由于作者的经验和水平有限，书中难免有不足之处，恳请读者批评指正。

作　者

2024 年 12 月

目录

第 8 章 极高动压飞行环境下喷流-激波针减阻降热

第 9 章 高超声速飞行器气膜冷却与发散冷却

第 1 章

绪 论

1.1 技术需求

“高超声速”(hypersonic)是我国著名科学家钱学森在 1946 年首次提出的学术概念,一般把超过 5 倍声速的速度称为高超声速[1,2]。与低速飞行相比,高超声速流动呈现薄激波层、强黏性效应、存在熵层、真实气体效应和低密度效应等特征[3]。高超声速飞行器指飞行速度超过 5 倍声速的飞行器,包括高超声速导弹、高超声速飞机和空天飞机等。高超声速飞行器具有飞行速度高、飞行空域大、突防能力强等能力优势,在时敏目标打击、远程快速到达、天地便捷往返等领域应用潜力巨大[4,5]。当前,高超声速巡航飞行器和高超声速滑翔飞行器已取得重要的技术突破,正朝着更高飞行速度、更宽飞行速域和可重复使用等方向不断地发展[6-8]。图 1.1 为不同类型高超声速飞行器飞行情况对比示意。

由于高超声速飞行时压缩空气产生激波,所以飞行器的气动力/热环境十分严峻。激波剧烈滞止空气介质,导致阻力和温度激增。过大的气动阻力需要消耗更多的燃料,影响飞行器的航程和有效载荷,过高的气动加热则会破坏飞行器的结构和设备,危及飞行安全。

高超声速飞行器表面热流密度与飞行速度的 3 次方近似成正比,而气动阻力与飞行速度的 2 次方近似成正比。高超声速飞行器总阻力的 2/3 由激波阻力引起,高温导致的飞行器电子设备失效比例高达 55%。从典型的高超声速飞行器飞行过程可以看出,飞行速度从 0 增大至 5 倍声速的过程中,气动热载荷几乎呈线性增大[9]。当飞行速度为 4 倍声速、6 倍声速和 8 倍声速时[10-13],来流总温分别高达 860 K、1 640 K 和 2 580 K,飞行器防/隔热材料需要直面严峻的气动热挑战。如图 1.2 所示,高超声速飞行器头锥驻点的热流峰值超过 13 MW/m^2,直接

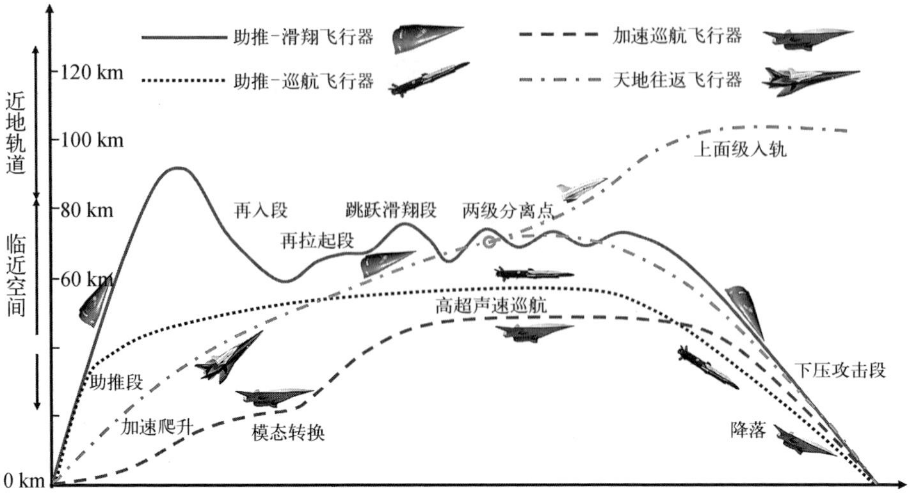

图 1.1 不同类型高超声速飞行器飞行情况对比示意图

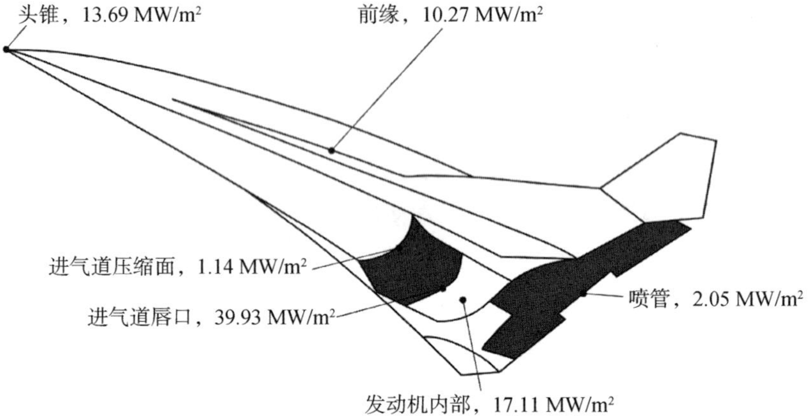

图 1.2 高超声速飞行器表面气动加热情况[12]

采用传统的被动式热防护技术，金属基材料、陶瓷基材料均易发生烧蚀，无法承受长航时的气动加热。图 1.3 为三种典型飞行器再入过程壁面热流变化曲线[14]，壁面最大热流可以达到 500 kW/m^2，大多数再入时间段，飞行器壁面热流保持在 100～200 kW/m^2的水平，飞行器结构趋于或达到热平衡，耐久保形的压力较大。必须设计和研制与任务条件匹配的、高效且可重复使用的热防护系统，以适应严酷的气动热载荷，才能确保高超声速飞行器安全可靠地飞行。

高超声速飞行器的热防护系统有多种实现途径，大致可以分为被动式热防护方案（表 1.1）、半主动式热防护方案（表 1.2）和主动式热防护方案

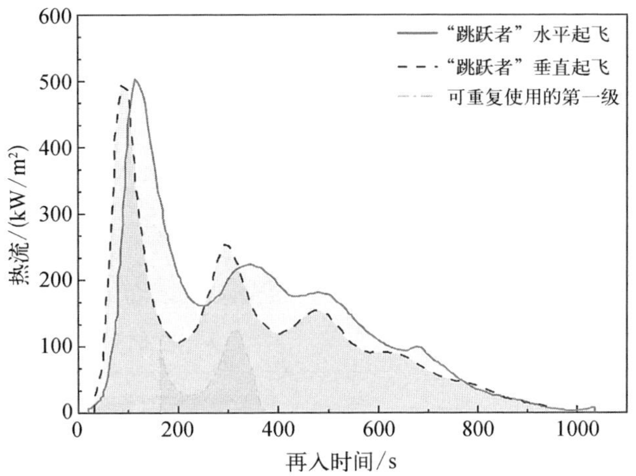

图 1.3 三种典型飞行器再入过程热流变化曲线[14]

(表 1.3)[15-21]。被动式热防护主要通过材料低导热性和材料相变吸热能力将高温气体与机体隔离,达到保护飞行器的目的,其中的代表是隔热结构、热沉结构和热结构。隔热结构通常用于中等热流、持续时间较短的情况,当飞行器表面受强大气动热载荷的影响,部分载荷通过热辐射形式被排出,但仍有少部分热量会通过隔热层向内传导到机体结构上。对于长航时高超声速飞行器而言,随着气动加热时间的增加,则需要更多的隔热材料,严重地影响飞行器的运载性能,且这种隔热材料不可重复使用,无法长时间对飞行器形成有效保护。热沉结构通常用于中等热流、持续时间极短的情况。使用热沉结构的飞行器表面受气动加热作用后,一部分热量向外辐射,另一部分能量则会被热沉结构吸收。热结构通常用于中等热流、持续时间长的情况,主要通过对近壁面流域热量进行辐射来实现机体热能的疏导和降低。

表 1.1 被动式热防护方案

防护结构类型	工作原理	应用案例	适用
隔热结构	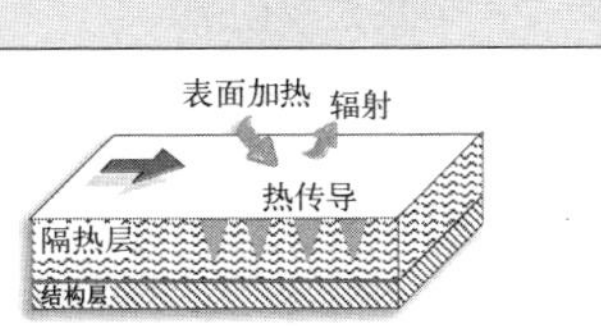 利用隔热材料减少进入机体的热量	 航天飞机升降舵	中/低热流,中/长时间

续 表

<table>
<tr><th>防护结构类型</th><th>工作原理</th><th>应用案例</th><th>适用</th></tr>
<tr><td>热沉结构</td><td>

依靠结构自身热容量吸收热量</td><td>
X-15 前缘</td><td>中热流,短时间</td></tr>
<tr><td>热结构</td><td>

利用热辐射向环境传递热量</td><td>
X-37B 控制舵</td><td>中/低热流,中/长时间</td></tr>
</table>

表 1.2 半主动式热防护方案

<table>
<tr><th>防护结构类型</th><th>工作原理</th><th>应用案例</th><th>适用</th></tr>
<tr><td>热管结构</td><td>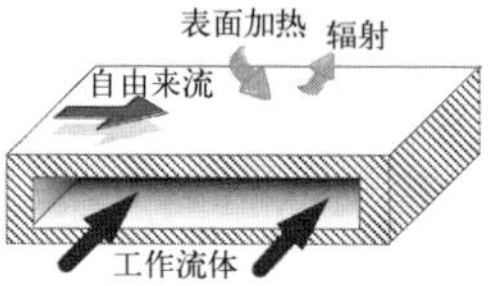

利用热管转运同时扩大热辐射面积</td><td>—</td><td>中/高热流,中/长时间</td></tr>
<tr><td>烧蚀结构</td><td>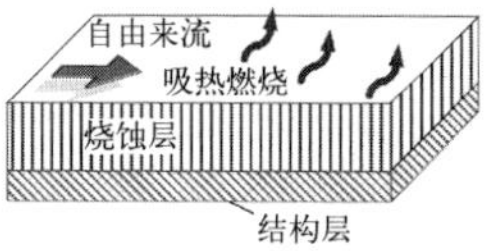

利用烧蚀材料带走热量并阻碍向内导热</td><td>
载人返回舱</td><td>高热流,短/中时间</td></tr>
</table>

半主动式热防护主要通过高导热材料将飞行器高热区域的热量迅速导入低温区域进行散热,主要包括热管结构和烧蚀结构。热管结构适用于大热流、长航时的情况,通过结构内部工作流体将热传递到热管通路中的另一个区域,热量将通过辐射形式向外耗散。烧蚀结构是一种典型不可重复使用热防护方案,能为飞行器

提供强大的结构冷却能力，可用于受热载荷极大、持续时间较短且单次使用的情况。烧蚀结构在飞行过程中会吸收外界热量，同时将以边界层质量引射形式将结构热解产生的物质喷注进边界层，在近壁面形成一块低温区域来阻隔外界热量。

表 1.3 主动式热防护方案

激波减阻降热方法		激波针	逆向喷流	能量沉积
	工作原理	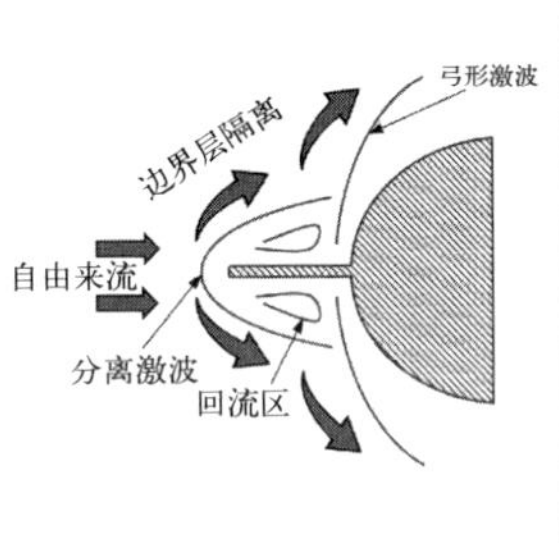	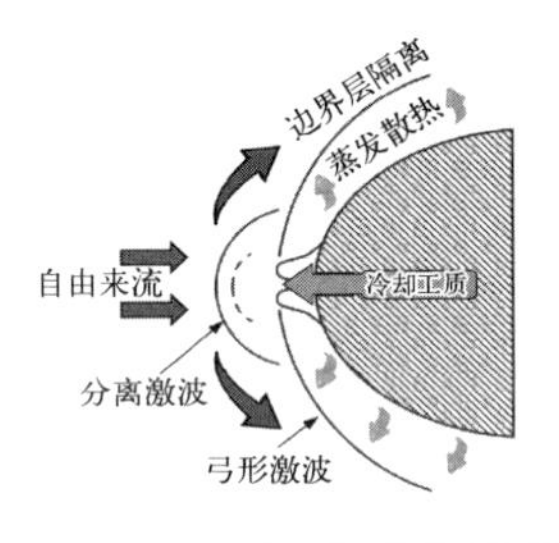	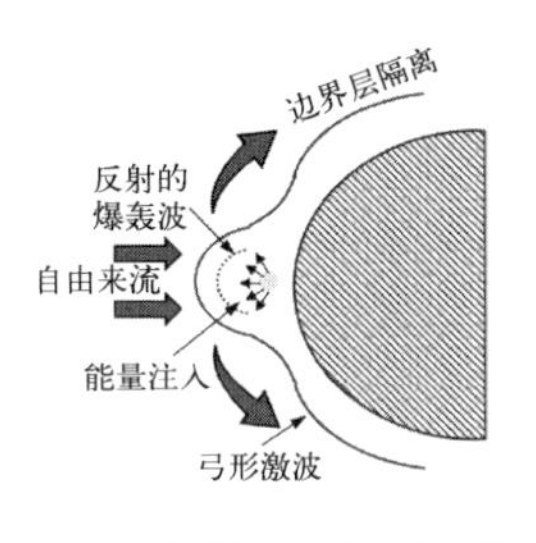
		利用机械结构将飞行器头部弓形激波推离壁面，并形成多级弱激波	利用喷出的工质将飞行器头部弓形激波推离壁面，并转为强度较弱的斜激波	向飞行器头部上游流动区域注入能量，以改变飞行器头部的激波结构和流场结构
	适用	高热流，中/长时间	高热流，中/长时间	高热流，中/长时间
	缺陷	高温环境易致其烧蚀，对头部流场稳定性产生影响	系统复杂性增大，非定常的喷射造成流场振荡	系统复杂性增大，能量沉积会引起驻点加热
边界层减阻降热方法		气膜冷却	发散冷却	边界层燃烧
	工作原理	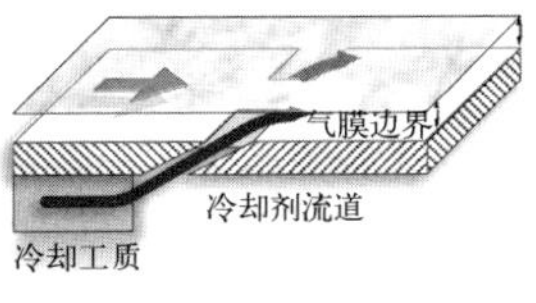	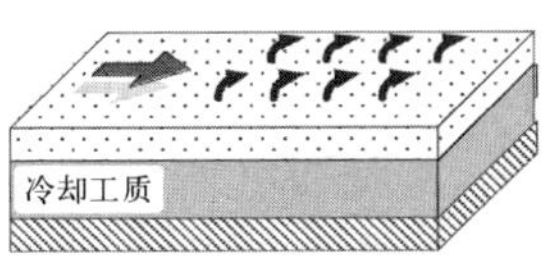	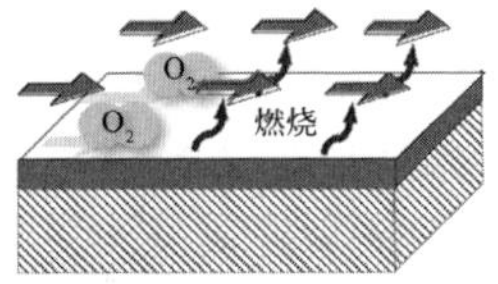
		冷却工质注入主流，在表面形成一层薄膜，阻隔高温气体向机体结构传热	置于多孔介质材料中的冷却工质在内部吸热又在表面形成隔热薄膜	防热材料热解的产物进入边界层与氧气燃烧产生低温气态层
	适用	高热流，中/长时间	高热流，中/长时间	高热流，中/长时间
	缺陷	对复杂物理化学过程中的理论不完备，模拟、建模方法尚不成熟； 模型参数化研究成果有限，缺乏精确的边界层扰动控制手段		

随着飞行器飞行速度不断提高及飞行空域不断拓宽，飞行器对热防护的需求也在不断变化。图 1.4 给出了不同热防护系统的工作范围，从中可以看出仅依靠单次使用、成本高昂的烧蚀冷却难以完全满足防隔热任务需求，因此，需要探索能抵抗更强热载荷、维持更长工作时间、可多次使用、受载与能效可闭环控制的主动减阻降热方法。主动式热防护是通过特定的物理结构或向流场中注入介质，从而改变飞行器附近的流场结构，达到减阻降热的目的。根据作用原理的差异，可以将主动式热防护分为激波减阻降热方法和边界层减阻降热方法。

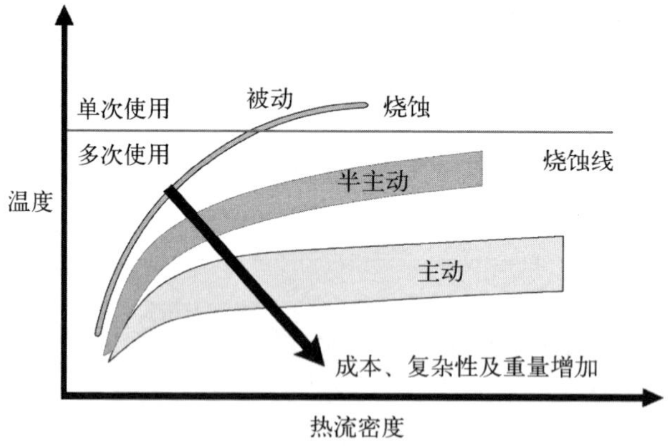

图 1.4 热防护系统的工作范围[16]

激波减阻降热方法主要有激波针（减阻杆）、逆向喷流和能量沉积作用机制等。激波针呈细长杆状或者针状构型，一般安装在飞行器头部驻点处[22,23]。激波针有效地扩展了头部空间，将头部弓形激波推离壁面并加速正激波向斜激波转化。因逆压梯度作用，高速气流会在激波针根部与飞行器头部之间形成回流区，回流区剪切层沿来流方向向下发展并在钝头体的肩部位置再附，形成一道再附激波。由于激波针对流场良好的重构作用，飞行器头部强烈气动力/热载荷被减小。逆向喷流通过向飞行器头锥处的弓形激波喷射工质来增大弓形激波与壁面的距离，并将其转化成多级弱激波，激波对来流的压缩作用减弱的同时激波面与壁面距离增大，高压高焓近壁面流体对机体的力/热作用减轻。逆向喷流凭借着对近壁面波系的重构能力和冷却工质自带的吸热属性，达到减阻和降热双重效果。能量沉积作用机制与逆向喷流类似，也是通过向头部来流区域注入能量来改变前部流场流动状态和波系结构，实现减小飞行器激波阻力和降低壁面热量。

边界层减阻降热方法包括气膜冷却、发散冷却及边界层燃烧降热等。气膜冷却通过机体表面预留的孔隙或者狭缝以一定的角度向边界层中注入冷却工质。冷却工质在注入时会对边界层进行重构以延迟转捩，在向下游发展过程中会形成一层覆盖机体壁面的冷却薄膜，减轻高焓流体对壁面的加热作用。这种工质注入形成的边界层重构能力和下游壁面冷却薄膜的隔绝能力使气膜冷却具备突出的减阻降热效果。发散冷却需要配合机体壁面多孔介质材料一起使用，冷却工质被事先注入多孔介质内部微小的通道和孔隙中。在壁面因气动加热作用而升高温度后，多孔介质内部的冷却工质就会向外逸散并最终在飞行器壁面附近形成一道保护膜。这一层保护膜能将高温气体和飞行器壁面隔离，并且使边界层厚度增加，减小了壁面法向速度梯度，降低了壁面摩擦阻力。同时，内部未逸散出的冷却介质将通过对流换热形式来强化机体散热能力。边界层燃烧降热的物理化学过程相对复杂，飞行器在长航时持续气动加热作用下，因材料受热分解或烧蚀，其表面固态防热材料逐渐离解为分子态或离子态，并通过质量引射的方式进入边界层与氧气发生化学反应。燃烧会吸收近壁面主流温度并形成一层由燃烧产物构成的低温气态层，在吸热降热的同时也对高温主流传热起到一定的阻碍作用。

1.2　研究现状

1.2.1　喷流

作为一种主动式减阻降热方法，逆向喷流具有优异的减阻降热性能，且没有被烧蚀的风险。逆向喷流应用于减阻降热的研究始于20世纪50年代[23-25]。经过多年探索，逆向喷流的减阻降热机理逐渐被揭示。逆向喷流的流场结构如图1.5所示，主要由来流区域、喷流区域和交界区域等组成[21]。喷流从飞行器头部驻点位置的喷孔高速喷射而出，在喷孔处快速膨胀，将钝体前的弓形激波推离壁面。声速喷流在喷流边界的作用下被反射，形成了多级压缩波，多级压缩波合并后演化为桶状激波。喷流的膨胀过程在马赫盘处终止，马赫盘与桶状激波作用形成了三相点。喷流穿过马赫盘后与来流相互作用，形成交界面，伴随着喷流压力的不断降低，最终在交界面的自由驻点处与来流压力趋于相同。在高速来流的冲击作用下，喷流偏转方向朝钝头体流去，在逆压梯度的作用下形成回流区，低温低压回流区覆盖部分钝头体，降低了钝头体壁面的压力和热流。回流区的边界为自由剪切层，剪切层再附钝体后形成了再附激波，再附激波与来流形成的弓形激波作用形成另一个三相点。

影响逆向喷流减阻降热性能的因素主要有喷流介质、总压比、喷孔形状等喷流参数和飞行马赫数、攻角等来流参数。2015年，Huang[26]对逆向喷流及其组

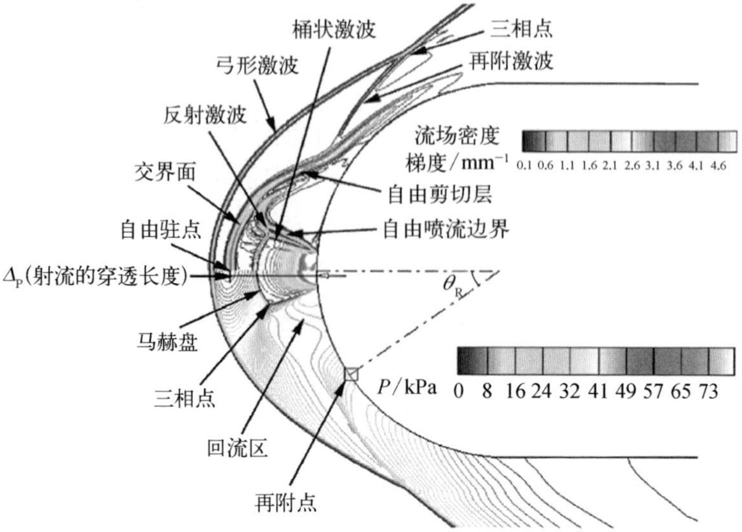

图 1.5 逆向喷流的流场结构[21]

合的研究现状进行了总结。2019 年,Sun 等[27]在高超声速减阻降热技术的综述中对逆向喷流的研究做了归纳。2021 年,高广宇等[19]按影响因素分类对逆向喷流研究进展进行了综述。2023 年,朱广生等[28]在高速飞行器减阻降热流动控制方法梳理中对逆向喷流方法做了深入评述。

Guo 等[29,30]考察了马赫数为 6 的飞行条件下喷流和来流各参数的敏感性,发现喷流的总压比(PR,喷流的总压与来流的总压之比)是影响喷流减阻降热效率的首要因素。事实上,喷流的总压比不仅与逆向喷流减阻降热性能有关,还是决定喷流模态的关键性因素。喷流的总压比存在一个临界值,当喷流总压比小于临界值时,喷流从喷孔喷出后形成不稳定的流场结构,激波脱体距离较大,称为长穿透模态,当喷流总压比大于临界值时,喷流喷出后的流场结构较为稳定,但是激波脱体距离较小,称为短穿透模态[31],如图 1.6 所示。

Hayashi 等[32-34]对 PR=0.2~0.8 的四种喷流对钝体壁面热流的变化进行了实验与数值研究,发现当 PR 大于 0.2 时,所对应的喷流模态都是短穿透模态,且随着喷流总压比的增大,壁面热流逐渐降低。Hayashi 等关于喷流的实验研究被广泛地用于数值研究的验证案例。Huang 等[35]则研究了不同喷流总压比对壁面压力和热流的影响,随着喷流总压比从 0.6 增加到 1,壁面热流和压力逐渐降低,且喷流都是短穿透模态。随后,Huang 等通过改变喷流的马赫数,使喷流逐渐从短穿透模态变为长穿透模态,壁面热流逐渐增大,因此,得出结论：长穿透

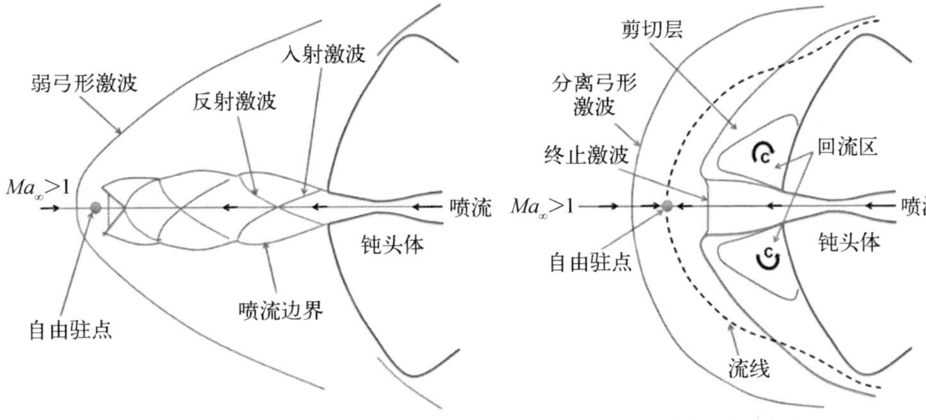

(a) 长穿透模态 (b) 短穿透模态

图 1.6 长穿透模态和短穿透模态流场结构[31]

模态有利于减阻,但不利于降热。Deng 等[36]分析了在马赫数为 8 的条件下,不同喷流总压比所对应流场的振荡特性,通过研究得到了两种喷流模态下的振荡机理,并发现随着喷流压力的增大,喷流的模态会从长穿透模态转变为短穿透模态,而继续增大喷流的压力,喷流的模态则会从短穿透模态再次变为长穿透模态,减阻效果也相应地降低。Shen 和 Liu[37]在马赫数为 3 的情况下从一个很小的喷流总压比开始做试验,并使总压比逐渐增大,发现喷流在小压力下也存在一个低压短穿透模态,随着喷流总压比的增大,喷流逐渐变为长穿透模态和高压短穿透模态。Wang 和 Zhang[38]通过对比两种喷流模态的减阻降热效率,发现当喷流总压比为两种模态转变的临界值时,喷流的减阻效果最好,这一结论与周超英等[39]和 Huang 等[40]的研究结果相呼应。董昊等[41]和范冰等[42]同样也对短穿透模态与长穿透模态下喷流的减阻降热效率进行了实验研究和数值模拟,通过分析得到当喷流总压超过临界值后,若继续增大压力,喷流的模态会从长穿透模态转变为短穿透模态,并伴随着阻力的突然增大和热流的持续降低。此外,喷流总压比的增大会引起喷流质量流量的陡增,喷流产生的反作用力也同时增大,这对于减阻效果而言是不利的,因此,喷流总压比的增大有利于降热而不利于减阻。

喷孔的尺寸和形状也是影响喷流流场结构的重要参数。同一总压比下,不同的喷孔尺寸产生的喷流模态可能不一样,而喷孔的形状则会影响喷流附近的流场结构,进而影响喷流的减阻降热效率。目前,由于圆形喷孔易于加工和网格划分,所以用于实验研究和数值模拟的喷孔形状大多数都为圆形。针对喷孔形状,Li 等[43]分别对比了来流马赫数为 3.98 下圆形到圆环形等八种喷孔的减阻降热效率,如图 1.7 所示。其中,各喷孔间的有效面积保持一致。经过数值分析后了解到圆形并不是减阻降热性能最优的喷孔形状,在减阻方面,圆形喷孔反而是最差的一种,而五角星形的喷孔减阻效果才是最好的,但是五角星形喷孔的降热效果很差;相反地,在降热方面,方形喷孔的性能最好,但是减阻效果比五角星形喷孔要弱一些。因此,综合考虑,方形喷孔的减阻降热效果最优。随后,基于减阻效果最优的五角星形喷孔,进一步探究了不同角形数 N 对减阻降热效率的影响[44],发现改变 N 对激波位置的影响很小,当 $N=7$ 时,钝体的阻力和热流是最低的。Bibi 等[45]和王明华等[46]发现带扩张角的圆形喷孔的减阻效果要比无扩张角的喷孔高 26%。Zhang 等[47]在保持喷流出孔面积一定的情况下将圆形喷孔与圆环形喷孔组合在一起,并与单个圆形喷孔进行对比,组合后的喷流降热效率要大于单个喷孔的喷流,但是减阻效果只在低喷流总压比下大于单喷孔,当喷流压比超过 0.02 后,两者的减阻效率较为接近。张道毅和周超英[48]同样对圆形喷孔和圆环形喷孔组合结构的降热特性进行了分析,再次证实了圆环形喷孔与圆形喷孔组合的降热优势。此外,张道毅[49]还对组合喷孔下喷流的模态进行了分析,与中心圆形喷孔不同,当喷流压比较低时,圆环形喷孔和组合喷孔的喷流呈短穿透模态,当喷流压比超过临界值时,喷流会转变为长穿透模态。

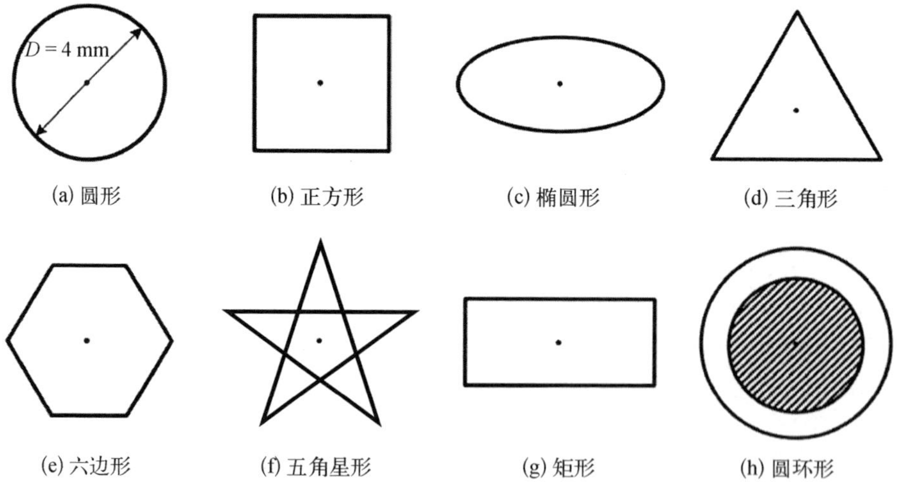

图 1.7 不同的喷孔形状[43]

针对喷孔尺寸的影响,Rong[50]将喷流总压比与喷孔尺寸结合建立了新的参数 R_{PA},其定义如下:

$$R_{PA}=\frac{P_{0j}}{P_{0\infty}}\frac{R_j^2}{R^2}=PR\frac{R_j^2}{R^2} \tag{1.1}$$

式中，R_j 为喷孔的半径；R 则为钝体的半径。在相同的 R_{PA} 下，喷孔尺寸的影响实际上转化为喷流总压比的影响。

对于球-柱型钝体头部而言，单个喷孔即可满足冷却壁面的需求，但是对于钝化前缘而言，由于其展弦比较大，钝化半径小，单个喷孔很难冷却整个头部区域，因此，需要多个喷孔的共同作用才能满足热防护需求。与单孔喷流不同，相同质量流量下多孔喷流的激波推离距离较单孔喷流更小，喷流之间还存在相互作用。Gerdroodbary 等[51]在锥形钝体上将单喷孔替换为多喷孔，当马赫数为 5.9 时，在同一喷流总压比下，虽然每个喷孔的喷流强度弱，但是冷却介质更容易接触壁面，所以多孔喷流的冷却效果要优于单孔喷流。樊伟杰等[52]在球-柱钝体上研究了不同喷孔数量对阻力和壁面压力的影响，随着喷孔数从 1 增加到 4，喷流的减阻性能先增大后减小，当喷孔为 2 时，减阻率达到最大。Li 等[53-55]则将多孔喷流应用于钝化前缘，如图 1.8 所示，并对多喷流的喷孔数（$N=3\sim9$）和喷流总压比等进行了参数化研究。研究结果表明，钝化前缘上的多喷流流场结构

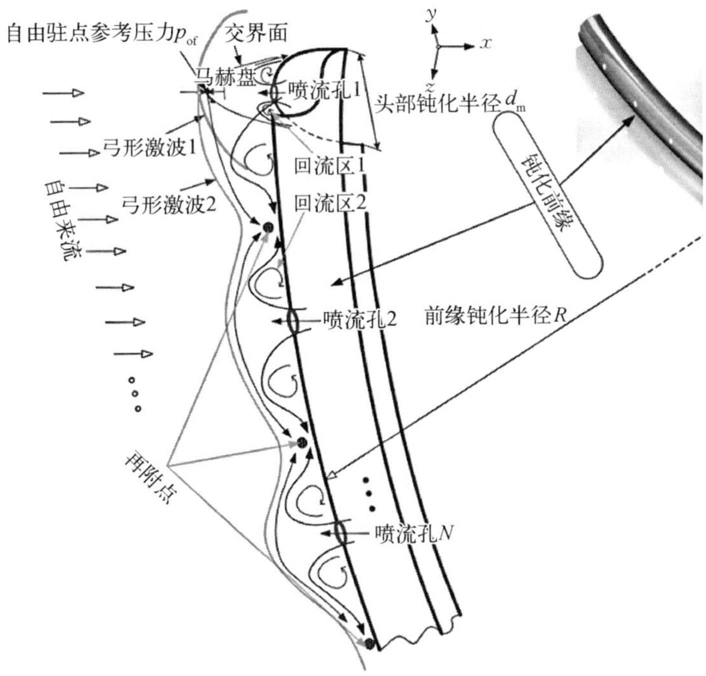

图 1.8 钝化前缘上的多喷流结构[54]

具有很强的三维效应，钝化前缘附近的激波呈波浪状，具有多个波峰和波谷；当喷孔为奇数时，多喷流的减阻降热效率优于偶数喷孔，所以当喷孔数为 9 时，多喷流的减阻降热效果最好。当喷孔为奇数时，随着喷流总压比的增大，减阻率先增大后减小，而减热率刚好相反。因此，为了综合考虑减阻和降热的需求，在进行设计时需要采用合适的喷流总压比，使减阻降热效率达到最优。陈铮[56]探究了多喷流在钝化前缘乘波高超声速飞行器中的应用情况，并开展了一系列研究工作。冀晨等[57-59]同样对钝化前缘上的多孔喷流的减阻降热性能进行了相关研究，当喷孔数量改变时，其研究结果与 Li 等[53,54]的结论相似。此外，还发现减阻率和降热率对喷孔数量和喷孔间距的敏感性不同。增加喷孔数量对减阻率没有影响，而对降热率有明显的提升效果，因为随着喷孔数量的增加，再附激波逐渐向下游移动，温度逐渐降低。然而，当增大喷孔的间距时，喷孔之间的高温区域也逐渐增加，所以减阻效率能够得到提升而降热性能反而恶化。增大喷孔的尺寸，对减阻率和降热率均有提升效果。

对逆向喷流而言，除了喷流自身的参数变化，当来流条件发生变化，也会极大地影响喷流的减阻降热性能。Takashige 等[60]在高焓风洞中对来流马赫数为 6.6 的逆向喷流的降热性能进行了实验研究，通过对比认为氮气的冷却性能比氦气好，但是在考虑气体重量后，认为氦气更适合作为冷却介质。Zhang 等[61]研究了圆形与圆环形喷孔组合结构在马赫数为 19 条件下的减阻降热特性，在高马赫数的条件下，温度的骤升会使得空气发生电离，因此，考虑了非平衡效应，采用五组分化学反应模型对其进行计算。Ajay 等[62]也考虑了化学非平衡效应，计算了逆向喷流在不同驻点焓下的性能。发现喷流在高焓条件下的减阻降热效率更高。Zhou 和 Ji[63]在马赫数为 2.5 的条件下通过改变来流攻角，发现当喷流从非稳的长穿透模态转变为短穿透模态时，阻力不再发生突变，但是随着攻角的增大，喷流的减阻效果还是逐渐地降低。Lu 和 Liu[64]通过研究得出当攻角大于 10°时，逆向喷流将不再具有降热效果。针对不规则喷孔，Li 等[65]指出正攻角下喷流的减阻降热效果要优于负攻角。Deng 等[66]比较了不同攻角下激波针和逆向喷流的减阻性能，在零攻角下，激波针的减阻效果要高于逆向喷流，随着攻角的增大，虽然激波针和逆向喷流的减阻性能都下降，但是喷流的减阻效果逐渐超过激波针。

针对喷流的总温，Shen 等[67,68]通过对来流马赫数为 7.96 条件下研究发现，喷流温度的增加会导致降热性能降低，但是减阻性能却有所上升，可以通过增大喷流的总压比来解决这一问题。Jin[69]进一步提出低温高压的喷流对飞行器的热防护效果最好。除了定常的气体喷流，学者还提出了脉冲喷流、等离子体喷流等新型喷流形式,并获得了相应的减阻降热效果。Zhang 等[70-72]提出了脉冲喷流的概念,并在马赫数为3.98的来流条件下研究了脉冲喷流的周期和波形对减阻降热效果的影响。在使用脉冲喷流后,无论喷流的压力多小,喷流总是表现为短穿透模态,且阻力和热流随时间周期性变化但具有一定的滞后性。通过与传统的喷流进行对比,他们指出脉冲喷流具有更好的降热效果,但是减阻效果相对较弱。Xie 等[73]对等离子体合成喷流进行了实验研究,发现对于等离子体喷流而言,依然存在两种喷流模态和临界压力值。但与传统的喷流相反,当喷流压力小于临界值时,喷流呈短穿透模态,当喷流压力超过临界值时,喷流反而呈长穿透模态。

随着计算机技术的快速发展,为了使数值模拟结果更为精确,对于喷流的研究正逐渐从以前单一的流场特征分析转变为流-热-固多场耦合研究。Liu 等[74]指出,在进行喷流的降热效率分析时,考虑流热耦合效果的影响非常重要,因为壁面热流会随着计算时间的变化而变化,从而改变壁面附近流场的温度。同时,Liu 和 Wang[75]采用流-热-结构耦合策略,对反向喷流锥体进行热防护性能研究,结果表明采用对向喷流可以明显地降低结构温度和减小阻力,同时增加尖端区域的应力。Li 和 Wang[76]提出了一种基于有限体积法的流-固-热一体化研究方法,研究发现该种方法具有更好的计算稳定性,对网格尺度和时间步长的敏感性相对较小,在相同非定常情况下的计算时间减少了约50%。他们通过该方法计算了二维喷流在钝体上的热防护性能,发现随着加热时间的增加,壁面上的热流先在2 s内迅速增加然后逐渐降低。随后 Li 和 Wang 又将钝体结构变形的影响考虑进来,对逆向喷流进行了三维计算。研究结果表明,与流热耦合方式相比,等温壁的假设会导致热流过高,通过考虑结构的应力应变,发现应力和温度梯度最大值出现在喷流通道处,在设计过程中应对此处进行相应处理。表1.4对逆向喷流研究近况进行了梳理。

表1.4 逆向喷流研究近况

研究者	Ma_∞^*	钝体构型	PR	喷孔类型	研究要点
Guo 等[21,30]	6	球-柱	0.198	圆形	压力和热流对喷流各参数的敏感性
Hayashi 等[32-34]	3.98	球-柱	0.2~0.8	圆形	喷流总压比对壁面热流的影响

续 表

研究者	Ma_∞^*	钝体构型	PR	喷孔类型	研究要点
Deng 等[36]	8	升力体	1.02~15.65	圆形	两种喷流模态下的振荡现象
Li 等[43,65]	3.98	球-柱	0.4	圆形~圆环形等8种形状	喷孔形状对喷流减阻降热性能的影响
Li 等[53,54]、冀晨等[57-59]	6	乘波体钝化前缘	0.4	圆形	多孔喷流的减阻降热性能
Zhou 和 Ji[63]、Lu 和 Liu[64]	2.5、3.98	球-柱	0.4	圆形	攻角下逆向喷流的减阻降热性能
Zhang 等[70-72]	3.98	球形	0.6~1	圆形	脉冲喷流的减阻降热性能
Xie 等[73]	3	球形	0.68~0.81	圆形	等离子体合成喷流的减阻降热性能
Liu 等[74,75]	3.98	钝化锥体	0.28~0.56	圆形	多场耦合效应

* Ma_∞ 表示自由来流马赫数

1.2.2 激波针

在所有的主动式减阻降热方法中，激波针以其结构简单、减阻性能优异等特点快速成为常用的高超声速飞行器减阻方案之一。从 20 世纪 50 年代开始，国外研究者就开始关注激波针方法并进行了相关研究[77]，经过多年的实验探索和数值分析，在激波针减阻降热性能方面得到了许多代表性的成果（图 1.9），同时也揭示了激波针的减阻降热机理。

激波针是一种安装在飞行器头部驻点处的物理杆状结构，其作用相当于为飞行器头部撑开了一把“小伞”，周围的流场结构如图 1.10 所示[78]。激波针将原本贴近钝体的弓形激波推离壁面，并使其转变为斜激波，前缘激波的强度降低。来流通过前缘激波后减速增压，在逆压梯度作用下，钝头体前形成低温低压的回流区，回流区能够覆盖钝体壁面，降低壁面的热流和压力。回流区的边界为剪切层，剪切层沿下游发展，在钝体肩部再附形成再附激波。再附激波能够使再附点附近的热流和压力增大，所以带激波针钝头体的热流和压力沿钝体中心线先增大后减小。此外，再附点处的压力和热流增大程度由再附剪切层与壁面法

(a) “三叉戟” 导弹

(b) 土星 V 运载火箭

(c) M490A1火箭弹

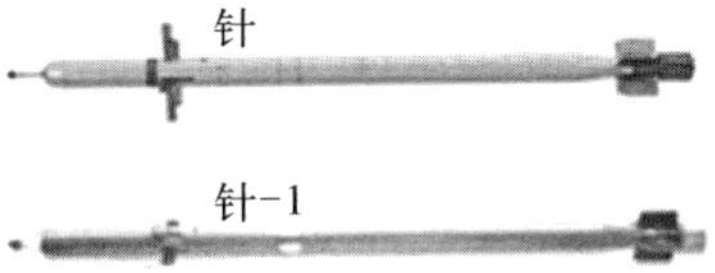

(d) “针” 导弹

(e) “静锥” 试验飞行器

图 1.9 激波针在飞行器上的应用[22]

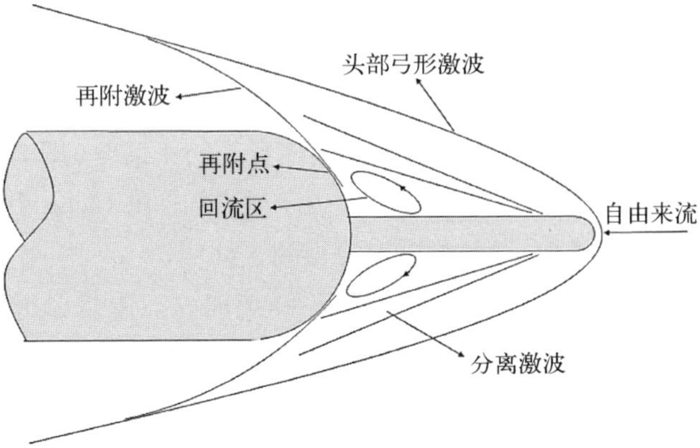

图 1.10 激波针绕流流场结构[78]

向之间的夹角决定[79]。激波针已经在弹道导弹、防空导弹、地空导弹、运载火箭等多种飞行器上得到应用,获得良好的高速飞行减阻效果。美国“三叉戟”Ⅰ型弹道导弹安装可伸缩的激波针,在高超声速飞行时,减阻效率达到 52%[80]。

激波针的减阻降热性能由激波针的结构参数(激波针长度、激波针形状和是否有安装角等)和来流条件(来流马赫数、攻角等)决定。2011 年,Ahmed 和 Qin[81]对此前有关激波针减阻降热实验和数值的研究进行了综述。2016 年,Wang 等[82]对激波针在超声速/高超声速条件下的减阻降热实验研究进展又进行了总结,但是并未包含数值模拟的结果。随后,Huang 等[83]对激波针的数值研究进展进行了补充。随着方法的迭代和计算能力的提升,对超声速/高超声速条件下激波针减阻降热机理的研究不断深入,研究人员提出了许多新的研究方法,同时获得了大量新的研究结论,本节将着重对近年来一些新的研究方法和成果进行概述。

Alexander[84]首次将激波针应用于超声速飞行减阻,随后众多学者对其进行了一系列的实验研究和数值模拟,揭示了激波针的减阻降热机理及激波针的结构参数和来流参数对激波针减阻降热性能的影响。首先,以往的研究成果表明激波针的长径比(L/D,L 指激波针的长度,D 为钝体直径)是影响激波针减阻降热性能的主要参数之一。Kalimuthu 等[85]通过实验研究了马赫数为 6 条件下激波针长度对球-柱模型的升力、阻力和俯仰力矩的影响,发现与短激波针相比,长激波针的阻力更小,升阻比更大且稳定性更好。Xu 等[86]对带不同激波针长度的球-柱构型在马赫数为 5.75 的来流下进行了二维数值模拟($L/D=0.2\sim1$),研究结果表明,当 $L/D=1$ 时减阻效果最佳。然而,激波针并不是越长越好,范冰等[87]通过数值方法对马赫数为 9.86 条件下激波针的减阻机理进行了探究,发现随着激波针长度的增加,虽然阻力系数逐渐降低,但是降低的程度逐渐减小。这说明激波针长度存在一个临界值,当超过这个临界值后,减阻效果不再变化。Sebastian 等[88]指出当激波针的长度超过钝体直径的 4 倍时(即 L/D 大于 4),激波针的减阻降热能力不会进一步提高。相应的结论在 Gauer 和 Paull[89]、Zhu 等[90]和 K. E. Mohamad 等[91]的研究中也得到了证明。

在高超声速条件下,单个激波针的减阻降热能力有限且激波针头部的温度极高,易被烧蚀,通过在激波针头部增加气动盘可有效地解决这一问题。Mehta[92]将平板式气动盘与激波针结合,通过对马赫数为 6 来流条件下的数值分析得到,这种组合结构不仅能提升激波针的减阻效果还能降低激波针头部的气动热。Rajarajan 等[93]的研究也证明了激波针与气动盘组合后拥有更高的减阻率。平板型气动盘与激波针组合的流场结构如图 1.11 所示。与单一激波针相比,增加气动盘后,流场结构发生了变化,有无气动盘结构的流场都包含头部激波、分离区和再附激波等特征。不同的是,气动盘与激波针组合后会在气动盘肩部产生另一道压缩波，气流通过压缩波后随即发生分离，产生回流区，而对于单一激波针而言，当气流通过激波针头部的前缘激波后，继续向下游移动才会发生分离。因此，激波针与气动盘组合结构的回流区比单一激波针的回流区要大，激波针完全被覆盖在回流区内，不易被烧蚀。

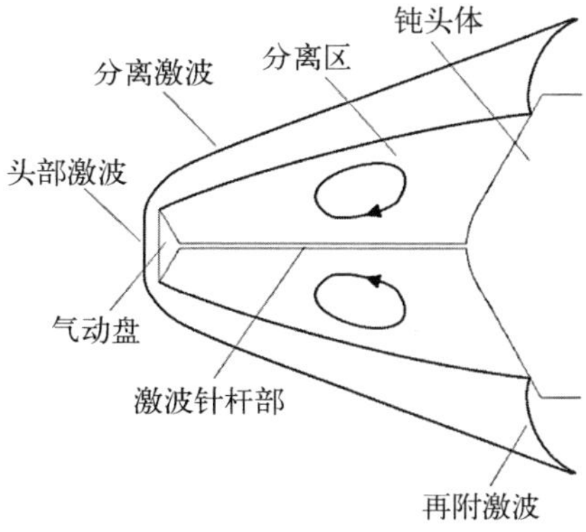

图 1.11 平板型气动盘和激波针组合的流场结构[94]

通过改变气动盘的形状和数量可以改变流场结构使激波针的减阻降热效率发生变化。Masoud 和 Hesam[94]采用 S－A 湍流模型比较了马赫数为 5.75 条件下四种不同直径的气动盘（d/D 分别为 0.25、0.354、0.433、0.5，d 为气动盘直径，D 为钝体直径）在高超声速条件下的阻力和热载荷变化，随着气动盘直径的增大，钝体的阻力系数先减小后增大，而钝体的壁面热流不断地降低，但是整体结构的热载荷却是逐渐地增加的。Huang 等[95]采用 SST $k-\omega$ 湍流模型对带平板式气动盘的激波针构型在马赫数为 4.937 下的减阻降热机理进行了三维数值分析，发现气动盘直径的变化对减阻率有较大的影响而对温度分布的影响很小，随着气动盘直径的增大，回流区不断扩大，减阻率逐渐增大。Huang 和 Yao[96]以减阻降热效率为目标，采用权重法和 NSGA－Ⅱ方法对激波针与气动盘组合结构进行了多目标设计优化，得到了减阻降热效率最优的气动盘尺寸和激波针长度。Han 等[97]采用强耦合方法对带气动盘激波针的钝头体在大振幅俯仰力下的动力学特性进行了分析，通过改变俯仰周期和气动盘直径等参数，观察流场和减阻性能的变化。计算流体动力学（computational fluid dynamics, CFD）和刚体动力学（rigid body dynamics, RBD）之间的耦合路径如图 1.12 所示。气动盘直径（$d/D=0\sim0.375$）对钝头体壁面的压力分布影响如图 1.13 所示。在 0°俯仰角下，当 d/D 小于 0.312 5 时，气动盘直径的增大会增加前缘激波的激波角，降低钝头体壁面的压力，因此，阻力系数随着气动盘直径的增大而减小；当 d/D 大于 0.312 5 时，前缘激波已经远离壁面，因此，气动盘直径的变化对回流区的影响很小，阻力系数几乎没有变化。

Fan 和 Huang[98]同时考虑了壁面温度与流场温度的相互影响，结合 CFD 和 ABAQUS 采用流热耦合方法对带气动盘激波针的减阻降热性能进行了研究，流热耦合路径如图 1.14 所示。研究结果表明，采用流热耦合方式能够使计算结果

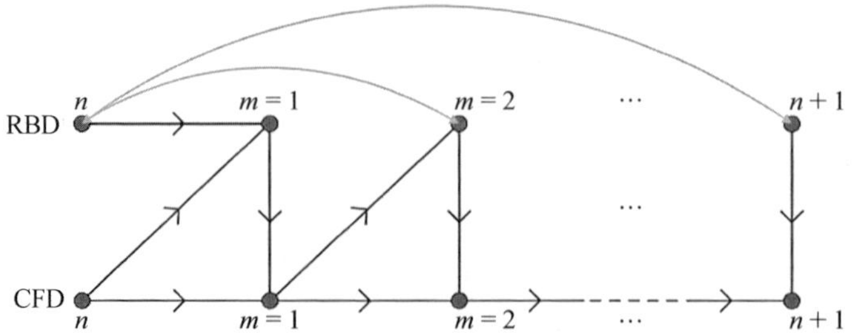

图 1.12 CFD 与 RBD 之间的耦合与数据传递[97]

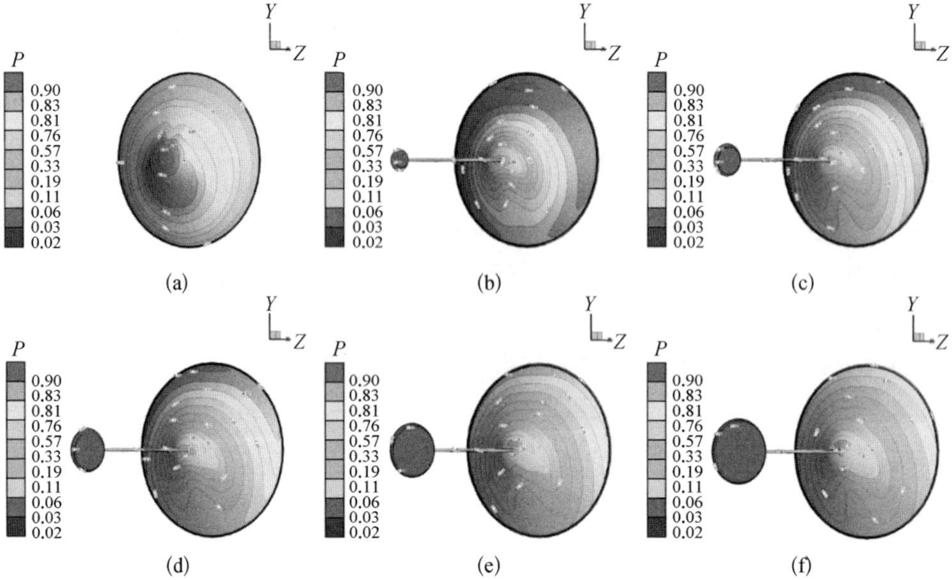

图 1.13 0°俯仰角下带不同直径气动盘的壁面归一化压力分布[97]

更加接近实验值。随着气动盘直径的增加,气动盘上游的激波逐渐增强,而再附激波的强度逐渐减弱,钝体壁面的压力和热流不断地减小,降热率不断地提升。但是气动盘直径对减阻率的提升有一定限制,只有气动盘尺寸在一定范围内增大,减阻率才会提升,当超过此范围时,激波针引起的阻力增量要大于钝体的阻力减小量,会导致总阻力反而增加,该结论在 Masoud 等[94] 和 Zhong 等[99] 的研究中也得到了证明。

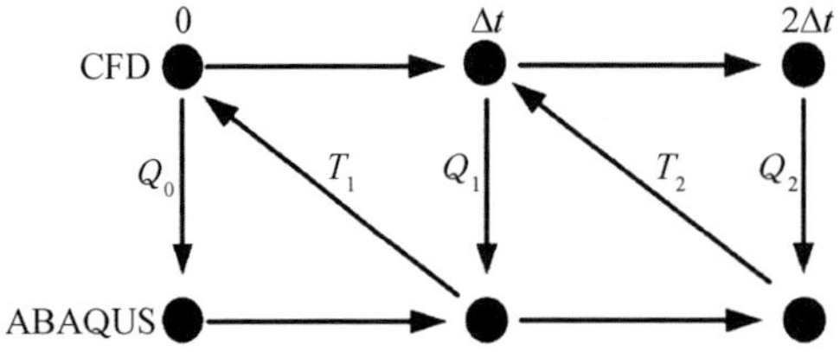

图 1.14 流热耦合路径[98]

通过改变气动盘的尺寸能够改变前缘激波的激波角和激波脱体距离，而改变气动盘的形状同样能够达到控制前缘激波的目的。Srulijes 等[100]在马赫数为4.5的来流条件下对三种不同形状的气动盘(平板式、球头式、尖锥式)的阻力、升力和俯仰力矩进行了对比。经过试验与数值结果的分析后发现球头式和尖锥式气动盘在攻角下的气动性能比平板式更好。李永红等[101]对比了马赫数为1.5条件下半球形、平面形、椭球形和圆锥形的气动盘的减阻效果，发现能够使前缘形成脱体弓形激波的气动盘(平板形)的减阻效果要优于形成锥形激波的气动盘(圆锥形)。何坤和袁化成[102]则对马赫数为4.5的来流条件下球形到尖锥形等六种激波针头部构型的流场结构和减阻降热效率进行了比较，激波针构型如图1.15所示。研究结果表明球形和半球形的减阻降热性能最好，而无气动盘的尖锥形激波针的减阻降热性能最差。该研究的结论与文献[100]的结论一致，且再次证明气动盘对于激波针的减阻降热性能的提升具有很大的帮助。与气动盘的功能类似，Veeresh 等[103]在激波针头部附近使激波针局部凸起以便于边界层提前分离产生更大的回流区，且增大凸起的高度能够进一步提高激波针的减阻降热性能。

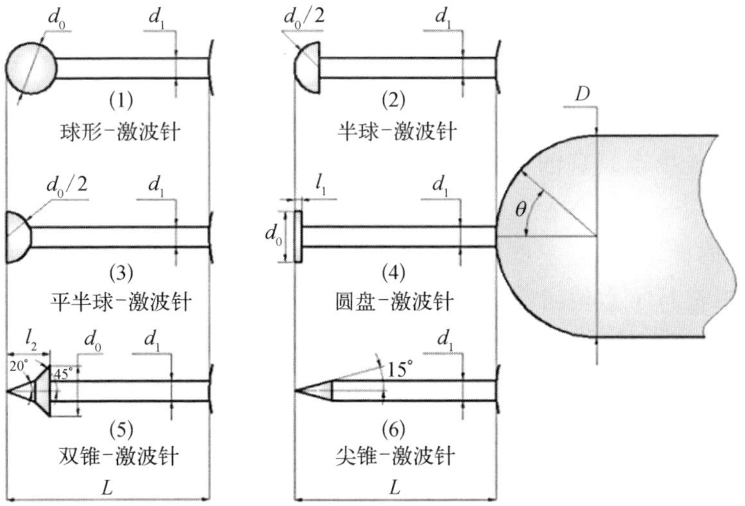

图1.15 六种不同的激波针构型[102]

除了气动盘的形状，气动盘的数量也是影响流场结构的重要因素。Yadav 和 Guven[104]首次提出将双气动盘用于钝体减阻降热，并通过数值模拟证明了双气动盘的减阻降热优势。Gopalakrishna 和 Saravanan[105]使用双气动盘策略来解决单气动盘引起的剪切层再附导致的局部热流增大问题，通过实验和数值模拟结合的方式对双气动盘的流场结构和减阻降热效果进行了分析。研究结果表明，与单气动盘相比，双气动盘除了能够有效地降低壁面热流，减阻效果还能提升 20%，此外，双气动盘的流场更加稳定。Deng 等[106]将双气动盘应用到升力体上以减小升力体的阻力，从而提高升力体的气动性能。Vignesh 等[107]将气动盘的数量由两个增加到三个，并采用流热耦合方法对单气动盘、双气动盘和三气动盘的减阻降热特性进行了研究，结果表明，虽然气动盘数量的增加对激波针减阻性能的提升效果较小，但是却能够极大地提升其降热性能。

为了提高热防护效果，高超声速飞行器的头部一般会进行钝化处理，不同飞行器头部的钝化程度也是影响激波针减阻降热性能的重要参数。此外，目前针对激波针的研究，大多采用球-柱钝头体作为基本构型。事实上，除了球-柱构型，高超声速飞行器还有双锥、椭球、升力体等结构，不少学者针对这些头部结构也开展了大量研究。Huang 等[108]研究了在高超声速条件下，不同激波针安装角对双锥外形的壁面热流分布影响。Deng 等[106]在升力体上引入了激波针，分析激波针对升力体的气动性能影响。研究结果表明，在零攻角下，激波针能够减少升力体上 20.7%的阻力，当攻角为 8°时，减阻率只有 4.2%，但是升阻比增加了 6.8%，因此，激波针对改善升力体的气动特性是有利的。Zhong 等[99]分析了激波针在非对称的椭球头部上的减阻效果，并研究了不同曲率（椭球的长轴与短轴之比）下椭球头部的阻力系数变化。由于椭球不是轴对称体，因此，流场不具有轴对称性，$X-Y$ 与 $X-Z$ 平面内的回流区大小和再附激波强度都不一样。在无激波针时，椭球的曲率越大，阻力越小；增加激波针后，曲率小的椭球，减阻率更高。Zhao 等[109]对激波针在冯 · 卡门曲线头部上的减阻效果进行了数值研究，由于冯 · 卡门曲线具有较好的气动特性，其压差阻力小，所以激波针在冯 · 卡门曲线的减阻率相对较低，只有 11.25%。此外，Zhao 等还对激波针的长度和气动盘的尺寸进行了参数化研究，对于冯 · 卡门曲线头型而言，增加激波针的长度并不能提高减阻率，这与以往在球-柱钝头体构型上的研究所得到的结论不同。常耀予等[110]将激波针应用到探空火箭上，并对不同马赫数下的减阻效果进行了数值研究，其结果表明，激波针在亚跨声速和超声速阶段均有减阻效果，且在超声速条件下的减阻率更高。Sajida 等[111]对激波针在不同钝化率（bluntness ratio，BR，为头部直径与柱体直径之比）头部的减阻效果进行了研究，其中，头部钝化率 BR 从 0.1 增大到 1（球-柱构型），通过分析后发现激波针在钝化率小的头部上没有明显的减阻效果，当钝化率 BR = 0.7 时，激波针的减阻率达到最大。Suhaas 等[112]同样研究了钝化程度对减阻性能的影响，与 Sajida 等不同的是，Suhaas 等是通过截断球形头部来逐渐增大钝化程度的，如图 1.16 所示。研究表明激波针在钝化程度大的钝体上减阻效果更好，因为其回流区更大，再附位置更靠后。

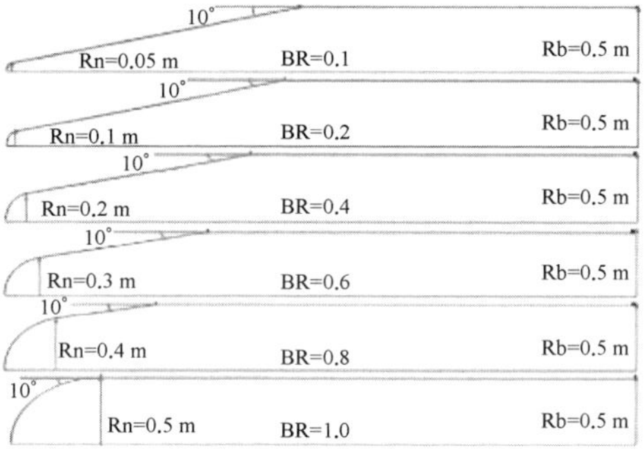

(a) 变半径式钝化[111]

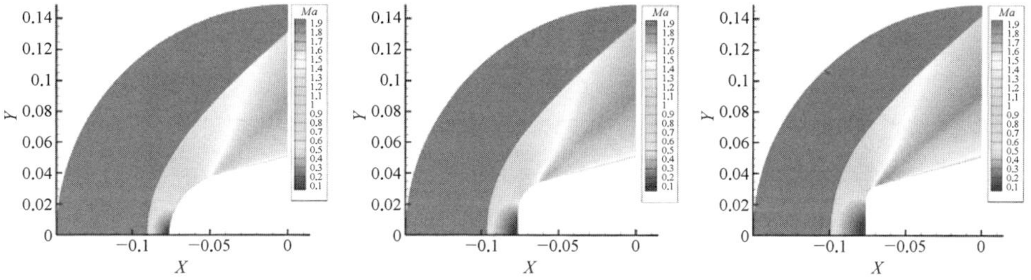

(b) 截锥式钝化

图 1.16　两种钝化方式[112]

对于高超声速巡航飞行器和再入飞行器，无论是出于升重平衡考虑还是最大升阻比考虑，在飞行时都不可避免地带有一定的攻角，而攻角的存在会显著地影响飞行器的流场结构，从而影响激波针的减阻降热性能。Sebastian 等[88]和 K. E. Mohamad 等[91]通过实验和数值方法均证明了在攻角下，激波针的流场结构呈现明显不对称，迎风面的斜激波与再附激波发生干扰，使得迎风侧的壁面上压力和热流急剧增加。而在背风面，攻角的存在导致剪切层未能再附，因此，没有再附激波，背风侧壁面的压力和热流降低。在攻角的作用下，激波针的减阻降热性能显著地降低，在一些大攻角下甚至会出现减阻率和降热率为负的现象。针对这一情况，研究者给出了多种解决方案。

耿云飞和阎超[113]针对激波针在攻角下的减阻降热效率降低的问题，提出了一种新型的攻角自适应激波针,该激波针由固定在滚转轴承上的俯仰转轴连接,因此,同时具有俯仰和滚转两个自由度,能够根据攻角的不同对激波针进行调整,使激波针与来流平行,降低激波干扰的影响。研究发现该结构在0°~12°攻角下都能提供有效的减阻降热效果。Oliver 等[114]则对自适应激波针在0~20°攻角下的减阻性能进行了实验研究,通过自动调整激波针与来流的夹角,即使在20°攻角下,自适应激波针仍具有5%的减阻率。除了自适应激波针,还有自适应气动盘[115,116]、“军刺”挡板[117]和伸缩式激波针[118]等结构也能够在攻角下提供优异的减阻效果。在超声速/高超声速条件下,通过转轴转动激波针具有一定的困难,而对于以固定巡航角度飞行的飞行器,其头部的激波针不需要随攻角发生变化,因此,可以直接将激波针的角度固定,这个角度也称为激波针的安装角。Deng 等[106]以等攻角角度在升力体上安装激波针,通过数值分析证明了带有合适安装角的激波针在固定巡航角下的减阻效果要优于无安装角的激波针。Huang 等[108]进一步通过研究得到当激波针的安装角比攻角大1.5°时,激波针的降热效果最好。激波针方法的研究近况归纳于表1.5内。

表1.5 激波针方法研究近况

研究者	Ma_∞	钝体构型	激波针头部构型	L/D	研究要点
Xu 等[86]、范冰等[87]、Sebastian 等[88]	6、9.86	球-柱钝化锥体	平头杆	0.2~4	激波针长度对减阻降热性能的影响
Mehta[92]、Masoud 等[94]、Huang 等[95]	5.75、6	球-柱钝锥	平板式、半球式	1.5、2.5	气动盘尺寸对减阻降热性能的影响
Han 等[97]、Fan 和 Huang[98]	5.75、8	钝锥、半球	平板式	0.5~2	多场耦合作用对气动盘尺寸的影响
Srulijes 等[100]、李永红等[101]、何坤和袁化成[102]	1.5、4.5	球-柱	球头式、双锥式等六种构型	1	气动盘形状对减阻降热性能的影响
Yadav 和 Guven[104]、Gopalakrishna 和 Saravanan[105]、Vignesh 等[107]	5.75、6.2	球-柱	半球式	1、1.75	气动盘个数对减阻降热性能的影响

续 表

研究者	Ma_∞	钝体构型	激波针头部构型	L/D	研究要点
Zhong 等[99]、Deng 等[106]、Huang 等[108]、Zhao 等[109]	5、8	椭球体、升力体、双锥、冯·卡门旋成体	半球式、平板式	1.25~2	激波针在各构型上的减阻降热规律
耿云飞和阎超[113]、Oliver 等[114]、Huang 等[108]	6.8	球-柱、双锥	半球式、平板式	0.2~2	解决攻角带来的激波针性能恶化的问题

1.2.3 气膜冷却

气膜冷却方法是通过在壁面附近设置槽缝或离散孔，以一定的入射角喷注冷却剂，形成一层气膜覆盖在高温表面上，从而降低主流与壁面之间的换热[119]，同时温度较低的冷却剂与壁面之间会进行换热带走热量，气膜冷却原理示意图如图 1.17 所示。气膜冷却能够承受极端高温环境，因此，非常适合用作燃烧室内部壁面冷却，在火箭发动机和高超声速飞行器发动机的热防护中已有成功应用[120]。戴思明等[121]对该方法在高超声速流动中的应用与发展进行详细的整理。由于气膜冷却直接从槽缝中喷出冷却工质在热端形成精确气膜覆盖，因此，气膜冷却对承受极高气动加热的部位会有较好的保护作用。气膜冷却在航空发动机涡轮叶片及端壁冷却中应用极为广泛，其冷却剂流出方向与外部主流之间的夹角通常不大于 90°[123-126]。

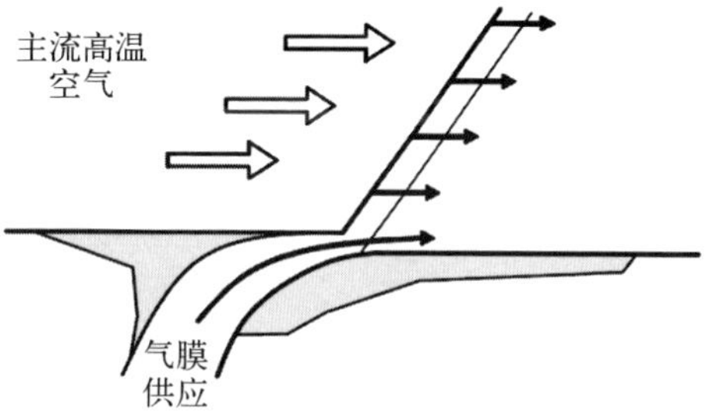

图 1.17 气膜冷却原理示意图[122]

气膜冷却的作用效果受众多因素的影响，其中作用部件的结构参数会对冷却效果产生巨大的影响。宋长青[127]通过研究高超声速流场中唇缘厚度对气膜冷却作用下近壁面流场结构的影响发现，当狭缝高度保持不变时，唇缘的上、下尖端近壁面激波和再附激波的角度会随着唇缘厚度的增加而减小。贺业光等[128]利用压力敏感漆技术对平板上带深度及张角的 U 形凹坑孔进行实验研究

(图 1.18)，实验结果表明，凹坑孔结构有利于扩大冷却工质在展向及流向的覆盖范围；增加坑孔深度将有利于气膜在壁面上的扩展；增大吹风比可以增强深度及张角对气膜冷却效果的提升作用。朱惠人等[129]选取簸箕形孔、圆锥形孔及圆柱形孔并研究了孔形对孔排下游区域的气膜冷却效率的影响，发现带有扩张特性的孔形如簸箕形、圆锥形可以增强气膜冷却的效果。然而，商圣飞等[130]在给定飞行高度 50 km、来流马赫数为 15 的工况下，分析了圆柱孔、收缩孔等不同孔形对高超声速气膜冷却效率的影响，结果表明收缩孔的冷却效率最高。Wang 等[131]对冷却孔形状进行了研究，采用大涡模拟方法研究了波瓣形冷却孔对气膜冷却性能和湍流流动特性的影响。研究结果显示(图 1.19)，设计良好的波瓣形冷却孔可以将冷却效率提高 37%，并降低总压降，设计不合理的波瓣形冷却孔则会反向降低冷却效率。张盛昌等[132]通过研究发现相较于平直楔形斜坡，上游沙丘斜坡结构利于形成反肾形涡对，可以提高气膜冷却效果。

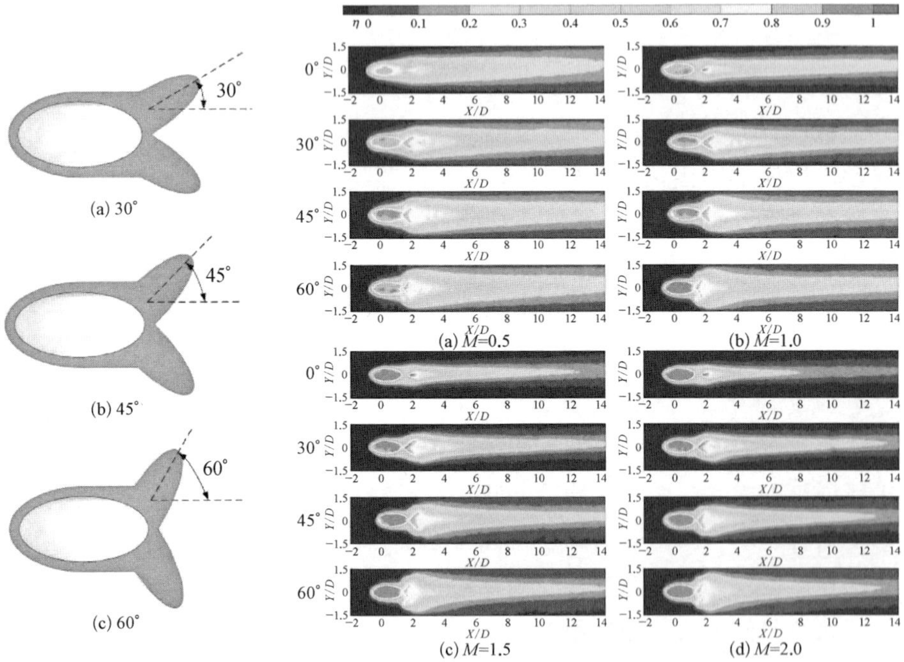

(a) 不同角度的凹坑孔结构　　(b) 不同张角角度凹坑孔冷却效率云图

图 1.18　不同角度的凹坑孔对气膜冷却效果的影响[128]

气膜冷却自身喷注参数也会对冷却效果产生影响。何坤等[133]采用延迟-分离涡模拟方法研究了吹风比对燃气透平叶片尾缘开缝区域气膜冷却特性的影

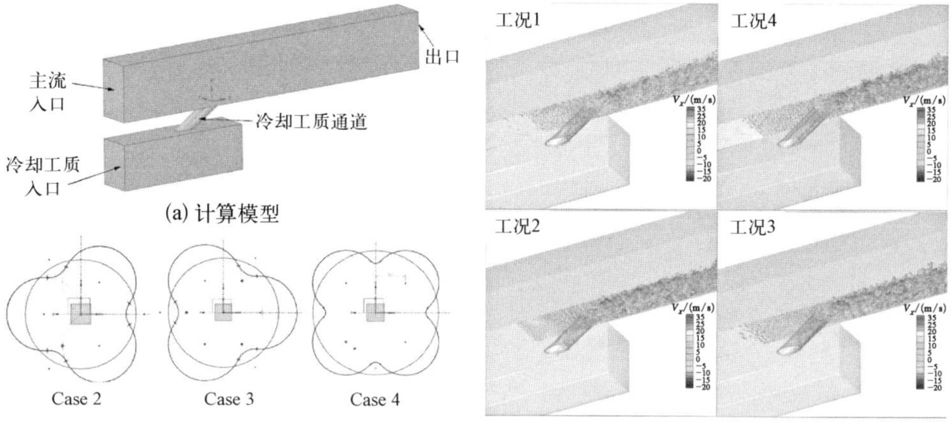

(a) 计算模型 (b) 计算模型 (c) 大涡模拟计算结果

图 1.19 多种波瓣形冷却孔对湍流流动特性的影响[131]

响,结果表明,当吹风比处于 0.2~0.65 内,尾缘开缝壁面气膜冷却效率随吹风比增加而增加;当吹风比处于 0.8~1.25 内,冷热气掺混剧烈造成气膜冷却效率略微下降。唐润泽等[134]研究了工质引射角度对气膜冷却效果的影响,结果表明45°引射角度能显著地提高气膜冷却方法对端壁的冷却效率。

此外,部分研究人员则是综合探究了这两方面因素作用对气膜冷却性能的影响[135-137]。陈泊宏和易仕和[138]采用数值模拟方法和试验手段针对平面和曲面探究了冷却气体入口马赫数、吹风比及喷缝高度对气膜冷却效果的影响(图1.20)。研究结果表明,超声速气膜对平面或曲面均有良好的冷却效果,并且冷却效率随着冷却气体入口马赫数及吹风比的增大而提高,对于喷缝高度,气膜冷却效率随喷缝高度的增加而提高但提高效果逐渐减弱。Sun 等[139]以高超声速光学整流罩为研究对象,探究了喷嘴压力比(喷流出口静压/附近主流静压)对气膜冷却性能的影响。研究结果表明,在不同喷流出口高度下,随着喷嘴压力比的增加,气膜冷却效率逐渐增加,对应的有效冷却量也随之增加。

杨艳静等[140]采用数值模拟的手段,分别对单孔和多微孔喷流情况下的高超声速头锥气膜冷却效率进行了分析,结果表明多微孔喷流相比单孔喷流的冷却剂消耗量更少,冷却效率更高,局部热流降低幅度达 50%。罗晓波等[141]将晶格阵列结构引入高超声速气膜冷却通道设计中,利用了晶格阵列结构在入口流域产生的扰流作用,提升了展向气膜冷却的效率和气膜冷却覆盖的效果。Sahoo 等[142]研究了对比气膜冷却中采用空气、CO_2等不同工质对大钝化处理球锥的冷

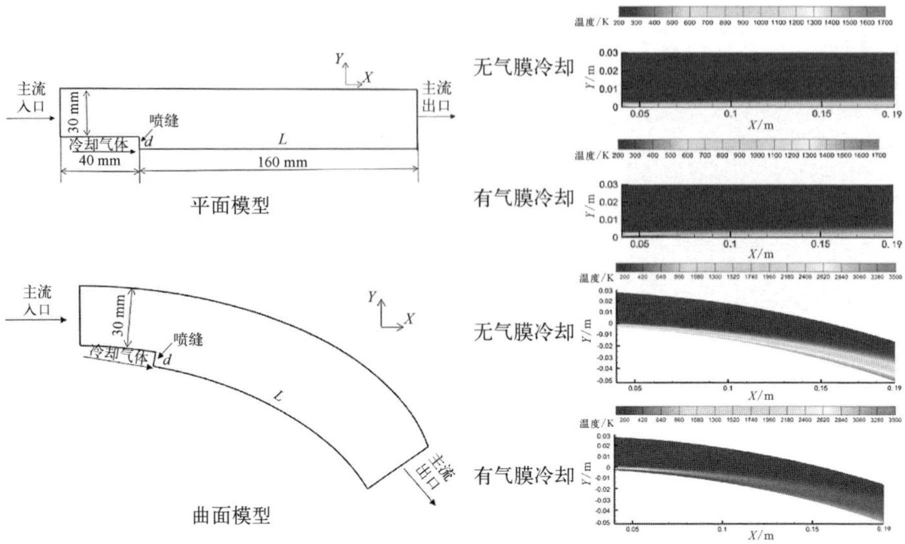

图 1.20　平面模型和曲面模型气膜冷却特性[138]

却效果。研究结果表明,除驻点外,气膜冷却效果随着分子量减小而越来越明显,同时发现气膜冷却兼具降热和减阻两重效果。胡文杰等[143]针对气膜冷却的降热减阻效果进行了综合评估,采用数值模拟方法研究了高空高超声速层流条件下钝楔与钝锥外形气膜冷却的降热减阻综合性能,对气膜冷却进行分区流量优化设计,在满足减小机体阻力的同时,兼顾了整体结构的热防护效果,达成了一定冷却剂流量下的降热减阻性能优化。Zhang 等[144]研究发现端壁区域的横向压力梯度对气膜孔设计存在较大影响,因此,该团队结合真实流动环境中横向压力梯度的存在对气膜冷却孔进行设计优化,经优化后的气膜冷却性能提高了 42.9%。Zuo 等[145]关注气膜冷却在超燃冲压发动机燃烧室中对激波/边界层相互作用复杂性的影响,如图 1.21 所示。通过研究发现,在不同外来气体超声速薄膜喷射方式下,斜激波冲击诱导的相互作用长度和分离特性存在显著差异。具体而言,喷氢燃料增加了相互作用长度,进一步扩大了流动分离区域,使用碳氢燃料(正癸烷)进行喷射,减少了相互作用长度并有效地抑制了流动分离。

1.2.4　发散冷却

发散冷却是一种能够大幅度地提升效率的主动减阻降热方法,广泛地应用于各类航空发动机喷管、燃烧室、推力室、涡轮发动机叶片等部件[146-151]。发散冷却以具有巨大比表面积的多孔介质为载体,冷却剂从微孔进入与骨架材料充

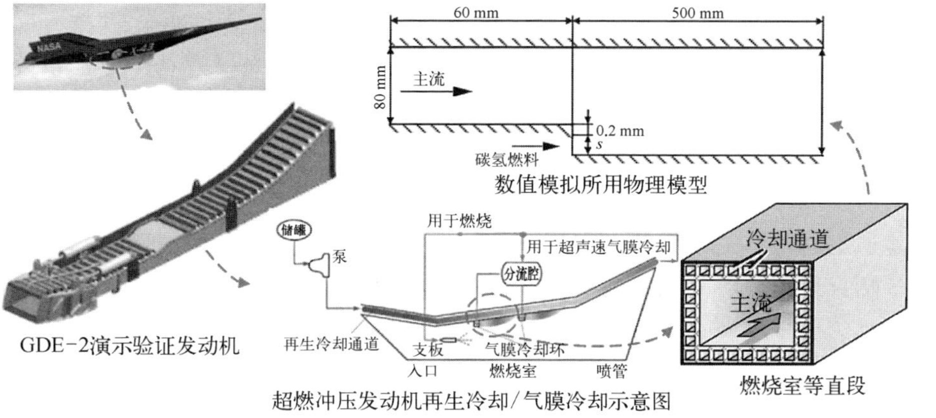

(a) 超燃冲压发动机燃烧室冷却结构

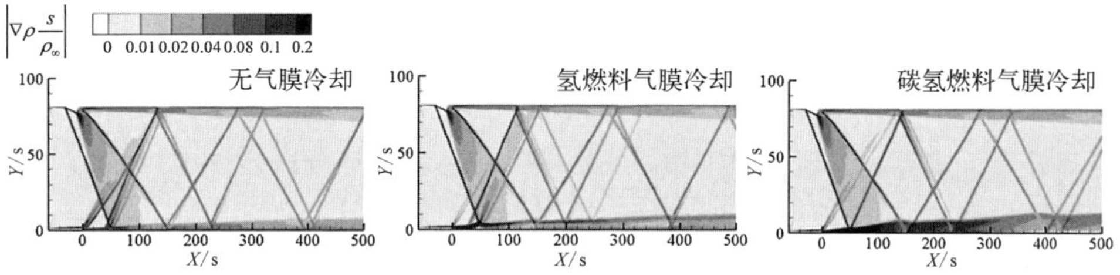

(b) 三种冷却方式燃烧室数值纹影图

图 1.21 气膜冷却对超燃冲压发动机燃烧室中激波/边界层相互作用的影响[145]

分地接触并进行热交换，吸收热量后从另一端的微孔流出，在材料高温表面形成一层薄膜，与高温主流隔离，工作原理如图 1.22 所示。与再生冷却和气膜冷却相比，发散冷却分别可以提高冷却效率 35%和 13%[152,153]。与此同时，发散冷却还具有气膜覆盖均匀、冷却剂消耗少、冷却气流不易脱离等优势[154]。

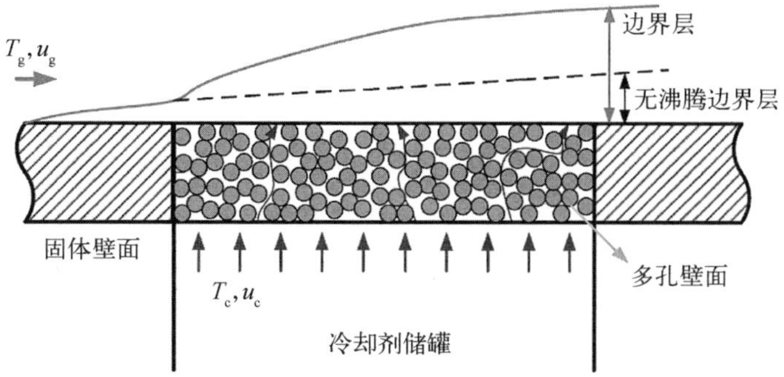

图 1.22 发散冷却原理示意图[155]

关于发散冷却的研究,主要集中在以下三个方向:冷却工质选择、冷却结构设计和发散冷却理论建模及优化。

1. 冷却工质选择

冷却工质是影响发散冷却效率的重要因素之一,关于冷却工质的种类,可分为固体发散冷却剂、液体发散冷却剂和气体发散冷却剂[146]。固体发散冷却原理是通过向基体内填充低熔点固态金属粉末[156]或化合物,利用熔化、蒸发、升华等物理现象来吸收和转移热量[157],因此,固体发散冷却也称为自发散冷却。常见的固体发散冷却工质有铝、铊、氯化铵等。固体发散冷却机理类似于烧蚀冷却,由于多孔基体中储存固体冷却剂量有限,只适用于飞行时间较短的任务,因此,基于固体冷却剂的发散冷却应用范围较窄。

液体发散冷却是目前研究的热点之一,相比气体发散冷却,液体发散冷却剂自身的比热容和发散冷却效率较高,且吸热能力强,体积占用小。常见的液体发散冷却剂有水、酒精、液氮、燃料等。中国科学技术大学相关团队针对液相发散冷却开展了实验和数值模拟工作。马杰等[158]在多孔平板试验件上做了液态水发散冷却实验,研究液态水的相变特性。结果表明,平均冷却效率随水的注入量增加而增大,但存在一个上限,超过上限后再增大水的注入量,冷却效率变化不再明显。Shen 等[159]进行了以水为冷却剂的发散冷却实验,实验结果表明,在高气动加热和滞止压力的滞止区,相应的冷却效率最低。

气体发散冷却能力和冷却剂自身的物性参数相关。Liu 等[160]研究了将空气、氮气、氩气、二氧化碳和氦气五种气体用于飞行器鼻锥发散冷却时的冷却效率,结果表明比热容最大的氦气冷却效率最高。林佳[161]采用数值模拟的手段,选取了空气、二氧化碳和氦气作为冷却介质,研究了多孔鼻锥模型的发散冷却效率,结果表明比热容和密度是影响冷却效率的主要因素,但是在其研究过程中所采取的主流流速只有 3.3 m/s,因此,得出的结论和超声速、高超声速工况下会有一定的差异。朱广生等[162]对比分析了壁面质量引射在不同的飞行高度、来流马赫数、引喷流量、引射温度和气体模型条件下对三角翼气动力/热特性的影响。

2. 冷却结构设计

发散冷却的结构形式主要有层板式和多孔式。液体火箭发动机推力室层板发散冷却结构如图 1.23 所示,由大量开有流道形状的金属薄板组成,金属薄板按照设计的流道通道进行叠放,然后用扩散焊成型为整体结构[163]。层板发散冷却过程包括了冷却剂冲击层板、冷却剂在冷却通道中对流冷却及冷却剂流出气膜孔在顶板上形成冷气膜等。层板发散冷却自定义程度高,可以根据冷却对象进行精确设计[161]。但层板发散结构工艺较为复杂，制作成本较高且层板表面易氧化，因此，目前层板发散冷却结构的应用范围较窄。

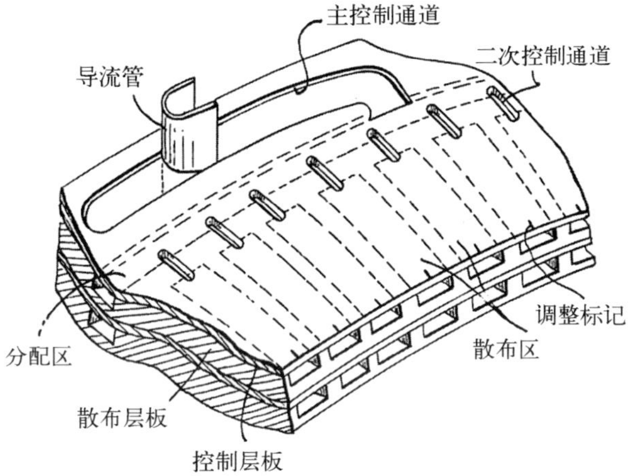

图 1.23 液体火箭发动机推力室层板发散冷却结构[164]

火箭发动机推力室多孔介质发散冷却结构如图 1.24 所示[165]，通常采用粉末冶金技术对高温合金进行烧结而制成，特点是材料内部开有大量的微孔。与层板式发散冷却结构相比，多孔式结构的换热更充分，冷却剂从遍布表面的微孔中流出形成均匀分布的气膜，因此，结构外表面的温度分布也更加均匀。由于目前的粉末冶金技术比较成熟且多孔式结构简单，因此，加工成本较低。但多孔式结构在工程中随着应用对象的不同而存在一定的局限性，例如，再生冷却通常作为超燃冲压发动机燃烧室的主要热防护方式，原理是将自身携带的燃料输送到冷却槽道中与壁面对流换热，吸收热量后再次进入燃烧室中燃烧，可极大地利用燃烧室中的“废热”。再生冷却的冷却能力有限，需要结合其他的热防护方法对高温区域进行冷却。发散冷却被认为是用于燃烧室辅助冷却的重要手段之一，由于超燃冲压发动机的燃料通常为碳氢燃料，碳氢燃料吸热裂解可能发生“结焦”现象，形成的固体颗粒会堵住

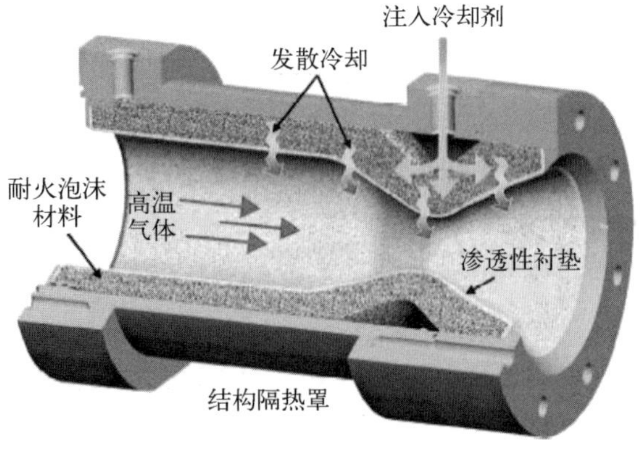

图 1.24 火箭发动机推力室多孔介质发散冷却结构[165]

多孔介质内部的孔隙,使发散冷却失效[166]。此外,由于多孔介质直接暴露在来流中,而高超声速飞行器目前大面积防热通常采用较为成熟的烧蚀冷却,在实际飞行过程中,材料烧蚀产生的残渣可能会覆盖在多孔介质的表面甚至直接进入多孔介质孔隙中,同样也会导致发散冷却失效。刘韬略等[167]采用数值模拟的方法,以液态水作为冷却工质,探究了不同孔隙率组合的双层多孔板结构传热特性和内部工质流动情况。研究发现,控制双层板结构的上、下层孔隙率可以提高发散冷却的作用效果,同时双层板中的上层孔隙率对冷却效果、工质注射压力有着更明显的影响。

3. 发散冷却理论建模及优化

关于发散冷却理论模型的研究主要集中在多孔介质内部流动及传热过程。多孔介质材料内部孔隙结构极为复杂,孔隙的形状及大小各不相同,因此,流体在多孔介质内部的流动方向和速度大小一直在变化,另外多孔介质具有较大的比表面积,会给流体的流动带来较大的阻力。

多孔介质的研究尺度主要有分子、孔隙和宏观尺度。分子尺度基于分子动力学理论建立控制方程,流体由大量分子组成,以分子尺度研究需要建立大量的方程,求解起来极为复杂,因此,分子通常不被作为研究尺度。孔隙尺度基于连续介质理论建立 N－S 方程描述孔隙中的流动[168],但是该方法需要将固体骨架作为边界条件,因此,描述流体流动较为困难。宏观尺度也被称为体积平均法,其假设固体骨架和流体为连续介质,并引入表征体元的概念,表征体元是一种假设的连续介质,其忽略了固体骨架的微细结构对整体流动换热的影响,因此,该方法求解起来较为容易,目前已被广泛地使用[166]。

19 世纪中叶,法国工程师 Darcy 通过对地下水渗流进行实验研究,提出了流体在多孔介质中流动时,流动速度与压降之间的关系式:

$$v = -\frac{K}{\mu}\nabla p \tag{1.2}$$

式中, K 为多孔介质渗透率; μ 为流体黏度; v 为 Darcy 速度。渗透率 K 是多孔介质的固有参数,和外界环境无关。渗透率常用的经验式为

$$K = \frac{d_p^2 \cdot \varepsilon^3}{C(1-\varepsilon)^2} \tag{1.3}$$

式中, d_p 为颗粒的平均直径; C 为常数项; ε 为孔隙率[169]。

Darcy 公式是经多次试验研究,根据数据推导出来的经验公式,为描述多孔

介质内的流动提供了理论指导，但 Darcy 公式存在一定的适用条件。Eisfeld 和 Schnitzlein[170]指出当雷诺数大于等于 5 之后，Darcy 公式不再适用。目前基于多孔介质的发散冷却应用场景几乎都为高雷诺数，超出了 Darcy 公式的适用范围，因此，需要对 Darcy 公式进行修正。后来的学者基于 Darcy 公式，提出了 Forchheimer 修正、Brinkman 修正及 Brinkman-Forchheimer 修正等。

Forchheimer 修正方程主要是对流动的阻力项进行修正，伴随着雷诺数的增大，多孔介质中流体流动模态发生变化，压力梯度不仅需要克服黏性阻力，还要克服惯性力的作用[157,166,171]。面对较高雷诺数的流动时，除了黏性力，此时惯性力对流动的影响必须要考虑。Darcy-Forchheimer 修正方程为

$$\nabla p = -\frac{\mu}{K}v - c_{\mathrm{F}}K^{-\frac{1}{2}}\rho_{\mathrm{f}}\mid v\mid v \tag{1.4}$$

边界效应由包含固体基体表面的壁面处产生的剪应力引起，为了在边界上包含黏性效应，Brinkman 提出以下模型，称为 Brinkman 对 Darcy 公式的修正方程[172]：

$$\nabla p = -\frac{\mu}{K}v - \tilde{\mu}\ \nabla^2 v \tag{1.5}$$

式中，$\tilde{\mu}$ 为黏性的修正。Brinkman 方程可以较好地描述纯流体区域和多孔介质流动共同流动状态[173,174]。但 Brinkman 方程同样存在一定的使用范围，研究表明只有当多孔介质内部的孔隙率较大时，Brinkman 方程才可以使用[175]。Brinkman 的研究还发现黏性耗散对多孔介质中的流动问题也有影响，特别是在孔隙率较高的情况下，黏性耗散的作用更加明显。

Vafai 和 Tien[176]综合考虑了惯性力和黏性耗散等因素对复杂流动的影响，对达西定律进行修正，在体积平均基础上得到了 Darcy-Brinkman-Forchheimer 修正方程。

Darcy-Brinkman-Forchheimer 修正方程为

$$\nabla p = -\frac{\mu}{K}v - c_{\mathrm{F}}K^{-\frac{1}{2}}\rho_{\mathrm{f}}\mid v\mid v - \tilde{\mu}\ \nabla^2 v \tag{1.6}$$

多孔介质内部的传热过程包含了流体与固体骨架材料之间的对流换热、固体骨架材料之间的热传导、流体的热传导及固体骨架材料与气体的辐射换热等[157,168]。在传热过程中还有可能涉及机体材料受热而引发的化学非平衡流动问题[177]。多孔介质传热主要有局部热平衡（local thermal equilibrium, LTE）模型和局部非热平衡（local thermal non-equilibrium, LTNE）模型，区分这两种模型

的依据是多孔介质内部固体相温度 T_s 和流体相温度 T_f 是否相等。当多孔介质内部固体相与流体相之间的换热充分时,可视为两相温度相同,此时可将固、液相能量方程相加得到局部热平衡模型。

局部热平衡模型的能量方程为[178]

$$[(1-\varepsilon)\rho_s c_s + \varepsilon c_{pf}\rho_f]\frac{\partial T}{\partial t} + \nabla\cdot(\rho_f u_f h_f) = \nabla\cdot(k_{eff}\nabla T) \tag{1.7}$$

局部热非平衡模型的流体能量方程为

$$\varepsilon c_{pf}\frac{\partial(\rho_f T_f)}{\partial t} + \nabla\cdot(\rho_f u_f h_f) = \nabla\cdot(k_{f,eff}\nabla T_f) + h_{sf}\alpha(T_s - T_f) \tag{1.8}$$

局部热非平衡模型的固体能量方程为

$$(1-\varepsilon)\rho_s c_s\frac{\partial T_s}{\partial t} = \nabla\cdot(k_{s,eff}\nabla T_s) - h_{sf}\alpha(T_s - T_f) \tag{1.9}$$

4. 发散冷却试验研究

van Foreest 等[179]以液态水为工质,通过风洞试验测试了氧化铝陶瓷多孔材料头锥在 3 028 K、5.45 MPa 来流条件下相变发散冷却效果。实验结果表明,相较于常用的气态冷却工质,液态水能起到更明显的冷却作用。同时,van Foreest 等还通过该试验发现了相变发散冷却具有迟滞现象及液态水作为冷却工质在低压环境下的结冰现象。Zhang 等[180]对以液态水作为发散冷却工质在工作时发生结冰现象的影响因素进行深入探究。该团队在低压风洞中使用液态水作为冷却工质对超声速条件下碳化硅多孔材料相变发散冷却进行研究,研究表明,在不均匀孔隙下,较大尺寸孔隙附近更易结冰,同时主流压力对多孔表面温度有很大的影响。Wang 等[181]和 Shen 等[182]同样对液态发汗进行了实验研究(图 1.25)。研究发现,减小驻点处气孔厚度,有利于提高驻点处的冷却效率,同时指出当冷却工质在流过多孔通路时保持液态,可以节省所需的驱动力并实现最佳的冷却效率。李晓阳等[183]采用超声速风洞中实验探究了 C/C-SiC 陶瓷基复合材料的相变发散冷却过程,并重点分析了复合材料孔隙结构对发散冷却性能的影响。研究发现,对于陶瓷基复合材料平板,均匀的孔隙结构可以提高对结构表面的冷却效率且受冷后结构表面温度分布更加均匀。

2023 年,美国国防部高级研究计划局在原高超声速材料架构和表征计划中新增了有关发散冷却技术的研究并交雷神公司负责。雷神公司计划在高超声速飞行器头部放置一种受热时会产生蒸气的化合物,通过人造孔将具有冷却效果

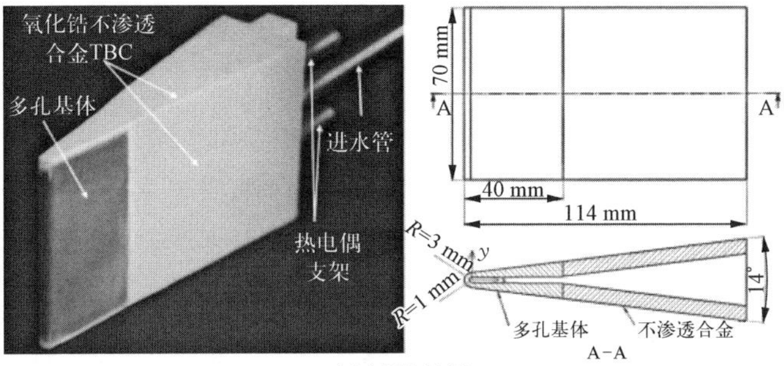

(a) 试验装置

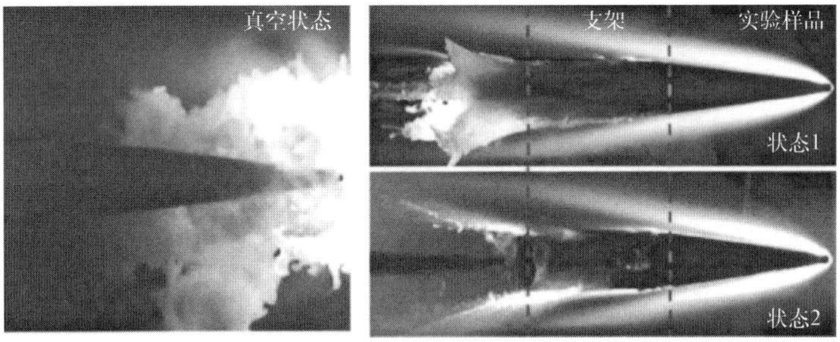

(b) 发散冷却情况

图 1.25　前缘发散冷却试验结构与发散冷却情况[182]

的蒸气输运到飞行器表面(图 1.26),整体系统将通过预测建模和先进制造的方式被搭建。在测试成功后,该项技术将被用于减缓高超声速飞行器头部强烈热载荷,后续将拓展其在飞行器涡轮叶片热管理方面的应用。

德国宇航局在 SHEFEX -Ⅱ高超声速试验飞行器上进行了发散冷却试验,测试系统如图 1.27 所示[184-187]。测试中氮气从多孔介质结构隔热瓦的微孔中流出并将高温主流与壁面隔离,从而实现对壁面的热保护,这也是首次以氮气作为冷却流体开展的发散冷却试验。试验结果表明:发散冷却技术可以显著地提高冷却效率、降低冷却剂消耗量,减轻热防护系统质量,适用于更高温度区间,能够在更恶劣的热环境中保障系统安全,这充分地验证了发散冷却技术在飞行器热防护中的高效性。

1.2.5　组合减阻降热

上述减阻降热方法均具有各自的优势,且都有一定的适用范围,而将不同的方法组合应用是新的发展方向。常见的组合减阻降热方法有逆向喷流-激波针、迎风凹腔-逆向喷流、迎风凹腔-能量投放和气膜冷却-发散冷却等。表 1.6 总结

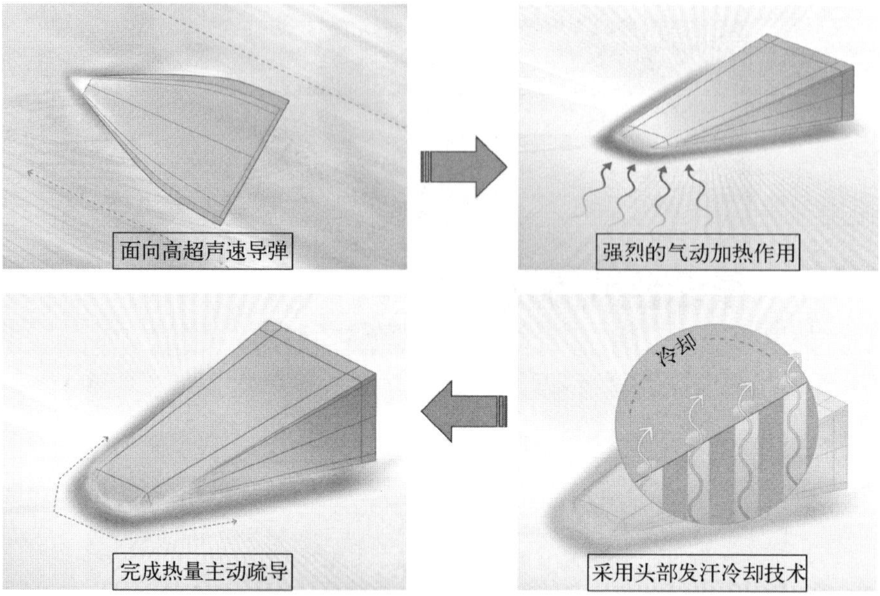

图 1.26 发散冷却实验测试项目(图片来源：雷神公司官网)

了组合减阻降热方法及其应用对象。从表 1.6 中可以看出,针对高超声速飞行器鼻锥等钝头体外形的组合减阻降热方法种类最多,而翼、舵前缘及发动机支板等部位主要以气膜-发散组合减阻降热方法为主,关于升力体及钝化前缘乘波体的组合减阻降热方法研究较少。

表 1.6 组合减阻降热方法及应用对象

组合减阻降热方式	应 用 对 象
逆向喷流-激波针	钝头体构型、钝化前缘乘波体构型、升力体构型等[66,126,188]
迎风凹腔-逆向喷流	钝头体构型
迎风凹腔-能量投放	钝头体构型
迎风凹腔-发散冷却	钝头体构型、钝化前缘[189]
逆向喷流-发散冷却	钝头体构型[190]
气膜冷却-发散冷却	高超声速飞行器翼及舵前缘[191]、超燃冲压发动机支板[192]

1. 逆向喷流与激波针组合方案

单一的喷流或激波针都有一定的应用局限性,且减阻降热效率有限。在高

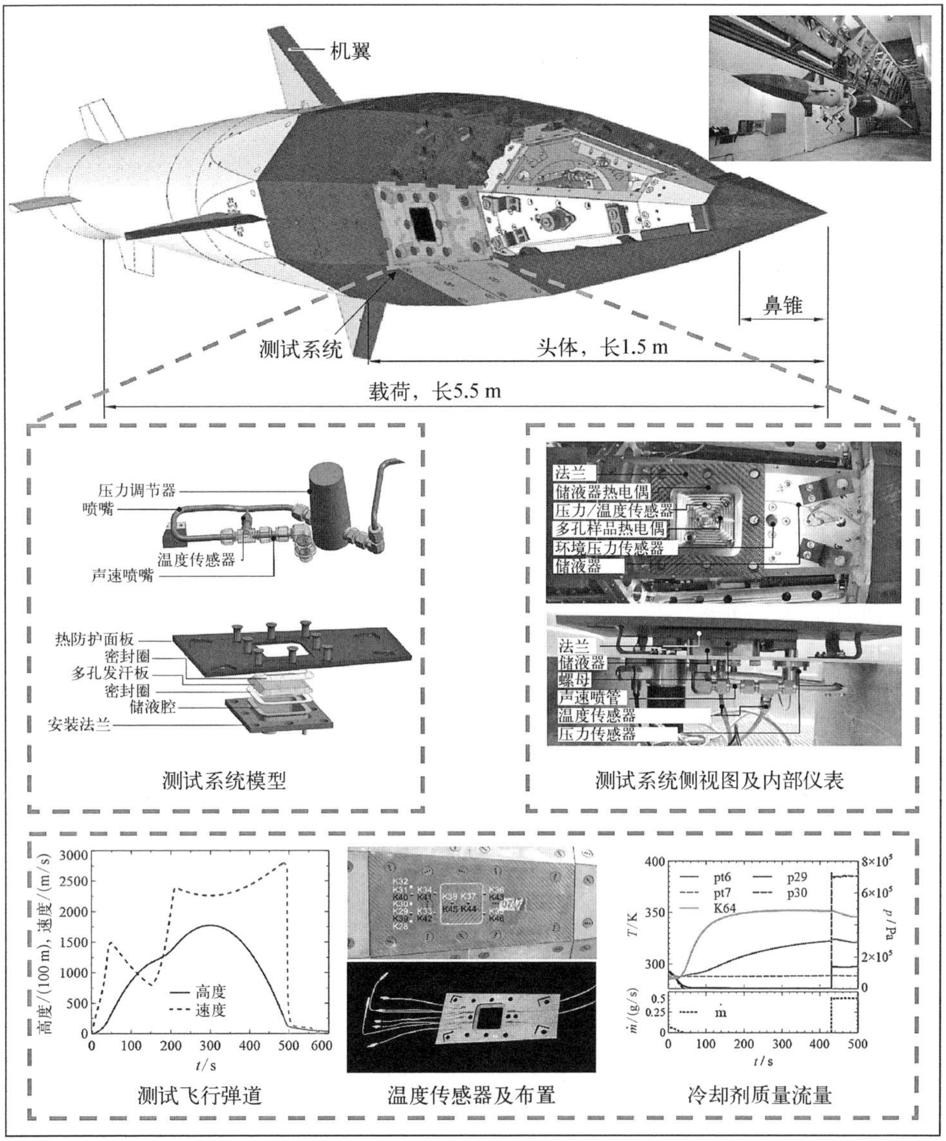

图 1.27　SHEFEX－Ⅱ飞行器中的发散冷却试验系统及测试情况[185]

超声速飞行时，安装在飞行器头部的激波针替代了壁面与来流接触，因此，激波针头部的压力和温度极高，易被烧蚀，并且当攻角不为0°时，激波针会产生额外的俯仰和偏航力矩，影响飞行器的控制性能。而喷流虽然不会被烧蚀，但是冷却整个飞行器头部所需要的喷流介质的质量流量很大，会影响飞行器的有效载荷。然而，将激波针与喷流组合后，既能够克服激波针和喷流各自的缺陷，还能提高减阻降热效率,使激波针和喷流发挥更好的性能。目前,针对喷流与激波针的组合方案主要包括逆向喷流-激波针、侧向喷流-激波针及多喷流-激波针等构型。

逆向喷流-激波针能够在避免激波针被烧蚀的同时还能进一步提高激波针的减阻降热效率,使激波针能够达到重复使用的目的。逆向喷流-激波针的流场结构与激波针相似,但是由于喷流的加入,其又包含喷流的相关流场特征。如图1.28所示,在没有逆向喷流的情况下,在激波针头部产生很强的弓形激波,激波后的气流沿激波针表面向下游流动一段距离后才开始分离,产生回流区。此外,由于激波针诱导的斜激波角度较小,因此,会在钝体肩部与再附激波发生干扰,使得壁面上的热流急剧增大。引入逆向喷流后,一方面,激波针头部的激波在喷流的作用下远离激波针,形成的斜激波的角度更大,与再附激波发生干扰的位置更靠后。另一方面,在逆压梯度的作用下,喷流边界后开始形成回流区,因此,逆向喷流-激波针的回流区更大,再附激波更弱,壁面的压力和热流更小。

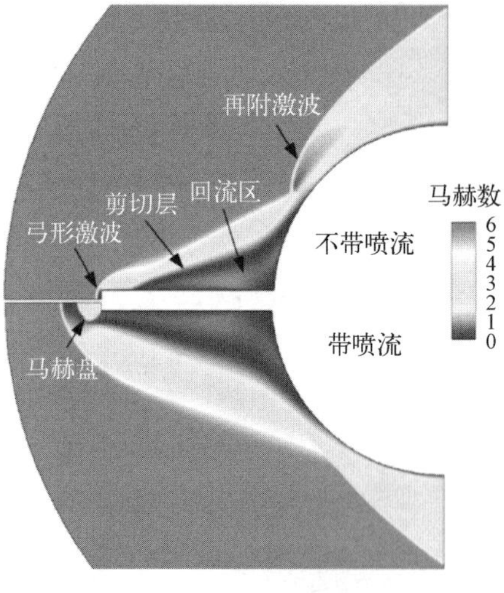

图1.28 有/无逆向喷流的激波针流场结构对比[193]

文献[25]、[79]、[81]、[194]都对激波针和逆向喷流的研究进行了相应的综述,因此,本节只对一些它们未涉及的研究和最新相关进展进行叙述。Eghlima 和 Mansour[195]、Ou 等[196]研究了激波针的长度和不同喷流总压比对逆向喷流-激波针的降热效率影响,发现随着激波针长度和逆向喷流总压比的增大,逆向喷流-激波针的减阻降热性能逐渐提升。Huang 等[197-199]提出了一种新型的逆向喷流-激波针构型,如图1.29所示,与传统逆向喷流位置不同,这种结构的逆向喷流不再位于激波针头部,而是位于激波针根部。相比于传统的逆向喷流,这种新的喷流方式能够直接冷却壁面,因此,其减阻降热效率要比传统的逆向喷流-激波针好。随后,他们又将根部逆向喷流-激波针与头部逆向喷流和气动盘结合,并对气动盘的尺寸、喷流总压比和激波针长度等相关参数的影响进行了数值研究。在气动盘和根部逆向喷流的基础上,Ma 等[200]将激波针根部喷孔的方向调整为与来流具有一定的夹角,使得喷流在喷出后能够充分地膨胀,提高逆向喷流-激波针的减阻降热效率。Ou 等[201,202]、张江等[203]以阻力系数和壁面热流为目标，基于代理模型对逆向喷流-激波针进行了参数优化，通过优化算法得到与逆向喷流-激波针减阻降热效率有关的参数是激波针长度、喷流总压比和喷孔尺寸，而气动盘的尺寸对减阻降热效率的影响很小。

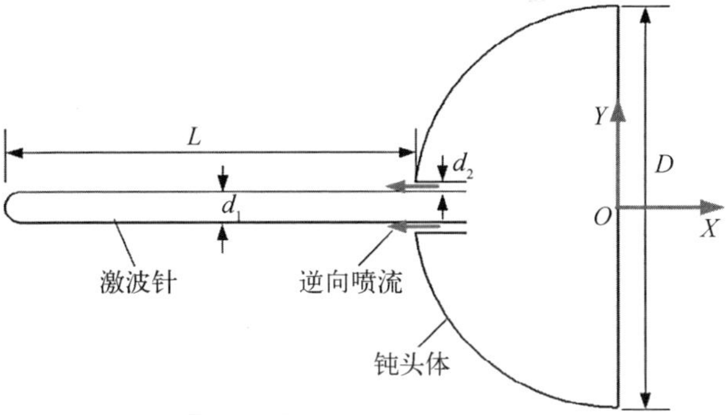

图 1.29 激波针根部逆向喷流结构[197]

随着计算性能的提升，关于逆向喷流-激波针的流热耦合研究也逐渐得到学者的关注。文献[188]、[204]~[206]相继采用流热耦合方法对逆向喷流-激波针的减阻降热性能进行了探究，但是其参数化研究内容有所不同，得到的结论也有所差别。Huang 等[204]研究了马赫数为 6.47 下激波针的长度、喷流温度和激波针的导热率对热防护性能的影响。实验结果表明，随着激波针长度的增加和喷流总温的降低，逆向喷流-激波针的热防护性能逐渐地增强，而改变激波针的导热率则对热防护性能几乎没有影响。马坤等[205]和 Meng 等[206]对激波针的长度和喷流总压比对减阻降热性能影响进行了分析。与文献[204]的研究结果不同，他们发现随着激波针长度的增加，钝体壁面的热流先增大后减小，$L/D=0.5$ 的壁面热流和 $L/D=2$ 的壁面热流几乎相同，他们推测这是因为激波针的长度越小，喷流越靠近钝体，低温的喷流介质能够更好地冷却壁面。因此，增大激波针的长度有利于减阻而对降热影响很小。而随着喷流总压比的增大，壁面热流和阻力逐渐降低，但是由于喷流产生的阻力逐渐增大，所以总阻力先减小后增大。因此，增大喷流总压比有利于降热而不利于减阻。针对这一减阻降热的矛盾，Huang 等[204]认为需要采用多目标设计优化来解决，使减阻降热效果达到最优。另外，为了得到乘波体的最大升阻比，Meng 等[188]对马赫数为 5，攻角 0~12°下带逆向喷流-激波针乘波体的升力、阻力和壁面热流进行了分析。随着攻角的增大，迎风面的激波干扰变强，迎风面的压力和热流急剧升高，但是升力的增量大于阻力，因此，升阻比不断地增加。

针对激波针/逆向喷流-激波针在攻角下减阻降热性能降低的问题，许多学者也提出了相应的解决方案[207]。Geng 等[208]将逆向喷流与自适应激波针组合，提出了自适应逆向喷流-激波针的概念，该结构能够使激波针在攻角下始终正对着来流并且还具有非烧蚀性。Jiang 等[209]提出了激波针与侧向喷流组合重构流场的方案，并对其在马赫数为 6 的条件下进行了实验研究。研究结果证明，在侧向喷流的作用下，迎风面的激波/激波干扰强度显著地降低甚至消失，即使在 4°攻角下，钝体壁面的压力降低量也可以达到 65%。李珺、王俊峰等[210,211]则是将迎风侧的侧向喷流与逆向喷流-激波针组合形成多喷流-激波针构型以提高逆向喷流-激波针在攻角下的减阻降热性能，其通过在 6°攻角下与逆向喷流-激波针的减阻降热效果对比证明了该种构型的优势。

2. 侧向喷流与激波针组合方案

侧向喷流-激波针的流场结构如图 1.30 所示。高超声速来流在气动盘附近形成弓形激波，来流穿过激波后与侧向喷流交汇向下游流动，由于侧向喷流的两侧都存在逆压梯度，因此，在侧向喷流的上、下游会形成多个回流区，而处于下游的回流区在侧向喷流的保护下受来流的影响很小，因此，回流区较大，能够覆盖很大部分的钝体和激波针。由于侧向喷流的穿透效果，弓形激波被推离得很远，不再与再附激波发生干扰，在很大程度上降低了壁面的压力和热流，而侧向喷流本身也在来流的影响下向下游倾斜。

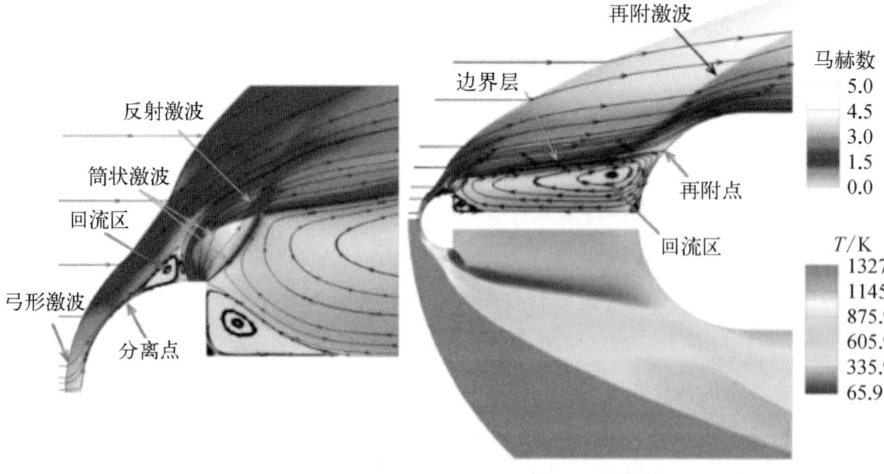

图 1.30 侧向喷流-激波针的流场结构[212]

针对侧向喷流-激波针的减阻降热效果，学者主要是围绕侧向喷流的总压比、位置、数量和流热耦合等方面展开研究工作。Han 和 Jiang[213]基于再附激波的位置及其与锥形激波的相互作用，提出了一个组合参数并将其作为带侧向喷流的激波针减阻设计的主要判据。Zhu 等[214]和 Huang 等[215]分别研究了二维和三维计算条件下激波针的长度、侧向喷流总压比和侧向喷流在激波针上的位置对激波针减阻降热性能的影响。通过对比后发现，一方面，侧向喷流越靠近激波针头部，减阻降热效果越好，因此，为了达到最佳的减阻降热效果，侧向喷流应尽量设计在激波针的头部位置，而增大侧向喷流的总压比对于减阻和降热都有利[216]。另一方面，随着激波针长度的增加，前缘激波距离壁面越来越远，阻力不断减小，但是当激波针达到一定长度后，由于回流区并未随着激波针长度的变化而改变，因此，壁面热流变化很小。Dong 等[217]通过数值对比得到了双侧向喷流的减阻效果要优于单侧向喷流，并猜测多侧向喷流可能会更有利于减小阻力。Zhu 等[212]将侧向喷流置于气动盘之上，采用流热耦合方式对马赫数为 5 的来流条件下喷流总压比、激波针长度和气动盘尺寸等参数的影响进行了研究。在该构型条件下，增大侧向喷流总压比能够不断地提高降热效率，但是只有当喷流总压比超过一定值时，减阻效率才会有变化，这与剪切层在不同喷流总压比下的位置和角度有关。而随着气动盘尺寸的增加和激波针长度减小，钝体壁面的热流不断降低，但是阻力却不是单调变化的。马坤[218]研究了侧向喷流、减阻杆和气动盘的组合构型。研究指出：当主激波与侧向喷流相互作用越强时，阻力降低越明显。

Qin 等[219]采用流热耦合计算比较了逆喷、侧喷和斜喷三种不同喷流方向在马赫数为 5 条件下的减阻降热效率，如图 1.31 所示。通过比较后发现，侧向喷

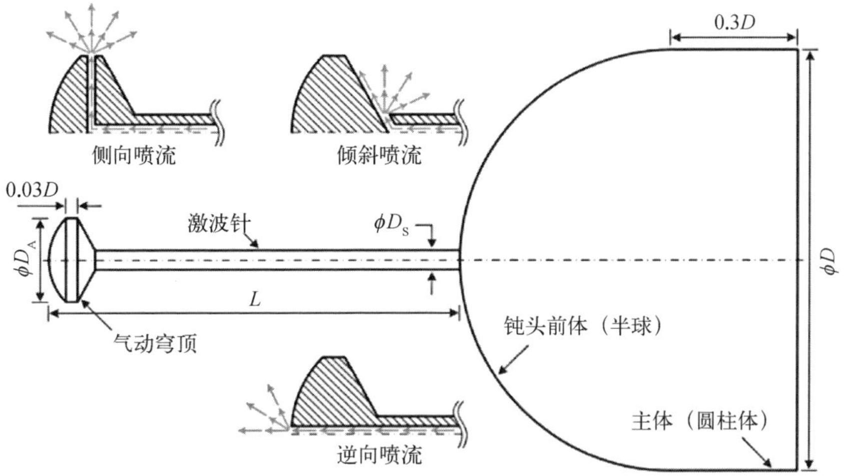

图 1.31　三种不同方向的喷流[219]

流的降热效果最好，斜向喷流的降热效果次之，但是能够提供最大的减阻效果，而逆向喷流的降热效果和减阻效果最差。综合评估后，研究团队认为侧向喷流是最适合飞行器的热防护系统。Zhu 等[220]同样采用流热耦合方法对比了逆向喷流、侧向喷流和后向喷流的减阻降热效果，与文献[219]的结果有所不同，Zhu 等发现逆向喷流的减阻效果是最好的，侧向喷流的减阻效果是最差的，但是对于降热性能而言，侧向喷流则是最好的，而后向喷流是最差的。产生这一差异的原因主要与气动盘的形状、喷孔的尺寸、钝体直径及所采用的流热耦合路径有关。

3. 多喷流-激波针方案

多喷流-激波针是将激波针与逆向喷流、侧向喷流或后向喷流结合形成的组合构型，其目的是进一步提升激波针的减阻降热效果或解决非设计工况下激波针的减阻降热性能恶化的问题。逆向喷流-激波针与侧向喷流组合构型的流场结构如图 1.32 所示，其流场结构与侧向喷流-激波针的相似，但是侧向喷流-激波针的头部仍与来流直接接触，因此容易被烧蚀，而多喷流-激波针能够在激波针头部产生回流区，避免其被烧蚀。多喷流-激波针包含多个回流区，对于冷却激波针和钝体壁面可以起到非常好的作用。

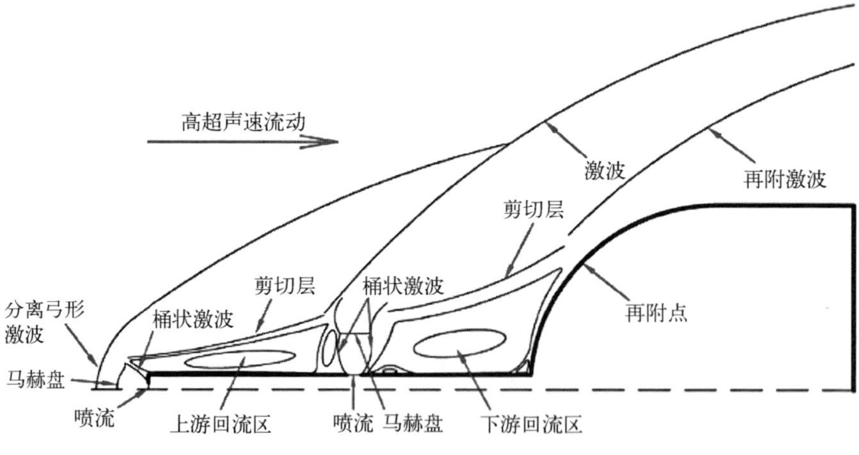

图 1.32 逆向喷流-激波针与侧向喷流组合构型的流场结构[221]

针对 0°攻角下侧向喷流与逆向喷流-激波针组合构型的减阻降热性能，Zhu 等[221]和 Meng 等[206]采用流热耦合方法研究了激波针的长度、侧向/逆向喷流总压比及侧向喷流的位置对多喷流-激波针减阻降热效率的影响，所得到的结论与侧向喷流-激波针的相似。唯一不同的是，对于多喷流-激波针，激波针的长度对激波针-喷流构型的减阻效果和降热效果的影响不同。具体而言，随着激波针长度的增加，阻力系数不断降低，而壁面热流却先减小后增大，即 $L/D=0.5$ 的壁面热流与 $L/D=2$ 的壁面热流差不多，该现象产生的原因与逆向喷流-激波针降热效率随激波针长度变化的原因一致。李珺等[210]则针对非设计工况下多喷流-激波针的减阻降热性能进行了相关的研究，研究结果证明多喷流-激波针在非设计工况下依然具有优异的减阻降热效果，随后，该团队还对侧向喷孔的数量和间距的影响做了进一步的分析，随着侧向喷流数量和间距的增加，阻力系数不断地降低，但是热流并不是单调变化的，这与回流区的形状变化紧密相关。因此，在实际应用时，需要综合考虑减阻与降热的需求，采用多目标设计优化使效果达到最优。

除了侧向喷流与逆向喷流-激波针组合外，Zhu 等[222]还将后向喷流与逆向喷流-激波针组合，方案如图 1.33 所示，并分析了激波针长度和后向喷流总压比对组合构型的阻力和壁面热流的影响。研究发现，随着激波针长度的增加，壁面压力和热流均呈非单调变化。固定激波针直径不变，当构型长径比取较小值时（$L/D=0.5$ 和 1），增加激波针长度会使回流区面积扩大，进而降低壁面总体压力和热流。增大激波针的长度至构型长径比为 $L/D=2$，由于在流向上产生了分离激波和再附激波，热流和压力有所增加。继续增大激波针长度至构型长径比为 $L/D=3$ 和 $L/D=4$，激波针的减阻效果超过了激波的压缩效果，因此壁面压力又有所降低，而激波针长度的增加导致高温来流与低温回流的掺混距离增大，所以壁面热流继续增大。对于所有长径比下的构型，增大后向喷流总压比对减阻和降热都有利。

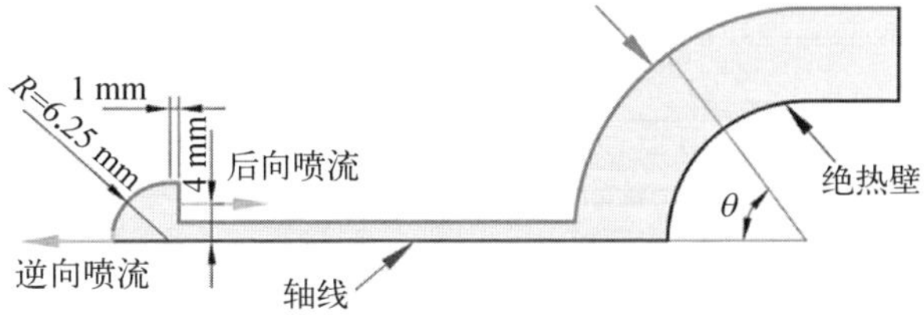

图 1.33 逆向喷流-激波针与后向喷流组合构型[222]

近年来又涌现出一些新的构型形式，许阳和陈宣亮[223]对一种减阻杆/盘与双喷流组合构型进行研究，如图 1.34(a) 所示，并分析了几何参数和喷流参数对流场特征及减阻降热能力的影响。曾品棚等[224]提出了减阻杆和圆环形喷流组合构型的降热方案，图 1.35 展示了单一激波针构型和新构型流场之间的差异。研究结果表明：新构型的流场更稳定，受带攻角来流的影响更小，即使采用小喷

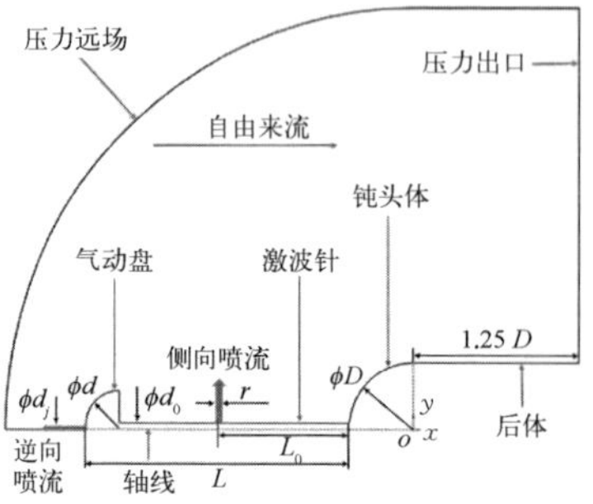

(a) 减阻杆/盘与双喷流组合[223]

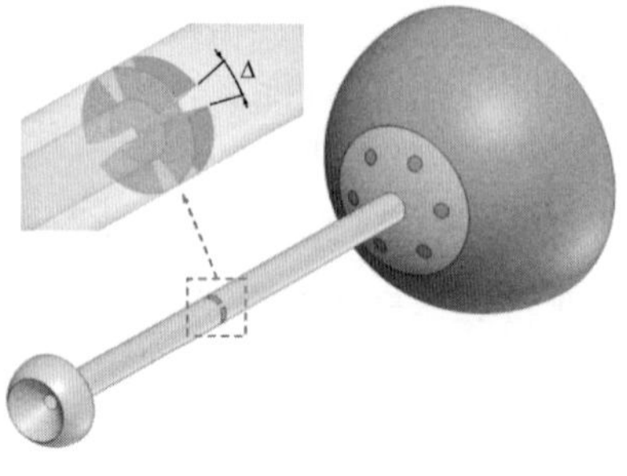

(b) 激波针-气动盘和航道组合[225]

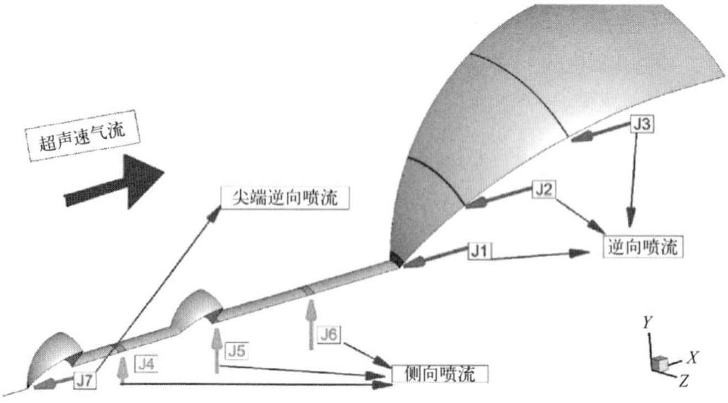

(c) 激波针-多气动盘-多喷流组合[227]

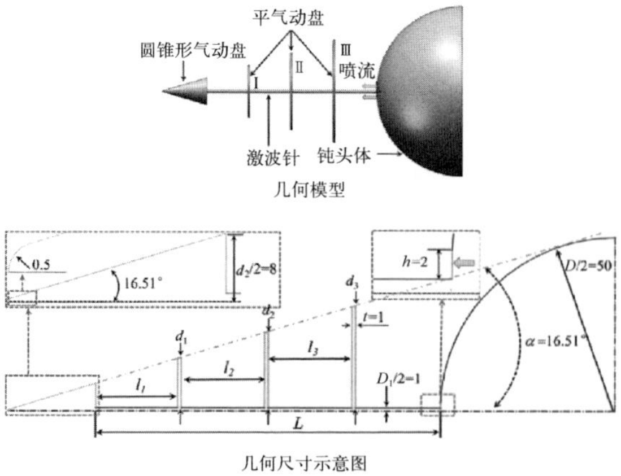

(d) 多级气动盘-激波针-逆向喷流组合[228]

图 1.34 组合构型示意图

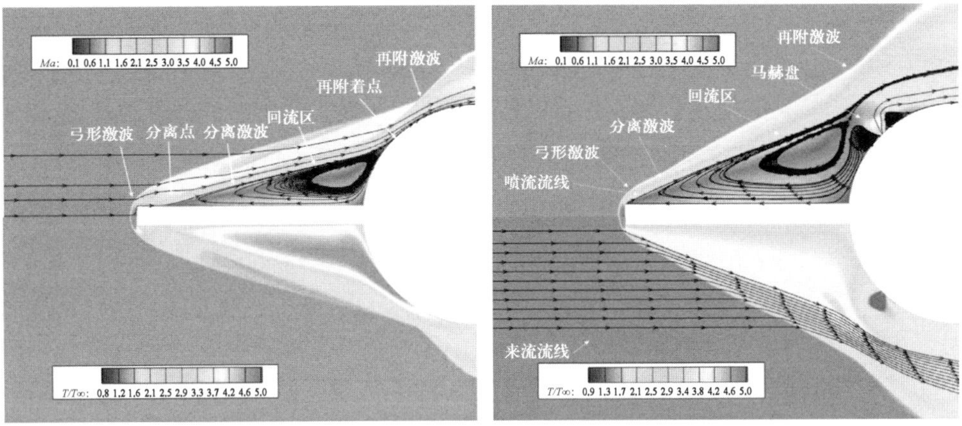

(a) 无喷流状态　　(b) 有喷流状态

图 1.35　减阻杆和圆环形喷流组合构型的流场[224]

流压比的状态下也能提供较好的减阻降热效果。Guo 等[225]提出了一种新的激波针-气动盘和航道组合概念,如图 1.34(b)所示。头部激波后面的高压空气流入气动盘头部的通道,然后通过尖刺中间的横向喷流喷出。张帅等[226]也对这种构型进行了研究。Ghanbari 等[227]提出了一种复杂的激波针-多气动盘-多喷流组合构型形式,并研究了不同冷却工质对构型减阻降热能力的影响。Zhang 等[228]选取喷流压力比、尖峰长度、气动盘直径等参数对激波针-多级盘-逆向喷流组合构型的减阻降热能力进行参数化研究。研究结果表明,该构型较激波针-气动盘组合构型而言,其钝体表面峰值压力与峰值热流分别降低了 70.21%和 84.84%。郭建等[229]提出了一种减阻杆头部开槽进气、中部侧向排气的减阻杆-双盘-槽道组合构型,研究了新构型的减阻降热效果并进行了影响因素分析。王俊峰等[211,230]以根部逆向喷流为基础提出了两种新型组合主动减阻降热方法,研究了其减阻降热作用机理并进行了系统性的研究。

表 1.7 为单喷流-激波针方法研究现状,表 1.8 为多喷流-激波针方法研究现状。

表 1.7　单喷流-激波针方法研究现状

研　究　者	Ma_∞	钝体构型	喷流方式	研 究 要 点
Ou 等[196]	6.6	球-柱	逆向喷流	激波针长度与逆向喷流总压比对逆向喷流-激波针减阻降热性能的影响

续 表

研 究 者	Ma_∞	钝体构型	喷流方式	研 究 要 点
Huang 等[188,197–199]	6	球头	逆向喷流	激波针根部逆向喷流新构型的减阻降热性能
Meng 等[188]	5	乘波体	逆向喷流	攻角对逆向喷流-激波针在乘波体上减阻降热性能的影响
Zhu 等[212,214]	3.98	球-柱	侧向喷流	侧向喷流-激波针的减阻降热性能

表 1.8 多喷流-激波针方法研究现状

研 究 者	Ma_∞	钝体构型	喷流方式	研 究 要 点
Qin 等[219]、Zhu 等[220]	5	球-柱	逆向、侧向、斜向、后向喷流	喷流方向对激波针-喷流构型减阻降热性能的影响
李珺等[210]	6.5	球-柱	逆向和侧向喷流组合	攻角下多喷流-激波针减阻降热性能
Zhu 等[222]	5	球-柱	逆向和后向喷流组合	双喷流-激波针减阻降热性能

4. 其他减阻降热方法组合方案

图 1.36 为迎风凹腔-逆向喷流组合冷却结构示意图。该结构结合了迎风凹腔和逆向喷流的优势，由 Lu 和 Liu[231] 首次提出。迎风凹腔的冷却机理是利用高超声速来流在凹腔内发生振荡耗散能量，以减小气动加热，迎风凹腔优点在于结构简单，防热效果好，不需要携带冷源等，缺点在于腔内振荡给控制带来了很大难题，且凹腔唇口位置易烧蚀。逆向喷流方法的引入可以避免凹腔内部流动的振荡[232]，采用较小的喷流总压比就可以达到很好的防热效果[233]。迎风凹腔-逆向喷流结构可以根据飞行工况的改变智能切换，在低速时关闭

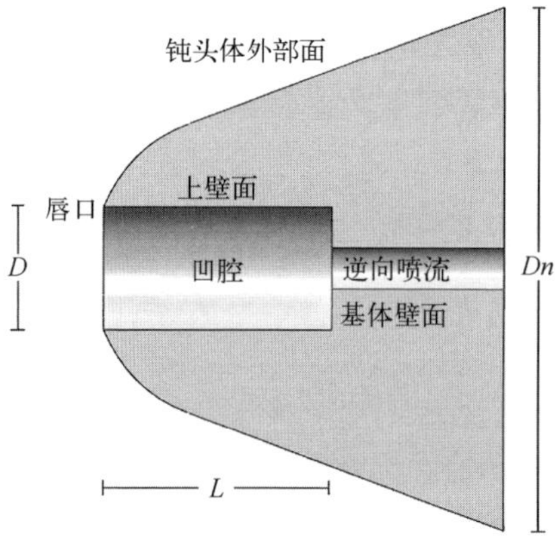

图 1.36 迎风凹腔-逆向喷流组合冷却结构示意图[231]

逆向喷流，只采用迎风凹腔结构防热；在高速时打开逆向喷流，通过控制喷流压力及结构参数等实现和凹腔结构的组合热防护[234]。目前关于迎风凹腔-逆向喷流组合冷却的研究主要集中在对凹腔构型参数的研究改进[45,235]，以及喷流介质、喷流压比及喷流温度等参数对结构冷却效率的影响[236]。

图 1.37 为迎风凹腔-发散冷却组合结构示意图。该结构由栾芸等[189]提出，他们还对此构型的冷却效率进行了研究，并将该冷却方式与单一发散冷却、单一迎风凹腔冷却方式进行了对比，结果表明采用迎风凹腔-发散冷却组合冷却方式较单一发散冷却效率提高了 16.8%。图 1.38 为逆向喷流-层板发散冷却组合冷却结构示意图。层板发散冷却结构能以较小的冷却剂消耗量实现较好的热防护效果，逆向喷流方法可以实现减阻降热功能[234]。当采用单一逆向喷流时，喷流改变了剪切层的角度，在钝体肩部形成的再附激波使局部压力和温度都较高[237]，从而需要更大的喷流压比。因此，可以在钝体肩部采用层板结构，驻点

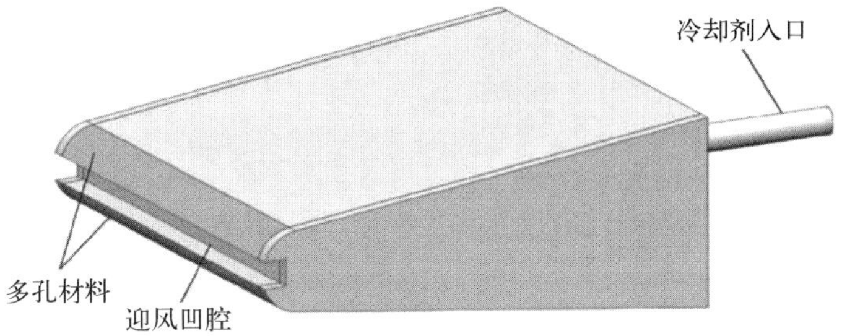

图 1.37 迎风凹腔-发散冷却组合结构示意图[189]

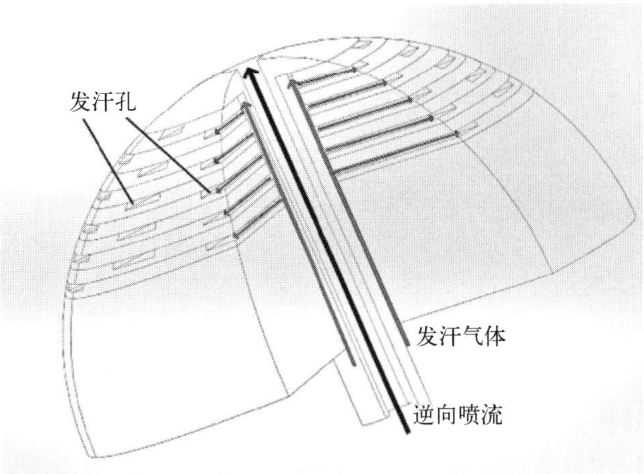

图 1.38 逆向喷流-层板发散冷却组合冷却结构示意图[238]

区域仍使用逆向喷流，Shen 和 Liu[238]的数值模拟结果表明该组合冷却结构可以消除单一逆向喷流结构冷却性能不足的影响。

将气膜冷却引入高超声速飞行器鼻锥热防护中，可极大地降低鼻锥壁面的热载荷，但需要较大的吹风比，不利于长时间工作[239]。此外，丁锐[157]指出当采用单一气膜冷却时，大量的冷却剂热沉未得到合理的利用。针对高超声速飞行器发散冷却方法，近年来研究表明[240]，前缘结构具有曲面效应，曲面附近的驻点区域温度和压力过大，远远大于前缘的下游直线段，导致多孔介质内的冷却剂分布不均匀，在热流最高的头部区域冷却剂质量反而相对更少，在主流温度较高的情况下，可能会导致多孔介质烧蚀，发散冷却失效，影响飞行器的正常工作。由于气膜冷却和发散冷却在高超声速应用背景下都存在自己的优势和局限性，通过结构设计，可将气膜冷却和发散冷却进行组合，实现优势互补[241]。

Jiang 等[242]在风洞中对采用三种不同冷却结构的支板进行了实验研究，结构如图 1.39 所示。研究结果表明，即使在很大的喷注压力下，仅靠发散冷却不能有效地冷却支板前缘，而在相同的冷却剂消耗下，采用发散冷却和气膜冷却相结合方案的平均效率高于单一发散冷却。

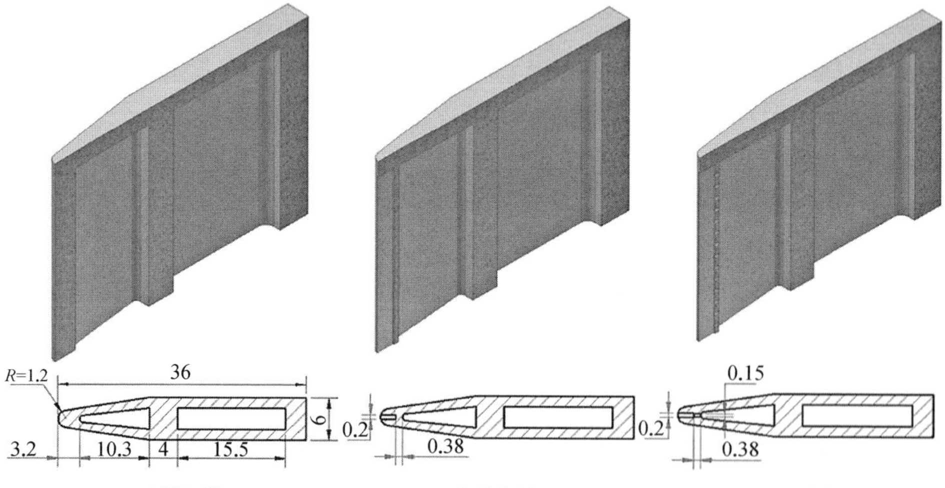

图 1.39　三种支板发散冷却结构示意图(单位：mm)[242]

中国科学技术大学 Ding 等[191]提出了一种气膜-发散双层组合冷却方案，该方案通过调整膜槽的布局来实现结构抗压强度增强和冷却剂的合理分配，研究了三种质量流量下，不同内层气膜孔的数量对结构整体的冷却效率的影响，并对组合冷却结构的流动换热机理进行了研究，研究表明，气膜-发散组合冷却是一种非常有效的前缘主动冷却方式。

1.3 发展建议

从研究综述可知，高超声速飞行器主动减阻降热技术已取得一定的研究进展，并积累了显著的成果，但对机理性问题的认识仍然不够深入，与应用对象的结合不够紧密，尤其是从飞行器总体方案与系统性能角度开展的关键技术研究还比较薄弱。鉴于此，作者提出高超声速飞行器主动减阻降热技术发展建议，供相关科研人员参考。

（1）完善对于流场演化与减阻降热机理的认识。针对单一主动减阻降热方法开展非定常过程与极端服役环境的数值模拟研究，关注非化学平衡效应，表面吸附/反射，催化、氧化和氮化表面化学反应，以及主动质量引射和复杂时变流场演化过程的内在机理。揭示不同物化过程的耦合与竞争机制，结合更小尺度的介观水平方法和分子水平方法对宏观数值模拟研究成果进行完善，构建自主可控的宏观、微观、介观及跨尺度多场多域耦合的多层级数值计算模型。

（2）推进组合式主动减阻降热方法研究。组合式主动减阻降热方法相较于单一方法往往体现出更好的性能，并且在复杂多变的飞行环境中可以保持更为稳定的工作能力。在已有组合减阻降热方法的基础上，综合多种方法设计组合方案，构建全剖面、分段式、多方法的组合减阻降热策略，实现综合性能互补，在提升减阻降热性能的同时兼顾稳定流场、减质增程、延迟转捩等多方面能力。

（3）探索主/被动复合冷却新形式。被动式热防护方法相较于主动式有着更高的成熟度及更完善的工程应用体系，推进主/被动结合有助于加快主动减阻降热方法的工程化应用。研究热沉结构与再生冷却结合、烧蚀结构与发散冷却结合、隔热结构与气膜冷却结合的新型主被动一体化减阻降热双效耦合方法。通过主、被动方案的结构耦合和适应性工作，实现全局最佳热防护综合效能。

（4）建立主动减阻降热方法综合效能评价体系。从高超声速飞行器综合性能角度出发，主动减阻降热方法评价指标不应仅局限于力/热特性，而应当充分地考虑结构质量、控制与操稳、航程、飞行品质等指标，建立综合效能评价体系。同时，需要考虑飞行器系统健康监测、流场时变振荡特性及工质传热恶化对结构寿命所造成的影响，展开系统方案寿命与经济性评估。

(5) 引入人工智能技术驱动数据发展。建立气动力/热数据库,融合卷积神经网络、生成式对抗网络、图神经网络等前沿智能化方法,构建流场结构演化、飞行器力热特性转变和减阻降热效能快速预估模型。构建参数变化与方法性能间的关联机制,深入挖掘设计参数选取的内在规律和关键优化区间,全面提升设计方法的科学性和参数优化时效性。

(6) 拓展主动减阻降热方法在飞行器整机中的应用。当前主动减阻降热方法的研究及性能评估多聚焦于特定部件的局部区域,不仅忽略了系统的集成应用,而且难以兼顾宽速域、大空域、长航时下整机减阻降热的综合需求。因此,应当统筹考虑主动减阻降热方法的综合特征,就减阻降热方法分区域配置策略和模块式协同作用方法展开探索,为高超声速飞行器全飞行包线下整机减阻降热提供理论指导。

(7) 推进主动减阻降热方案的系统级研制。现有研究多停留在具体方法的性能探索及优化层面,而未能关注到其实现途径和工程应用。针对喷流、发散冷却、气膜冷却等需要冷却介质供给的主动减阻降热方法,开展冷却工质产、储、供一体化链路研制,在供给一侧着力解决工质供给控制和输运中的强时变、多场耦合及多学科设计优化的问题。

(8) 加快特种加工制造领域融合发展。激波针对应大长径比圆孔加工,迎风凹腔对应复杂型面内腔室加工,发散冷却对应多孔介质中微米级非均匀的流道制造,这些特点均给机械设备加工制造能力提出了更高的要求,亟须在增材制造、微纳制造、智能制造中探寻自由度更高的加工尺度、更精细的加工工艺和更完备的成型制造方法。

(9) 推进天地一致性研究。当前针对主动减阻降热方法开展的飞行试验较少,地面实验测试环境与实际大气环境又存在较大差距,即高速飞行过程中的高温气体效应、真实气体效应、稀薄气体效应、激波/边界层干扰等极端工况在地面难以有效地复现,很多主动减阻降热方案在真实飞行条件下的性能无法得到检验。因此,需要开展高超声速风洞实验气动数据天地一致性分析,把握风洞实验状态与真实飞行条件产生差异的规律,并推动开展飞行试验的搭载验证。

1.4 本书研究内容

本书共由四大部分、10 章组成,全书章节结构如图 1.40 所示。

图 1.40 全书章节结构

第一部分由第 1、2 章组成。第 1 章介绍了高超声速飞行器主动减阻降热技术需求和应用背景，阐明了典型主动减阻降热方法的技术特征、研究现状，并针对未来研究方向提出了发展建议。第 2 章建立了高超声速气动力/热数值模拟方法,通过与公开实验数据对比验证了研究方法的准确性和可靠性。

第二部分为喷流在高超声速飞行器中的应用,由第3、4章组成。第3章以锥导乘波构型飞行器为研究对象,揭示有无喷流的乘波构型飞行器三维流场结构演化机理,分析不同喷流方案的减阻降热机制,探究喷孔数量、喷流总压比和飞行参数对乘波构型飞行器气动性能与减阻降热特性的影响。第4章将多点喷流方法应用于空天飞行器边条翼,揭示典型飞行工况下喷流与近壁面自由来流的相互作用机制,研究了不同喷孔布置策略对空天飞行器近壁面流场结构、整机气动性能以及减阻降热特性影响。

第三部分为喷流-激波针组合方法在高超声速飞行器中的应用,共包括第5~8章。第5章研究了逆向喷流-激波针组合方法在六种典型高超声速飞行器头部构型中的应用,系统性地分析了激波针长度和飞行攻角对减阻降热性能的影响规律。第6章提出一种带侧向喷流的双喷流-激波针改进构型并对其在非设计工况下的减阻降热机制、喷孔布置策略进行研究。第7章以根部逆向喷流为核心,提出两种新型双喷流-激波针组合构型并深入探究喷流布置策略、喷注策略、构型几何参数对减阻降热特性的影响规律。第8章研究了逆向喷流-激波针组合方法在极高动压飞行环境中的应用,以旋成体和升力体构型高超声速飞行器为研究对象,探究组合方法在极端环境中的减阻降热特性,验证组合方法的宽域工作能力。

第四部分为气膜冷却、发散冷却及其组合方法在高超声速飞行器中的应用,包括第9、10章。第9章建立了气膜冷却、发散冷却及组合冷却数值计算模型,以高超声速飞行器前缘为研究对象,分别探究了气膜冷却、发散冷却和组合冷却的流动换热特性和降热效果,并从几何结构参数、冷却剂供给策略和冷却剂种类等多方面进行参数特性研究。第10章评估了气膜-发散冷却组合方法在高超声速飞行器中的应用效能,综合探究了前缘构型参数和飞行参数对气膜-发散组合冷却特性的影响规律。

参考文献

[1] Tsien H S. Similarity laws of hypersonic flows[J]. Journal of Mathematics and Physics, 2012, 25(3): 247-251.

[2] 瞿章华,刘伟,曾明,等.高超声速空气动力学[M].长沙: 国防科技大学出版社,2001.

[3] Anderson J D. Fundamentals of aerodynamics[M]. New York: McGraw-Hill Book Company, 1984.

[4] 赵海洋,刘书雷,吴集,等.国外高超声速临近空间飞行器技术进展[J].飞航导弹,2013

(9)：8－13.
[5] 郭永奇.高超声速飞行器气动力/热多学科耦合优化设计[D].南京：南京航空航天大学,2013.
[6] 谢赞,周灿灿,赵振涛,等.宽速域飞行器发展及研究现状综述[J].空天技术,2022,(4)：28－39.
[7] 王珏,蔡巧言,王飞,等.重复使用航天运输系统发射运维需求分析[J].导弹与航天运载技术,2022(3)：1－7.
[8] 包为民.可重复使用运载火箭技术发展综述[J].航空学报,2023,44(23)：8－33.
[9] 林鹏,左林玄,王霄,等.未来作战飞机飞发一体化技术的思考[J].航空动力,2018(2)：52－57.
[10] 蒋劲.超燃冲压发动机燃烧室再生冷却研究[D].西安：西北工业大学,2006.
[11] Paul J K, Jeffrey M D. Heat flux measurements in a scramjet combustor using direct write technology[C]. San Francisco: 17th AIAA International Space Planes and Hypersonic Systems and Technologies Conference, 2011.
[12] Song K D, Choi S H, Scotti S J. Transpiration cooling experiment for scramjet engine combustion chamber by high heat fluxes[J]. Journal of propulsion and power, 2006, 22(1): 96－102.
[13] Kelly H N, Blosser M L. Active cooling from the sixties to NASP[J]. NASA Conference Publication, 1992, 3157: 189－249.
[14] Pezzella G. Aerodynamics and aerothermodynamic design of future launchers preparatory program concepts[J]. Aerospace Science and Technology, 2012, 23(1): 233－249.
[15] 刘双.高超声速飞行器热防护系统主动冷却机制与效能评估[D].哈尔滨：哈尔滨工业大学,2010.
[16] 王璐,王友利.高超声速飞行器热防护技术研究进展和趋势分析[J].宇航材料工艺,2016,46(1)：1－6.
[17] 黄杰.高超声速飞行器热防护系统综合研究[D].南京：南京航空航天大学,2021.
[18] 黄盛.新型空天飞行器与热防护系统设计[D].南京：南京航空航天大学,2013.
[19] 高广宇,刘冰,黄伟,等.高超声速飞行器逆向射流减阻防热技术综述[J].战术导弹技术,2021(4)：67－75.
[20] Guo J H, Lin G P, Bu X Q, et al. Parametric study on the heat transfer of a blunt body with counterflowing jets in hypersonic flows[J]. International Journal of Heat and Mass Transfer, 2018, 121: 84－96.
[21] Ahmed M Y M, Qin N. Forebody shock control devices for drag and aero-heating reduction: A comprehensive survey with a practical perspective[J]. Progress in Aerospace Sciences, 2020, 112: 100585.
[22] 谢佐慰.三叉戟Ⅰ型导弹的头部[J].国外导弹技术,1980(6)：1－15.
[23] Love E S. The effects of a small jet of air exhausting from the nose of a body of revolution in supersonic flow[M]. Washington: National Advisory Committee for Aeronautics, 1952.
[24] Laptoff M. Wing-flow study of pressure drag reduction at transonic speed by projecting a jet of air from the nose of a prolate spheroid of fineness ratio 6[R]. Hampton: NACA, 1951.

[25] Warren C. An experimental investigation of the effect of ejecting a coolant gas at the nose of a bluff body[J]. Journal of Fluid Mechanics, 1960, 8(3): 400 - 417.

[26] Huang W. A survey of drag and heat reduction in supersonic flows by a counterflowing jet and its combinations[J]. Journal of Zhejiang University-Science A, 2015, 16(7): 551 - 561.

[27] Sun X W, Huang W, Ou M, et al. A survey on numerical simulations of drag and heat reduction mechanism in supersonic/hypersonic flows[J]. Chinese Journal of Aeronautics, 2019, 32(4): 771 - 784.

[28] 朱广生,姚世勇,段毅.高速飞行器减阻降热流动控制技术研究进展及工程应用若干问题[J/OL].航空学报,2023: http: //kns.cnki.net/kcms/detail/11.1929.v.20230606.1336.011.html.

[29] Guo J H, Lin G P, Bu X Q, et al. Sensitivity analysis of flowfield modeling parameters upon the flow structure and aerodynamics of an opposing jet over a hypersonic blunt body[J]. Chinese Journal of Aeronautics, 2020, 33(1): 161 - 175.

[30] Guo J H, Lin G P, Bu X Q, et al. Parametric study on the heat transfer of a blunt body with counterflowing jets in hypersonic flows[J]. International Journal of Heat and Mass Transfer, 2018, 121: 84 - 96.

[31] Balaji S V, Cheng G, Chang C L, et al. Long penetration mode counterflowing jets for supersonic slender configurations-A numerical study[C]. Chicago: 31st AIAA Applied Aerodynamics Conference, 2013.

[32] Hayashi K, Aso S. Effect of pressure ratio on aerodynamic heating reduction due to opposing jet[C]. San Diego: 33rd AIAA Fluid Dynamics Conference and Exhibit, 2003.

[33] Hayashi K, Aso S, Tani Y. Numerical study of thermal protection system by opposing jet [C]. Reno: 43rd AIAA Aerospace Sciences Meeting and Exhibit, 2005.

[34] Hayashi K, Aso S, Tani Y. Experimental study on thermal protection system by opposing jet in supersonic flow[J]. Journal of Spacecraft and Rockets, 2006, 43(1): 233 - 236.

[35] Huang W, Zhang R R, Yan L, et al. Numerical experiment on the flow field properties of a blunted body with a counterflowing jet in supersonic flows[J]. Acta Astronautica, 2018, 147: 231 - 240.

[36] Deng F, Xie F, Huang W, et al. Numerical exploration on jet oscillation mechanism of counterflowing jet ahead of a hypersonic lifting-body vehicle[J]. Science China Technological Sciences, 2017, 61(7): 1056 - 1071.

[37] Shen B X, Liu W Q. Thermal protection performance of a low pressure short penetration mode in opposing jet and its application[J]. International Journal of Heat and Mass Transfer, 2020, 163: 120466.

[38] Wang Z K, Zhang X B. Parametric research on drag reduction and thermal protection of blunt-body with opposing jets of forward convergent nozzle in supersonic flows[J]. Acta Astronautica, 2022, 190: 218 - 230.

[39] 周超英,纪文英,张兴伟,等.超声速钝体逆向喷流减阻的数值模拟研究[J].应用力学学报,2012,29(2): 159 - 163.

[40] Huang J, Yao W X, Jiang Z P. Penetration mode effect on thermal protection system by

opposing jet[J]. Acta Astronautica, 2019, 160: 206 - 215.

[41] 董昊,张旭东,刘是成,等.高超声速逆向喷流数值模拟和风洞实验[J].空气动力学报,2022,40(4): 101 - 109.

[42] 范冰,黄杰,单先阳.逆向喷流主动流动控制及减阻机理研究[J].机械设计与制造工程,2020,49(12): 68 - 72.

[43] Li S B, Wang Z G, Huang W, et al. Effect of the injector configuration for opposing jet on the drag and heat reduction[J]. Aerospace Science and Technology, 2016, 51: 78 - 86.

[44] Li S B, Wang Z G, Huang W, et al. Drag and heat reduction performance for an equal polygon opposing jet[J]. Journal of Aerospace Engineering, 2017, 30(1): 04016065.

[45] Bibi A, Maqsood A, Sherbaz S, et al. Drag reduction of supersonic blunt bodies using opposing jet and nozzle geometric variations[J]. Aerospace Science and Technology, 2017, 69: 244 - 256.

[46] 王明华,汪超,谢鹏,等.喷口形状对高超声速逆向喷流减阻的影响[C].杭州: 中国力学大会,2019.

[47] Zhang W Q, Wang X, Zhang Z J, et al. Transient numerical simulation of hemispherical cone with combined opposing jet in hypersonic flow[J]. Acta Astronautica, 2020, 175: 327 - 337.

[48] 张道毅,周超英.圆环形及其组合体喷流的减阻防热机理研究[J].航空学报,2022,43(12): 174 - 187.

[49] 张道毅.高超声速飞行器圆环形喷流减阻降热数值模拟研究[D].哈尔滨: 哈尔滨工业大学,2022.

[50] Rong Y S. Drag reduction research in supersonic flow with opposing jet[J]. Acta Astronautica, 2013, 91: 1 - 7.

[51] Gerdroodbary M B, Imani M, Ganji D D. Investigation of film cooling on nose cone by a forward facing array of micro-jets in hypersonic flow[J]. International Communications in Heat and Mass Transfer, 2015, 64: 42 - 49.

[52] 樊伟杰,周进,李世斌.半球头体多孔逆向射流的减阻性能[J].航空动力学报,2020,35(10): 2176 - 2185.

[53] Li S B, Huang W, Lei J, et al. Drag and heat reduction mechanism of the porous opposing jet for variable blunt hypersonic vehicles[J]. International Journal of Heat and Mass Transfer, 2018, 126: 1087 - 1098.

[54] Li S B, Zhang T T, Ou C, et al. Mechanism study on drag reduction and thermal protection for the porous opposing jet in hypersonic flow[J]. Aerospace Science and Technology, 2020, 103: 105933.

[55] Fan W J, Li S B, Zhou J, et al. Study on the drag and heat reduction performance of porous opposing jet in hypersonic flow[J]. International Journal of Heat and Mass Transfer, 2019, 351 - 361.

[56] 陈铮.基于多点喷流的高超声速飞行器气动特性研究[D].长沙: 中南大学,2023.

[57] Ji C, Liu B, Li S B, et al. Parametric investigation on drag reduction and thermal protection characteristics of the porous opposing jet in the hypersonic flow[J]. Aerospace Science and

Technology, 2021, 116: 106867.
[58] Ji C, Liu B, Huang W, et al. Investigation on the drag reduction and thermal protection properties of the porous opposing jet in the supersonic flow: A parametric study with constant mass flow rate[J]. Aerospace Science and Technology, 2021, 118: 107064.
[59] 冀晨,刘冰,黄伟,等.超声速气流中多孔逆向射流减阻防热机理研究[J].战术导弹技术,2021(1): 44-51.
[60] Takashige I, Hisashi O, Shigeru A, et al. Enhancement of aerodynamic heating reduction in high enthalpy flows with opposing jet[C]. Orlando: 49th AIAA Aerospace Sciences Meeting including the New Horizons Forum and Aerospace Exposition, 2011.
[61] Zhang W Q, Wang X W, Zhang Z J, et al. Heat and drag reduction of single and combined opposing jets in hypersonic nonequilibrium flows[J]. Aerospace Science and Technology, 2022, 121: 107194.
[62] Ajay P, Shailendra K, Vinayak K. Analysis of counter flow injection technique at elevated enthalpy hypersonic reacting flows[J]. International Journal of Heat and Mass Transfer, 2022, 182: 121893.
[63] Zhou C Y, Ji W Y. A three-dimensional numerical investigation on drag reduction of a supersonic spherical body with an opposing jet[J]. Journal of Aerospace Engineering, 2014, 228(2): 163-177.
[64] Lu H B, Liu W Q. Numerical investigation on properties of attack angle for an opposing jet thermal protection system[J]. Chinese Physics B, 2012, 21(8): 289-294.
[65] Li S B, Wang Z G, Huang W, et al. Analysis of flowfield characteristics for equal polygon opposing jet on different freeflow conditions[J]. Acta Astronautica, 2017, 133: 50-62.
[66] Deng F, Xie F, Qin N, et al. Drag reduction investigation for hypersonic lifting-body vehicles with aerospike and long penetration mode counterflowing jet[J]. Aerospace Science and Technology, 2018, 76: 361-373.
[67] Shen B X, Liu W Q. Thermal protection performance of opposing jet generating with solid fuel [J]. Acta Astronautica, 2018, 144: 90-96.
[68] Shen B X, Liu W Q, Yin L. Drag and heat reduction efficiency research on opposing jet in supersonic flows[J]. Aerospace Science and Technology, 2018, 77: 696-703.
[69] Jin W W. Attached flow formed by opposing jet in hyper/supersonic flow[J]. International Journal of Heat and Mass Transfer, 2019, 141: 905-921.
[70] Zhang R R, Huang W, Yan L, et al. Moradi R. Numerical investigation of drag and heat flux reduction mechanism of the pulsed counterflowing jet on a blunt body in supersonic flows[J]. Acta Astronautica, 2018, 146: 123-133.
[71] Zhang R R, Huang W, Li L Q, et al. Drag and heat flux reduction induced by the pulsed counterflowing jet with different periods on a blunt body in supersonic flows[J]. International Journal of Heat and Mass Transfer, 2018, 127: 503-512.
[72] Zhang R R, Huang W, Yan L, et al. Drag and heat flux reduction induced by the pulsed counterflowing jet with different waveforms on a blunt body in supersonic flows[J]. Acta Astronautica, 2019, 160: 635-645.

[73] Xie W, Luo Z B, Zhou Y, et al. Experimental and numerical investigation on opposing plasma synthetic jet for drag reduction[J]. Chinese Journal of Aeronautics, 2021, 35(8): 75-91.

[74] Liu H P, Wang Z G, Ding M. Fluid-thermal coupled analysis of heat reduction by the opposing jet in hypersonic flows[J]. International Journal of Heat and Mass Transfer, 2020, 147: 119003.

[75] Liu H P, Wang Z G. Fluid-thermal-structural coupling investigations of opposing jet in hypersonic flows[J]. International Communications in Heat and Mass Transfer, 2021, 120: 105017.

[76] Li J, Wang J. An integrated algorithm for hypersonic fluid-thermal-structural analysis of aerodynamically heated cylindrical leading edge[J]. Proceedings of the Institution of Mechanical Engineers, Part G: Journal of Aerospace Engineering, 2019, 233(14): 5177-5191.

[77] Crawford D H. Investigation of the flow over a spiked-nose hemisphere-cylinder at a Mach number of 6.8[R]. Hampton: NACA, 1959, 6(1): 112-118.

[78] Eghlima Z, Mansour K, Fardipour K. Heat transfer reduction using combination of spike and counterflow jet on blunt body at high Mach number flow[J]. Acta Astronautica, 2018, 143: 92-104.

[79] Holden M S. Experimental studies of separated flows at hypersonic speeds, part I: separated flows over axisymmetric spiked bodies[J]. AIAA Journal, 1966, 4(4): 591-599.

[80] 张涵信,黄洁,高树椿.带尖针杆的钝体粘性绕流的数值模拟[J].航空学报,1994,15(5):519-525.

[81] Ahmed M Y M, Qin N. Recent advances in the aerothermodynamics of spiked hypersonic vehicles[J]. Progress in Aerospace Sciences, 2011, 47(6): 425-449.

[82] Wang Z G, Sun X W, Huang W, et al. Experimental investigation on drag and heat flux reduction in supersonic/hypersonic flows: A survey[J]. Acta Astronautica, 2016, 129: 95-110.

[83] Huang W, Chen Z, Yan L, et al. Drag and heat flux reduction mechanism induced by the spike and its combinations in supersonic flows: A review[J]. Progress in Aerospace Sciences, 2019, 105: 31-39.

[84] Alexander S R. Results of tests to determine the effect of a conical windshield on the drag of a bluff body at supersonic speeds[R]. Hampton: NACA RM-L6K08, 1947.

[85] Kalimuthu R, Metha R C, Rathakrishnan E. Drag reduction for spike attached to blunt-nosed body at Mach 6[J]. Journal of Spacecraft and Rockets, 2010, 47(1): 219-222.

[86] Xu Y, Fang S Z, Zhang S. Numerical study on aerodynamic performance of hypersonic vehicle with aerospikes[C]. Tokyo: 7th Asia Conference on Mechanical Engineering and Aerospace Engineering, 2022.

[87] 范冰,黄杰,单先阳.气动杆高超声速减阻机理研究[J].机械设计与制造工程,2021,50(2):75-78.

[88] Sebastian J J, Abhilash S, Heuy D K. Numerical analysis of hypersonic flow past blunt

bodies with aerospikes[J]. Journal of Spacecraft and Rockets, 2016, 53(4): 669 - 677.

[89] Gauer M, Paull A. Numerical investigation of a spiked blunt nose cone at hypersonic speeds [J]. Journal of Spacecraft and Rockets, 2008, 45(3): 459 - 471.

[90] Zhu L, Chen X, Li Y K, et al. Investigation of drag and heat reduction induced by a novel combinational lateral jet and spike concept in supersonic flows based on conjugate heat transfer approach[J]. Acta Astronautica, 2018, 142: 300 - 313.

[91] Mohamad K E, Seyed M T, Liu P F. Evaluation of aerospike for drag reduction on a blunt nose using experimental and numerical modeling[J]. Acta Astronautica, 2019, 160: 656 - 671.

[92] Mehta R C. Numerical heat transfer study around a spiked blunt-nose body at Mach 6[J]. Heat and Mass Transfer, 2013, 49: 485 - 496.

[93] Rajarajan R, Nainar A S, Kapthikeyan A. Effect of aerodisk over a spiked blunt body in hypersonic flow[J]. International Daily Journal, 2015, 37(166): 8 - 15.

[94] Masoud K K, Hesam G. Assessment of the aerodisk size on drag reduction and thermal protection of high-bluntness vehicles at hypersonic speeds[J]. Journal of Aerospace Engineering, 2017, 30(4): 04017008.

[95] Huang W, Li L Q, Yan L, et al. Drag and heat flux reduction mechanism of blunted cone with aerodisks[J]. Acta Astronautica, 2017, 138: 168 - 175.

[96] Huang J, Yao W X. Multi-objective design optimization of blunt body with spike and aerodisk in hypersonic flow[J]. Aerospace Science and Technology, 2019, 93: 105122.

[97] Han R, Liu W, Yang X L, et al. Dynamic drag reduction effects of aerospikes and aerodisks [J]. International Journal of Aerospace Engineering, 2021(1): 9370331.

[98] Fan B, Huang J. Coupled fluid-thermal investigation on drag and heat reduction of a hypersonic spiked blunt body with an aerodisk[J]. Aerospace, 2022, 9(1): 19.

[99] Zhong K, Yan C, Chen S S, et al. Aerodisk effects on drag reduction for hypersonic blunt body with an ellipsoid nose[J]. Aerospace Science and Technology, 2019, 86: 599 - 612.

[100] Srulijes J, Gnemmi P, Runne K, et al. High-pressure shock tunnel experiments and CFD calculations on spike-tipped blunt bodies[C]. St Louis: 22nd AIAA Aerodynamic Measurement Technology and Ground Testing Conference, 2002.

[101] 李永红,高川,唐新武.激波针气动特性及外形参数优化研究[J].兵工学报,2016,37(8): 1415 - 1420.

[102] 何坤,袁化成.典型激波针减阻降热特性及流动机理[J].航空动力学报,2024,39(4): 57 - 69.

[103] Veeresh T, Pratik S P, Venkatasubbaiah K. Numerical investigation of aerospike semi-cone angle and a small bump on the spike stem in reducing the aerodynamic drag and heating of spiked blunt-body: New correlations for drag and surface temperature[J]. Physics of Fluid, 2021, 33(11): 116108.

[104] Yadav R, Guven U. Aerothermodynamics of a hypersonic projectile with a double-disk aerospike[J]. Aeronautical Journal, 2013, 117(1195): 913 - 928.

[105] Gopalakrishna N, Saravanan S. Experimental investigation of heat transfer over double disk

spike-blunt body at Mach 5.7[J]. Experimental Thermal and Fluid Science, 2019, 102: 452－466.

[106] Deng F, Jiao Z H, Liang B B, et al. Spike effects on drag reduction for hypersonic lifting body[J]. Journal of Spacecraft and Rockets, 2017, 54(6): 1185－1195.

[107] Vignesh S, Karthik S, Prakash S K. Thermo-fluid analysis of supersonic flow over ballistic shaped bodies with multiple aero-disk spike configurations[J]. Acta Astronautica, 2021, 180: 292－304.

[108] Huang J, Yao W X, Qin N. Heat reduction mechanism of hypersonic spiked blunt body with installation angle at large angle of attack[J]. Acta Astronautica, 2019, 164: 268－276.

[109] Zhao H L, Peng K, Wu Z P, et al. Numerical simulation of supersonic carman curve bodies with aerospike[J]. International Journal of Aerospace Engineering, 2021(1): 8821721.

[110] 常耀予,刘帆,张家齐.探空火箭减阻杆气动特性分析[J].航空科学技术,2020,31(11): 83－88.

[111] Sajida M, Ahmed Z, Afzal S, et al. Numerical study of spike on blunt nose configuration at supersonic speed[C]. Islamabad : 18th International Bhurban Conference on Applied Sciences and Technologies, 2021.

[112] Suhaas M, Krishna S R, John B B. Reduction of wave drag on parameterized blunt bodies using spikes with varied tip geometries[J]. Acta Astronautica, 2019, 160: 25－35.

[113] 耿云飞,阎超.高超声速自适应激波针数值研究[J].力学学报,2011,43(3): 441－446.

[114] Oliver W, Erich S, Christian S. Experimental study on wave drag reduction at slender bodies by a self-aligning aerospike[M].//Andreas D, Gerd H, Ewald K, et al. New results in numerical and experimental fluid mechanics IX. Heidelberg: Springer, 2014.

[115] Christian S, Oliver W, Erich S. Wave drag reduction due to a self-aligning aerodisk[J]. Progress in Flight Physics, 2015, 7: 475－488.

[116] Christian S, Oliver W, Erich S. Wave drag reduction with a self-aligning aerodisk on a missile configuration[C]. Mulhouse: 6th European Conference for Aerospace Science, 2015.

[117] 韩桂来,姜宗林.支杆-钝头体带攻角流场和“军刺”挡板作用研究[J].力学学报,2011,43(5): 795－802.

[118] Srinath S, Reddy K P J. Experimental investigation of the effects of aerospike geometry on aerodynamic drag and heat transfer rates for a blunt body configuration at hypersonic Mach numbers[J]. International Journal of Hypersonics, 2010, 1(2): 93－114.

[119] Zhu Y, Peng W, Xu R U, et al. Review on active thermal protection and its heat transfer for airbreathing hypersonic vehicles[J]. Chinese Journal of Aeronautics, 2018, 31(10): 1929－1953.

[120] Shine S R, Nidhi S S. Review on film cooling of liquid rocket engines[J]. Propulsion and Power Research, 2018, 7(1): 1－18.

[121] 戴思明,许自然,窦怡彬,等.超高速流动中气膜冷却技术的研究综述[J].空天防御,2023,6(4): 24－30.

[122] Bunker R S. A review of shaped hole turbine film-cooling technology[J]. Heat Transfer,

2005, 127(4): 441-453.

[123] 向树红,商圣飞,沈自才,等.高超声速气膜冷却技术研究进展及发展方向[J].宇航材料工艺,2020,50(3): 1-10.

[124] Zhu L, Chen X, Tian X T, et al. Assessment on jet direction effect on drag and heat reduction efficiency for hypersonic vehicles[J]. Aerospace Science and Technology, 2020, 106: 105932.

[125] 沈斌贤,曾磊,刘骁,等.高超声速飞行器主动质量引射热防护技术研究进展[J].空气动力学学报,2022,40(6): 1-13.

[126] 邓帆,谢峰,黄伟,等.逆向喷流技术在高超声速飞行器上的应用[J].空气动力学学报,2017,35(4): 485-495.

[127] 宋长青.超声速来流狭缝喷注气膜冷却研究[D].长沙: 国防科技大学,2018.

[128] 贺业光,张明,张德恒,等.U 形凹坑孔气膜冷却特性实验研究[J].航空动力学报,2025,40(3): 38-47.

[129] 朱惠人,许都纯,刘松龄.气膜孔形状对排孔下游冷却效率的影响[J].航空学报,2002(1): 75-78.

[130] 商圣飞,向树红,姜利祥,等.气膜孔形状对高超声速飞行器对撞流气膜冷却效果的影响[J].航天器环境工程,2020,37(4): 342-347.

[131] Wang K, Ao Y, Zhao K, et al. Improving film cooling efficiency with lobe-shaped cooling holes: An investigation with large-eddy simulation[J]. Applied Sciences, 2023, 13(7): 4618.

[132] 张盛昌,张靖周,谭晓茗.利用上游沙丘形斜坡增强气膜冷却[J].航空动力学报,2020,35(5): 973-982.

[133] 何坤,王茜,晏鑫.吹风比和肋板对叶片尾缘开缝气膜冷却特性的影响[J].西安交通大学学报,2024,58(5): 99-110.

[134] 唐润泽,李海旺,周志宇,等.冷却气进气角度对端壁泄漏流气膜冷却特性影响[J].航空动力学报,2024,39(8): 76-84.

[135] Han Q X, He X M, Tan H Y. Experimental study on film-cooling with supersonic injection[J]. Journal of Nanjing University of Aeronautics and Astronautics, 1998, 30(5): 491-495.

[136] Daso E O, Pritchett V E, Wang T S, et al. Dynamics of shock dispersion and interactions in supersonic freestreams with counterflowing jets[J]. AIAA Journal, 2009, 47(6): 1313-1326.

[137] Xu Z X, Xu Z Y, Chen Y K. A cooling efficiency model and numerical research of multiparameter film cooling[J]. Journal of Thermal Science and Engineering Applications, 2023, 15(10): 101001.

[138] 陈泊宏,易仕和.高超声速主流中平/曲面上超声速气膜冷却特性[J].国防科技大学学报,2025,47(1): 126-135.

[139] Sun X, Ding H, Liu M X, et al. Experimental investigation on supersonic film cooling of hypersonic optical dome under different nozzle pressure ratios[J]. Aerospace Science and Technology, 2023, 140: 108488.

[140] 杨艳静,商圣飞,向树红,等.基于主动气膜冷却的射流热防护技术仿真研究[J].航天器环境工程,2019,36(5):428-433.

[141] 罗晓波,杨艳静,杨泽南,等.晶格阵列结构与主流高超声速气膜冷却交互作用的数值研究[J].航天器环境工程,2021,38(2):115-121.

[142] Sahoo N, Kulkarni V, Saravanan S, et al. Film cooling effectiveness on a large angle blunt cone flying at hypersonic speed[J]. Physics of Fluids, 2005, 17(3): 036102.

[143] 胡文杰,邱云龙,邹昊,等.高速飞行器边界层质量引射降热减阻技术流量分区优化研究[J].力学学报,2024,56(6):1688-1701.

[144] Zhang H, Gou J, Yin P, et al. Film-cooling hole optimization and experimental validation considering the lateral pressure gradient[J]. Frontiers in Mechanical Engineering, 2023, 8: 973293.

[145] Zuo J, Zhang S, Bao W, et al. Effects of supersonic film cooling on shock wave/boundary layer interaction in a scramjet combustor[J]. Thermal Science and Engineering Progress, 2023, 41: 101817.

[146] 伍楠.发散冷却关键问题的实验和数值研究[D].合肥:中国科学技术大学,2019.

[147] 庙智超.高超声速飞行器前缘发散冷却特性研究[D].长沙:中南大学,2022.

[148] Eckert E R G, Livingood J N B. Comparison of effectiveness of convection-, transpiration-, and film-cooling methods with air as coolant[M]. Washington D C: National Advisory Committee for Aeronautics, 1953.

[149] 栾芸,贺菲,王建华.临近空间飞行器发汗冷却研究进展[J].推进技术,2023,44(1):6-20.

[150] 陈忠灿,张凯,李枫,等.发汗冷却技术在飞行器上的应用及展望[J].清华大学学报(自然科学版),2024,64(2):318-336.

[151] 潘利生,郝亨隆,姚子康,等.高速飞行器减阻降热研究进展[J].力学进展,2023,53(4):793-818.

[152] Landis J, Bowman W. Numerical study of a transpiration cooled rocket nozzle[C]. Lake Buena Vista: 32nd Joint Propulsion Conference and Exhibit, 1996.

[153] 贺菲.发散冷却基础问题的理论和实验研究[D].合肥:中国科学技术大学,2014.

[154] Colladay R S. Analysis and comparison of wall cooling schemes for advanced gas turbine applications[M]. Washington: National Aeronautics and Space Administration, 1972.

[155] Huang Z, Xiong Y B, Liu Y Q, et al. Experimental investigation of full-coverage effusion cooling through perforated flat plates[J]. Applied Thermal Engineering, 2015, 76: 76-85.

[156] 王力,张保红,林冰涛,等.自发汗冷却材料的研究现状[J].宇航材料工艺,2013,43(3):19-24.

[157] 丁锐.发散冷却在高超声速飞行器上的应用可行性研究[D].合肥:中国科学技术大学,2020.

[158] 马杰,林佳,王建华.液态水相变发散冷却的实验[J].航空动力学报,2014,29(3):556-562.

[159] Shen L, Wang J H, Dong W J, et al. An experimental investigation on transpiration cooling with phase change under supersonic condition[J]. Applied Thermal Engineering, 2016,

105: 549 - 556.
[160] Liu Y Q, Jiang P, Jin S, et al. Transpiration cooling of a nose cone by various foreign gases [J]. International Journal of Heat and Mass Transfer, 2010, 53(23 - 24): 5364 - 5372.
[161] 林佳.气动热及发散冷却研究[D].合肥: 中国科学技术大学,2014.
[162] 朱广生,段毅,姚世勇,等.壁面质量引射对高速飞行器减阻降热影响的研究[J].空气动力学学报,2023,41(8): 59 - 70.
[163] 张峰.层板发汗冷却理论分析及应用研究[D].长沙: 国防科学技术大学,2008.
[164] 尹亮,刘伟强.热流体层板装置研究进展及应用综述[J].国防科技大学学报,2021,43(3): 15 - 22.
[165] 金韶山.液体火箭发动机推力室及钝体头锥发汗冷却研究[D].北京: 清华大学,2008.
[166] 闫帅.超临界压力碳氢燃料在多孔介质中结焦与传热实验研究[D].北京: 清华大学,2017.
[167] 刘韬略,吕玉姝,栾芸,等.双层多孔板结构相变发汗冷却的数值模拟研究[J].力学学报,2024,56(1): 121 - 129.
[168] 欧阳小龙.多孔介质传热局部非热平衡效应的基础问题研究[D].北京: 清华大学,2014.
[169] 黄干.高温与超声速条件下单相及相变发汗冷却规律研究[D].北京: 清华大学,2018.
[170] Eisfeld B, Schnitzlein K. The influence of confining walls on the pressure drop in packed beds[J]. Chemical engineering science, 2001, 56(14): 4321 - 4329.
[171] 时骏祥.发散冷却基础问题的理论研究[D].合肥: 中国科学技术大学,2009.
[172] Kim D Y. Flow and heat transfer characteristics in high porosity metal foams[D]. 上海: 上海交通大学,2015.
[173] 李亨,张锡文,何枫.论多孔介质中流体流动问题的数值模拟方法[J].石油大学学报(自然科学版),2000,24(5): 111 - 116.
[174] 赵升.多孔介质材料多物理场耦合数值模拟分析[D].大连: 大连理工大学,2021.
[175] 胡明启.多孔介质与纯流体交界面处过渡层模型研究[D].武汉: 华中科技大学,2019.
[176] Vafai K, Tien C L. Boundary and inertia effects on flow and heat transfer in porous media [J]. International Journal of Heat and Mass Transfer, 1981, 24(2): 195 - 203.
[177] 赵一朴.含化学非平衡效应的钝体绕流的发汗型降热减阻数值研究[D].北京: 北京交通大学,2022.
[178] 路朗,辛成运,刘忠鑫.多孔介质局部非热平衡模型研究综述[J].热能动力工程,2019,34(7): 1 - 8.
[179] van Foreest A, Sippel M, Gülhan A, et al. Transpiration cooling using liquid water[J]. Journal of Thermophysics and Heat Transfer, 2009, 23(4): 693 - 702.
[180] Zhang B, Huang H M, Lu X L, et al. Experimental investigation on transpiration cooling for porous ceramic with liquid water[J]. Acta Astronautica, 2020, 167: 117 - 121.
[181] Wang J H, Zhao L J, Wang X C, et al. An experimental investigation on transpiration cooling of wedge shaped nose cone with liquid coolant[J]. International Journal of Heat and Mass Transfer, 2014, 75: 442 - 449.
[182] Shen L, Wang J H, Dong W J, et al. An experimental investigation on transpiration cooling

with phase change under supersonic condition[J]. Applied Thermal Engineering, 2016, 105: 549 - 556.

[183] 李晓阳,李浩,姜培学,等.陶瓷基复合材料相变发汗冷却实验研究[J].工程热物理学报,2024,45(2): 506 - 513.

[184] Böhrk H. Transpiration-cooled hypersonic flight experiment: Setup, flight measurement, and reconstruction[J]. Journal of Spacecraft and Rockets, 2015, 52(3): 674 - 683.

[185] Boehrk H. Transpiration cooling at hypersonic flight-AKTiV on SHEFEX II[C]. Atlanta: 11th AIAA/ASME Joint Thermophysics and Heat Transfer Conference, 2014.

[186] Gülhan A, Siebe F, Thiele T, et al. Sharp edge flight experiment-II instrumentation challenges and selected flight data[J]. Journal of Spacecraft and Rockets, 2014, 51(1): 175 - 186.

[187] Turner J, Ettl J, Hörschgen-Eggers M, et al. SHEFEX II vehicle and subsystem design, flight performance and their application to future hypersonic missions [C]. Kraków: Proceedings of the ESA-PAC 21st Symposium, 2013.

[188] Meng Y S, Yan L, Huang W, et al. Coupled investigation on drag and heat flux reduction over spiked waverider with a wide-speed range [J]. Acta Astronautica, 2021, 182: 498 - 516.

[189] 栾芸,贺菲,王建华.飞行器鼻锥凹腔-发散组合冷却数值模拟[J].航空学报,2021,42(2): 18 - 26.

[190] Shen B, Liu H, Liu W. Influence of angle of attack on a combined opposing jet and platelet transpiration cooling blunt nose in hypersonic vehicle[J]. Journal of Zhejiang University-SCIENCE A, 2020, 21(9): 761 - 769.

[191] Ding R, Wang J H, He F, et al. Numerical investigation on a double layer combined cooling structure for aerodynamic heat control of hypersonic vehicle leading edge [J]. Applied Thermal Engineering, 2020, 169: 114949.

[192] Huang G, Zhu Y, Liao Z Y, et al. Experimental study on combined cooling method for porous struts in supersonic flow[J]. Journal of Heat Transfer, 2018, 140(2): 022201.

[193] 王毅,姚卫星.高超声速飞行器气动杆和逆向喷流复合构型气动阻力优化[J].机械设计与制造工程,2020,49(9): 1 - 5.

[194] Mohammad S K, Mohammad J O. Investigation and recent developments in aerodynamic heating and drag reduction for hypersonic flows[J]. Heat and Mass Transfer, 2019, 55(2): 547 - 569.

[195] Eghlima Z, Mansour K. Drag reduction for the combination of spike and counterflow jet on blunt body at high Mach number flow[J]. Acta Astronautica, 2017, 133: 103 - 110.

[196] Ou F, Sun D, Bai J Q, et al. Numerical investigation of blunt body's heating load reduction with combination of spike and opposing jet[J]. International Journal of Heat and Mass Transfer, 2018, 127: 7 - 15.

[197] Huang J, Yao W X, Shuang X Y. Numerical investigation on drag and heat reduction mechanism of combined spike and rear opposing jet configuration[J]. Acta Astronautica, 2019, 155: 179 - 190.

[198] Huang J, Yao W X. A novel non-ablative thermal protection system with combined spike and opposing jet concept[J]. Acta Astronautica, 2019, 159: 41-48.

[199] Huang J, Yao W X. Parameter study on drag and heat reduction of a novel combinational spiked blunt body and rear opposing jet concept in hypersonic flows[J]. International Journal of Heat and Mass Transfer, 2020, 150: 119236.

[200] Ma K, Li Y K, Zhu L, et al. Spike root oblique jet effect on drag and heat load reduction performance for hypersonic vehicles[J]. Acta Astronautica, 2020, 177: 588-603.

[201] Ou M, Yan L, Huang W, et al. Detailed parametric investigations on drag and heat flux reduction induced by a combinational spike and opposing jet concept in hypersonic flows [J]. International Journal of Heat and Mass Transfer, 2018, 126: 16-31.

[202] Ou M, Yan L, Huang W, et al. Design exploration of combinational spike and opposing jet concept in hypersonic flows based on CFD calculation and surrogate model[J]. Acta Astronautica, 2019, 155: 287-301.

[203] 张江,彭程,蔡琛芳,等.基于响应面法的带喷流激波针参数优化研究[J].空气动力学学报,2015,33(2):204-210.

[204] Huang J, Yao W X, Shan X Y. Coupled fluid-thermal investigation on non-ablative thermal protection system with spiked body and opposing jet combined configuration[J]. Chinese Journal of Aeronautics, 2019, 32(6): 1390-1402.

[205] 马坤,朱亮,陈雄,等.高超声速流场支杆射流减阻降热的流热耦合[J].航空动力学报,2020,35(4):793-804.

[206] Meng Y S, Yan L, Huang W, et al. Fluid-thermal coupled investigation on the combinational spike and opposing/lateral jet in hypersonic flows[J]. Acta Astronautica, 2021, 185: 264-282.

[207] 何天琦,罗世彬.带逆向喷流-激波针非设计点减阻防热性能研究[J].飞行力学,2019,37(6):46-50.

[208] Geng Y F, Yu J, Kong W X. Investigation on a new method of adaptive drag reduction and non-ablation thermal protection system for hypersonic vehicles[J]. Acta Aerodynamica Sinica, 2012, 30(4): 492-501.

[209] Jiang Z L, Liu Y F, Han G L, et al. Experimental demonstration of a new concept of drag reduction and thermal protection for hypersonic vehicles[J]. Acta Mechanica Sinica, 2009, 25(3): 417-419.

[210] 李珺,王俊峰,赵雅甜,等.面向非设计工况的激波针-喷流复合构型研究[J].航空学报,2022,43(9):125949.

[211] 王俊峰.激波针-喷流构型在高超声速流动中的减阻降热特性研究[D].长沙:中南大学,2023.

[212] Zhu L, Li Y K, Chen X, et al. Hypersonic flow characteristics and relevant structure thermal response induced by the novel combined spike-aerodome and lateral jet strategy[J]. Aerospace Science and Technology, 2019, 95: 105459.

[213] Han G L, Jiang Z L. Hypersonic flow field reconfiguration and drag reduction of blunt body with spikes and sideward jets[J]. International Journal of Aerospace Engineering, 2018

(7): 1－16.
[214] Zhu L, Chen X, Li Y K, et al. Investigation of drag and heat reduction induced by a novel combinational lateral jet and spike concept in supersonic flows based on conjugate heat transfer approach[J]. Acta Astronautica, 2018, 142: 300－313.
[215] Huang J, Yao W X. Active flow control by a novel combinational active thermal protection for hypersonic vehicles[J]. Acta Astronautica, 2020, 170: 320－66330.
[216] 黄杰,姚卫星.高超声速飞行器激波控制减阻技术[J].宇航学报,2020,41(10): 1280－1287.
[217] Dong M, Liao J, Huang W, et al. Influences of lateral jet location and its number on the drag reduction of a blunted body in supersonic flows[J]. The Aeronautical Journal, 2020, 124(1277): 1055－1069.
[218] 马坤.高超声速飞行器支杆射流组合技术减阻降热特性研究[D].南京: 南京理工大学,2021
[219] Qin Q H, Xu J L, Guo S. Reduction of aeroheating and drag using lateral/oblique/opposing jet on aerodome[J]. Journal of Spacecraft and Rocket, 2018, 55(2): 523－527.
[220] Zhu L, Chen X, Tian X T, et al. Assessment on jet direction effect on drag and heat reduction efficiency for hypersonic vehicles[J]. Aerospace Science and Technology, 2020, 166: 105932.
[221] Zhu L, Li Y K, Gong L K, et al. Coupled investigation on drag reduction and thermal protection mechanism induced by a novel combinational spike and multi-jet strategy in hypersonic flows [J]. International Journal of Heat and Mass Transfer, 2019, 131: 944－964.
[222] Zhu L, Tian X T, Li W X, et al. Nonablative dual-jet strategy for drag and heat reduction of hypersonic blunt vehicles[J]. Journal of Aerospace Engineering, 2021, 34(5): 04021052.
[223] 许阳,陈宣亮.超声速飞行器减阻杆/盘与双喷流组合构型减阻和防热性能[J].航空动力学报,2024,39(5): 213－230.
[224] 曾品棚,陈树生,李金平,等.减阻杆与圆环形喷流组合构型钝头降热数值模拟研究[J].航空学报,2023,44(24): 128407.
[225] Guo J, Fang S Z, Wang Z Y, et al. Investigation of drag and heat flux reduction induced by a novel combinational spike-aerodisk and channel concept for hypersonic blunt body[J]. Acta Astronautica, 2023, 204: 207－221.
[226] 张帅,郭建,戴梧叶.高速飞行器减阻杆槽道组合构型减阻防热特性研究[J].航空动力学报,2023,38(12): 3063－3072.
[227] Ghanbari M, Maddah S, Alinejad J. Numerical study of lateral coolant jet on heat reduction over nose cone with double-aerodome at hypersonic flow[J]. Scientific Reports, 2022, 12(1): 20391.
[228] Zhang Z K, Xu W W, Ye W, et al. Study on hypersonic drag and heat reduction of a spiked blunt body with multiple flat aerodisks and rear opposing jets[J]. Case Studies in Thermal Engineering, 2023, 42: 102714.
[229] 郭建,方蜀州,王子玉.高超声速飞行器减阻杆-双盘-槽道组合构型减阻防热特性研究

[J].推进技术,2024,45(5):89－99.

[230] 王俊峰,李珺,罗世彬.双射流激波针在高超声速下的减阻降热特性[J].空气动力学学报,2024,42(2):34－46.

[231] Lu H, Liu W. Research on thermal protection mechanism of forward-facing cavity and opposing jet combinatorial thermal protection system[J]. Heat and Mass Transfer, 2014, 50(4): 449－456.

[232] 张杰,肖锋,黄伟,等.迎风凹腔及其组合体减阻防热技术研究进展[J].航空兵器,2021,28(4):16－23.

[233] 陆海波,刘伟强.迎风凹腔与逆向喷流组合热防护系统冷却效果研究[J].物理学报,2012,61(6):372－377.

[234] 沈斌贤.高速飞行器高温燃气逆向射流与发汗热防护的研究[D].长沙:国防科技大学,2019.

[235] Huang W, Jiang Y P, Yan L, et al. Heat flux reduction mechanism induced by a combinational opposing jet and cavity concept in supersonic flows[J]. Acta Astronautica, 2016, 121: 164－171.

[236] 王明华.高超声速凹腔逆向喷流减阻降热数值模拟研究[D].哈尔滨:哈尔滨工业大学,2019.

[237] 朱亮.基于流热耦合减阻杆射流在高超声速流动中减阻降热特性研究[D].南京:南京理工大学,2020.

[238] Shen B X, Liu W Q. Insulating and absorbing heat of transpiration in a combinational opposing jet and platelet transpiration blunt body for hypersonic vehicle[J]. International Journal of Heat and Mass Transfer, 2019, 138: 314－325.

[239] 熊浩西.超高速光学头罩组合冷却方法研究[D].长沙:国防科技大学,2019.

[240] 沈斌贤,曾磊,刘骁,等.高超声速飞行器主动质量引射热防护技术研究进展[J].空气动力学学报,2022,40(6):1－13.

[241] 吴亚东,朱广生,蒋平,等.先进的热防护方法及在飞行器的应用前景初探[J].宇航总体技术,2017,1(1):60－65.

[242] Jiang P X, Huang G, Zhu Y, et al. Experimental investigation of combined transpiration and film cooling for sintered metal porous struts[J]. International Journal of Heat and Mass Transfer, 2017, 108: 232－243.

第 2 章

数值模拟方法及验证

随着计算机技术和数值计算方法的发展,计算流体力学已成为理论研究和实验研究之外第三种被广泛应用的高超声速飞行器力/热问题研究手段[1]。基于物理原理通过数学描述的控制方程是数值模拟的基础,本章建立高超声速飞行器气动力/热数值模拟方法,详细地介绍可压缩流动控制方程组、湍流模型及边界条件,并对数值模拟方法进行可靠性与准确性验证。

2.1 控制方程

流体力学控制方程采用纳维-斯托克斯(Navier-Stokes)方程组[2],其积分形式为

$$\frac{\partial}{\partial t}\iiint_{\Omega} U\mathrm{d}V + \oiint_{\partial\Omega} \boldsymbol{F}_{\mathrm{c}} \cdot \boldsymbol{n}\mathrm{d}S - \oiint_{\partial\Omega} \boldsymbol{F}_{\mathrm{v}} \cdot \boldsymbol{n}\mathrm{d}S = 0 \tag{2.1}$$

式中, $\boldsymbol{F}_{\mathrm{c}}$ 为无黏通量,形式如下:

$$\boldsymbol{F}_{\mathrm{c}} = \begin{bmatrix} \rho u\boldsymbol{i} + \rho v\boldsymbol{j} + \rho w\boldsymbol{k} \\ (\rho u^2 + p)\boldsymbol{i} + \rho uv\boldsymbol{j} + \rho uw\boldsymbol{k} \\ \rho vu\boldsymbol{i} + (\rho v^2 + p)\boldsymbol{j} + \rho vw\boldsymbol{k} \\ \rho wu\boldsymbol{i} + \rho wv\boldsymbol{j} + (\rho w^2 + p)\boldsymbol{k} \\ (\rho E + p)u\boldsymbol{i} + (\rho E + p)v\boldsymbol{j} + (\rho E + p)w\boldsymbol{k} \end{bmatrix} \tag{2.2}$$

Ω 为控制体; $\boldsymbol{n}$ 为控制体边界外法向单位向量; U 为守恒变量,形式如下:

$$\boldsymbol{U} = [\rho \quad \rho u \quad \rho v \quad \rho w \quad \rho E]^{\mathrm{T}} \tag{2.3}$$

$\boldsymbol{F}_{\mathrm{v}}$ 为黏性通量,形式如下:

$$\boldsymbol{F}_{\mathrm{v}} = \frac{1}{Re}\begin{bmatrix} 0 \\ \tau_{xx} \\ \tau_{xy} \\ \tau_{xz} \\ u\tau_{xx} + v\tau_{xy} + w\tau_{xz} + q_x \end{bmatrix}\boldsymbol{i} + \frac{1}{Re}\begin{bmatrix} 0 \\ \tau_{yx} \\ \tau_{yy} \\ \tau_{yz} \\ u\tau_{yx} + v\tau_{yy} + w\tau_{yz} + q_y \end{bmatrix}\boldsymbol{j} + \frac{1}{Re}\begin{bmatrix} 0 \\ \tau_{zx} \\ \tau_{zy} \\ \tau_{zz} \\ u\tau_{zx} + v\tau_{zy} + w\tau_{zz} + q_z \end{bmatrix}\boldsymbol{k} \tag{2.4}$$

在上述各表达式中,ρ、p、u、v、w、Re 分别为气体的密度、压强和 x、y、z 方向的速度及雷诺数,E 为单位体积的总能,形式如下:

$$E = \frac{p}{\gamma - 1} + \frac{1}{2}\rho(u^2 + v^2 + w^2) \tag{2.5}$$

式中,γ 为空气的比热比,其值为 1.4。在式(2.4)中,τ_{xx}、τ_{yy}、τ_{zz} 分别为 x、y、z 方向的正应力,$\tau_{i,j}(i \neq j)$ 为黏性剪切应力,具体表达式如下:

$$\begin{cases} \tau_{xx} = \dfrac{2}{3}\mu\left(2\dfrac{\partial u}{\partial x} - \dfrac{\partial v}{\partial y} - \dfrac{\partial w}{\partial z}\right) \\ \tau_{yy} = \dfrac{2}{3}\mu\left(2\dfrac{\partial v}{\partial y} - \dfrac{\partial u}{\partial x} - \dfrac{\partial w}{\partial z}\right) \\ \tau_{zz} = \dfrac{2}{3}\mu\left(2\dfrac{\partial w}{\partial z} - \dfrac{\partial u}{\partial x} - \dfrac{\partial v}{\partial y}\right) \end{cases} \qquad \begin{cases} \tau_{xy} = \tau_{yx} = \mu\left(\dfrac{\partial u}{\partial y} + \dfrac{\partial v}{\partial x}\right) \\ \tau_{yz} = \tau_{zy} = \mu\left(\dfrac{\partial v}{\partial z} + \dfrac{\partial w}{\partial y}\right) \\ \tau_{xz} = \tau_{zx} = \mu\left(\dfrac{\partial w}{\partial x} + \dfrac{\partial u}{\partial z}\right) \end{cases} \tag{2.6}$$

式(2.4)中,q_x、q_y、q_z 为 x、y、z 方向的热流,其计算公式为

$$q_x = \lambda\frac{\partial T}{\partial x},\quad q_y = \lambda\frac{\partial T}{\partial y},\quad q_z = \lambda\frac{\partial T}{\partial z} \tag{2.7}$$

式中,λ 为热传导系数;T 为温度。

在式(2.6)中 μ 为黏性系数,包括层流黏性系数 μ_L 和湍流黏性系数 μ_T。μ_T 根据湍流模型计算获得,而 μ_L 由 Sutherland 公式给出[3]:

$$\frac{\mu_L}{\mu_0} = \left(\frac{T}{T_0}\right)^{1.5}\left(\frac{T_0 + T_s}{T + T_s}\right) \tag{2.8}$$

式中,$T_0 = 273.16$ K; $\mu_0 = 1.716\,1\times10^{-5}$ Pa · s; $T_s = 124$ K。此外,根据量热完全气体公式:

$$p = \rho RT \tag{2.9}$$

式中,R 为空气气体常数,其值为 287.05 J/(kg · K)。

2.2　湍流模型

本书研究中采用的湍流模型为剪切应力输运模型,即 SST $k-\omega$ 湍流模型。该模型最早由 Menter[4] 提出,能够对近壁面区域的自由流剪切特性进行稳定预测,适用于计算较大范围的来流马赫数和逆压梯度导致的分离问题[5]。SST $k-\omega$ 湍流模型以其独特的优势近年来被广泛地应用于黏性流动的数值模拟中,其方程如下所示。

湍动能 k 输运方程:

$$\frac{\partial(\rho k)}{\partial t} + \frac{\partial(\rho u_j k)}{\partial x_j} = P_k - \rho\beta^* k\omega + \frac{\partial}{\partial x_j}\left[(\mu_L + \sigma_k\mu_T)\frac{\partial k}{\partial x_j}\right] \tag{2.10}$$

湍流比耗散率 ω 输运方程:

$$\frac{\partial(\rho\omega)}{\partial t} + \frac{\partial(\rho u_j\omega)}{\partial x_j} = P_\omega - \rho\beta\omega^2 + \frac{\partial}{\partial x_j}\left[(\mu_L + \sigma_\omega\mu_T)\frac{\partial\omega}{\partial x_j}\right] + 2(1 - F_1)\frac{\rho\sigma_{\omega 2}}{\omega}\frac{\partial k}{\partial x_j}\frac{\partial\omega}{\partial x_j} \tag{2.11}$$

式中,ρ 为密度;u_i 为 i 方向的速度分量;τ_{ij} 为切应力张量分量;E 为总能;μ 为黏性系数;P_k 和 P_ω 分别为湍动能和湍流比耗散率的生成项;μ_L 与 μ_T 分别表示分子黏性系数和涡黏性系数;F_1 为混合函数,能够使湍流模型在远离壁面区域自动切换到 $k-\omega$ 模型;σ_k、σ_ω、$\sigma_{\omega 2}$、β 和 β^* 则为模型常数。

2.3 边界条件

使用虚拟控制体对计算流体力学的边界条件进行相关设置是数值模拟中处理边界条件的一般方法,对于超声速流场求解而言,边界条件一般分为超声速边界条件、喷流边界条件、壁面边界条件和对称边界条件。

1) 超声速边界条件

当流场入口采用超声速边界条件时,根据空气动力学原理,下游的扰动无法传播到上游,此时,入口边界一般可以根据自由来流确定,即

$$\boldsymbol{U}_b = \boldsymbol{U}_a \tag{2.12}$$

当出口与入口皆为超声速时,下游的扰动也不能向上游传播,此时,可以通过上游的流动物理量外推下游的流动物理量,即

$$\boldsymbol{U}_b = \boldsymbol{U}_d \tag{2.13}$$

2) 喷流边界条件

喷流采用压力入口边界条件,马赫数为 1,其余的物理量根据具体流动状态给定。

3) 壁面边界条件

壁面类型为固定无滑移壁面,即

$$u_{\mathrm{w}} = 0, \quad v_{\mathrm{w}} = 0, \quad w_{\mathrm{w}} = 0 \tag{2.14}$$

等温壁假设:

$$T_{\mathrm{w}} = T_{v,\mathrm{w}} = T_{\mathrm{const}} \tag{2.15}$$

此外,对于计算所采用的 SST $k-\omega$ 湍流模型,还需要给定壁面处的湍流物理量,在使壁面的 k 和 μ_{T} 为零的情况下,采用 Wilcox 方法计算 ω,即

$$\omega = \frac{60\mu}{\beta\rho d^2} \tag{2.16}$$

式中,$\beta=0.075$;d 是近壁面第一层网格单元的中心到最近壁面的距离。

4) 对称边界条件

当采用对称边界条件时,边界上的法向速度大小相等,方向相反,其余变量

的梯度均为 0。

2.4 方法验证

2.4.1 喷流

针对前文建立的数值模拟方法，评估该方法用于超声速来流条件下逆向喷流模拟的可靠性和准确性，选取 Hayashi 等[6]的试验研究结果进行对比验证。逆向喷流实验模型如图 2.1 所示，钝体直径为 50 mm，喷孔直径为 4 mm，喷流介质为氮气。喷流实验的来流条件和喷流条件如表 2.1 所示[6]。

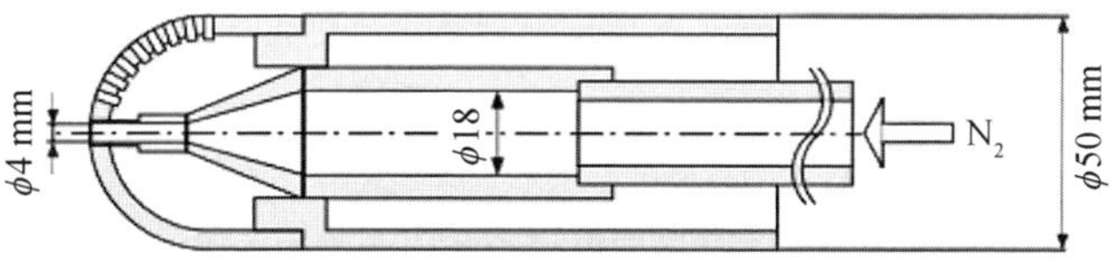

图 2.1　逆向喷流实验模型[6]

表 2.1　喷流实验的来流条件和喷流条件

自由来流		逆向喷流		壁面温度
Ma_∞	3.98	Ma_j	1	$T_w = 295$ K
$P_{0\infty}$/MPa	1.37	PR	0.6	
$T_{0\infty}$/K	395	T_{0j}/K	300	

图 2.2 给出了逆向喷流数值模拟结果和风洞实验结果的对比。由图 2.2(a)可知，数值模拟得到的马赫盘和激波位置与风洞实验结果吻合较好，由此可以说明本书所建立数值模拟方法能够对逆向喷流流场结构进行准确的预测。图 2.2(b)定量比较了壁面上斯坦顿数 St 的分布，St 的定义为

$$St = \frac{Q_w}{(T_{aw} - T_w)\rho_\infty c_p V_\infty}$$
$$T_{aw} = T_\infty\left(1 + \frac{\gamma - 1}{2}Ma_\infty^2 Pr^{\frac{1}{3}}\right) \tag{2.17}$$

式中，Q_w为壁面热流；T_{aw}为绝热壁面的温度；T_w为壁温；ρ_∞、V_∞分别为自由来流的密度和速度；c_p为定压比热；γ为比热比；Pr为普朗特数。

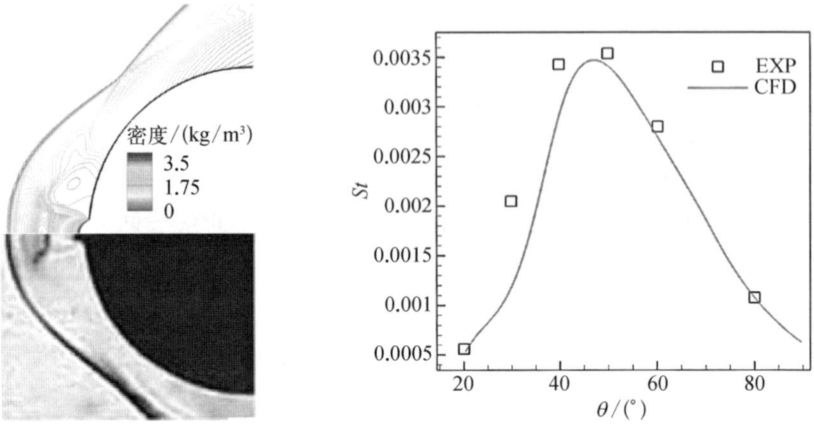

(a) 流场结构对比　　(b) St对比

图 2.2　逆向喷流数值模拟结果和风洞实验结果的对比

在图 2.2(b)中，横坐标 θ 为原点和迎风面子午线上点的连线与钝头体中心线之间的夹角。由图可知，数值计算得到的 St 变化趋势与实验结果基本一致，且峰值位置基本相同。总体而言，通过对比流动结构和热流分布，数值模拟结果和实验结果吻合度较高。

2.4.2　激波针

为了验证所建立的数值模拟方法能够在超声速来流条件下对激波针的流场结构进行准确的求解，本节选取 Kalimuthu 等[7]的实验结果进行对比。其中，激波针带有一个半球形的气动盘，详细的结构参数可见文献[7]，实验中来流的马赫数、总压和总温分别为 6、830 kPa 及 450 K。

图 2.3 给出了激波针数值模拟结果和实验结果的对比。如图 2.3(a)所示，数值计算得到的前缘激波、剪切层和再附激波与实验结果吻合较好。由图 2.3(b)计算得到了飞行攻角 $\alpha=0°\sim8°$总阻力系数 C_d的对比，其定义为

$$C_d = \frac{F_d}{0.5\rho_\infty V_\infty^2 A_{\text{ref}}} \tag{2.18}$$

式中，F_d为结构阻力；ρ_∞、V_∞分别为来流密度和速度；A_{ref}为参考面积。从阻力系

数的对比来看,数值模拟结果与实验结果非常吻合,二者得到的阻力系数差异均在 5%以内。

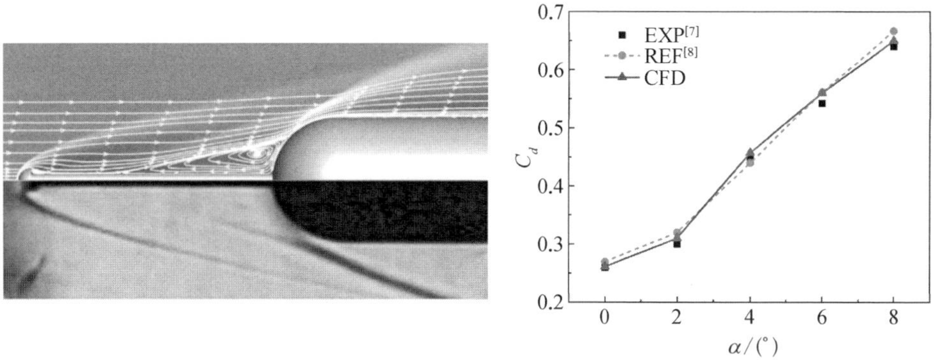

(a) 流场结构对比　　(b) 阻力系数对比

图 2.3　激波针数值模拟结果和实验结果的对比

2.4.3 高超声速流动

选取空天飞行器模型作为数值计算模型,通过数值模拟结果与风洞实验数据对比分析,验证所建立的数值模拟方法对高超声速外流场模拟的有效性和准确性。空天飞行器模型来自文献[9],风洞实验模型如图 2.4 所示,建立的三维几何模型如图 2.5 所示。空天飞行器主要由头部、机身及机翼三个部分构成。头部是修型过的钝头圆锥,机身上半部呈半圆柱形,下半部为半方柱,机翼翼梢具有上反小翼,无立尾,机翼存在 68°的后掠角。

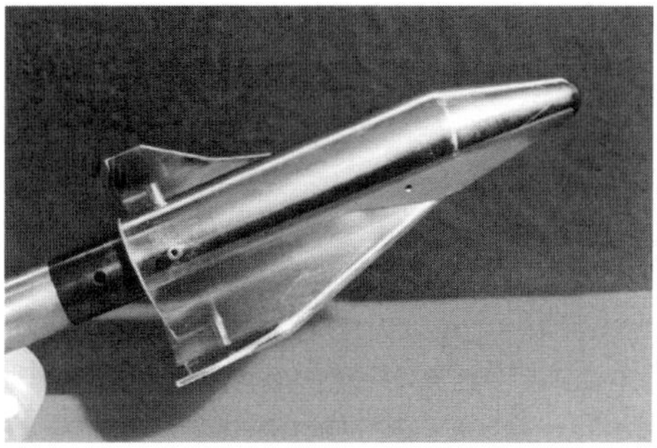

图 2.4　风洞实验模型

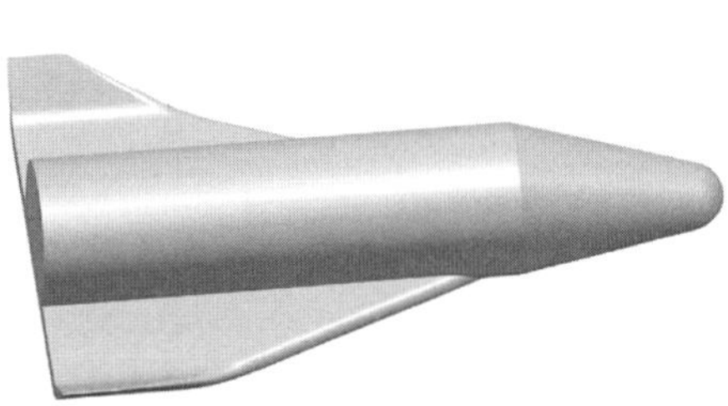

图 2.5　三维几何模型

空天飞行器模型长度为 290 mm,宽度为 184.8 mm,高度为 58 mm,具体尺寸如图 2.6 所示。数值模拟的边界与风洞实验一致,自由来流马赫数 8.04,雷诺数

$Re = 1.13\times10^7$，总压 $P_0 = 7.8$ MPa，总温 $T_0 = 892$ K。空天飞行器模型参考面积 $S = 0.01$ m^2，参考长度 $L = 290$ mm，参考点为几何模型顶点，攻角变化范围为 $-5°\sim30°$。

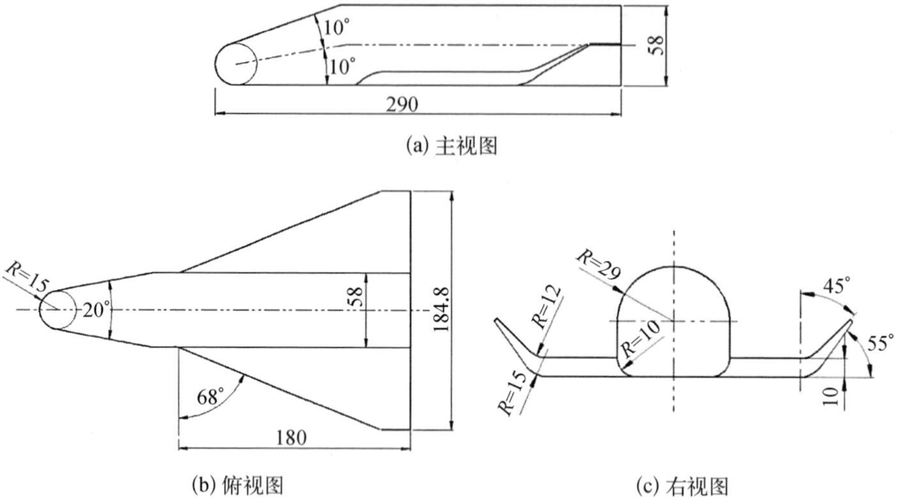

图 2.6 空天飞行器风洞实验模型几何尺寸[9]（长度单位：mm）

空天飞行器在不同攻角下的升力系数和阻力系数与风洞实验数据对比如图 2.7 所示。当攻角小于 15°时，数值模拟得到的升力系数和阻力系数与风洞实验数据吻合较好。当攻角大于 15°时，数值模拟的阻力系数略大于风洞实验数据，随着攻角的增加，阻力系数先减小后增大。

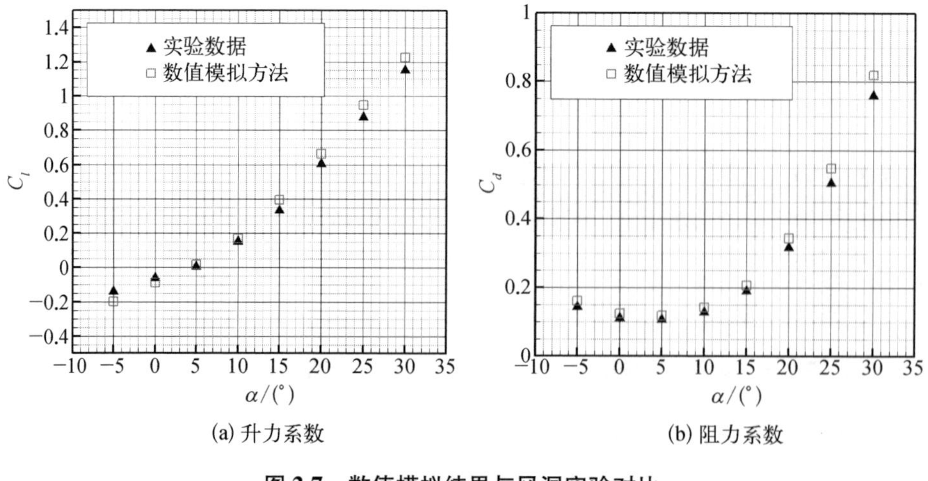

图 2.7 数值模拟结果与风洞实验对比

图 2.8 为空天飞行器在飞行攻角为 10°条件下数值模拟密度梯度云图与风洞实验纹影图对比。从图中可以清楚地看到，两种方法获得的空天飞行器头部流场结构相类似，数值模拟可以很好地捕捉到激波和流场结构位置，头部激波厚度与风洞实验中的纹影厚度一致。综合上述数值模拟与实验数据的对比分析，充分说明了本章所建立的数值模拟方法的准确性和可靠性。

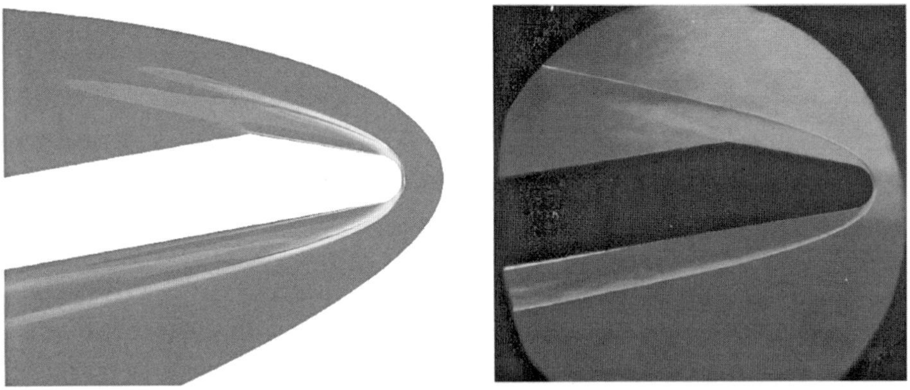

(a) 数值模拟结果　　(b) 风洞实验结果

图 2.8　空天飞行器在飞行攻角为 10°条件下的数值模拟密度梯度云图与风洞实验纹影图对比

2.4.4　网格无关性验证

本节共设置了三种不同尺度的网格来进行网格无关性验证，分别为粗网格、中等网格和细网格，以带逆向喷流-激波针的球-柱构型为计算模型，三种网格的具体信息及其计算所得阻力系数（C_d）如表 2.2 所示，来流条件和喷流条件如表 2.3 所示。其中网格雷诺数 $Re_{\Delta x}$ 的定义如下：

$$Re_{\Delta x} = \frac{\rho_\infty V_\infty \Delta x}{\mu_\infty} \tag{2.19}$$

式中，ρ_∞、V_∞、μ_∞ 分别表示来流的密度、速度和黏度；Δx 为第一层网格高度。数值实验证明，网格雷诺数 $Re_{\Delta x} \approx 10$ 可以实现可靠的气动热预测[10]，因此，本书算例的网格雷诺数保持在 10 左右。

表 2.2　三种网格的具体信息

网格质量	网格量（流向×法向×展向）	第一层网格高度	网格雷诺数 $Re_{\Delta x}$	C_d
粗网格	181×91×178	7.5×10^{-3} mm	20	0.184 5
中等网格	201×101×188	3.7×10^{-3} mm	10	0.185 1
细网格	231×111×198	1.8×10^{-3} mm	5	0.185 8

表 2.3　来流条件和喷流条件

自由来流		逆向喷流		壁面温度
Ma_∞	6	Ma_j	1	$T_w = 300$ K
P_∞/Pa	2 550	PR	0.17	
T_∞/K	221.5	T_{0j}/K	300	

三种尺度网格计算的压力和热流如图 2.9 所示。三种网格下壁面的压力和热流变化趋势基本一致，其中，中等网格与细网格的压力值和热流值几乎相同，压力峰值与热流峰值的差值分别为 0.7%和 1.1%。由表 2.2 可知，中等网格和细网格计算的阻力系数只相差 0.4%，由此可以证明网格尺度对数值模拟结果的独立性。

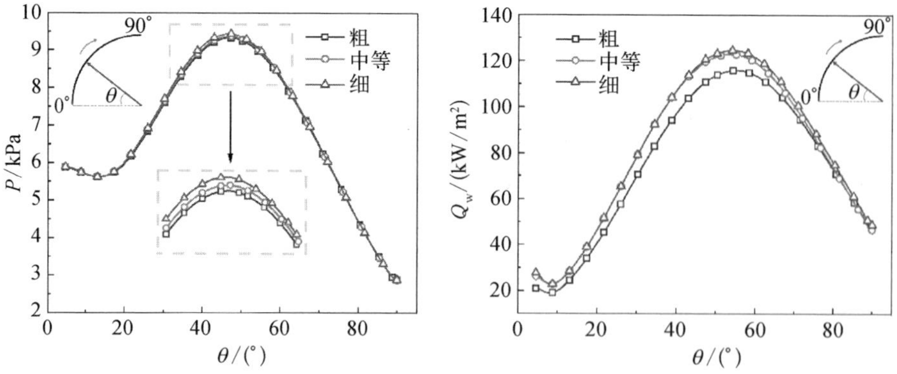

(a) 压力分布　　(b) 热流分布

图 2.9　不同尺度网格计算的压力和热流对比

2.5　本章小结

本章建立了高超声速飞行器气动力/热数值模拟方法，详细地介绍了可压缩流动控制方程、湍流模型和边界条件，验证了研究方法的可靠性和准确性，分析了网格尺度对数值计算结果的无关性。主要研究结论如下：

（1）针对逆向喷流方案，数值模拟与实验得到的流场结构吻合良好，壁面斯坦顿数分布变化趋势基本一致，热流峰值的位置基本相同，由此可以证明本书建立的数值模拟方法对喷流流动结构和壁面热流分布预测的准确性。

（2）针对激波针方案，数值模拟与实验得到的前缘激波和再附激波的位置基本相同，在不同攻角下二者阻力系数误差在 5%以内，由此可以证明本书建立的数值模拟方法可靠且合理。

（3）针对空天飞行器模型验证，数值模拟得到的升力系数和阻力系数与风洞实验数据吻合良好，数值模拟结果可以很好地捕捉激波和典型流场结构，密度梯度轮廓中的激波位置与风洞实验纹影中的激波位置基本一致。

（4）三种不同尺度的网格得到的钝体壁面压力和热流分布基本相同，但粗网格的壁面热流比中等网格和细网格的要低。随着网格尺度的增加，不同网格量模拟后得到的结果基本一致，说明网格尺度对数值计算结果的影响较小，也证明了中等网格在数值计算中的适用性和高效性。

参考文献

[1] 陈坚强，袁先旭，涂国华，等.计算流体力学 2035 愿景[M].北京：科学出版社，2023.
[2] Anderson J D. Fundamentals of aerodynamics[M]. New York: McGraw-Hill Book Company, 1984.
[3] 阎超.计算流体力学方法及应用[M].北京：北京航空航天大学出版社，2006.
[4] Menter F R, Two-equation eddy-viscosity turbulence models for engineering applications[J]. AIAA Journal, 1994, 32(8): 1598-1605.
[5] 李世斌.逆向射流及其在高超声速飞行器中的减阻防热机理研究[D].长沙：国防科技大学，2017.
[6] Hayashi K, Aso S, Tani Y. Numerical study of thermal protection system by opposing jet [C]. Reno: 43rd AIAA Aerospace Sciences Meeting and Exhibit, 2005.
[7] Kalimuthu R, Mehta R C, Rathakrishnan E. Experimental investigation on spiked body in hypersonic flow[J]. Aeronautical Journal, 2008, 112(1136): 593-598.

[8] Deng F, Jiao Z H, Liang B B, et al. Spike effects on drag reduction for hypersonic lifting body[J]. Journal of Spacecraft and Rockets, 2017, 54(6): 1185 - 1195.
[9] 李素循.典型外形高超声速流动特性[M].北京: 国防工业出版社,2007.
[10] Zhao Y T, Yan C, Wang X Y, et al. Uncertainty and sensitivity analysis of SST turbulence model on hypersonic flow heat transfer[J]. International Journal of Heat and Mass Transfer, 2019, 136: 808 - 820.

第 3 章

乘波构型高超声速飞行器喷流减阻降热

乘波体是提升高超声速飞行器气动性能的理想构型之一，为满足实际工程应用需求，在设计过程中必须同时考虑高超声速飞行器气动力和气动热特性，解决高升阻比所需的尖型前缘和热防护所需的钝型前缘之间的矛盾[1]。喷流作为主动减阻降热方法，不仅能达到减小阻力的目的，还能通过改变飞行器头部周围流场结构起到削弱气动加热的作用。本章以锥导乘波构型飞行器为研究对象，探究有/无喷流的乘波构型飞行器三维流场结构演化机理，分析不同喷流方案的减阻降热机制，揭示喷孔数量、喷流总压比和飞行参数对乘波构型飞行器气动性能与减阻降热特性的影响规律。

3.1 乘波构型高超声速飞行器喷流方案

典型的乘波体由压缩流表面、自由流表面和底部表面构成。当生成一个理想乘波体时，压缩流表面对气动性能有决定性影响，通常被优先考虑。本节采用经典的反设计锥导方法生成下表面，上表面剖面曲线和激波剖面曲线设计为控制曲线。重点参考 Kim 等[2]针对轴对称圆锥形基准流场，利用高超声速小扰动理论设计锥导乘波构型飞行器的方法，见图 3.1。在笛卡儿坐标系下，首先给定一条抛物线作为上表面后缘曲线，见式(3.1)；然后根据式(3.2)，由上表面后缘线沿着圆锥激波表面的自由流动反方向可以获得前缘轮廓线；最后由前缘轮廓线根据流线追踪确定下表面后缘曲线，见式(3.3)。

乘波体主要设计参数包括机体长度 l、自由流马赫数 Ma、激波角 β 和上反角 φ_1，设计参数值的选择可以参考文献[3]，锥导乘波体的设计参数如表 3.1 所示。

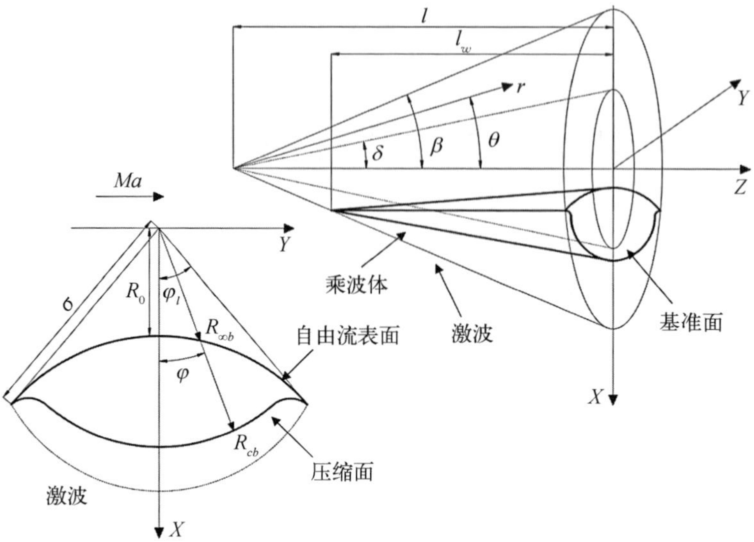

图 3.1 锥形乘波体理论和坐标系

$$X = R_0 + AY^2 \tag{3.1}$$

$$Z = \sqrt{X^2 + Y^2} \cdot \cot \beta \tag{3.2}$$

$$R_{cb}^2 = \left(1 + \frac{\sigma^2 - 1}{\sigma^2} \cdot R_{\infty b}^2\right) \tag{3.3}$$

式中，R_0为上表面中心点与锥形基准流场顶点之间的沿 x 方向的距离；σ 为半锥角；R_{cb} 为激波面与压缩面交线；$R_{\infty b}$ 为锥形基准流场顶点与自由流表面交线，乘波体长度 l_w可由 $l_w/l = 1 - R_0/\sigma$ 计算得到。

表 3.1 锥导乘波体的设计参数

设 计 参 数	值
Ma	8.0
β/(°)	13.5
φ_1/(°)	50.0
l/m	1.0
l_w/m	0.6

乘波体是针对特定马赫数和自由流场生成的一种气动构型，在该马赫数下激波附着于乘波体前缘，波后压缩流与自由流之间的流动被完全遏制，没有气流溢出，高压气流被完全封闭于下表面，使乘波体具有良好的升力性能。然而从实际工程应用角度来看，要构造一个尖前缘来实现激波附着极其困难。在高超声速飞行过程中，由于空气强黏性干扰作用和强大的气动阻力作用，物面边界层内气流会产生剧烈的摩擦，从而引起飞行器强烈的气动加热现象，致使飞行器壁面热流急剧升高，对飞行器结构安全产生极大的影响[3]。

为满足防热要求，前缘钝化被认为是解决乘波体在实际应用中气动加热问题的有效方法之一[4-6]。如图 3.2 所示，建立了钝化半径 $R=1$ mm 时的乘波构型飞行器三维几何模型，分别展示了飞行器等轴测图和尾部视图。图 3.3 为乘波构型飞行器多点喷流策略的设计方案，由于飞行器基于 $X-Y$ 平面对称，故仅展示了模型的 1/2 区域。

图 3.2　钝化半径 $R=1$ mm 时的乘波构型飞行器三维几何模型

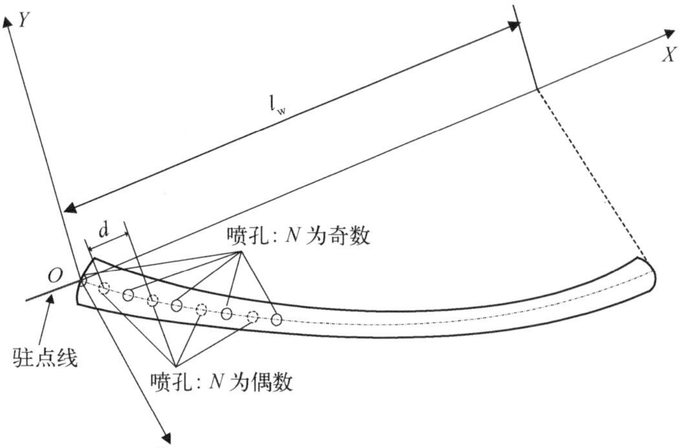

图 3.3　乘波构型飞行器多点喷流策略的设计方案

3.2　喷流方案对减阻降热特性影响

3.2.1　单孔喷流对减阻降热特性影响

本节探究单孔逆向喷流对乘波构型飞行器气动性能与减阻降热特性的影响。图3.4为无逆向喷流对称面等值线压力分布图,可以看出在无喷流条件下,乘波构型飞行器头部前缘弓形激波紧贴壁面。在零攻角时,上、下表面均产生了激波,但上表面激波强度较弱,下表面有较强的压缩激波,而受弓形激波的影响,飞行器头部处于高温高压流场中。头部弓形激波随着来流往下游流动,激波强度逐渐减小,乘波构型飞行器壁面逐渐被低压区包裹。

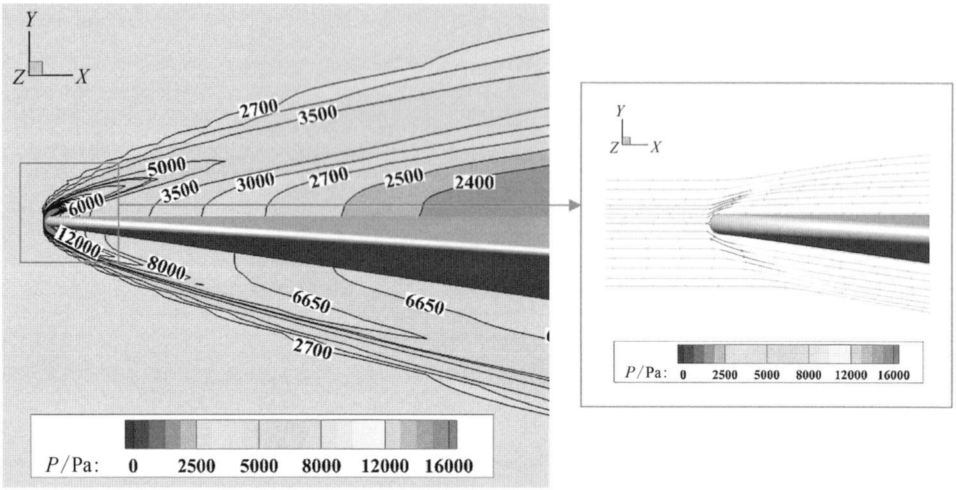

图3.4　无逆向喷流对称面等值线压力分布图

图3.5为单孔逆向喷流时对称面等值线压力分布图。由图可知,当喷流位于乘波构型飞行器头部时,喷流介质从孔口喷出,与高超声速来流做相反运动。喷流向外喷出后,膨胀加速,形成稳定的马赫盘结构,用以平衡喷流压力与弓形激波后的压力。当喷流穿过马赫盘,与自由来流在接触面相遇,将弓形激波推离壁面,增加弓形激波与壁面的脱体距离,并将强烈的主激波打碎成多道较弱的斜激波。在逆压梯度作用下,喷流发生横向偏转,并向乘波构型飞行器壁面方向反转,在头部壁面附近形成回流区。由于逆向喷流作用,头部前缘高温高压区被推离壁面,乘波构型飞行器头部被低温低压区包裹,同时在回流区作用

下，可以大幅度地降低飞行器头部的壁面压力载荷及改善头部驻点附近区域的热环境。

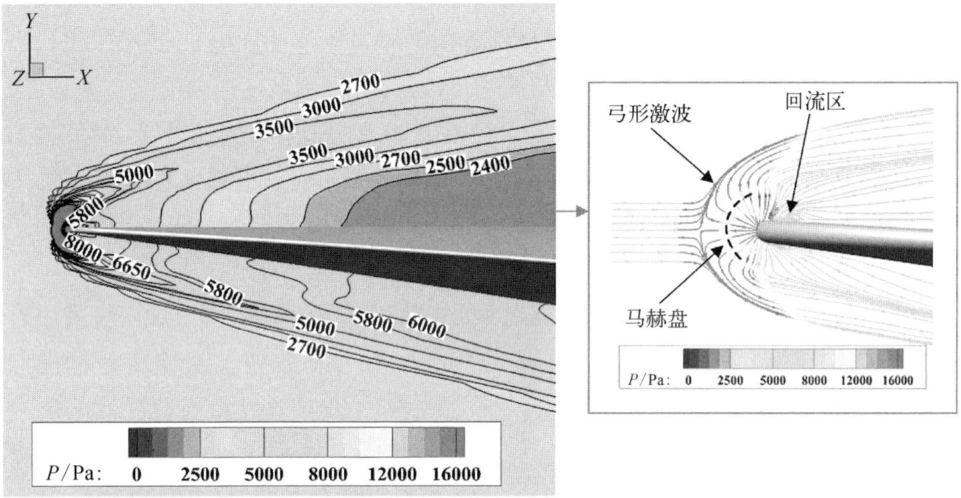

图 3.5　单孔逆向喷流时对称面等值线压力分布图

研究中将乘波构型飞行器对称面以驻点为间隔划分上型线和下型线，图 3.6 显示了有/无逆向喷流时飞行器对称面上、下型线压力和热流变化情况。如图 3.6(a)所示，上型线压力在喷孔处开始迅速减小，随后逐渐趋于稳定，而下型线的压力在喷孔附近首先出现急剧下降，随后受下壁面压缩波的影响，压力逐步上升并最终趋于稳定。在无逆向喷流条件下，飞行器上、下壁面压力平均值分别为 2 700 Pa

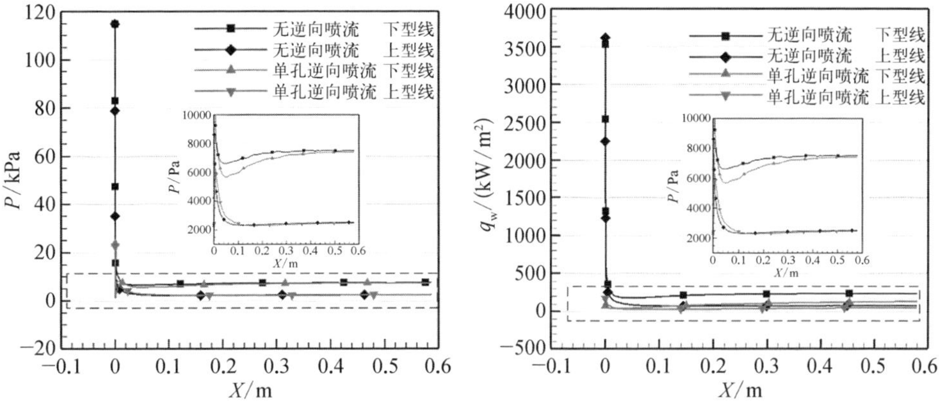

(a) 压力分布　　(b) 热流分布

图 3.6　对称面上、下型线压力与热流变化曲线

和 7 512 Pa,而带单孔逆向喷流的飞行器上、下壁面压力平均值分别为 2 559 Pa 和 7 305 Pa。相较而言,在单孔逆向喷流作用下,飞行器上、下壁面压力均有所下降。同时可以发现,对于整机而言,有无单孔逆向喷流条件下,两者上、下表面压力差值变化较小,对乘波构型飞行器气动性能的影响有限。图 3.6(b)展示了飞行器对称面上、下型线的热流变化曲线,从图中可以看出,采用单孔逆向喷流方案后,飞行器壁面热流显著地降低。与无喷流方案相比,在单孔逆向喷流方案下,乘波构型飞行器头部驻点处附近上型线最大热流从 3.62 MW/m^2 减小到 0.17 MW/m^2,降低了 95.30%,下型线最大热流从 3.53 MW/m^2 减小到 0.14 MW/m^2,降低了 96.03%,极大地降低了头部驻点热流。

为了定量地分析有/无逆向喷流对乘波构型飞行器气动性能的影响,采用升力系数、阻力系数和升阻比来评价逆向喷流对乘波构型飞行器气动性能的影响程度。图 3.7 展示了乘波构型飞行器在有/无逆向喷流条件下的升阻特性对比图。由图可以看出,受低温低压的喷流影响,飞行器壁面压力明显地降低,与无喷流方案相比,单孔逆向喷流的阻力系数减小了 5.47%。此外,喷流作用降低了飞行器上下壁面之间的压力差,进而使升力系数减小了 0.70%。然而,对于乘波构型飞行器整体而言,喷流虽然导致了升力系数的小幅度降低,但其对阻力的影响更为显著,因此,施加喷流后,飞行器升阻比增大了 5.01%。

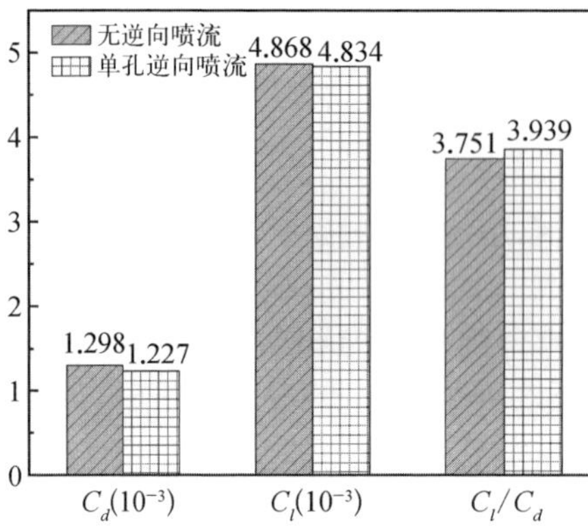

图 3.7 有/无逆向喷流条件下升阻特性的对比

由总体分析可知,乘波构型飞行器采用单孔逆向喷流会提高其基本气动性能。相对于乘波构型飞行器整体而言,单孔逆向喷流只对飞行器头部的局部范围有影响,具有明显的局限性,对飞行器整机减阻降热作用有限。

3.2.2 喷孔数量对减阻降热特性影响

为进一步提升乘波构型飞行器的气动性能和减小壁面热流,本节将多点喷流应用于乘波构型飞行器。多点喷流是指将多个喷孔沿乘波构型飞行器的前缘横向布置,其流动特性具有较强的三维效应。图 3.8 为乘波构型飞行器前缘多点喷流流场结构图。从乘波构型飞行器前缘中心线截面马赫数等值线可以看出,在多点喷流条件下,沿乘波构型飞行器钝化前缘方向附近的流场结构发生了显著变化,除了类似单孔逆向喷流形成的桶状激波、膨胀扇区、弓形激波和回流区,沿乘波构型前缘方向还会形成脱体再附激波、λ 激波和激波串等结构。激波与乘波构型飞行器钝化前缘相互作用后,能量不断地衰减,虽然多点喷流中各个孔的流场结构与单孔逆向喷流相似,但由于不同激波间相互作用明显,沿乘波构型飞行器钝化前缘的回流区面积大大增加。在喷孔 1 的下游,喷流和自由来流的相互作用产生了一个低压回流区,低压区后压力逐渐增加,出现再附激波。再附激波后,由于喷孔间沿乘波构型飞行器钝化前缘方向间距较大,高速来流继续贴着壁面向下游流动,形成了另一道弓形激波,并与喷孔 1 的再附激波发生干扰。到达喷孔 2 附近,自由来流与喷流膨胀区域作用,形成 λ 激波。此外,在相邻喷孔间喷流作用下,乘波构型飞行器头部前缘下游形成了多个回流区,同时激波间的相互作用形成了多级激波串结构。

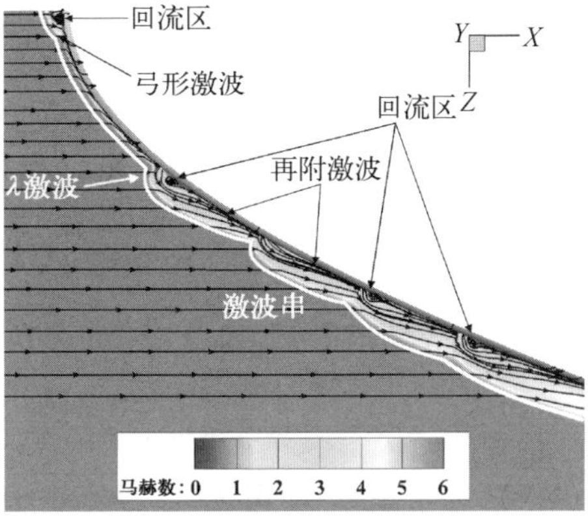

图 3.8　乘波构型飞行器前缘多点喷流流场结构图

图 3.9 展示了不同喷孔数量条件下热流沿乘波构型飞行器前缘分布曲线。可以清楚地看到,多点喷流明显降低了乘波构型飞行器钝化前缘上的热流,随着喷孔数量的增加,乘波构型飞行器钝化前缘有效降热范围增大,低温区面积扩展。图 3.9(a)为偶数孔喷流条件下热流分布曲线,在无喷流条件下,乘波构型飞行器头部驻点热流很高,气动加热非常严重。在驻点下游区域布置喷孔,可以明显降低下游壁面温度,不同喷孔数量下的热流变化趋势基本相同,随着喷孔数量的增加,降热范围增大。此外,不同喷孔附近峰值热流的突变是由喷流作用产生的,同时,由于喷流间相互作用明显,上游喷流对下游喷流影响较大,下游喷孔附近的峰值热流明显地降低。在距离喷孔较远的下游,喷流影响效果甚微,热流变化曲线与无喷流相同。图 3.9(b)为奇数孔条件下热流分布曲线,乘波构型飞行器前缘热流变化现象类似于偶数孔,不同的是由于奇数孔在乘波构型飞行器头部驻点布置了喷流,头部降热效果显著。这些现象表明,多点喷流方案对流场结构具有很大的影响,可以充分地利用三维流场的横向流动来改善整体降热特性。

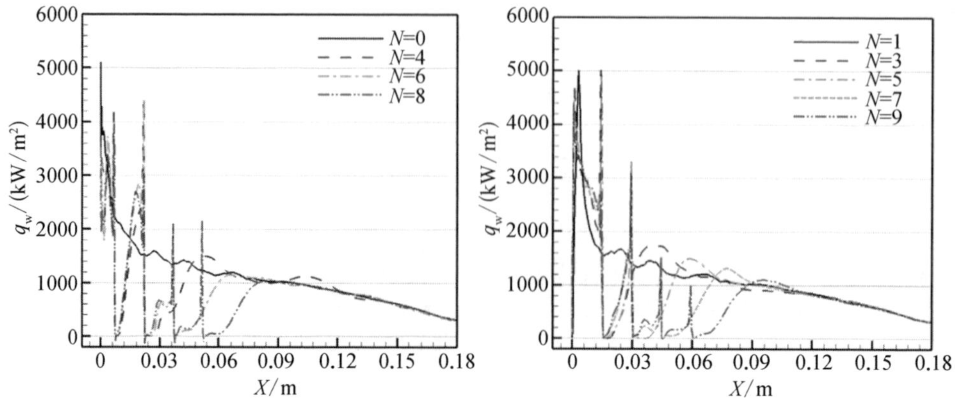

(a) 偶数孔　　　　(b) 奇数孔

图 3.9　热流沿乘波构型飞行器前缘分布曲线

图 3.10 为不同喷孔数量下马赫数和温度云图对比,可以看到多点喷流改变了激波形状和流场结构。从对称面温度云图可以看出,乘波构型飞行器头部前缘周围存在较强的弓形激波,当喷孔为奇数时,由于头部增加逆向喷流,高温流动区域出现在自由来流和喷流的相互作用面上,靠近壁面处则形成低温区,高温区被逆向喷流推离壁面。当喷孔为偶数时,乘波构型飞行器头部前缘仍被高温区包裹。从前缘中线截面马赫数轮廓图可以看出,钝化前缘近壁面流场结构随喷孔数量变化而变化。随着喷孔数量的增加,在展向上扩大了乘波构型飞行器面积,沿乘波构型飞行器钝化前缘方向形成了虚拟的气动外形,改善了乘波构型飞行器气动性能。由于以定喷流总面积为设计基准,不同喷孔数下的喷孔直径不同,随着喷孔数量的增加,受喷流影响区域增大,钝化前缘壁面低马赫流动区域面积扩展,形成了明显的包络外形结构。此外,由于喷孔沿 x 轴均匀布置,在乘波构型飞行器钝化前缘方向上喷孔 1 和喷孔 2 相距较远,两者相互作用较弱,喷孔 1 下游激波贴近壁面,而喷孔 2、3、4 在横向上距离较近,喷流间相互作用很强,激波被推离壁面,形成多级激波串结构。从整个流场可以看出,结构参数和自由流动参数对流场结构影响较为明显,在结构参数和自由流动条件之间存在一个多目标优化解,使多点喷流的减阻降热效果达到最优。

图 3.11 给出了不同喷孔数量下沿驻点线的马赫数变化曲线。由图中可以明显看出,随着喷孔数量增加,沿驻点线的马赫数和压力分布变化有所差异。如图 3.11(a) 所示,当喷孔数量为奇数时,波后马赫数总体呈现"迅速下降—上升—下降"的变化趋势。随着喷孔数量的增加,喷流强度减弱,前缘弓形激波脱

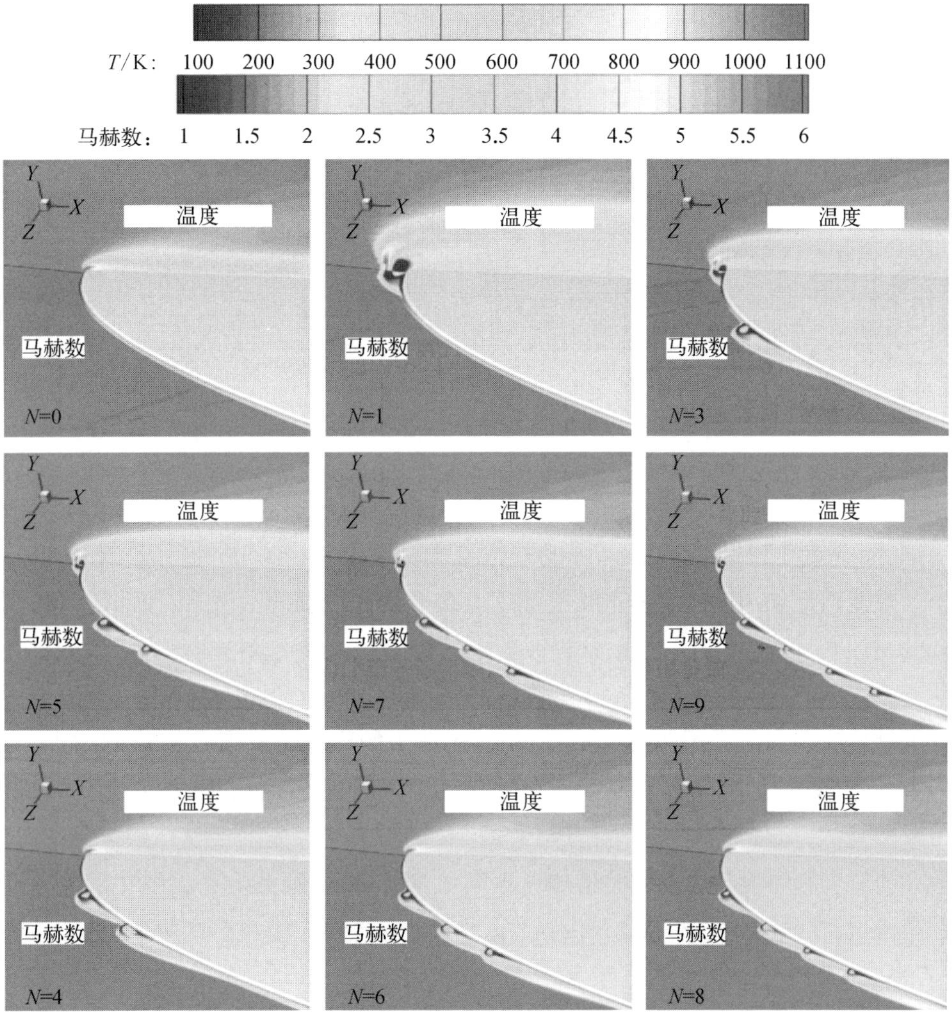

图 3.10　不同喷孔数量下的马赫数和温度云图

体距离减小,马赫数首次下降及回升段逐渐向头部驻点方向偏移。而对于偶数喷孔布局,波后马赫数整体表现为“平稳—迅速下降”的变化特征,且该变化规律受喷孔数量影响较小,基本保持一致。如图 3.11(b)所示,当喷孔数量为奇数时,由于逆向喷流的作用,靠近喷流孔附近的压力急剧增大,波后压力的总体变化规律为增加—稳定—减小—急剧增加(靠近喷孔处)。随着喷孔数量增加,喷流强度减小,头部激波脱体距离逐渐减小,马赫盘后压力开始呈现增加趋势,并向头部驻点方向偏移;当喷孔数量为偶数时,波后压力的总体变化规律为稳定—

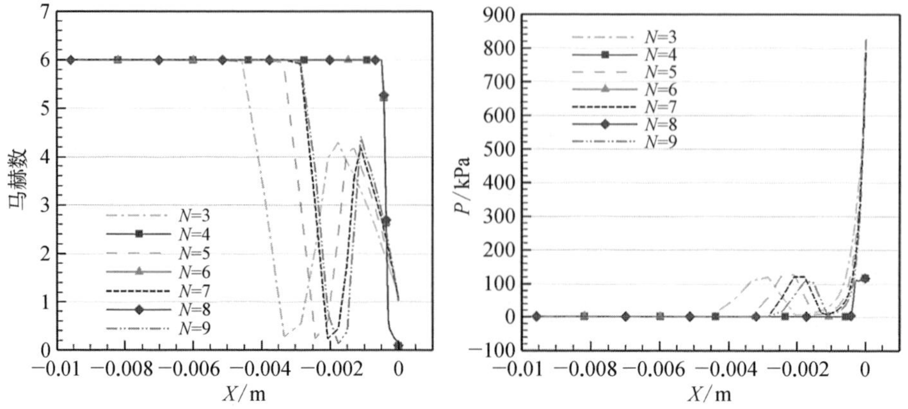

(a) 马赫数　　(b) 压力

图 3.11　沿驻点线的流场参数

增加,随着喷孔数量增加,波后压力规律基本一致。

喷流将原来强度较高的主激波打碎成多个强度较弱的激波,致使回流区压力较低,有助于喷流的减阻性能,从而改善乘波构型飞行器气动性能。为了说明不同喷流方案下的升阻特性,图 3.12 与图 3.13 分别展示了奇数孔和偶数孔喷流方案下乘波构型飞行器气动性能对比。如图 3.12(a)所示,随着喷孔数量的增加,升力系数逐渐增加,阻力系数逐渐减小。与无喷流方案相比,当喷孔数为 9 时,升力系数最大,增加了 0.14%,阻力系数最小,减小了 5.55%。当喷孔数量为 5 时,即在喷流 1 和喷流 3 的下游再增加一个喷流,喷孔 5 与喷孔 3 在沿纯化前缘方向距离较近,在喷流 3 的影响范围内,喷流 5 产生的效果与喷流 3 相叠加,进一步降

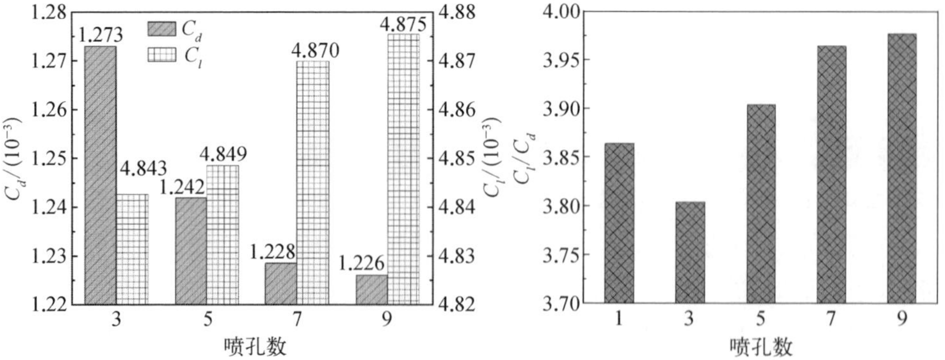

(a) 气动力系数　　(b) 升阻比

图 3.12　奇数孔喷流方案下的气动性能对比

低了下游压力，且随着喷孔数量的增加，降压效果增加。由图 3.12(b)可以看出，升阻比逐渐增加，与无喷流方案相比，当喷孔数量为 9 时，升阻比增加了 6%。

如图 3.13(a)所示，随着喷孔数量的增加，阻力系数和升力系数逐渐增加。与无喷流方案相比，当喷孔数为 8 时，升力系数减小了 0.16%，阻力系数减小了 1.69%。随着喷孔数量的增加，压力降低效果虽在一定程度上增加，但是相对于整体机身而言，当喷孔数量为偶数时，多喷流形成类似椭圆的包络外形相当于增大了飞行器的翼展，即增大了乘波构型飞行器的迎风面积，阻力系数随着喷孔增加而增加。而当喷孔数量为奇数时，头部逆向喷流可以有效地抵消该影响。由图 3.13(b)可以看出，随着喷孔数量的增加，升阻比逐渐减小，与无喷流方案相比，当喷孔数为 4 时，升阻比最大，增加了 2.41%。

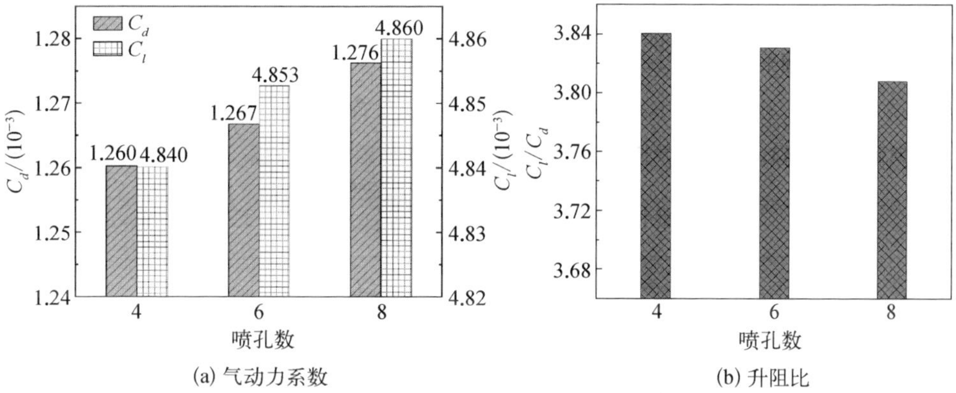

图 3.13　偶数孔喷流方案下的气动性能对比

总体而言，乘波构型飞行器在喷流作用下，其升力会减小，但喷流导致阻力下降幅度更大，因此，可以起到改善飞行器整体气动性能的作用。此外，当喷孔数量为奇数孔时，升阻比随着喷孔数量增加而增长趋势逐渐减弱。例如，当喷孔数由 $N=3$ 增加到 $N=5$ 时，升阻比提升了 0.1；而当喷孔数由 $N=7$ 增加到 $N=9$ 时，其增加量仅为 0.011。当喷孔为偶数时，升阻比随着喷孔数量增大所呈现出的减小幅度逐渐增大，从 $N=4$ 增加到 $N=6$，升阻比降低了 0.011，从 $N=6$ 增加到 $N=8$，升阻比降低了 0.022。综上所述，当喷孔数量为奇数时，随着喷孔数量的增加，升阻比增大趋势逐渐趋于平缓，喷孔数量存在着某一临界值，使提高升阻比达到最高。当喷孔数量为偶数时，随着喷孔数量的增加，升阻比降低趋势逐渐增大，不利于乘波构型飞行器气动性能的提升。

由于喷流不仅能够将弓形激波推离壁面，而且喷流介质可作为冷却剂进一步降低壁面温度，因此，在热防护方面，引入喷流可以起到明显的降热效果。表3.2总结了在奇数喷孔条件下不同喷孔数量的乘波构型飞行器上、下表面和钝化前缘平均热流。可以发现，随着喷孔数的增加，乘波体上、下表面和钝化前缘平均热流均逐渐降低，与喷孔数 $N=1$ 的乘波体相比，当 $N=9$ 时，降热效果最明显，下表面热流降低了5.65%，上表面热流降低了2.91%，钝化前缘热流降低了8.55%。相对于单孔逆向喷流，多点喷流降热效果优于单孔，在三处表面中，多孔喷流对钝化前缘降热效果最明显，其次是上表面，对下表面降热效果最差。表3.3总结了偶数喷孔条件下不同喷孔数量的乘波构型飞行器上、下壁面和钝化前缘平均热流。可以发现，随着喷孔数的增加，乘波构型飞行器上、下壁面平均热流均先减小后增加，钝化前缘平均热流随喷孔数的增加逐渐减小。相对于偶数孔来说，喷孔数量为奇数的方案更适应于乘波构型飞行器对减阻降热的需要。这是由于奇数时喷孔位置在驻点区的中心，驻点处的主激波结构变化较为剧烈，同时，弓形激波变化较大，激波阻力减小，头部热流剧烈降低。

表3.2 不同喷孔数量下的乘波构型飞行器壁面平均热流(奇数孔)

平均热流	$N=1$	$N=3$	$N=5$	$N=7$	$N=9$
上表面 $q_1/(\mathrm{kW/m^2})$	220	219	218	214.50	213.60
下表面 $q_2/(\mathrm{kW/m^2})$	93	90.75	89	88.86	87.75
钝化前缘 $q_3/(\mathrm{kW/m^2})$	620	611	589	578	567

表3.3 不同喷孔数量下的乘波构型飞行器壁面平均热流(偶数孔)

平均热流	$N=4$	$N=6$	$N=8$
上表面 $q_1/(\mathrm{kW/m^2})$	215.97	213.89	233
下表面 $q_2/(\mathrm{kW/m^2})$	91.84	88.88	98.8
钝化前缘 $q_3/(\mathrm{kW/m^2})$	584.50	566	561

3.3　多点喷流对减阻降热特性影响

多点喷流方案中可以通过调整喷孔的布置来改变飞行器周围三维流场结构,以达到改善飞行器整体性能的效果[7,8]。本节重点探究喷流总压比、来流攻角和来流马赫数对多点喷流乘波构型飞行器气动性能与减阻降热特性的影响。选取 3.2 节研究中得到的最优升阻比多点喷流方案,即将喷孔数为 $N=9$ 的多点喷流应用于乘波构型飞行器来开展研究。

3.3.1　喷流总压比

通过观察不同喷流总压比下乘波构型飞行器对称面压力云图(图 3.14),可以发现多点喷流显著地改变了飞行器三维流场结构,头部前缘弓形激波被喷流推离壁面,波后高压区域与壁面距离更远。随着喷流总压比的增加,波后的高压区域向上游移动,带动下游低压区向上游偏移,因此,覆盖飞行器的低压区面积增大。不同的是,相较于上表面低压区的前移,下表面低压区向上游移动的幅度更大,低压区面积增加幅度更明显。以乘波构型飞行器对称面低压区 P_1 = 3 085 Pa和 P_2 = 6 665 Pa 等值线为例,当 PR = 0.4 时,P_1 = 3 085 Pa 的压力区域位于喷孔 3 的下游,当 PR = 0.6 时,已经发展到喷孔 3 附近,继续增加喷流总压比到PR = 0.8,低压区域移动到喷孔 3 的上游。当 PR = 0.4 时,P_2 = 6 665 Pa 的压力区域位于喷孔 3 和喷孔 4 之间,当 PR = 0.6 时,发展到喷孔 2 和喷孔 3 之间,而继续增加喷流总压比,当 PR = 0.8 时,该低压区域已经移动到喷孔 2 附近。此外,由图可知,随着喷流总压比增大,在多点喷流作用下,上、下表面的激波与壁面之间的距离逐渐增大,激波角逐渐增加,乘波构型飞行器周围的高压区主要集中在头部前缘,进一步促进下游低压区的发展。

图 3.15 为不同喷流总压比条件下对称面温度分布的对比。从图中可以看出,乘波构型飞行器头部周围高温区在喷流作用下被推离壁面。随着喷流总压比的增加,喷流膨胀区域也逐渐扩大,头部激波被推离壁面的距离增加,引起头部前缘附近的低温区面积增加。同时,喷流影响区域随喷流总压比的增大而增大,因此,喷流总压比越高,喷流形成的低温区域更大,使飞行器壁面周围低温区面积更大。此外,喷流总压比的增大使从喷孔喷出的冷却介质质量流量增大,喷流总压比由 PR = 0.4 增加到 PR = 0.8,喷流总质量流量由 0.005 5 kg/s 增加到

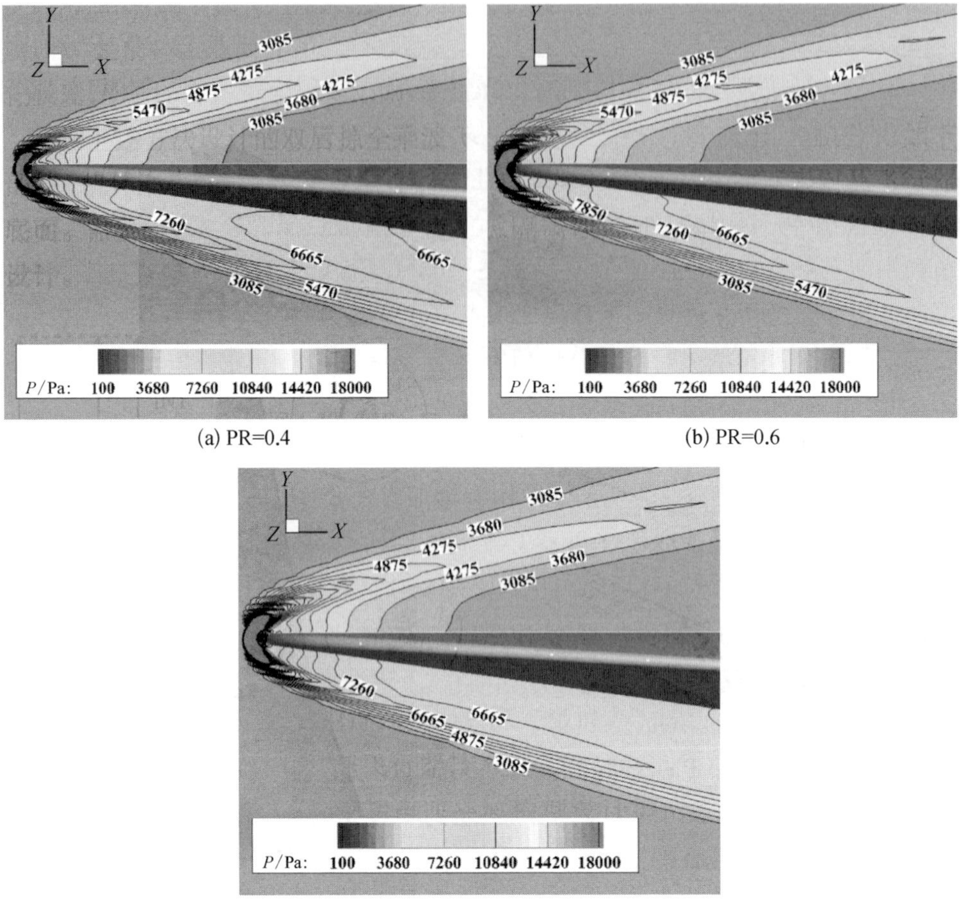

(a) PR=0.4　　(b) PR=0.6

(c) PR=0.8

图 3.14　不同喷流总压比下对称面压力云图

0.011 kg/s,将有更多的低温冷却介质进入壁面周围流场中,乘波构型飞行器周围流场高温气流与低温冷却介质充分地混合,可进一步降低飞行器近壁面流体温度。

图 3.16 显示了不同喷流总压比条件下,乘波构型飞行器对称面机体上、下型线压力变化曲线。从图中可以看出,下型线压力从喷孔处先急剧减小,再小幅度地增加,随后趋于稳定。随着喷流总压比从 0.4 增加到 0.8,在乘波构型飞行器头部驻点喷孔附近下型线最大压力从 15 945.43 Pa 减小到 10 473 Pa,降低了 34.32%。在 $X = 0.008 \sim 0.085$ m 区域内,当 PR = 0.4 时,下型线压力最大,当 PR = 0.8 时,下型线压力最小。在 $X = 0.085 \sim 0.22$ m 区域内,下型线压力逐渐增加,

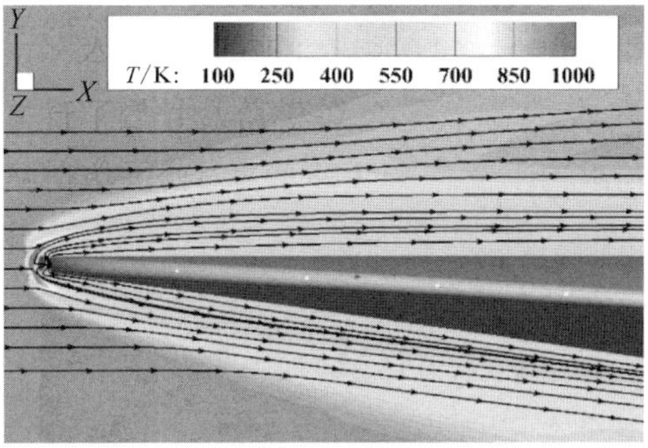

(a) PR=0.4

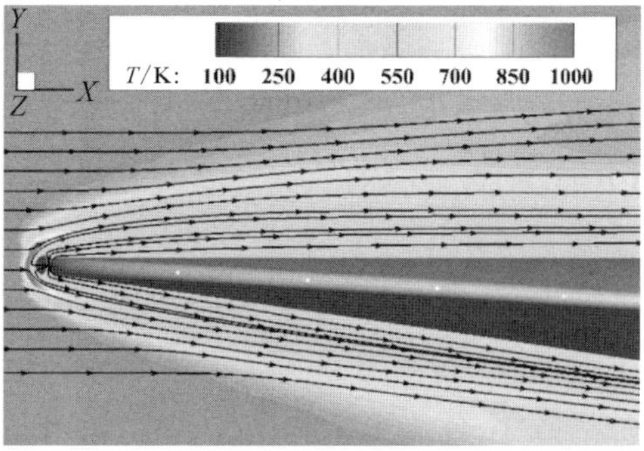

(b) PR=0.6

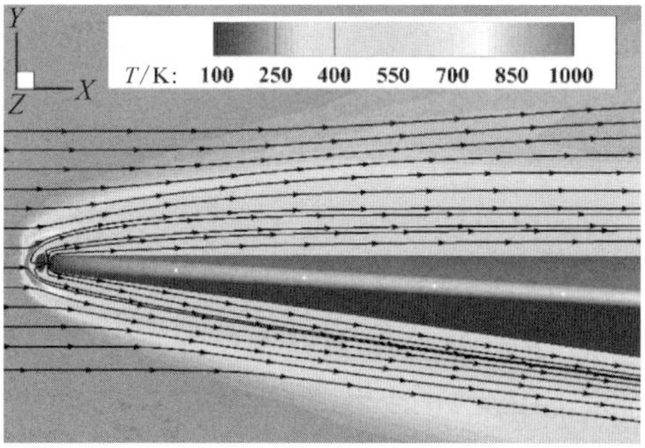

(c) PR=0.8

图 3.15　不同喷流总压比下对称面温度分布的对比

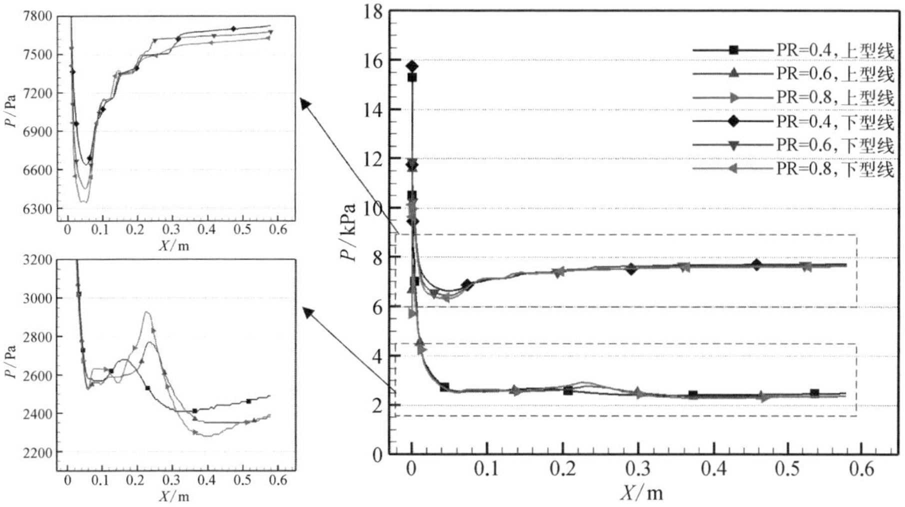

图 3.16　乘波构型飞行器壁面上、下型线压力变化曲线

随着喷流总压比的增大，压力变化幅度不明显。在 $X=0.22\sim0.6$ m 区域内，随着喷流总压比的增加，下型线压力逐渐减小。同时，还可以观察到上型线压力变化趋势为急剧降低－增加－减小－增加。随着喷流总压比从 PR = 0.4 增加到 PR = 0.8，在乘波构型飞行器头部驻点喷孔附近上型线最大压力从 15 300 Pa 减小到 10 146.52 Pa，降低了 33.68%。

在 $X=0.008\sim0.085$ m 区域内，上型线压力变化较小，唯有当 PR = 0.8 时，压力略微高于 PR = 0.4 和 PR = 0.6。在 $X=0.085\sim0.38$ m 区域内，上型线压力先增加后减小，随着喷流总压比的增加，峰值压力逐渐增加。在 $X=0.38\sim0.6$ m 区域内，上型线压力逐渐增加。当 PR = 0.4 时，上、下表面压力平均值分别为 2 566 Pa 和 7 353 Pa，当 PR = 0.6 时，乘波构型飞行器上、下表面压力平均值为 2 524 Pa 和 7 271 Pa，当 PR = 0.8 时，上、下表面压力平均值为 2 500 Pa 和 7 232 Pa，随着喷流总压比的增加，飞行器上、下表面压力平均值逐渐减小。同时可以发现，对于乘波构型飞行器整体而言，在不同喷流总压比条件下，飞行器上、下表面压力差值变化较小，对整体升力系数影响有限。

不同喷流总压比条件下温度和压力分布图的对比如图 3.17 所示。从图中可以清楚地看到，从喷孔喷出的低速气流经膨胀加速，将高速来流推离壁面，使得乘波构型飞行器壁面周围复杂的流场结构发生剧烈变化。

从乘波构型飞行器上壁面的压力分布可以看出，随着喷流总压比的增加，上壁面压力分布在多点喷流区域下游变化较小，仅在喷孔附近变化明显。喷孔 1 附近壁面高压区面积逐渐减小，喷孔 2 附近壁面高压区面积逐渐增加，这是由于前缘再附激波与喷流 2 之间的激波干扰作用增强，喷孔 3 和喷孔 4 附近壁面压力变化较小。由前缘中线截面温度等值线图可以看出，随着喷流总压比增加，喷流膨胀区域逐渐扩大，头部激波被推离壁面的距离逐渐增加，喷孔 1 近壁面高温区也被推离，乘波构型飞行器头部被低温区包裹。同时，随着喷流总压比的增加，低温回流区面积逐渐增加，涡流强度不断增大，受多点喷流影响的区域逐渐增大，有利于热防护系统的设计。

为了更清楚地展示不同喷流总压比下激波前后流场参数变化，图 3.18 给出了不同喷流总压比条件下沿着驻点线的马赫数和压力变化曲线。从图中可以看出，随着喷流总压比的增加，沿驻点线的马赫数和压力分布变化有所差异。如图 3.18(a) 所示，高超声速来流通过弓形激波后，受激波面强压缩作用，速度急剧减小至亚声速状态，高马赫数来流在通过马赫盘后受被强烈压缩及强黏性作用，超声速气流急剧减速至驻点处马赫数几乎为零状态。随着喷

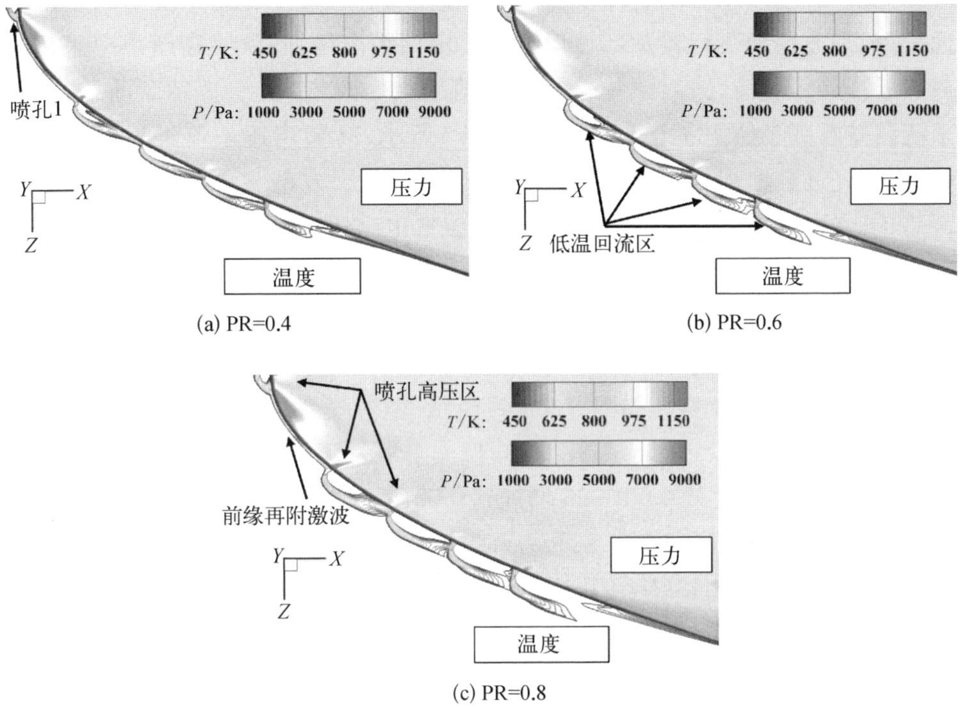

图 3.17　不同喷流总压比下温度和压力分布图的对比

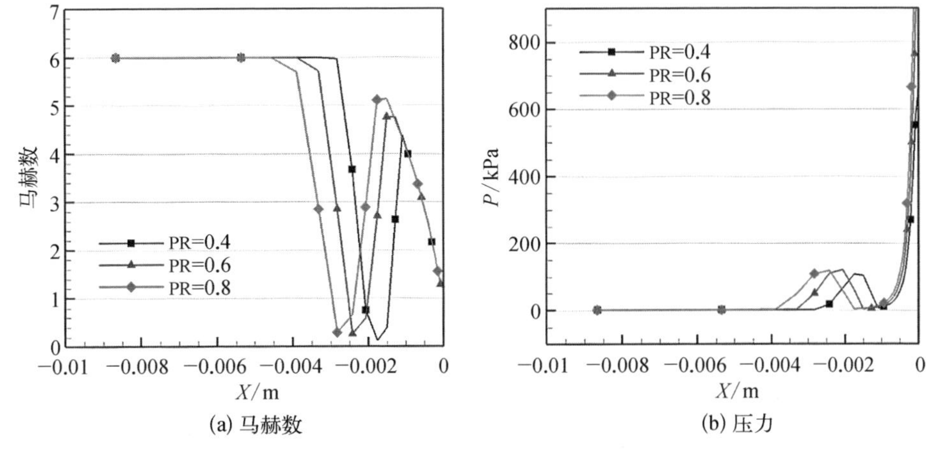

图 3.18　沿驻点线的流场参数

流压比增大，喷流总压随之增加，喷流强度也逐渐增加，喷流介质得以喷出更远距离，乘波构型飞行器头部弓形激波与壁面距离增加，致使高超声速来流马赫数减小趋势提前，波后流体马赫数峰值增大。同理，由于马赫盘前移，波后来流马赫数减小位置提前。如图 3.18(b)所示，高超声速来流经过弓形激波后，压力先逐渐增加后再减小，当通过马赫盘后，压力再度急剧增加。随着喷流总压比的增加，弓形激波前移，马赫盘位置也出现前移，因此，曲线整体也表现出前移趋势。

图 3.19 为不同喷流总压比条件下多点喷流乘波构型飞行器升/阻力系数及升阻比的对比情况。由图可知，改变喷流总压比能够使多点喷流乘波构型飞行器的气动性能发生改变。如图 3.19(a)所示，随着喷流总压比的增加，一方面，阻力逐渐增加，从 PR=0.4 到 PR=0.8，喷流总质量流量由 0.005 5 kg/s 增加到 0.011 kg/s，阻力系数从 0.001 226 增加到 0.001 248，增幅约为 1.79%；另一方面，升力不断降低，PR 从 0.4 到 0.8，升力系数从 0.004 875 减小到 0.004 812，降低了 1.29%。此外，由图 3.19(b)可以看到，随着喷流总压比从 PR=0.4 增加到 PR=0.8，乘波构型飞行器的升阻比逐渐减小，当 PR=0.8 时，升阻比最低，与 PR=0.4 相比，升阻比从 3.976 减小到 3.856，降低了 3.02%。

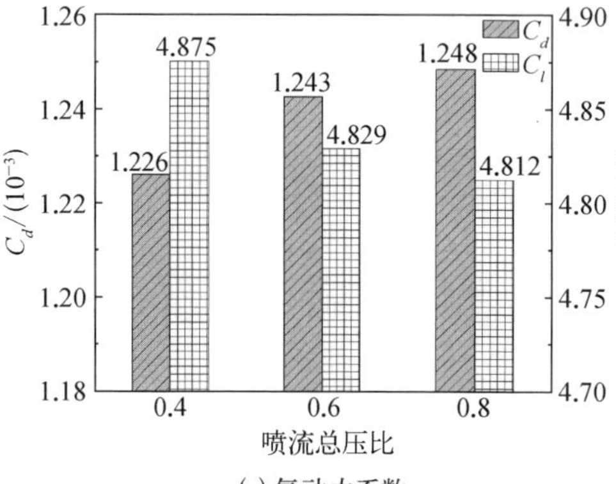

(a) 气动力系数

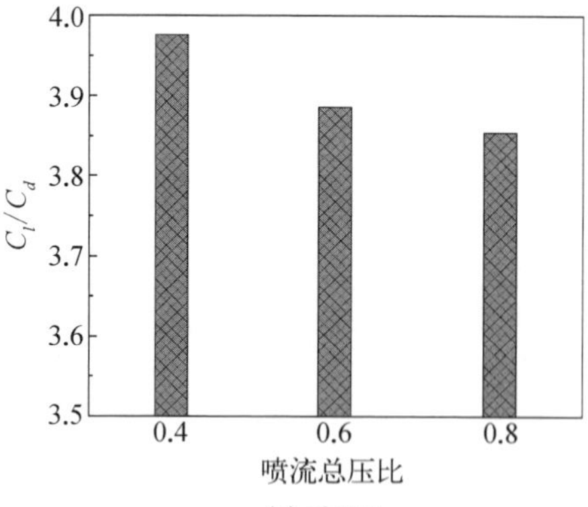

(b) 升阻比

图 3.19 喷流总压比对乘波构型飞行器气动性能的影响

3.3.2 来流攻角

乘波构型飞行器在实际飞行中不可避免地会以不同攻角进行飞行，而攻角的变化会直接影响到飞行器表面气流分布，同时也会间接地导致机体受总气动力和气动热情况的改变。因此，本节探究不同攻角条件下多点喷流对乘波构型飞行器气动性能与减阻降热特性的影响。

图 3.20 展示了不同来流攻角条件下对称面压力云图。可以看出,攻角对乘波构型飞行器周围三维流场结构造成明显的影响。随着攻角增大,上表面低压区向上游移动,低压区面积增加,头部前缘高压区逐渐向头部驻点集中,使乘波构型飞行器头部被高压区包裹,上表面下游区被低压区覆盖。下表面再压缩激波强度随着攻角增大而增加,下表面被高压区包裹范围扩大。以上表面压力 $P_1 = 2\ 000$ Pa 的等值线为例,当攻角 $\alpha = 4°$时,$P_1 = 2\ 000$ Pa 的压力区域位于喷孔 3 的下游,当攻角增加达到 $\alpha = 8°$时,已经发展到喷孔 2 与喷孔 3 之间,继续增加攻角到 $\alpha = 12°$,该低压区域移动到喷孔 2 的上游。对于下表面高压区来说,当攻

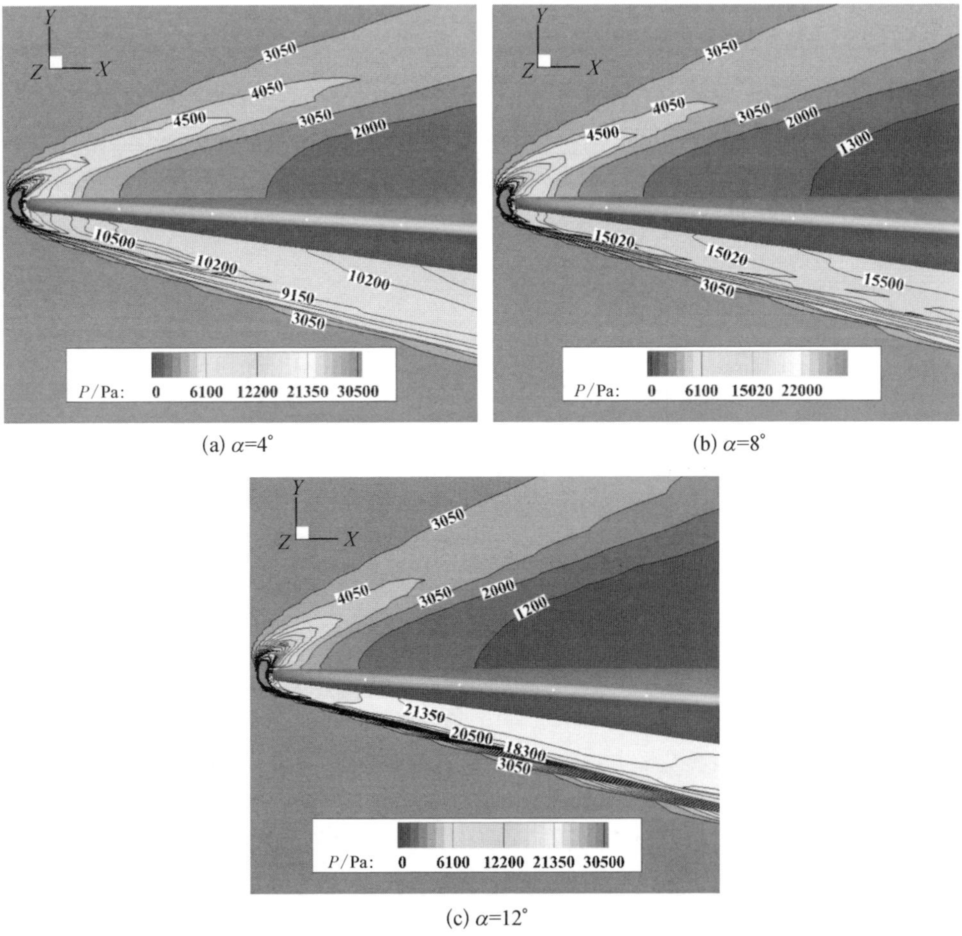

(a) α=4°　(b) α=8°

(c) α=12°

图 3.20　不同攻角下对称面压力分布的对比

角 $\alpha=4°$时，下表面被 $P_2=10\ 200$ Pa 的高压区包裹，当攻角增加达到 $\alpha=8°$时，下表面被 $P_2=15\ 500$ Pa 的高压区包裹，继续增加攻角到 $\alpha=12°$，下表面被 $P_2=21\ 350$ Pa的高压区包裹。

图 3.21 为不同攻角条件下对称面温度分布和流线的对比。随着攻角增大，前缘弓形激波沿着头部驻点逆时针方向旋转，流场结构呈现高度不对称。乘波构型飞行器迎风侧与来流接触面积增加，迎风侧斜激波与下表面距离逐渐减小，压缩激波角度变小，下表面周围高温区面积逐渐增加。同时，背风侧与来流接触面积减小，背风侧激波与上表面距离逐渐增加，激波膨胀角增大，上表面周围低温区面积逐渐增加。

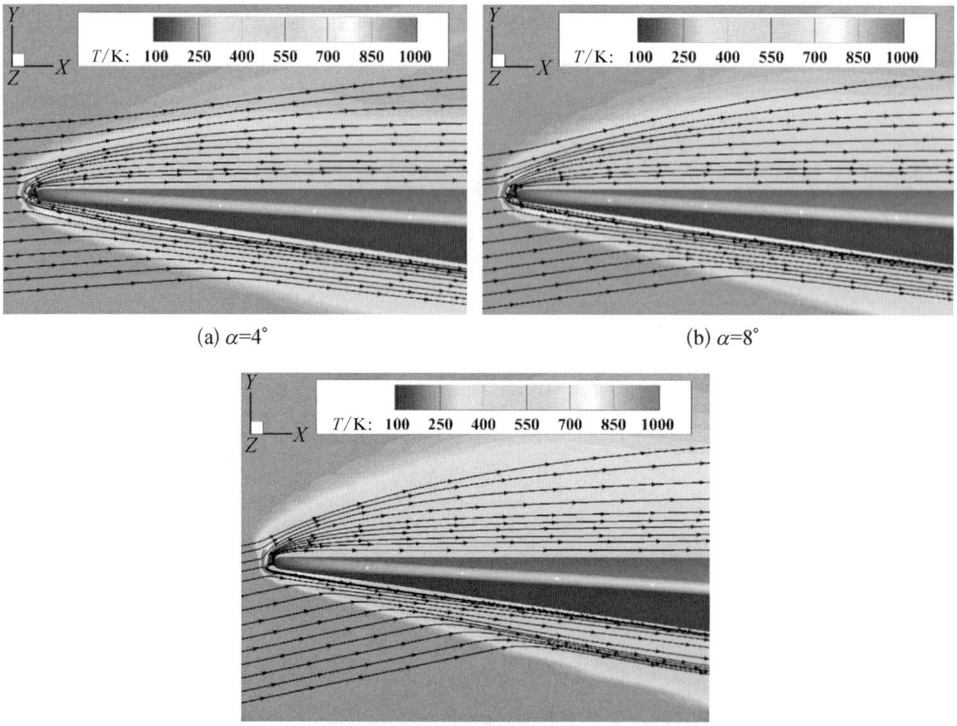

(a) α=4°　　(b) α=8°

(c) α=12°

图 3.21　不同攻角条件下对称面温度分布和流线的对比

图 3.22 给出了不同攻角条件下乘波构型飞行器对称面机体上、下型线压力变化曲线。从图中可以看出，下型线压力从喷孔处先急剧减小，然后逐渐增加。随着攻角从 $\alpha=4°$增加到 $\alpha=12°$，在乘波构型飞行器头部喷孔附近下型线最大压力从 18 200 Pa 增加到 25 360 Pa，提高了 39.34%。由于迎风侧来流将斜激波

向贴近壁面处压缩，$\alpha = 12°$的乘波构型飞行器壁面下型线压力明显都高于 $\alpha = 4°$ 的壁面下型线压力。同时，还可以观察到，上型线压力变化趋势为急剧降低–增加–减小–增加。当攻角从 $\alpha = 4°$ 增加到 $\alpha = 12°$ 时，在乘波构型飞行器头部驻点喷孔附近上型线最大压力由 15 600 Pa 逐渐减小至 14 500 Pa，降低了 7.05%。由于背风侧激波膨胀角增大，壁面与来流接触面积减小，攻角为 12°的乘波构型飞行器机体壁面上型线压力明显地都低于攻角为 4°的壁面下型线压力。

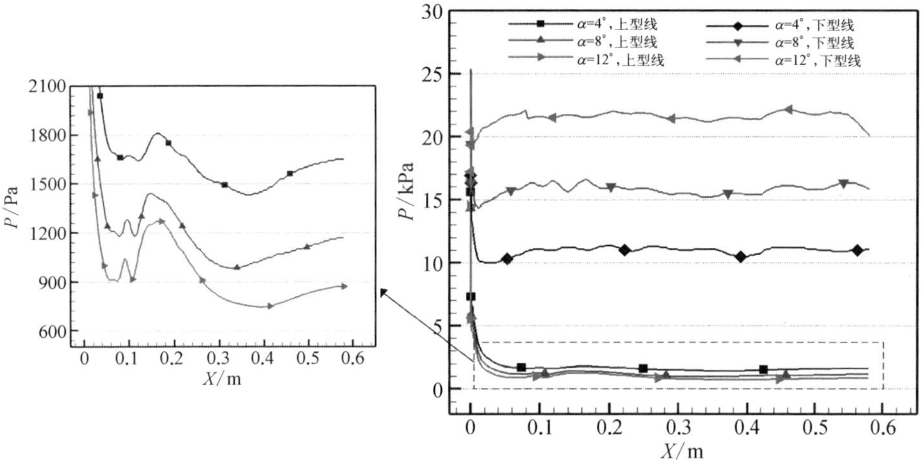

图 3.22　乘波构型飞行器壁面上、下型线压力变化曲线

结合上、下型线压力具体数值进行分析，当 $\alpha = 4°$时，乘波构型飞行器上、下表面压力平均值分别为 1 460.63 Pa 和 10 708.27 Pa，当 $\alpha = 8°$时，乘波构型飞行器上、下表面压力平均值分别为 849.92 Pa 和 15 030.83 Pa，当 $\alpha = 12°$时，乘波构型飞行器上、下表面压力平均值分别为 533.44 Pa 和 20 226.87 Pa。随着攻角增加，飞行器上、下表面压力差逐渐增大。与 $\alpha = 4°$ 相比，$\alpha = 12°$时，上表面的平均压力降低了约 63.48%，下表面平均压力增加了 88.89%，上、下表面压力差增加了约 1.13 倍。

不同喷流总压比下温度和压力分布图的对比如图 3.23 所示。从图中可以清楚地看到，在相同喷流条件下，不同攻角下的乘波构型飞行器基本流场结构和激波串形状相似。从乘波构型飞行器上壁面的压力分布可以看出，随着攻角的增大，背风侧与来流接触面积减小，背风侧激波与上壁面距离逐渐增加，壁面高压区面积减小。其中，头部高压区面积逐渐减小，沿钝化前缘方向喷孔附近壁面高压区也逐渐地减小。从前缘中线截面温度等值线图可以看出，随着攻角的增大,低温区 1 的范围变化较小,但是沿钝化前缘方向的壁面回流区尺寸(如低温区 2~低温区 5)逐渐缩减。同时,由于攻角增大,喷流间相互作用减弱,喷孔相邻区域将受到高温高压来流的作用,钝化前缘壁面周围高温区面积逐渐增加。此外,由于攻角增大,从喷孔中喷出的冷却介质不能完全覆盖喷孔 1 与喷孔 5 之间的钝化前缘壁面区域,这将导致相邻喷孔间壁面附近的高温区面积进一步增加,不利于乘波构型飞行器的减阻和防热。

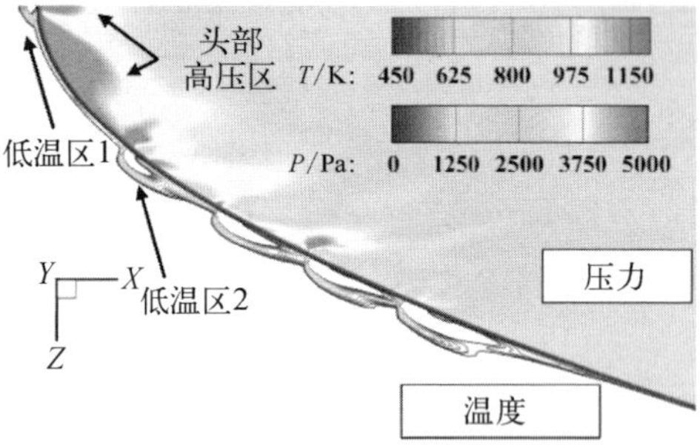

(a) α=4°

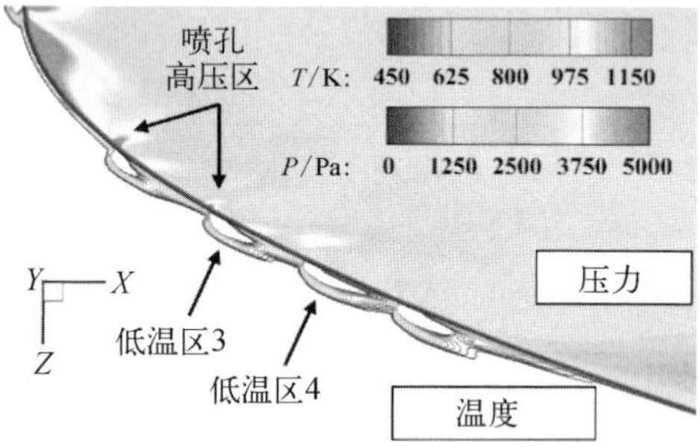

(b) α=8°

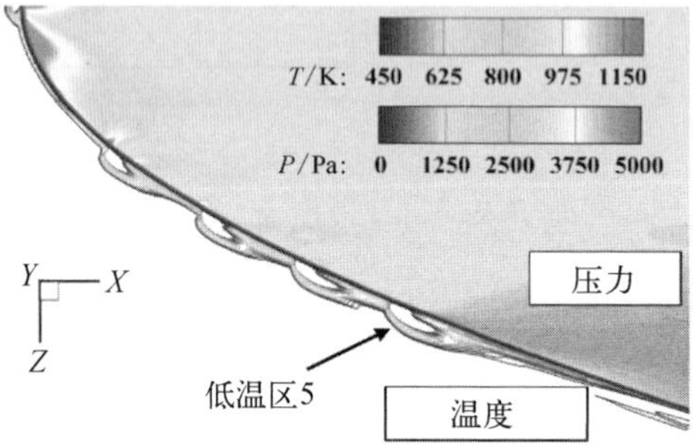

(c) α=12°

图 3.23 不同喷流总压比下温度和压力分布图的对比

图 3.24 展示了不同攻角条件下沿着驻点线的马赫数和压力变化曲线。从图中可以看出,攻角变化不影响在喷孔附近的流体马赫数和压力分布。如图 3.24(a)所示,在不同攻角条件下马赫数沿驻点线的变化趋势基本相同,即从喷孔处出发,沿来流驻点线方向,马赫数先增加,后减小,然后再增加,最后保持稳定。当马赫数为 6 的来流通过头部弓形激波后,速度急剧降低至马赫数接近于 0 时,波后由于膨胀作用,来流马赫数开始逐渐增加至马赫数为 4,通过马赫盘后,来流被强烈压缩,速度再度减小。如图 3.24(b)所示,在不同攻角条件下压力沿驻点线的变化趋势基本相同,高超声速来流经过弓形激波后,受到弓形激

波强烈压缩作用，气流的物理属性发生剧烈改变，与波前气流相比，波后气流压力、密度和温度急剧增大，压力从 2 509 Pa 逐渐增加至 108 061 Pa，后逐渐减小 12 877 Pa，当通过马赫盘后，压力再度急剧增加。可以看出，攻角变化对沿驻点线上的马赫数和压力分布影响很小。

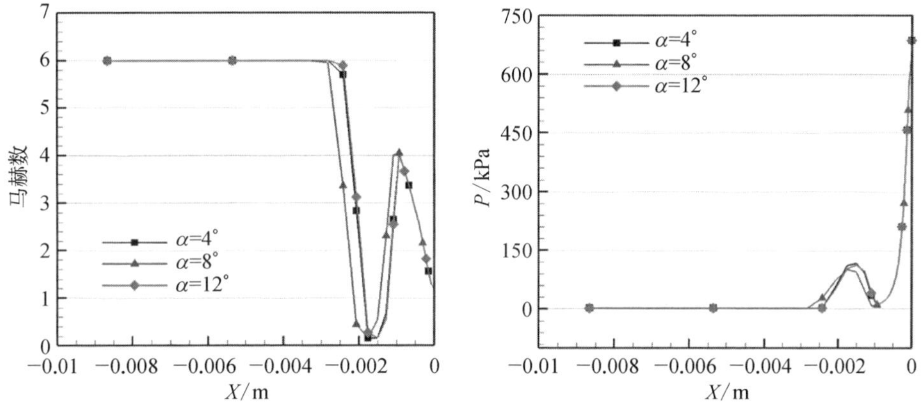

(a) 马赫数　　(b) 压力

图 3.24　沿驻点线的流场参数

图 3.25 为不同来流攻角条件下多点喷流乘波构型飞行器升/阻力系数及升阻比的对比情况。由图可知，改变来流攻角能够使多点喷流乘波构型飞行器的气动特性发生显著改变。如图 3.25(a)所示，随着攻角的增加，一方面，阻力逐渐增加，从 $\alpha=4°$ 到 $\alpha=12°$，阻力系数从 0.002 505 增加到 0.007 655，增幅约为 2.06 倍；另一方面，乘波构型飞行器上、下表面压力差不断增加(即升力不断增

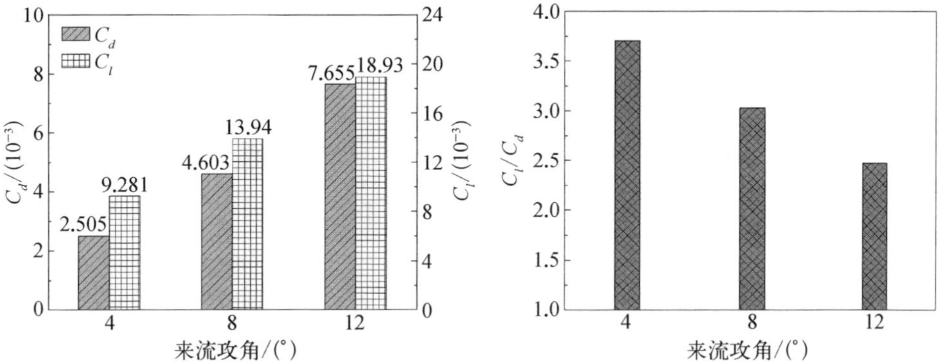

(a) 气动力系数　　(b) 升阻比

图 3.25　攻角对乘波构型飞行器气动性能的影响

加)，攻角从 $\alpha=4°$ 到 $\alpha=12°$，升力系数从 0.009 281 增加到 0.018 93，增幅约为 1.04 倍。此外，从图 3.25(b) 中可以看到，随着来流攻角从 4°增加到 12°，乘波构型飞行器升阻比逐渐减小，当攻角为 12°时，升阻比最低，与攻角为 4°相比，升阻比从 3.705 减小到 2.473，降低了 33.25%。

3.3.3　来流马赫数

图 3.26 展示了不同来流马赫数条件下对称面压力分布的对比。随着来流马赫数的增大，来流总压增加，在喷流压比保持不变的情况下，喷流总压增加，喷流膨胀区域面积增大、距离增长、强度提高，喷流穿透能力增强，喷流介质作用范

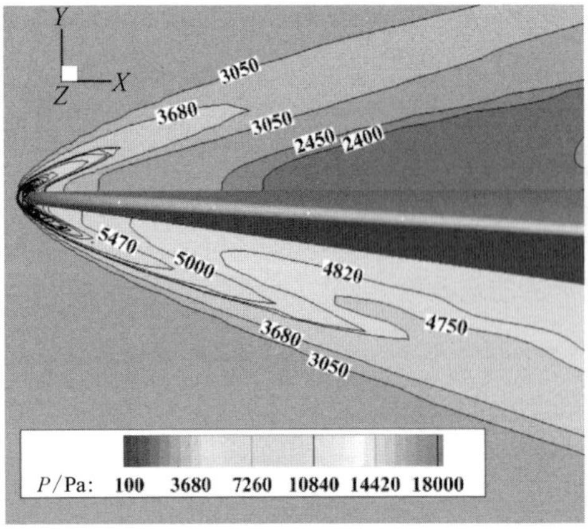

(a) 马赫数为4

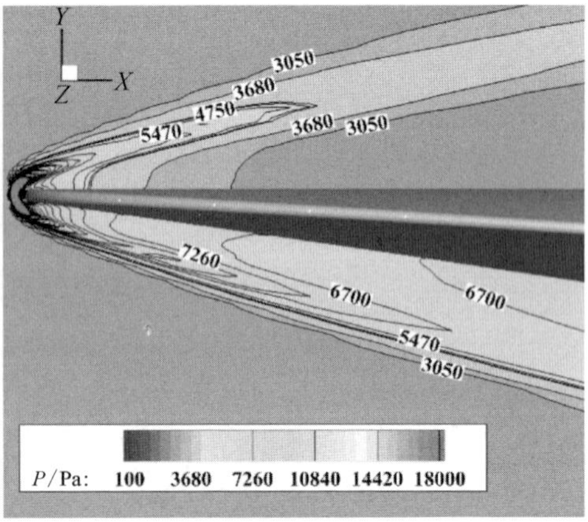

(b) 马赫数为6

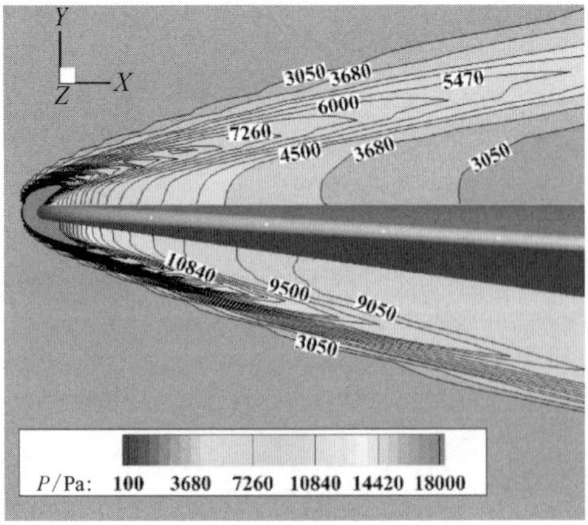

(c) 马赫数为8

图 3.26　不同来流马赫数条件下对称面压力分布的对比

围更大,使头部脱体弓形激波与乘波构型飞行器壁面间距离增大。由图 3.26 可以看出,随着来流马赫数的增加,乘波构型飞行器头部前缘近壁面流场压力逐渐增加,头部高压区覆盖面积逐渐增加。同时,飞行器上、下表面来流受弓形激波压缩程度随马赫数增大而增大,上、下表面周围低压区面积逐渐减小,高压区面积逐渐增加。不同的是,相较于上表面,下表面高压区面积扩张更明显,压力值增加更大。此外,还可以发现,随着来流马赫数的增加,头部高压区逐渐向下游扩展,高压区面积增加。

不同来流马赫数条件下对称面温度分布的对比如图 3.27 所示。可以清楚地看到,随着来流马赫数的增加,乘波构型飞行器附近流场温度逐渐增加,整个机体被高温区包裹。头部前缘弓形激波强度随马赫数增加而增加,头部近壁面温度急剧升高。此外,可以发现,随着来流马赫数的增大,飞行器上、下壁面压缩波强度逐渐增大,飞行器近壁面流场温度逐渐增加。当马赫数为 4 时,飞行器上、下壁面近流域温度大约在 400 K,而当马赫数为 8 时,飞行器头部温度已超过 1 200 K,头部下游区域贴近上壁面的流场温度保持在 800 K 左右,贴近下壁面的

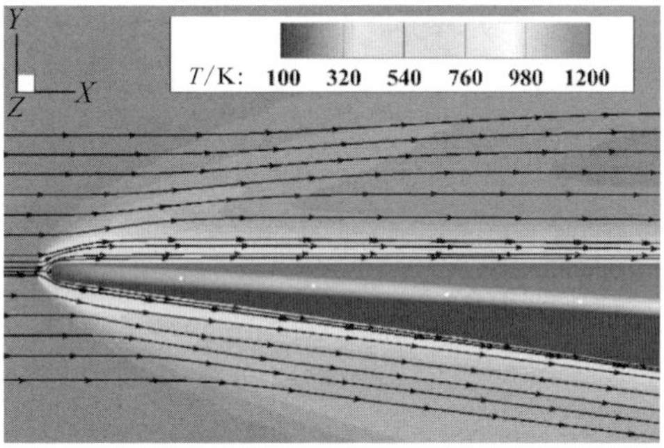

(a) 马赫数为4

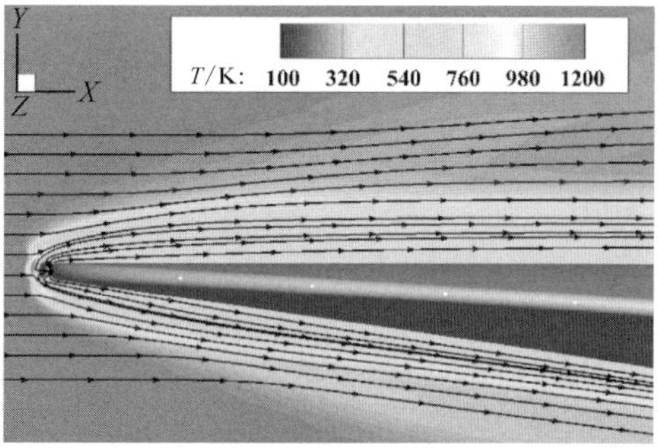

(b) 马赫数为6

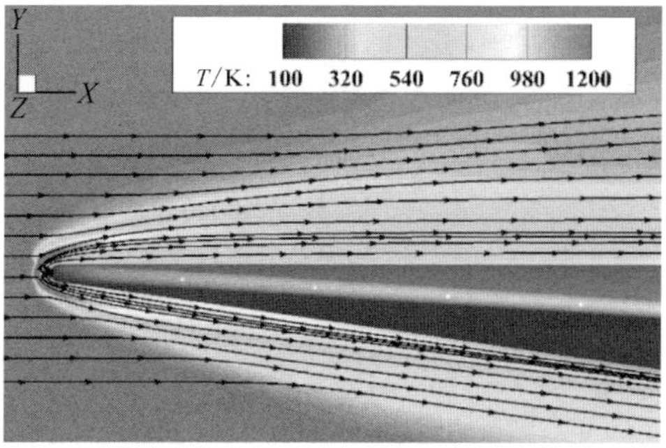

(c) 马赫数为8

图 3.27　不同来流马赫数条件下对称面温度分布的对比

流场温度保持在1 000 K左右。总而言之,随着来流马赫数的增大,飞行器上、下表面激波压缩强度增加,波后流场温度明显地升高,下表面激波压缩角减小,高温区逐渐向壁面靠近。

图3.28给出了不同来流马赫数条件下乘波构型飞行器对称面机体上、下型线压力变化曲线。从图中可以看出,下型线压力变化趋势为先急剧降低,再缓慢趋于稳定。随着来流马赫数从4增加到8,在乘波构型飞行器头部驻点喷孔附近下型线最大压力从20 800 Pa增加到39 000 Pa,提高了87.50%。由于乘波构型飞行器下表面处于迎风压缩区,来流将斜激波往贴近壁面处压缩,随着来流马赫数增加,下型线压力逐渐增加,马赫数为8的乘波构型飞行器机体壁面下型线压力明显地高于马赫数为4。同时,还可以观察到,在不同来流马赫数下,上型线压力变化趋势有所区别。马赫数为4上型线压力先急剧降低再缓慢增加至趋于稳定,而来流马赫数为6和8的乘波构型飞行器对称面上型线压力均表现为急剧降低-增加-减小-增加的趋势。在$X=0.3$ m之前,马赫数为4的乘波构型飞行器上型线压力最低,在$X=0.3$ m之后,马赫数为8的乘波构型飞行器上型线压力最低。当马赫数为4时,乘波构型飞行器上、下表面压力平均值分别为2 411.43 Pa和5 050.03 Pa,当马赫数为6时,乘波构型飞行器上、下表面压力平均值分别为3 066.27 Pa和7 352.53 Pa,当马赫数为8时,乘波构型飞行器上、下表面压力平均值分别为3 727.81 Pa和9 824.31 Pa。随着来流马赫数的增加,乘波构型飞行器上、下表面压力差逐渐增大。与来流马赫数为4相比,马赫数为8的乘波构型

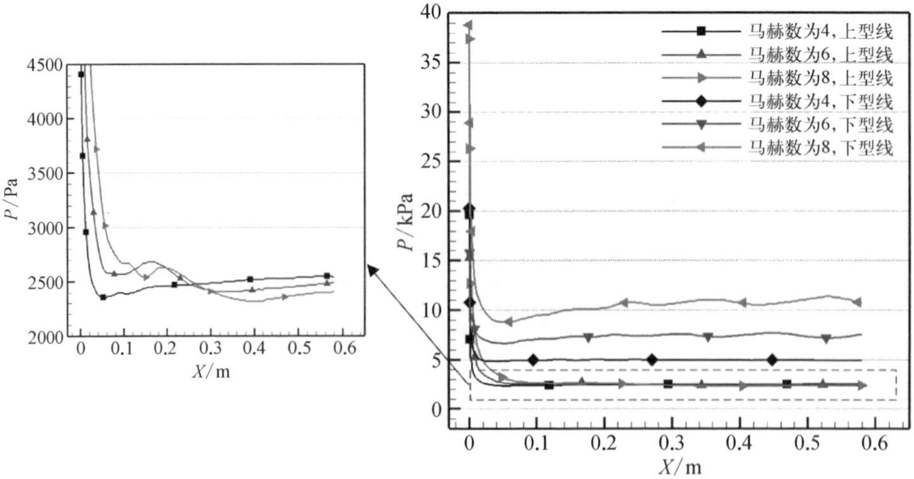

图3.28 乘波构型飞行器壁面上、下型线压力变化曲线

飞行器上表面平均压力增加了 54.59%，下表面平均压力增加了 94.54%，上、下表面压力差增加了约 1.31 倍。

不同来流马赫数条件下压力和温度分布的对比如图 3.29 所示。从中可以清楚地看到，随着来流马赫数的增加，喷流穿透能力增强，乘波构型飞行器近壁面流场结构变化剧烈。从乘波构型飞行器上壁面压力云图可以看出，随着来流马赫数增大，上壁面高压区面积增大。此外，前缘再附激波强度增加，喷孔 1 和喷孔 2 间再附激波强度增大，导致附近流域高压区面积急剧增加。随着马赫数的增加，喷流总压增加，喷孔附近壁面强度增加，使得喷孔 1 和喷孔 2 之间的再附激波强度增大，导致附近的高压区面积急剧增加。另一方面，随着马赫数的增加，喷流总压增加，喷孔附近流域高压区面积也随之增大。从前缘中线截面温度等值线图中可以看出，随着来流马赫数增加，喷流介质强度增加，前缘弓形激波被推离壁面距离变远，使得低温区 1 面积逐渐增加。同时，随着来流马赫数的增加，沿钝化前缘方向形成的类似于椭圆外形的激波串结构更加明显，低温区 2、3、4 和低温区 5 面积先增加后减小。此外，可以发现，随着来流马赫数的增加，

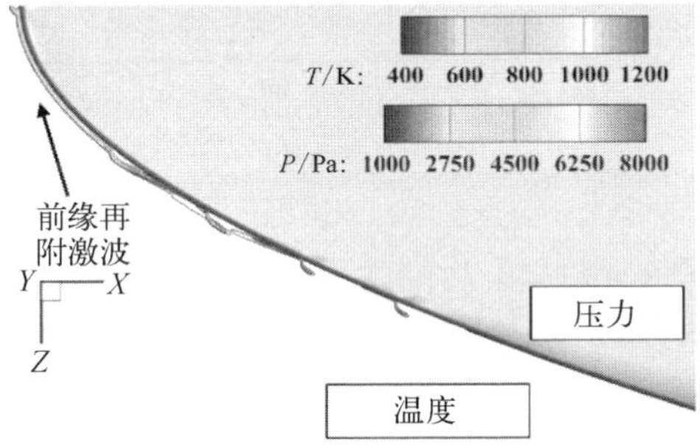

(a) 马赫数为4

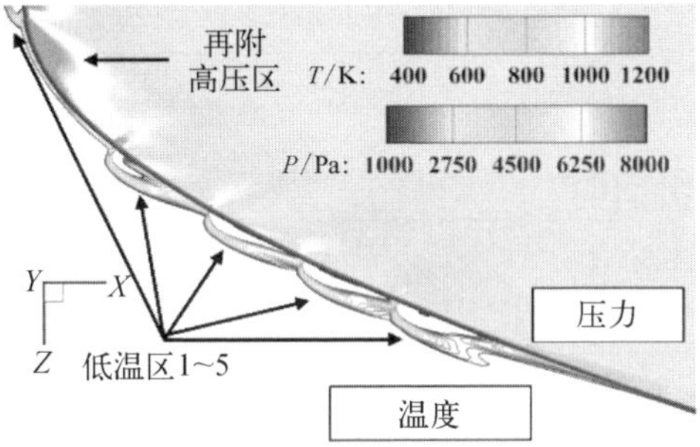

(b) 马赫数为6

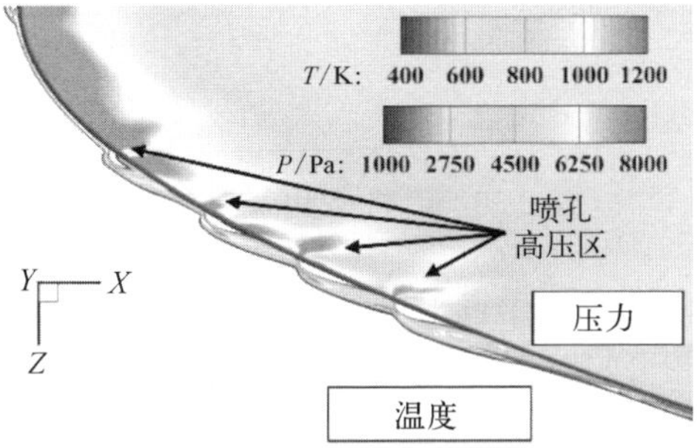

(c) 马赫数为8

图 3.29　不同喷流总压比条件下温度和压力分布图的对比

来流总温也随之增加，这可能导致乘波构型飞行器遭受更严重的气动加热。

为了更清楚地展示不同来流马赫数条件下激波前、后流场参数变化，图 3.30 给出了不同来流马赫数下沿着驻点线的马赫数和压力变化曲线。当喷流总压比确定时，随着来流马赫数增加，喷流总压升高，致使喷流膨胀区域更大，距离更远，强度更高，穿透能力相应增强，喷流介质作用区域扩大，大大增加了头部前缘弓形激波与壁面之间的距离。如图 3.30(a) 所示，飞行器近壁面流体流速由自由来流速度急剧降低至亚声速，在以亚声速流动一段距离后，流体再度开始加速，通过马赫盘后，受强烈压缩，速度又逐渐减小。随着来流马赫数的增加，马赫数减小位置改变，当马赫数为 6 时，马赫数从 $X=-0.002\ 84$ m 开始急剧减小，当马赫数为 8 时，马赫数从 $X=-0.002\ 44$ m 开始急剧减小。随着来流马赫数的增加，流体受膨胀作用恢复的流动速度由自由流马赫数的 75%逐渐减小至 45%。如图 3.30(b) 所示，高超声速来流经过弓形激波后，受强烈压缩作用波后流体压力、密度和温度急剧变化，压力由 2 509 Pa 先逐渐增加后又减小，当通过马赫盘后，压力再度急剧增加。随着来流马赫数的增加，流体受膨胀作用恢复的压力最大值由 47 907 Pa 逐渐增加到 195 091 Pa，增加了约 3.07 倍。

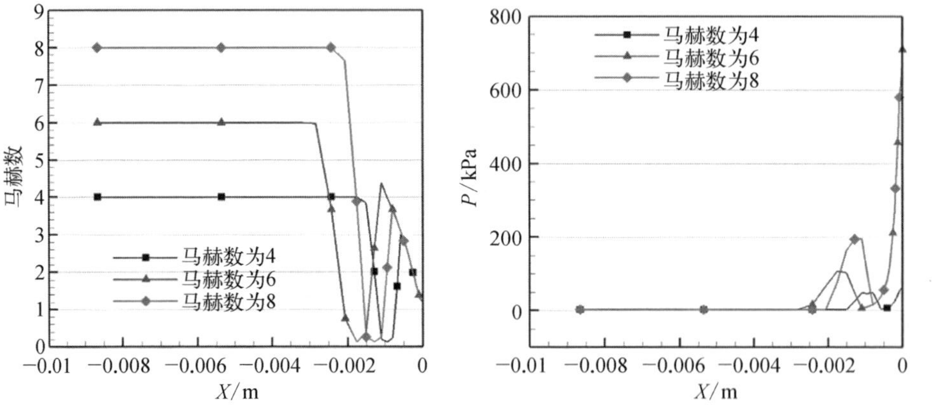

(a) 马赫数　　(b) 压力

图 3.30　沿驻点线的流场参数

图 3.31 为不同来流马赫数条件下多点喷流乘波构型飞行器升/阻力系数及升阻比的对比柱状图。由图可知，改变来流马赫数能够使多点喷流乘波构型飞行器的气动特性发生显著改变。如图 3.31(a) 所示，随着来流马赫数的增加，一方面，阻力系数逐渐减小，来流马赫数从 4 增加到 8，阻力系数从 0.001 443 减小到 0.001 16，降低了 19.61%。另一方面，升力系数也不断减小，升力系数从 0.005 839 减小到

0.004 404,降低了 24.58%。此外,由图 3.31(b)可以看到,随着来流马赫数从 4 增加到马赫数 8,乘波构型飞行器的升阻比逐渐减小,当来流马赫数为 8 时,升阻比最低,与来流马赫数 4 相比,升阻比从 4.046 4 减小到 3.796 6,降低了 6.17%。

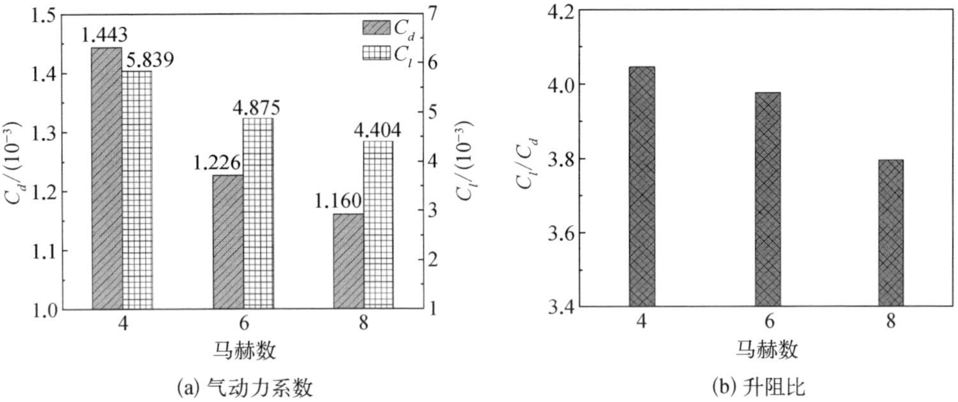

图 3.31　来流马赫数对乘波构型飞行器气动性能的影响

3.4　本章小结

本章以逆向喷流乘波构型飞行器为研究对象,分析了前缘近壁面流场重构机理,对比有/无逆向喷流及喷孔数量对飞行器减阻降热性能的影响。揭示了不同喷流参数和来流参数下多点喷流乘波构型飞行器流场结构特征,探究了喷流总压比、来流攻角和来流马赫数对乘波构型飞行器减阻降热特性的影响规律。主要研究结论如下:

(1) 由于逆向喷流作用,乘波构型飞行器头部前缘高温高压区被推离壁面,受低温低压区的影响,飞行器壁面压力和热流明显地降低。与无喷流方案相比,单孔逆向喷流方案下飞行器升阻比增加了 5.01%,上、下表面平均热流密度分别降低了 3.74% 和 6.65%,而钝化前缘平均热流密度降低程度最大,降低了 13.39%。

(2) 相较于单孔逆向喷流只能局部改善乘波构型飞行器头部流场结构,多点喷流可以充分地利用其横向流动来改善整个飞行器流动特性,从而达到提升飞行器气动性能的效果。当喷孔为奇数时,随着喷孔数量 N 的增加,飞行器升阻比逐渐增加,增大程度逐渐减小。与 $N=3$ 乘波构型飞行器相比,当 $N=9$ 时,其升阻比增大了4.52%，飞行器上、下表面热流密度分别降低了2.47%和3.31%，钝化前缘热流密度降低了7.20%。当喷孔为偶数时，随着喷孔数量 N 的增加，乘波构型飞行器升阻比逐渐减小，减小趋势逐渐增大。与 $N=4$ 乘波构型飞行器相比，当 $N=8$ 时飞行器升阻比降低了0.78%，上、下壁面平均热流密度均先减小后增加，钝化前缘平均热流密度随喷孔数的增加逐渐减小。

（3）针对最佳喷孔数量的构型，随着喷流总压比从 PR = 0.4 增加到 PR = 0.8，喷流总质量流量由 0.005 5 kg/s 增加到 0.011 kg/s，阻力系数增加了1.79%，升阻比降低了1.29%。随着喷流总压比增加，喷流的膨胀区域扩大，乘波构型飞行器壁面周围的低温区面积增加，同时从喷孔喷出的冷却介质总质量流量增加，将有更多的低温冷却介质覆盖乘波构型飞行器表面，能进一步降低飞行器壁面热流。

（4）针对最佳喷孔数量的构型，攻角削弱了多点喷流的相互作用，随着攻角从 $\alpha=4°$ 增加到 $\alpha=12°$，阻力系数增加了2.06倍，升阻比降低了33.25%。当攻角增大时，流场结构呈现高度不对称，覆盖乘波构型飞行器上表面的低温区面积增加，下表面被高温区包裹，回流区面积减小，多点喷流作用减弱，从多孔喷出的喷流介质不能完全覆盖喷孔之间的区域，不利于提升飞行器气动性能。

（5）针对最佳喷孔数量的构型，随着来流马赫数的增加，阻力系数和升阻比均逐渐降低，与无喷流方案相比，多点喷流方案均提高了飞行器在不同来流马赫数条件下的升阻比。随着来流马赫数的增加，乘波构型飞行器上下表面的压缩激波强度增加，波后压力和流场温度明显地升高，不利于提升飞行器气动性能。当喷流总质量流量相同时，高马赫数条件下的等效升阻比需要通过增加喷流总质量流量来实现。

参考文献

[1] Meng Y S, Yan L, Huang W, et al. Coupled investigation on drag and heat flux reduction over spiked waverider with a wide-speed range[J]. Acta Astronautica, 2021, 182: 498 - 516.

[2] Kim B S, Rasmussen M L, Jischke M C. Optimization of waverider configurations generated from axisymmetricconical flows[J]. Journal of Spacecraft and Rockets, 1983, 20(5): 461 - 469.

[3] 李世斌.逆向射流及其在高超声速飞行器中的减阻防热机理研究[D].长沙：国防科技大学,2017.

[4] 何天琦.高超声速飞行器带逆向喷流激波针减阻防热机理研究[D].长沙：中南大学,2020.

[5] Stevens D R. Practical considerations in waverider applications[C]. La Jolla: Navigation and Control Conference, 1992.

[6] Takashima N, Lewis M J. Navier-Stokes computations of a viscous optimized waverider[R]. Washington: AIAA 92－0305, 1992.

[7] Guo J H, Lin G P, Bu X Q, et al. Sensitivity analysis of flowfield modeling parameters upon the flow structure and aerodynamics of an opposing jet over a hypersonic blunt body[J]. Chinese Journal of Aeronautics, 2020, 33(1): 161－175.

[8] 陈铮.基于多点喷流的高超声速飞行器气动特性研究[D].长沙：中南大学,2023.

第 4 章

空天飞行器多点喷流减阻降热

空天飞行器具备穿越临近空间并实现天地往返的能力。在执行长航时高速飞行任务过程中,其需跨越大空域、宽速域及多种流域,面临复杂且严苛的气动与热载荷作用。因此,减阻降热技术对于保障飞行安全、提升气动性能以及实现可重复使用具有重要意义。本章围绕喷流控制技术在空天飞行器减阻降热中的应用潜力展开研究,在边条翼前缘布置多点喷流装置,针对典型飞行工况,分析喷流与自由来流之间的相互作用机制,进一步探讨喷孔位置与喷孔直径对飞行器流场结构、气动特性及减阻降热性能的影响规律。

4.1 空天飞行器喷流方案

在再入返回过程中,空天飞行器的飞行状态覆盖范围广,通常以高超声速穿越大气层,不仅承受显著的气动阻力,还会面临严重的气动加热问题。因此,飞行器设计需同时满足优良的气动性能和高效的热防护能力[1-4]。研究选用的空天飞行器模型经等比例缩小后,其结构及其几何参数如图 4.1 所示[5]。空天飞行器的几何模型为轴对称构型,由中心机体和外机翼组成,边条翼作为连接两者的平滑过渡段。图 4.1 标出了空天飞行器机身、机翼及边条翼的具体位置和整机结构尺寸。

在原模型的基础上,沿边条翼前缘壁面布置多点喷流方案。图 4.2 给出了边条翼前缘喷流几何模型,将边条翼前缘壁面 ae 段均分为 4 段,ab 段作为前段,bc 段作为中段,cd 段作为后段,de 段作为末段,并在每一段均匀布置 3 个喷孔,喷流孔直径为 8 mm。

由于几何模型是基于 $X-Y$ 平面对称的,因此,选择流场的一半区域进行数值模拟。图 4.3 为多点喷流空天飞行器的计算域网格示意图。对于边界条件,

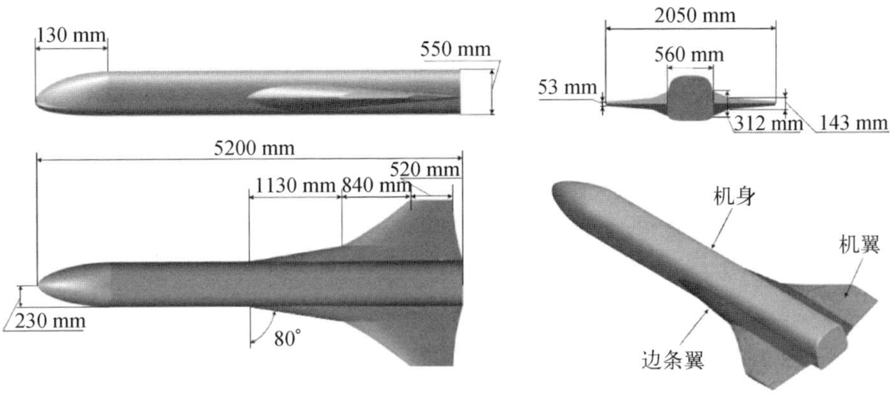

图 4.1　空天飞行器几何模型

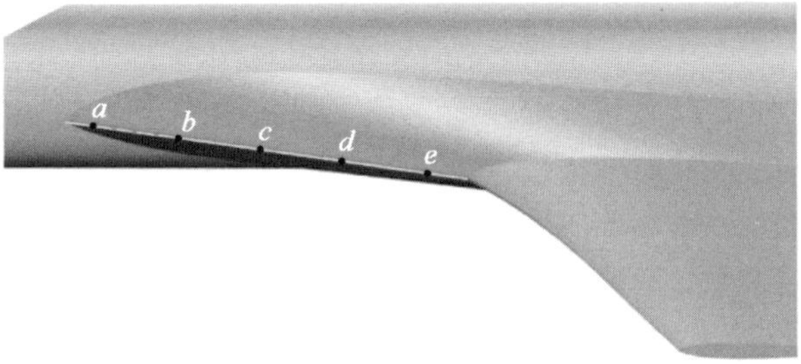

图 4.2　边条翼前缘喷流几何模型

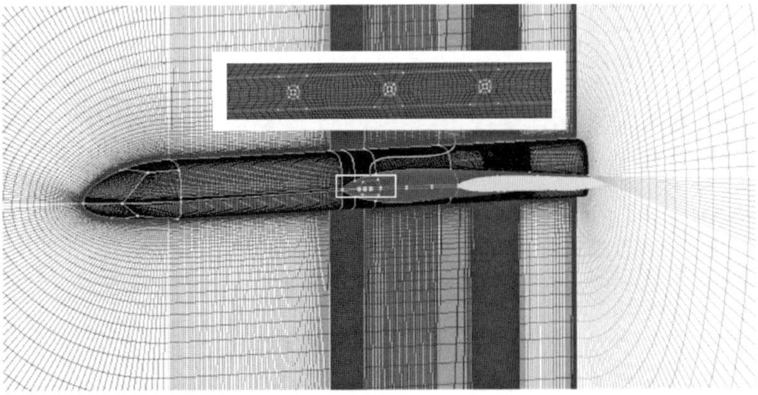

图 4.3　多点喷流空天飞行器的计算域网格示意图

将远场设置为压力远场边界条件,将多点喷流设置为压力入口,喷流方向沿着喷孔中心点法线方向。空天飞行器飞行工况为 $H=27$ km,马赫数为 6.0,计算条件如表 4.1 所示,喷流压比为 0.2[5]。

表 4.1 计算条件

来 流 参 数	喷 流 参 数	壁 面
理想气体	空气	$T_w = 300$ K
$Ma = 6.0$	$Ma = 1.0$	
$P_\infty = 1\ 879.98$ Pa	$P_{0in} = 0.2P_0$	
$T_\infty = 223.54$ K	$T_0 = 300$ K	

4.2 流场结构

在研究多点喷流方案对空天飞行器流场特征和气动性能的影响之前,本节首先对空天飞行器基本模型流场进行分析。图 4.4 展示了无喷流条件下空天飞行器对称面马赫数云图和流线图。由图可知,在高超声速来流条件下,空天飞行器头部前缘形成了一道很强的弓形激波,波后压力和温度急剧升高,飞行器头部被高温高压区包裹,并随着来流向下游传播。来流穿过弓形激波后,速度锐减,沿着空天飞行器壁面向下游流动,在远离弓形激波后,来流速度开始逐渐增加。同时,还可以看出,在飞行器尾部形成了明显的涡流结构,这使得空天飞行器产生了底阻。

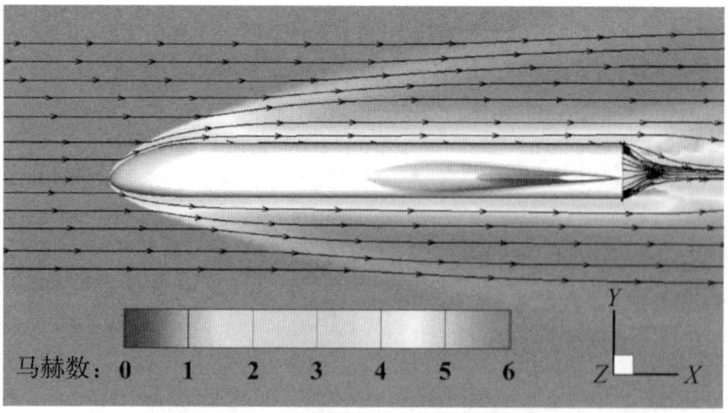

图 4.4 无喷流条件下空天飞行器对称面马赫数云图和流线图

图 4.5 为无喷流条件下空天飞行器 $Y=0.03$ m 截面上的压力云图和流线图。从图中可以看出,在空天飞行器头部弓形激波往下游发展过程中,激波没有打到

飞行器机翼上,即前缘弓形激波并不会破坏机翼流场结构,不会使飞行器产生额外的附加阻力。来流在经过弓形激波后,在边条翼部分又产生了一道压缩波,引发激波与激波间相互干扰,这会对飞行器的整体气动性能和热防护系统产生不利影响。喷流是一种优异的主动流动控制手段,同时具有减阻、增升、降热、姿控等多方面作用[6-10]。因此,为了提升飞行器的气动性能,同时增强飞行器热防护能力,在该飞行器边条翼上采用多点喷流方案,通过喷流主动流动控制技术解决空天飞行器在高超声速飞行过程中整机综合性能恶化的问题。

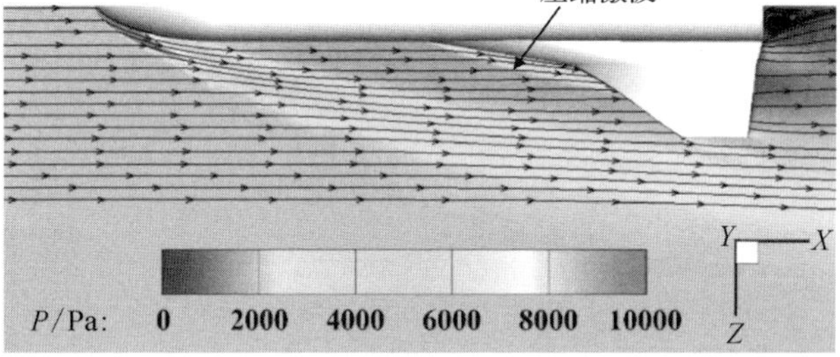

图 4.5　无喷流条件下空天飞行器 $Y=0.03$ m 截面上的压力云图和流线图

多点喷流方案下的整体流场结构和压力云图如图 4.6 所示。来流经过空天飞行器头部,产生了一道很强的弓形激波,在靠近边条翼附近,边条翼壁面阻塞作用形成了一道较弱的压缩激波,在压缩激波作用下,导致喷流发生偏转。同

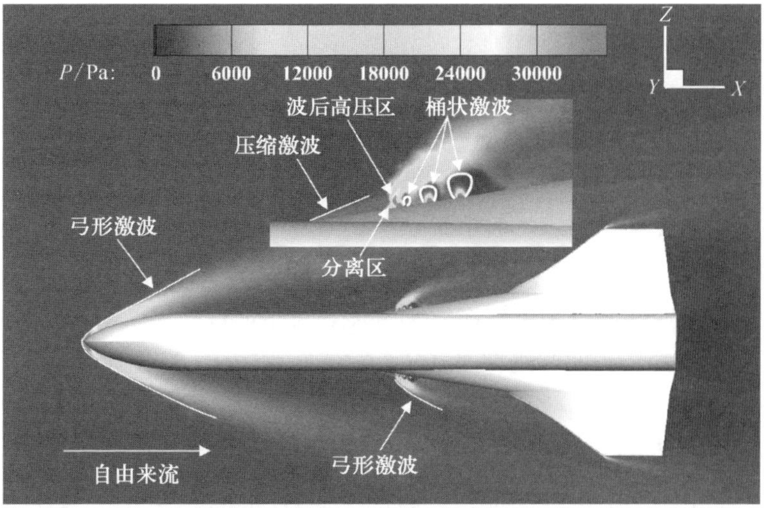

图 4.6　多点喷流方案下的整体流场结构和压力云图

时，喷流作用产生的弓形激波与来流发生干扰，在边界层逆压梯度作用下形成分离区。喷孔下游喷流膨胀加速，与周围高压气流作用形成桶状激波，随着喷流往下游流动，桶状激波不断增强，影响区域不断增加。此外，由于喷流间相互作用，在喷孔 1 与喷孔 2 之间和喷孔 2 与喷孔 3 之间分别各自形成了一个回流区，在回流区作用下，进一步降低了边条翼壁面压力。

图 4.7 为多点喷流条件下空天飞行器 $Y=0.03$ m 截面上压力云图和流线图。由图可以看出，与无喷流条件下对比，在多点喷流方案下，空天飞行器头部依然产生了很强的弓形激波，且在边条翼和机翼前缘同样产生了一道压缩激波。不同的是，由于多点喷流作用，靠近空天飞行器边条翼壁面的高压区被推离壁面，使边条翼壁面被低压区包裹。在远离边条翼壁面位置，由于喷流间相互作用，高压区面积有所增加，多点喷流方案减弱了压缩激波强度，有利于改善空天飞行器整体气动性能。

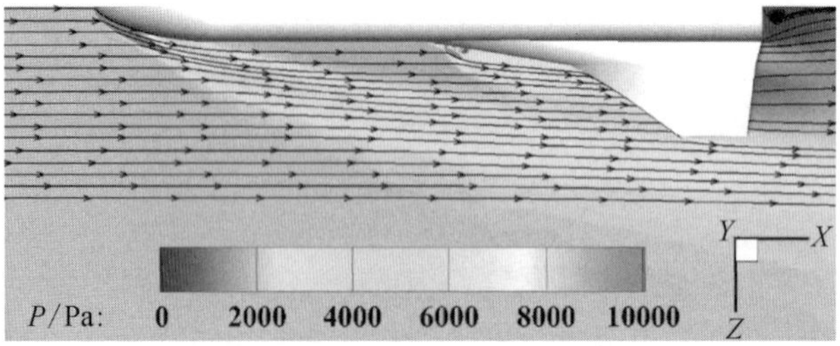

图 4.7　多点喷流条件下空天飞行器 $Y=0.03$ m 截面上压力云图和流线图

图 4.8 对有无多点喷流条件下 $Y=0.03$ m 截面上空天飞行器边条翼壁面压力分布进行对比。由图可以看出，喷流对边条翼壁面压力分布有较大的影响。来流在上游被压缩，所以喷孔上游压力有出现小幅度地增长，当流至喷孔附近时，受高压喷流影响，压力突然增大，在流经喷孔区域后，流动继续向下游发展，受喷流低压区域的影响，壁面压力降低，并低于上游壁面的压力。在喷流的影响区域内，壁面压力维持在较低的水平。

图 4.9 为有无多点喷流条件下空天飞行器阻力系数和升阻比的对比。由图可知，多点喷流能够使空天飞行器气动性能发生显著改变。受低温、低压喷流的影响，飞行器壁面压力明显地降低，与无喷流方案相比，多点喷流条件下空天飞行器阻力系数从 0.063 0 减小到 0.062 2，降低了 1.27%，升阻比从 0.242 增加到 0.255，提高了 5.37%。总体而言，多点喷流能有效地改善空天飞行器气动性能，为进一步探究多点喷流方案对空天飞行器气动性能的影响，接下来将对多点喷流位置和喷孔直径进行参数化研究。

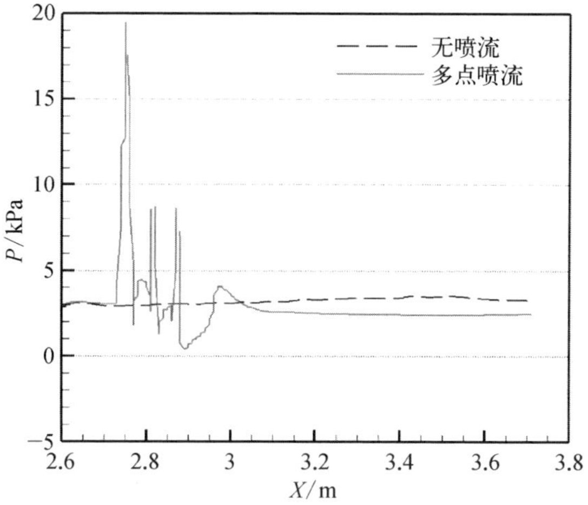

图 4.8　边条翼壁面压力分布（$Y=0.03$ m）

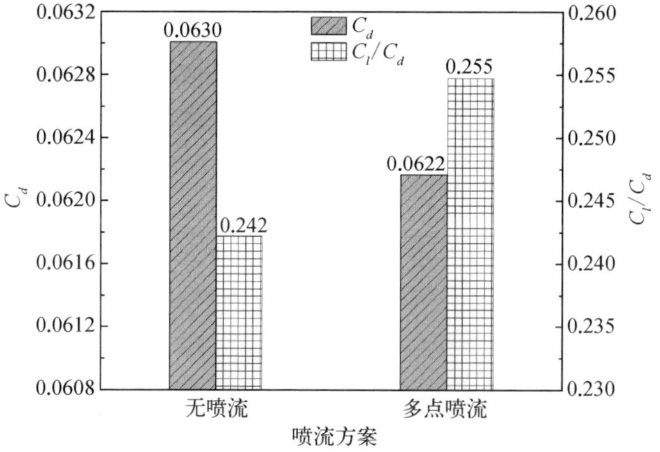

图 4.9　有无多点喷流方案下气动性能对比

4.3　喷孔位置对减阻降热特性影响

图 4.10 展示了不同喷孔位置条件下空天飞行器的流场结构。从对称面静压等值线分布可以看出，由于多点喷流布置在飞行器边条翼，喷孔位置变化几乎不会影响空天飞行器头部流场结构，飞行器头部弓形激波结构完整。随着喷孔位置沿着边条翼壁面下移，机身上表面尾部附近高压区向后移动，靠近机身上表

面低压区面积逐渐增加。从 $X-Z$ 截面可以看出，喷流的加入不仅使流场温度降低，还使飞行器原来的流场结构发生明显改变。由于边条翼阻塞作用，压缩激波在多点喷流作用下被推离壁面，机翼产生的激波与上游激波不再产生干扰，下游边条翼近壁面流场温度显著地降低。随着边条翼喷流位置后移，近壁面局部低温流场向后移动，喷流影响范围逐渐减小。

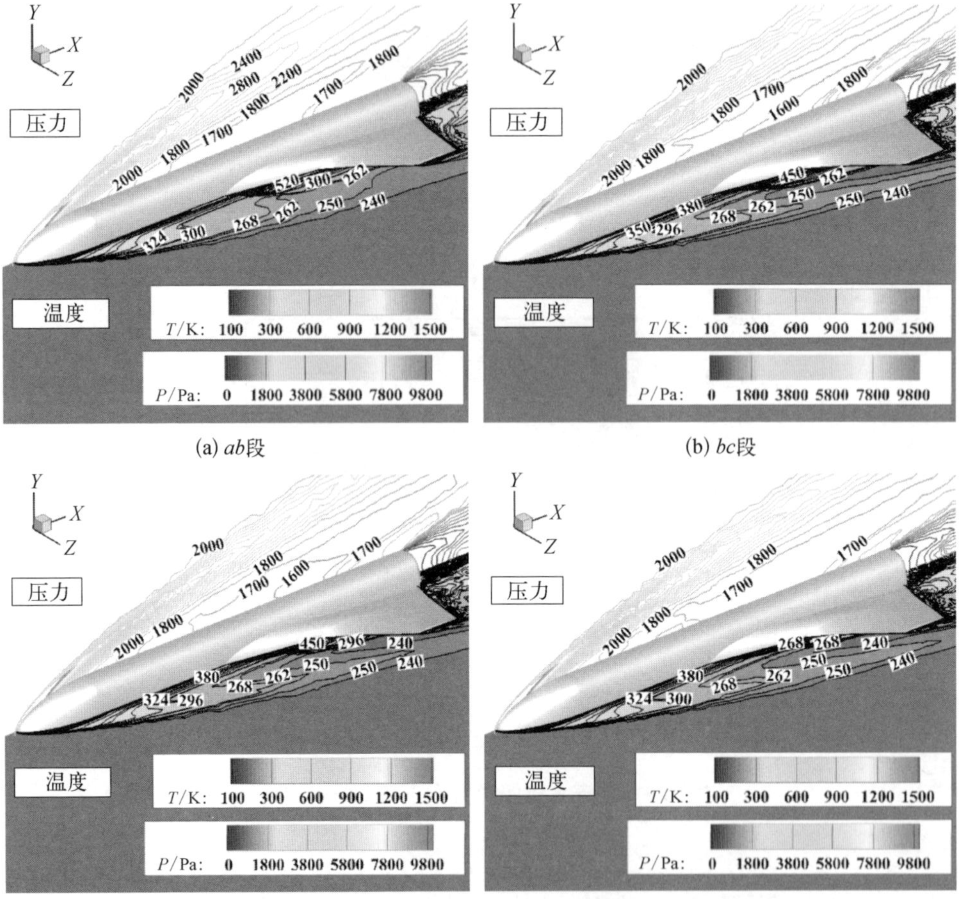

(a) *ab*段　(b) *bc*段　(c) *cd*段　(d) *de*段

图 4.10　不同喷孔位置下的流场结构

由上述分析可知，喷流对于边条翼附近的流场影响最大，为了进一步探究喷流对飞行器流场结构的影响，将边条翼附近区域放大。图 4.11 给出了不同喷孔位置下边条翼近流域马赫数云图和流线。可以看出，在边条翼施加喷流后，喷孔处流体向外扩张呈现欠膨胀状态，将位于喷孔上游的斜激波推离壁面，喷孔下游喷流继续膨胀加速，使气流加速到超声速，并与周围高压气流作用形成桶状激波。由于高速来流的压缩，喷流 1 的膨胀区域向下游倾斜，受喷流 1 和喷流 2 下游低温低压回流区的影响，喷流 2 和喷流 3 能充分地膨胀，形成了更大的桶状激波，高马赫数流动区域被进一步推离壁面。此外，空天飞行器头部前缘弓形激波后的来流逐渐加速，在不同喷孔处来流马赫数不同，随着喷孔位置沿着边条翼壁面后移，被推离壁面的弓形激波马赫数逐渐增加。同时，随着喷孔位置沿着边条翼壁面后移，喷流影响区域逐渐减小，边条翼壁面周围流场低马赫数区逐渐减小。

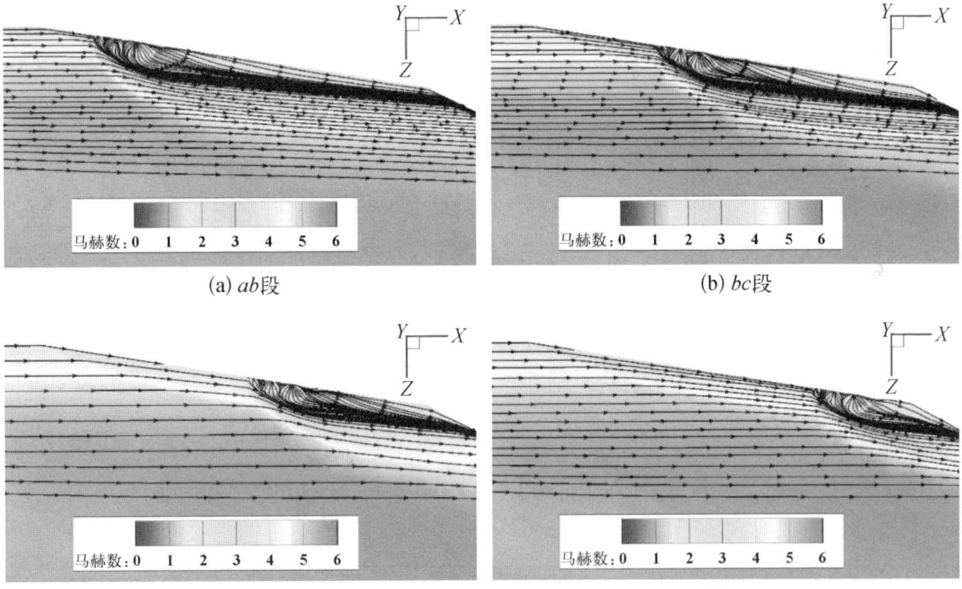

(a) *ab*段　(b) *bc*段　(c) *cd*段　(d) *de*段

图 4.11　不同喷孔位置下边条翼马赫数云图和流线

图 4.12 为不同喷孔位置下 $Y=0.03$ m 截面边条翼壁面压力云图。从图中可以看出，喷流的存在对边条翼壁面压力分布有较大的影响。由于上游来流被压缩，喷孔上游压力出现小幅增长，当到达喷孔附近时，受高压喷流影响，流体压力突然增大，流经喷孔后，流体继续向下游传播，受喷流低压区域影响，壁面压力降低，并低于上游壁面压力。在喷流影响区域内，壁面压力维持在较低水平，但在距离喷孔较远的下游，喷孔作用效果较小，壁面压力逐渐增加。随着喷孔往后移动，喷流影响范围向后移动，边条翼壁面低压区面积减小，喷孔附近峰值压力逐渐增加。同时，由于喷流间相互作用，上游喷流对下游喷流影响较

大，下游喷孔附近的最大压力值远小于上游喷孔附近的最大压力值。此外，在多点喷流方案下，空天飞行器下游壁面压力除去一小段突变值高于上游壁面压力值，其余均低于上游壁面压力，且随着喷孔位置沿着边条翼壁面后移，突变值逐渐增大。

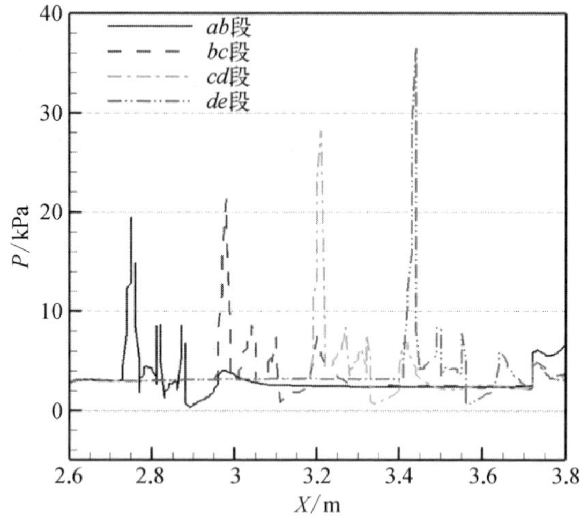

图 4.12　不同喷孔位置下 $Y=0.03$ m 截面边条翼壁面压力云图

值得注意的是，在气动性能方面喷流方案具有显著的优势。图 4.13 给出了不同喷孔位置下气动性能的对比，可以发现喷流的位置的变化能够使空天飞行

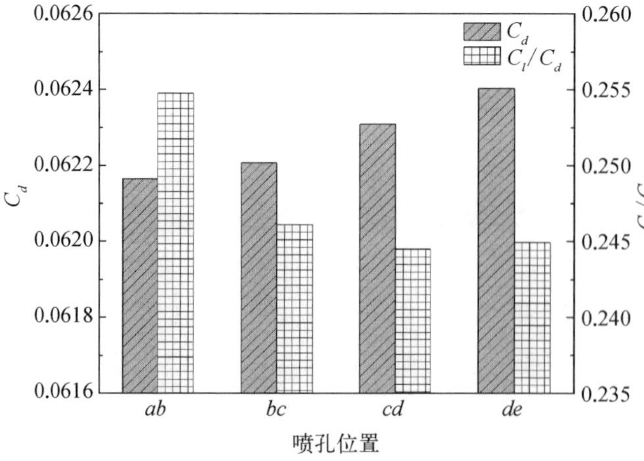

图 4.13　不同喷孔位置下气动性能的对比

器气动性能发生显著改变。与无喷流方案相比，不同位置多点喷流减阻效果区别较小，前段（*ab* 段）减阻效果为 1.33%，中段（*bc* 段）减阻效果为 1.27%，后段（*cd* 段）减阻效果为 1.11%，末段（*de* 段）减阻效果为 0.96%。但是在边条翼壁面前段多点喷流，升阻比提高效果最好，可达到 5.4%。

喷流不仅能将弓形激波推离壁面，且喷流介质可作为冷却剂进一步降低壁面温度，因此，在热防护方面，喷流的引入对于飞行器降热性能的提升也有明显的帮助。表 4.2 总结了不同喷孔位置下边条翼壁面和机翼壁面对应的平均热流。空天飞行器在无喷流条件下，边条翼平均热流为 57.87 kW/m^2，机翼平均热流为79.15 kW/m^2。与无喷流对比，不同位置多点喷流方案明显地降低了机翼热流。由于喷孔附近壁面处于高压高温环境，极大程度上提高了边条翼壁面热流，致使使用多点喷流的边条翼壁面温度显著增加。当多点喷流在空天飞行器前端布置，即在前端布置时，边条翼壁面平均热流为 63.93 kW/m^2，增加了 10.47%，对边条翼壁面热流增加最少。当多点喷流在空天飞行器中段布置，即在中段布置时，机翼壁面平均热流为 67.51 kW/m^2，降低了 14.71%，表现出最优质的降热效果。在多点喷流作用下，虽然提升了边条翼壁面平均热流，但对机翼平均热流有较大幅度的降低。由分析可知在空天飞行器再入返回阶段，机翼面临恶劣气动加热环境，需要进行有效的热防护保护措施，而多点喷流能够为翼面降热提供有效帮助。

表 4.2　不同喷孔位置下边条翼壁面和机翼壁面对应的平均热流

平均热流	*ab* 段	*bc* 段	*cd* 段	*de* 段
边条翼 q_1/(kW/m^2)	63.93	69.02	68.45	69.46
机翼 q_2/(kW/m^2)	68.67	67.51	68.14	68.46

4.4　喷孔直径对减阻降热特性影响

在保证喷流总压比和喷孔数量不变的条件下，喷孔直径越大，喷流膨胀程度增加，从喷孔中喷出的冷却介质越多，可进一步降低飞行器壁面热流。在本节中，基于前文研究成果，选取升阻比提升效果最优的 ab 段开展多点喷流参数化研究。分别设置喷孔直径为 $d=4$ mm、$d=6$ mm 和 $d=10$ mm，系统分析其对空天飞行器气动性能及热防护效果的影响。

图 4.14 展示了不同喷孔直径下空天飞行器的流场结构。从对称面静压等值线分布可以看出，布置在飞行器边条翼的多点喷流几乎不会对空天飞行器头部流场结构造成影响。在边条翼处，随着喷孔直径增大，边条翼壁面下游流场结构改变程度越来越明显，尾部高压区向飞行器头部方向前移，机体尾部高压区面积逐渐增加。从 $X-Z$ 截面可以看出，随着喷孔直径的增加，单位时间内从喷孔喷出的冷却介质质量流量增大，弓形激波被推离壁面的距离更远。同时，由于喷流质量流量的增加，将有更多的低温冷却介质进入边条翼壁面周围流场中，这极

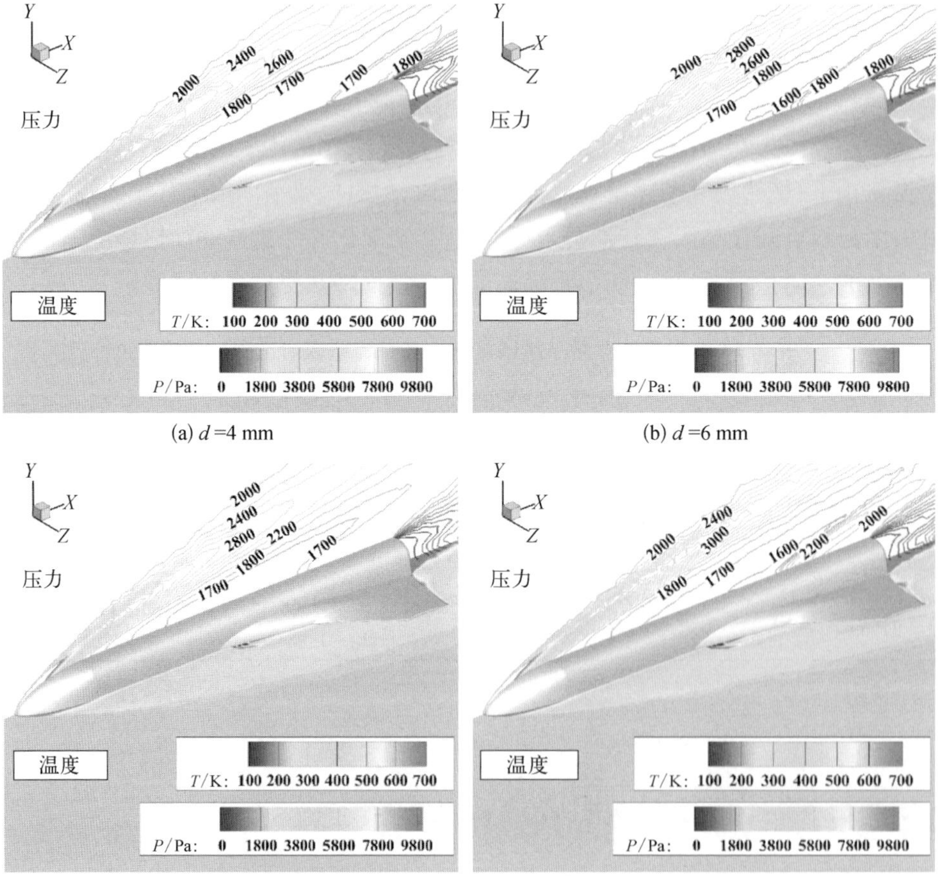

(a) d=4 mm (b) d=6 mm

(c) d=8 mm (d) d=10 mm

图 4.14 不同喷孔直径下空天飞行器的流场结构

大降低了多点喷流作用区域壁面温度。此外,对于远离喷孔区域下游的边条翼壁面,小喷孔射出的流体对其作用很小,难以降低其壁面温度。

图 4.15 给出了不同喷孔直径下边条翼流场马赫数云图和流线。可以看出,随着喷流孔直径变化,边条翼近壁面流场结构发生明显的变化。在喷孔高压喷流作用下,喷孔附近出现逆压梯度,并在喷流 1 与喷流 2 之间和喷流 2 与喷流 3 之间形成两个较大的回流区。随着喷孔直径增加,从喷孔喷出的冷却介质质量流量增加,喷流膨胀程度增加,膨胀区域面积相应地增加,相邻喷孔间的回流区被压缩,回流区面积减小。当喷孔直径 $d=10$ mm 时,喷流充分膨胀,喷流间相互作用增强,喷流边界相互接触,回流区被进一步压缩,回流区面积进一步减小。同时可以发现,随着喷孔直径的增加,喷流膨胀程度增加,边条翼前缘弓形激波被推离壁面的距离增加,在喷流影响区域内,边条翼壁面温度降低。此外,随着喷孔直径的增加,再附激波位置逐渐向边条翼壁面下游移动,致使边条翼喷孔下游壁面压力和热流峰值点向下游移动。

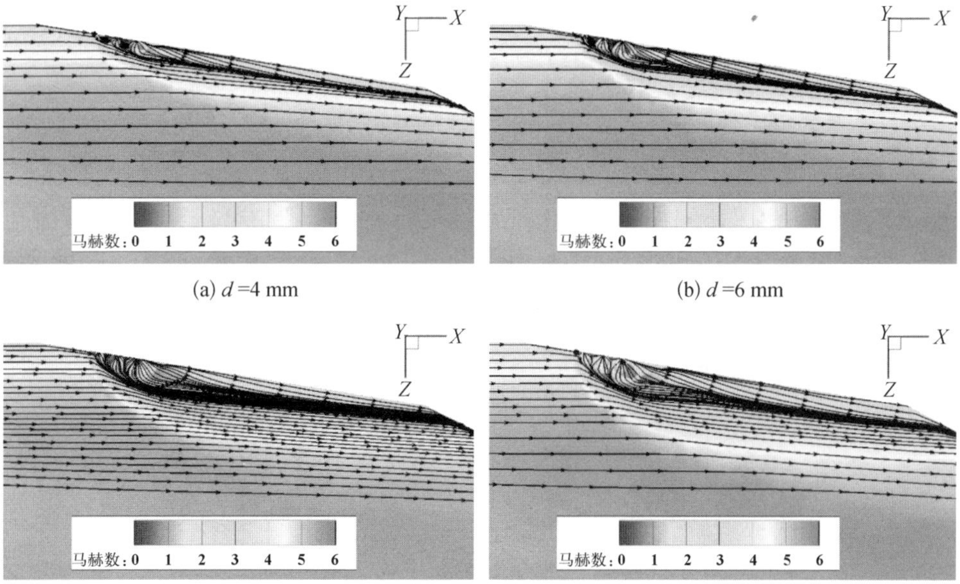

(a) d=4 mm　(b) d=6 mm

(c) d=8 mm　(d) d=10 mm

图 4.15　不同喷孔直径下边条翼马赫数云图与流线

图 4.16 为不同喷孔直径条件下 $Y=0.03$ m 截面处边条翼壁面压力分布。由图可以看出,当喷孔直径变化时,边条翼壁面温度分布出现变化。当 $d=4$ mm 时,边条翼壁面压力在第一个喷孔附近为最大压力,随着喷流往下游流动,由于

喷流间相互作用,下游喷孔附近壁面压力明显低于第一喷孔处壁面压力。在第三个喷孔下游区域,由于再附激波影响,靠近下游壁面压力将逐渐增加,喷流继续往下游流动,对下游流场影响逐渐减小,压力逐渐趋于稳定。此外,随着喷孔直径增加,喷流质量流量逐渐增加,喷流能量逐渐增加,使得再附激波位置逐渐向下游移动。同时,激波强度增加,引起再附激波处的壁面压力增加。

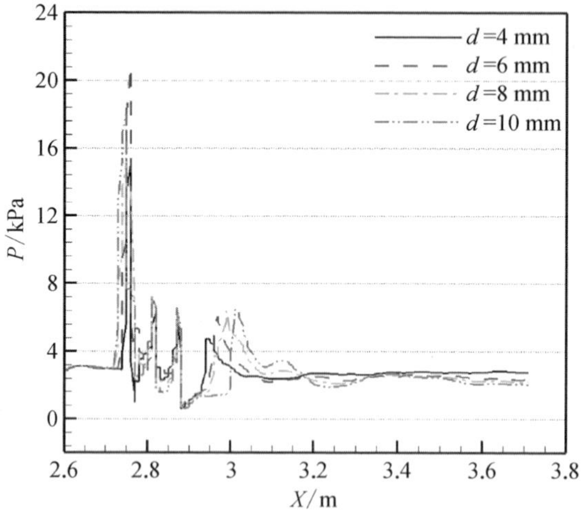

图 4.16　不同喷孔直径下 $Y=0.03$ m 截面处边条翼壁面压力分布

图 4.17 给出了不同喷孔直径下气动性能对比。从图中可以看出,随着喷孔直径增加,阻力系数逐渐减小,升阻比逐渐增加。喷孔直径从 $d=4$ mm 到 $d=$

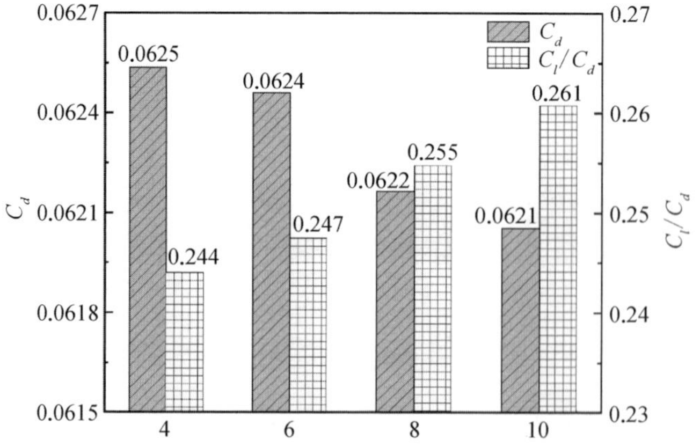

图 4.17　不同喷孔直径下气动性能对比

10 mm，喷流总质量流量从 0.052 kg/s 增加到 0.325 kg/s，阻力系数从 0.062 54 减小到 0.062 06，减小了 0.77%。喷孔直径从 4 mm 增加到 10 mm，空天飞行器升阻比从 0.244 增加到 0.260 8，增加了 6.89%。

定喷流总压比时，喷流介质质量流量随喷孔直径增加而增加，喷流强度逐渐增大，穿透能力逐渐增强，不仅能将前缘弓形激波推离壁面更远的距离，还能往壁面周围高温流场中注入更多的冷却介质，进一步降低壁面温度。表 4.3 总结了不同喷孔直径条件下边条翼壁面和机翼壁面对应的平均热流。当喷孔直径为 $d=4$ mm 时，边条翼壁面平均热流为 60.34 kW/m^2，机翼壁面平均热流为 75 kW/m^2。随着喷孔直径的增大，边条翼壁面平均热流逐渐增加，机翼壁面平均热流逐渐降低。喷孔直径从 $d=4$ mm 到 $d=10$ mm，边条翼壁面平均热流从 60.34 kW/m^{2}增加到 66.52 kW/m^2，增加了 10.24%。喷孔直径从 4 mm 增加到 10 mm，机翼平均热流从 75.00 kW/m^{2}减小到 64.74 kW/m^2，降低了 13.68%。由此可见，增大喷孔直径能够有效增强喷流对壁面热环境的调控能力，从而显著改善飞行器的热防护性能。但是，如果喷孔的直径过大，为了达到热防护的效果，喷流所需的质量流量就会非常大，这将导致飞行器需要增加额外的载荷来满足多点喷流的供给需求，从而对飞行器的飞行性能和整体结构质量提出了更大的挑战。因此，有必要对气动性能因素和结构因素进行综合分析，从而选择合适的参数。

表 4.3　不同喷孔直径下的边条翼和机翼平均热流

平均热流	$d=4$ mm	$d=6$ mm	$d=8$ mm	$d=10$ mm
边条翼 q_1/(kW/m^2)	60.34	61.43	63.93	66.52
机翼 q_2/(kW/m^2)	75.00	71.53	68.57	64.74

4.5　本章小结

本章针对空天飞行器再入段面临的气动性能严重恶化和气动加热作用剧烈等问题，提出了将多点喷流应用于空天飞行器边条翼前缘的减阻降热方案。

揭示了多点喷流与空天飞行器近壁面流场结构的作用机制,探究了多点喷流布置策略对空天飞行器整机气动性能和降热效果的影响。主要研究结论如下:

(1) 多点喷流方法对整机性能的影响:相较于无喷流方案,多点喷流方案可显著地改变边条翼壁面及下游区域的流场结构,能够有效地改善空天飞行器的气动性能。在边条翼壁面前端布置多点喷流,减阻效果最好(1.27%),提高升阻比效果最好(5.37%),在边条翼壁面中间段布置多点喷流,降低机翼表面平均热流效果最好(14.71%)。

(2) 多点喷流布置策略的影响:随着喷孔直径的增加,多点喷流空天飞行器阻力系数逐渐减小,升阻比逐渐增大,降热效果越来越明显。喷孔直径从 d= 4 mm增加到 d=10 mm,阻力系数减小了 0.77%,升阻比增加了 6.89%,机翼表面平均热流降低了 13.68%。

(3) 多点喷流参数对空天飞行器的升阻比和热防护影响较大,且对热防护的影响更为明显。此外,喷孔直径比喷孔位置对空天飞行器气动性能的影响更为显著,在多点喷流方案的喷孔位置和喷孔直径之间存在一个最优的组合,使整体方案最优。

参考文献

[1] 陈铮.基于多点喷流的高超声速飞行器气动特性研究[D].长沙:中南大学,2023.

[2] 郭宗易,王家琪,胡冠杰,等.面向空天飞行器的不确定性观测技术与控制方法研究综述[J].空天技术,2022(5):31-44.

[3] 操小龙,肖志祥.组合动力空天飞行器极端服役环境下的关键力学问题[J].空天技术,2023(2):1-9.

[4] 马晗,方芳,陈强,等.空天飞行器热防护与热管理技术分析与展望[J].空天技术,2023(1):98-106.

[5] Meng Y S, Wang Z W, Shen Y, et al. Drag and heat reduction mechanism induced by jet interaction over a reusable launch vehicle in hypersonic flows[J]. Acta Astronautica, 2022, 198: 502-520.

[6] Huang W, Jun L, Zhi X X. Drag reduction mechanism induced by a combinational opposing jet and spike concept in supersonic flows[J]. Acta Astronautica, 2015, 115: 24-31.

[7] Béra J C, Michard M, Sunyach M, et al. Changing lift and drag by jet oscillation: experiments on a circular cylinder with turbulent separation[J]. European Journal of Mechanics-B/Fluids. 2000, 19(5): 575-595.

[8] Takashige I, Hisashi O, Shigeru A, et al. Enhancement of aerodynamic heating reduction in high enthalpy flows with opposing jet[C]. Orlando: 49th AIAA Aerospace Sciences Meeting

including the New Horizons Forum and Aerospace Exposition, 2011.
[9] 葛增冉,史志伟,董益章,等.基于射流控制的飞翼布局飞行器大迎角横航向非指令运动抑制[J/OL].实验流体力学,2022: DOI: 10.11729/syltlx20220104.
[10] 刘晓波,陈涛,周蜜.主动流动控制技术的发展与应用展望[J].空天技术,2023(5): 54-62.

第 5 章

高超声速飞行器逆向喷流-激波针减阻降热

当前逆向喷流-激波针主动减阻降热方法的研究对象多为轴对称球-柱构型,而高超声速飞行器的实际头部构型需要根据具体飞行任务来进行设计,不同飞行剖面所对应的飞行器头部构型特征显然不同[1-4]。地空、空空和巡航类高超声速飞行器一般采用结构简单且容积较大的轴对称旋成体构型;滑翔类高超声速飞行器一般选择升力体构型以达到更好的气动性能[5-10]。在采用逆向喷流-激波针主动减阻降热方法时,飞行器头部构型会影响回流区的大小及再附激波的强度,进而对阻力和热流产生重要的影响[11]。因此,本章重点探究高超声速来流条件下逆向喷流-激波针在不同高超声速飞行器头部构型中的减阻降热特性[12,13]。

5.1 数值计算模型

在高超声速飞行条件下,尖头体相较于钝头体具有更小的气动阻力,但由于激波聚焦效应更强,导致其气动加热问题更为显著。而钝头体凭借较大的前缘半径,不仅能够减弱激波强度,使热流分布更加平缓,还具备更大的内部空间,有利于结构设计与设备布局。选取六种典型高超声速飞行器头部构型进行分析,分别为轴对称体(球-柱构型和双锥构型)、面对称体(椭圆构型和矩形构型)和非对称体(冯・卡门曲线构型和乘波构型),如图 5.1 所示。

六种头部构型均采用半模计算,其轴向长度和参考面积保持一致,分别为 75 mm 和 980 mm^2。其中,球柱构型的球头半径为 25 mm。柱体长度为 50 mm;双锥构型的前锥头部半径为 3.75 mm,前锥尾部半径为 18.65 mm,后锥尾部的半径为 25 mm;椭圆截面构型的长轴为 31.25 mm,短轴为 20 mm;矩形截面构型的长边为 32 mm,短边为 16 mm,并带有 10 mm 的钝化角度;冯・卡门曲线构型的

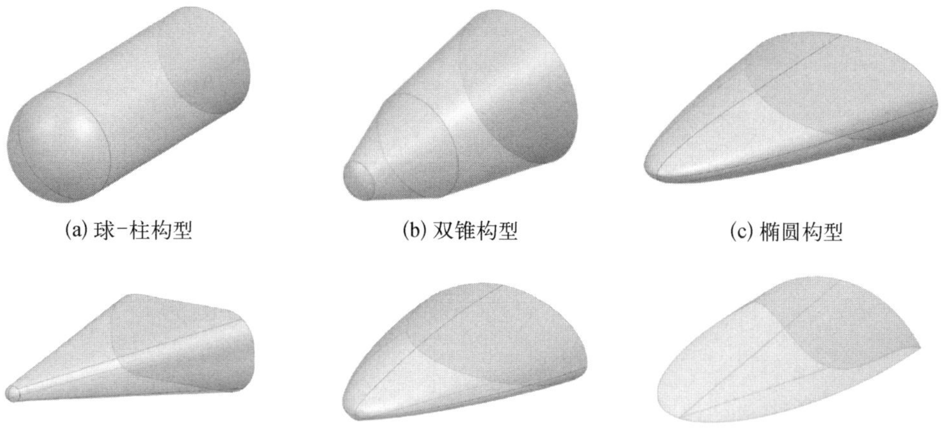

(a) 球-柱构型　(b) 双锥构型　(c) 椭圆构型

(d) 矩形构型　(e) 冯·卡门曲线构型　(f) 乘波构型

图 5.1　不同飞行器头部构型

下缘线为直线,上缘线为冯·卡门曲线,其方程为

$$y = \frac{R_H}{\sqrt{\pi}}\sqrt{\arccos\left(1 - \frac{2x}{L_H}\right) - \frac{1}{2}\sin\left\{2\left[\arccos\left(1 - \frac{2x}{L_H}\right)\right]\right\}} \tag{5.1}$$

式中,L_H为冯·卡门曲线的轴长;R_H为冯·卡门曲线的回转半径。

乘波构型基于吻切锥理论设计,为安装激波针,前缘进行了适当钝化,钝化半径设为 4 mm。对于带激波针的构型而言,激波针安装在飞行器头部,其半径 $r=2$ mm,长径比 $L/D=1$(L 为激波针长度,D 为球柱钝体的直径)。不同高超声速飞行器头部构型的计算网格如图 5.2 所示。

自由来流及逆向喷流的边界条件如表 5.1 所示。其中,Ma_∞、P_∞、T_∞分别为来流的马赫数、压力和温度,Ma_j、T_{0j}为喷流马赫数和总温,PR 为喷流总压比。

表 5.1　自由来流和逆向喷流的边界条件

自由来流		逆向喷流		壁面温度
Ma_∞	6	Ma_j	1	$T_w = 300$ K
P_∞/Pa	2 550	PR	0.17	
T_∞/K	221.5	T_{0j}/K	300	

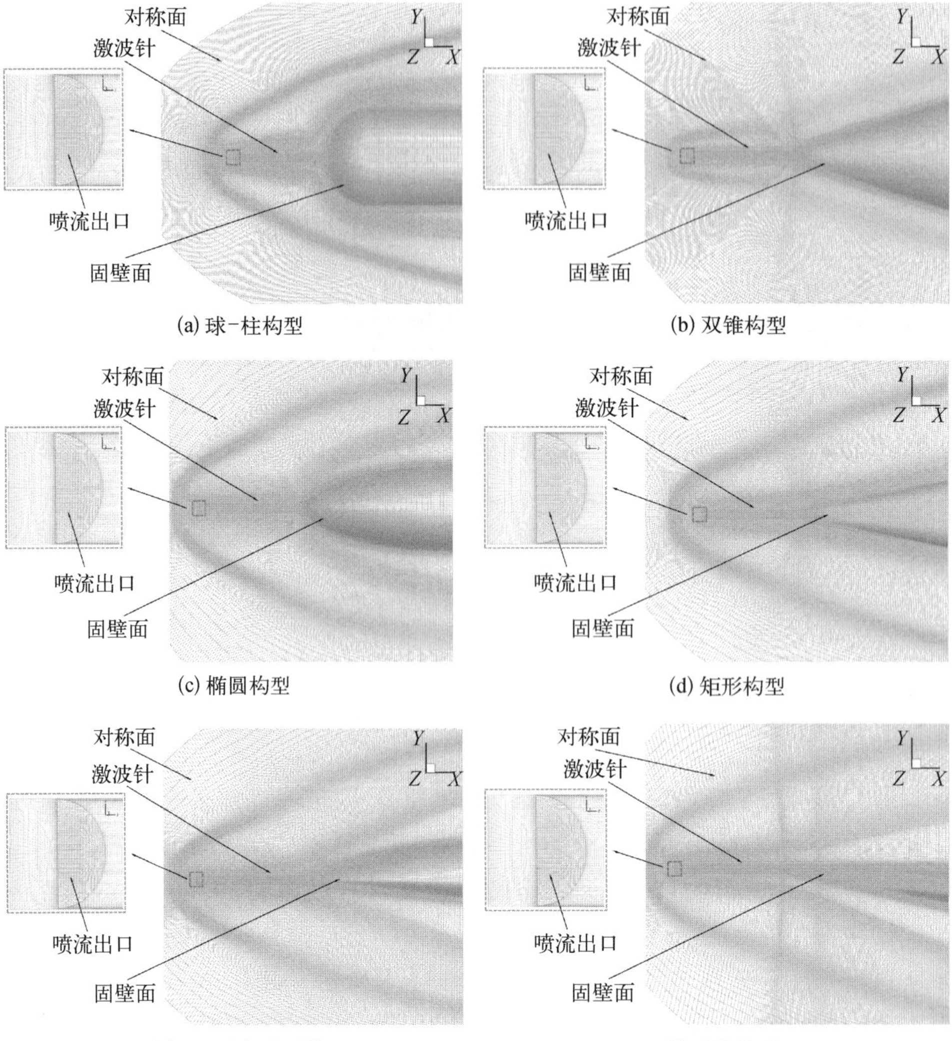

(a) 球-柱构型　(b) 双锥构型

(c) 椭圆构型　(d) 矩形构型

(e) 冯·卡门曲线构型　(f) 乘波构型

图 5.2　不同高超声速飞行器头部构型的计算网格

5.2　流场结构及减阻降热特性

5.2.1　流场结构

在进行参数化研究之前，先对有/无逆向喷流-激波针的模型近壁面流场结构进行分析，各个高超声速飞行器头部构型的流场特征如图 5.3 所示。由于在

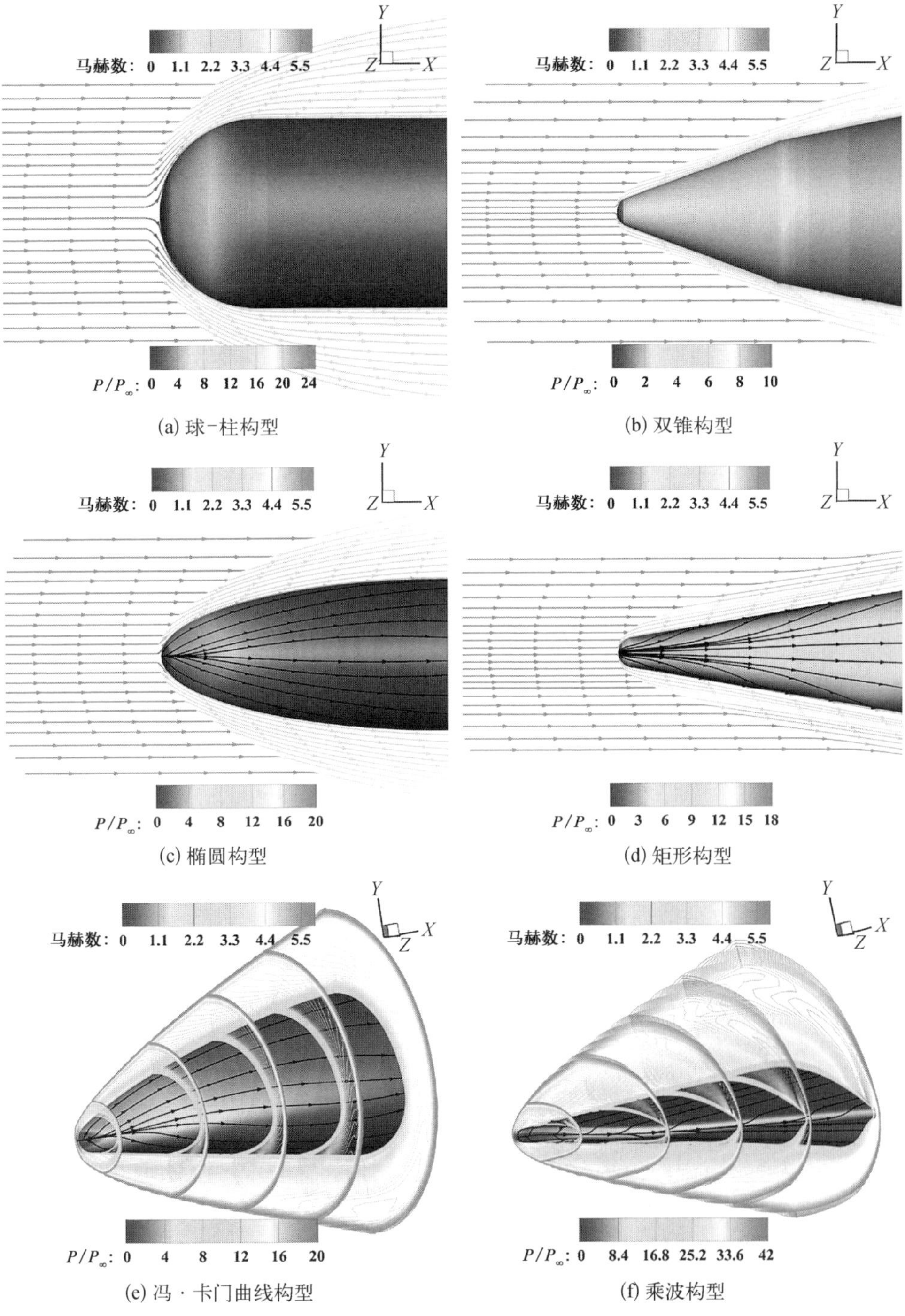

图 5.3　无逆向喷流-激波针的流场结构

无逆向喷流-激波针的情况下，六种头部构型流场结构很相似，因此，选取椭圆截面构型[图 5.3(c)]和乘波构型[图 5.3(f)]为例进行相应流场结构说明。椭圆构型的流场用对称面马赫数着色的流线及壁面无量纲压力(P/P_∞)表示，乘波构型整体的流场结构用无量纲的壁面压力和对称面及 X 方向截面上的马赫数表示。由图 5.3 可知，当飞行器以高超声速飞行时，在飞行器头部产生一道弓形激波，来流经过激波后被强烈压缩，导致飞行器头部驻点区域的温度和热流极高。随着来流向下游移动，激波逐渐远离壁面，对来流的压缩效果逐渐地减弱，壁面的压力和热流逐渐减小。对于轴对称旋转体构型而言，由于激波在周向上的强度一样，所以壁面压力和热流在周向上是相等的。而对于非轴对称构型而言，在不同截面上，激波强度相差较大。

如图 5.3(c)所示，对于椭圆构型而言，其流场结构关于 $X-Z$ 面对称，所以上表面与下表面的压力和热流分布相同。但是在侧面上，可以明显地看到激波距离壁面更近，激波强度比对称面更大，引起气流由侧面向两侧偏移。对于乘波构型而言，如图 5.3(f)所示，整个流场结构均不具有对称性。但与椭圆构型相似，乘波构型侧面的激波强度较大，所以其高温高压区主要集中在钝化前缘上。另外，由于气流在乘波构型下壁面的压缩程度较大，所以下侧激波强度大于上侧。因此，除了气流偏离，乘波构型上、下表面间还存在一个压力差，使得乘波构型具有较高升阻比。

带逆向喷流-激波针构型的流场结构如图 5.4 所示，增加激波针后，飞行器头部的弓形激波被推离壁面，并转换为斜激波，激波强度相应降低。在激波针头部使用逆向喷流后，喷流从喷孔中喷出，随即在喷孔附近膨胀加速，形成膨胀扇区，能够进一步推离激波。喷流喷出后经过喷流边界压缩作用形成桶状激波，喷流膨胀过程在马赫盘处终止，穿过弓形激波的来流与穿过马赫盘的喷流在交互面相遇，此时，喷流的总压 P_{0j} 和来流的总压 $P_{0\infty}$ 相等。随后，喷流偏转方向流向钝体，在黏性效应和逆压梯度作用下，喷流在钝体头部再次改变方向并形成回流区。从图 5.4 可以看出，钝体附近回流区尺寸与钝体头部尺寸有关，钝体头部尺寸越大，产生的回流区也越大，所以，在六种构型中，球-柱构型形成的回流区最大，乘波构型因为钝化前缘尺寸的限制，其形成的回流区最小。此外，随着来流穿过激波向下游流动，回流区外的剪切层冲击钝体肩部形成了再附激波，引起钝体壁面局部压力骤升。总的来说，与无逆向喷流-激波针的构型相比，增加逆向喷流-激波针后，激波的强度急剧降低，钝体壁面压力和热流也相应减小。

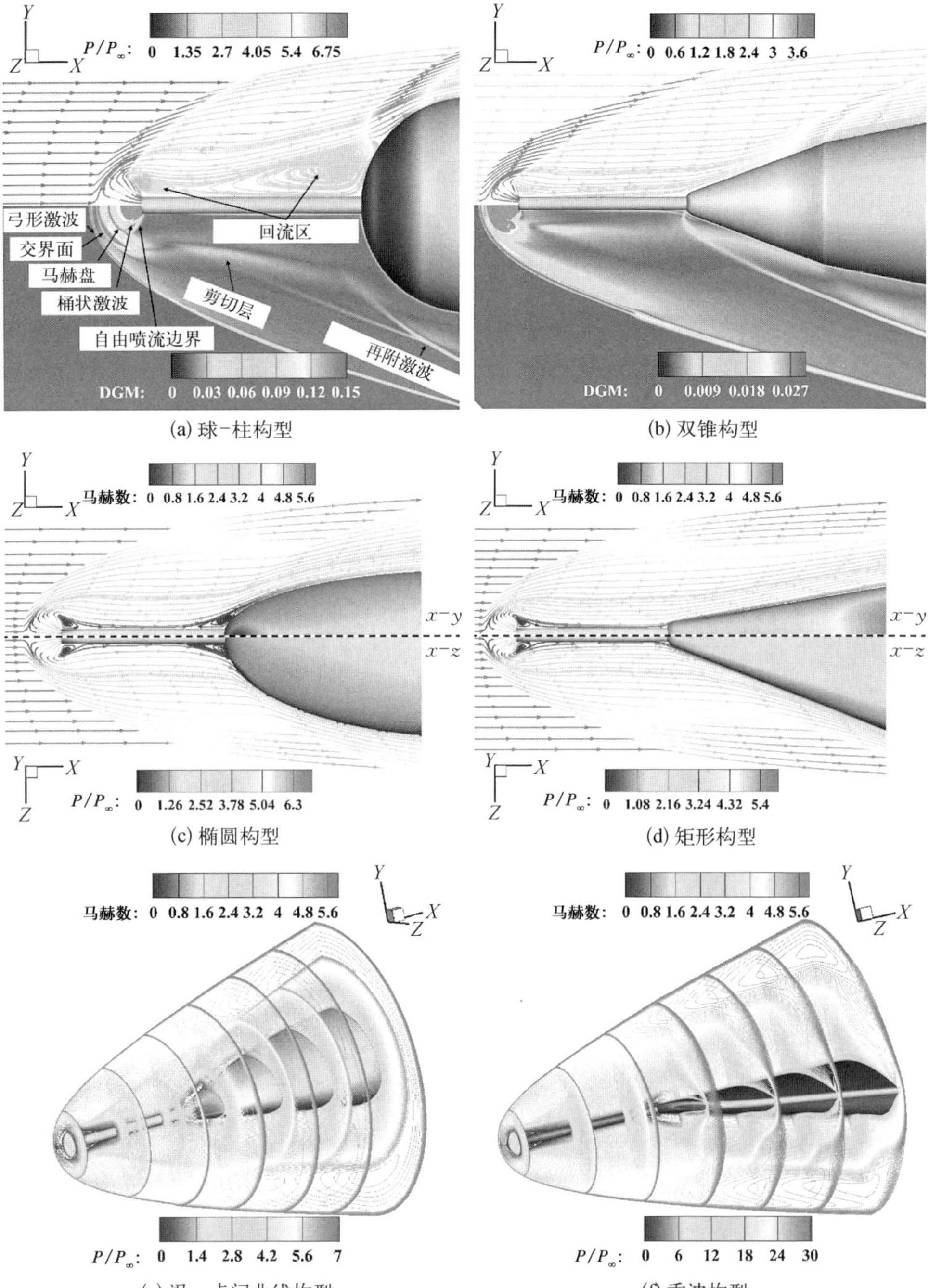

(a) 球-柱构型　(b) 双锥构型

(c) 椭圆构型　(d) 矩形构型

(e) 冯 · 卡门曲线构型　(f) 乘波构型

图 5.4　带逆向喷流-激波针构型的流场结构

根据上述分析可知，在采用逆向喷流-激波针方法后，流场结构变得非常复杂。对于不同飞行器头部构型而言，在逆向喷流-激波针附近的流场结构几乎没有变化，因此，引起钝体壁面压力和热流不同的原因是钝体附近的流场结构不同，即回流区尺寸和再附现象存在差异。下面将对带逆向喷流-激波针的每一种飞行器头部构型的流场特征进行具体分析。为了便于区分，六种构型按其外形特征共分为三类，分别用不同流场参数进行描述。其中，轴对称构型（如球-柱构型和双锥构型）上半部分流场用压力染色的流线表示，下半部分流场用密度梯度量级（density gradient magnitude, DGM）表示；面对称构型（如椭圆截面构型和矩形截面构型）上半部分为 $X-Y$ 平面的流线，下半部分为 $X-Z$ 平面的流线，两个平面的流线均用马赫数进行染色显示；非对称构型（如冯·卡门曲线构型和乘波构型）用对称面和 X 方向的多个截面的马赫数分布进行表示。所有构型的壁面均用无量纲压力显示。

对于球-柱构型来说，如图 5.4(a) 所示，一方面，由于球形头部尺寸较大，来流穿过弓形激波后受到的压缩程度较大，由此引起的再附激波强度和钝体肩部压力值极高。另一方面，由逆压梯度产生的回流区能够覆盖大部分钝体头部，使得壁面压力和摩擦力降低。与无逆向喷流-激波针相比，增加逆向喷流-激波针后，钝体壁面的高压区由头部驻点区域移动到肩部再附区域。在柱体区域，由于流动较为稳定，所以压力值几乎没有变化。

如图 5.4(b) 所示，在增加逆向喷流-激波针后，双锥构型附近依然没有明显的回流区和剪切层，因此，只有双锥附近的再压缩波才能影响钝体壁面的压力分布。当来流到达前锥时，受到持续压缩，产生了一系列压缩波，壁面压力逐渐增大，在双锥交贯处，压力达到峰值。随着来流继续向下游流动，由于后锥的曲率较小，所以会在交贯线附近产生膨胀波，穿过膨胀波后，壁面压力有一定程度的降低，最终保持不变。

相对于轴对称构型来说，面对称构型的流场结构具有较大的变化。图 5.4(c) 为椭圆截面构型的流场结构，$X-Z$ 平面的再附激波与壁面之间的距离明显地小于 $X-Y$ 平面的，所以 $X-Z$ 平面的再附激波强度更大。椭圆构型的高热高压区位于侧缘的再附区域，在再附点之后，压力逐渐地降低。与无逆向喷流-激波针的构型相比，带逆向喷流-激波针椭圆的高压区有所缩减。

图 5.4(d) 为矩形构型的流场结构，由图可知，与椭圆截面构型相比，矩形截面构型的流场具有两个明显的不同。第一个为回流区，相比于椭圆构型头部的回流区而言，矩形构型头部的回流区极小，这种现象和双锥构型的较为相似。第

二个是压力的分布,当来流流过矩形钝体的头部后持续被压缩,压力逐渐增大,所以矩形构型的压力峰值位于矩形的尾部。

对于冯·卡门构型而言,如图 5.4(e)所示,与面对称构型相似,其侧缘气流受压缩程度最大,产生的再附激波最强。但是,与其他两种对称构型不同的是,由于构型的上壁面采用冯·卡门曲线生成,所以上壁面曲率高于下壁面,因此,在冯·卡门曲线构型的上壁面还形成了一个强度较大的压缩波。与上壁面相比,冯·卡门曲线构型下壁面的压缩波强度更小,因此,冯·卡门曲线构型钝体壁面高压区位于中上壁面。乘波构型流场结构与冯·卡门曲线构型相似,如图 5.4(f)所示,不同的是,由于乘波特性作用,乘波构型下壁面激波强度要远高于上壁面,相应地,下壁面压力也远大于上壁面。此外,从壁面的压力数值可以看出,相对于其他飞行器构型而言,乘波构型壁面的压力值最大,说明气流在乘波构型侧面受到的压缩程度最大。

图 5.5 为有/无逆向喷流-激波针的钝体壁面热流分布,图片左侧为带逆向

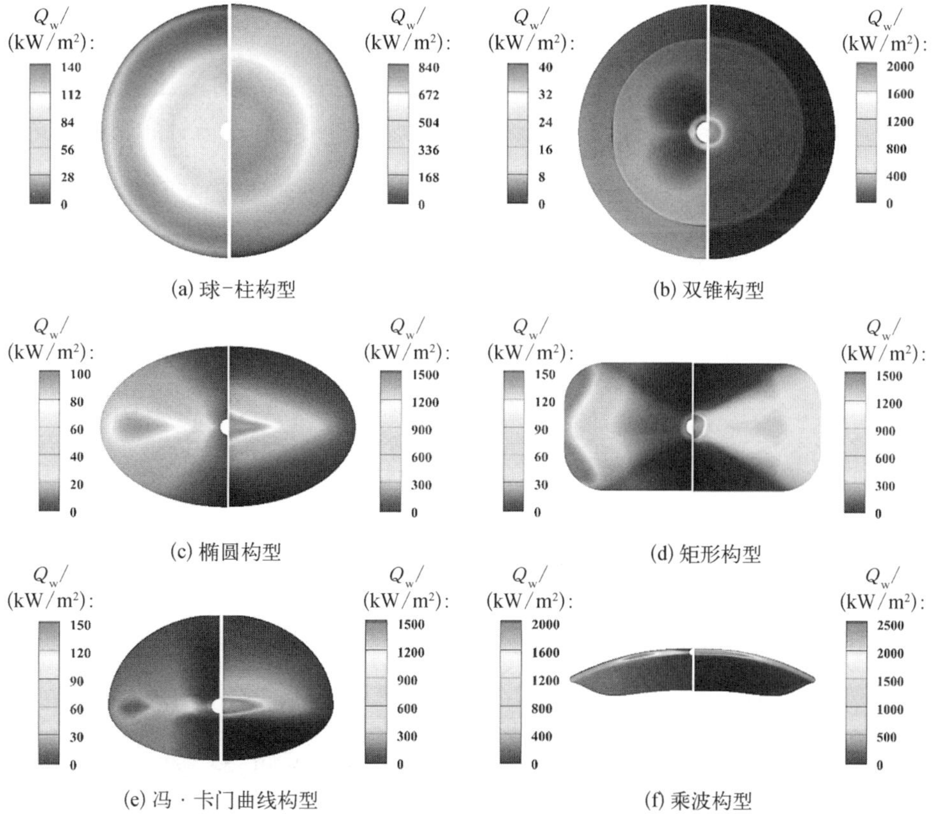

图 5.5　有/无逆向喷流-激波针的钝体壁面热流分布

喷流-激波针的工况,右侧为不带逆向喷流-激波针的工况。由图可知,所有钝体的热流分布与压力分布相似,且增加逆向喷流-激波针后,钝体壁面热流大幅度地降低。然而,由于不同构型钝体之间的差异,钝体壁面热流变化的程度存在明显差异,因此,有必要分析流场结构对钝体热流分布的影响。

对于轴对称构型而言,壁面热流的分布与压力分布相似,热流峰值位置和压力峰值位置相对应。由于轴对称缘故,高热高压区沿钝体周向分布形成一个圆环形。与无逆向喷流-激波针的工况相比,带逆向喷流-激波针的轴对称构型壁面热流峰值降低率超过 80%。而非轴对称构型的高热区则是从头部驻点沿钝体侧缘向下游移动一段距离,从热流量值上来看,椭圆构型、矩形构型和冯·卡门曲线构型的热流峰值降低率超过 90%。对于乘波构型而言,来流在钝化区域受到的压缩程度较大,因此,其热流峰值降低率相对较低,只有 30%左右。在安装逆向喷流-激波针后,除了钝化前缘,乘波构型的上、下壁面的热流值变化依然很明显。值得注意的是,从壁面压力分布图和热流分布图来看,椭圆构型和冯·卡门曲线构型的压力峰值位置和热流峰值位置具有一定的偏离,产生这一现象的原因与其附近的流场结构密切相关,这一问题将会在后续的论述中进行探究。总的来说,与无逆向喷流-激波针的方案相比,增加逆向喷流-激波针后,所有飞行器构型的再附点均向下游移动一定的距离并伴随着壁面压力和热流的大幅降低。

5.2.2 减阻降热特性

为了定量分析逆向喷流-激波针对各种飞行器头部构型的减阻降热效率,本节共选取三条截线进行分析,分别为上缘线、下缘线和侧缘线,如图 5.6 所示。

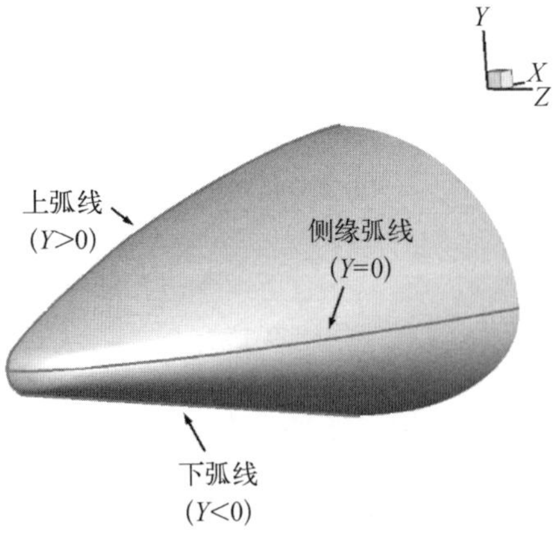

图 5.6 不同截线的位置示意图

图 5.7 为不同飞行器构型在有/无逆向喷流-激波针的情况下,钝体壁面压力和热流的变化。为了便于区分,无逆向喷流-激波针的飞行器构型的壁面压力和热流用实线表示,对应坐标轴左侧 Y 轴的值,带逆向喷流-激波针的飞行器构型壁面压力和热流用虚线表示,对应右侧 Y 轴的值。

由图 5.7 可知,就总体变化趋势而言,单一钝体壁面压力和热流在头部驻点处最大,随后逐渐降低,一些局部的突变

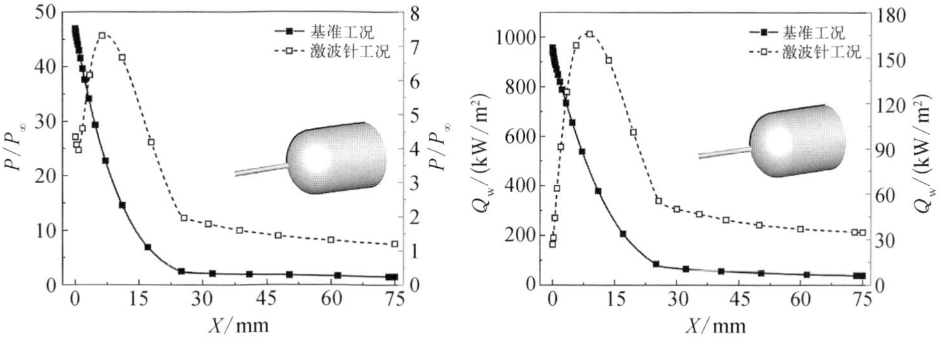

压力分布　　热流分布

(a) 球-柱构型

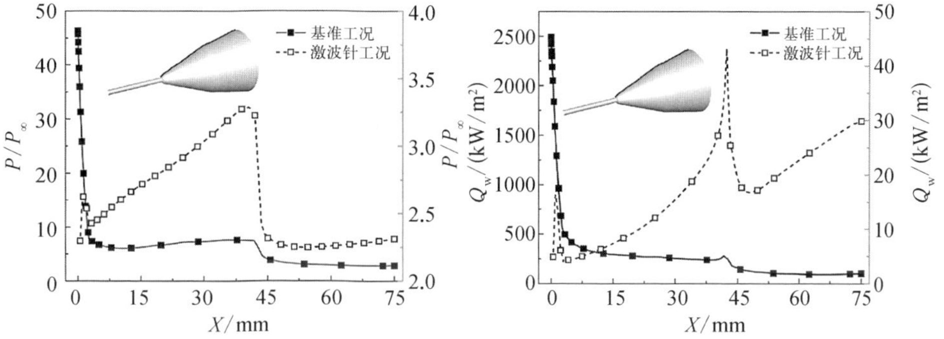

压力分布　　热流分布

(b) 双锥构型

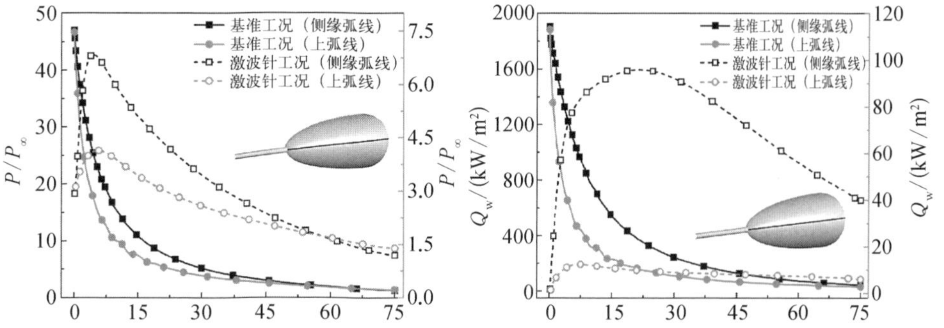

压力分布　　热流分布

(c) 椭圆构型

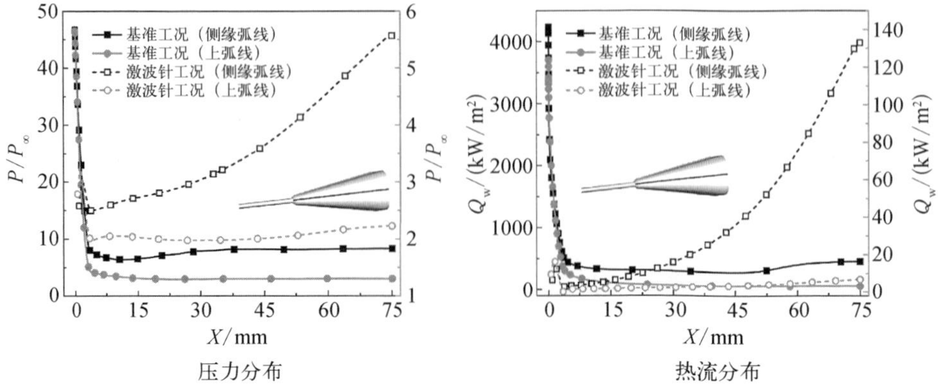

(d) 矩形构型

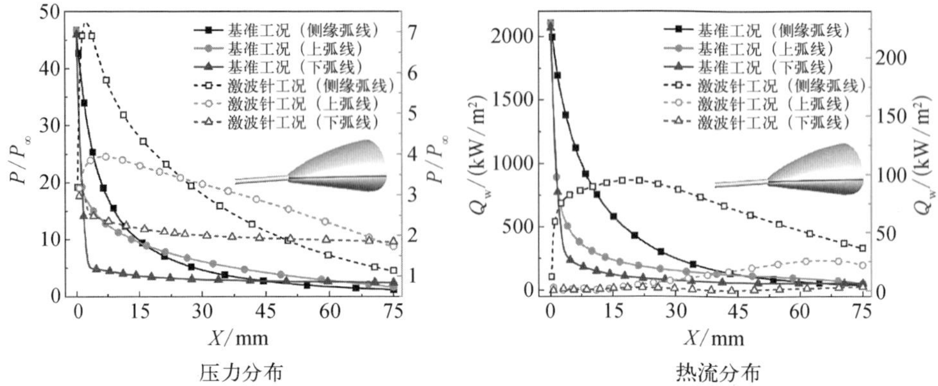

(e) 冯 · 卡门曲线构型

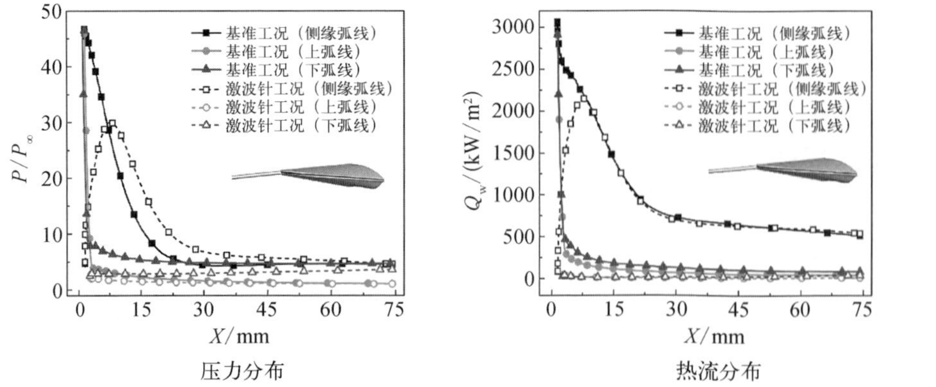

(f) 乘波构型

图 5.7 有/无逆向喷流-激波针作用下不同构型钝体壁面压力和热流分布

现象（如双锥钝体的交贯线处和矩形钝体的尾部）已经在流场结构分析中讨论过。而对于带逆向喷流−激波针的钝体而言，钝体壁面压力和热流峰值沿机身向下游移动一段距离，因此，钝体壁面压力和热流先增大后减小。对于一些特殊构型（如双锥和矩形截面构型），钝体壁面压力和热流会出现突变，而对于椭圆构型和冯・卡门曲线构型，从图中可以明显看出压力峰值点和热流峰值点相差较大，这些特殊的现象将会在下述分析中逐一讨论。

对于球−柱构型而言，如图 5.7（a）所示，与单个钝体相比，有逆向喷流−激波针的钝体壁面压力和热流峰值向下游移动约 8 mm，壁面无量纲压力峰值小于 8，压力峰值降低率超过 80%；在热流分布方面，增加逆向喷流−激波针后，钝体壁面热流峰值由 963.4 kW/m^2降低到 165.7 kW/m^2，热流峰值降低率为 82.8%。相较之下，逆向喷流−激波针对球−柱构型的降热效果要优于减压效果。

对于双锥构型而言，如图 5.7（b）所示，增加逆向喷流−激波针后，钝体壁面存在两个压力峰值和三个热流峰值，第一个峰值与第二个峰值分别位于钝体头部和两锥交汇处，而热流的第三个峰值则位于钝体尾部。与基准钝体相比，带逆向喷流−激波针钝体的第一个峰值点向下游移动 1.3 mm，压力与热流峰值降低率分别为 92.7%和 88.0%；在双锥交贯处，压力与热流的峰值的降低率分别为 55.8%和 84.6%，在双锥的底部，热流与压力降低率则分别为 18.9%和 70.9%。

对于椭圆截面构型而言，如图 5.7（c）所示，其压力与热流在上缘线和侧缘线上的分布趋势相同，但是由于侧面激波更强，所以侧缘线上压力和热流的值更高。值得注意的是，增加逆向喷流−激波针后，钝体壁面的热流峰值位于压力峰值之后，也就是说，椭圆钝体的压力和热流变化不同步，为了探究这一现象的原因，本节比较了带逆向喷流−激波针的钝体对称面（$Y=0$）的流场特征，如图 5.8 所示。流场的上半部分用温度等值线图表示，下部分用压力等值线图表示。

由图 5.8 可知，带逆向喷流−激波针钝体壁面高压区是由剪切层冲击壁面形成再附激波导致的，但是在再附点处，低温的喷流介质仍然覆盖着钝体，所以温度较低。穿过再附点后，高温来流和低温喷流掺混温度逐渐增大，并最终交汇，壁面热流达到峰值。这便是采用逆向喷流−激波针后，椭圆钝体的压力峰值位置在热流峰值上游的原因。与基准钝体相比，增加逆向喷流−激波针后，压力峰值与热流峰值位置分别向下游移动了 4 mm 和 20 mm，压力与热流降低率分别为 85.0%和 95.0%。

对于矩形截面构型，如图 5.7（d）所示，增加激波针后，钝体压力与热流在上缘线和侧缘线上的变化趋势不同。具体而言，在上缘线上，压力和热流在头部达

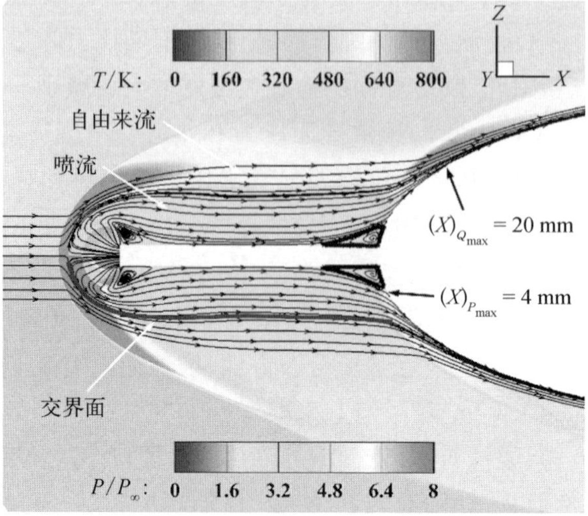

图 5.8　带逆向喷流-激波针的椭圆钝体对称面的流场特征

到峰值后逐渐降低并保持不变，而在侧缘线上，压力和热流在头部达到第一个峰值后继续增大，最后在钝体尾部达到最大值。与基准钝体相比，带逆向喷流-激波针的钝体的压力和热流在钝体头部的降低率接近 90%，在尾部的压力与热流降低率分别为 73.2%和 98.5%。

对于冯·卡门曲线构型，如图 5.7(e)所示，由于冯·卡门曲线构型外轮廓线和椭圆构型相似，所以其压力和热流的分布与椭圆相似，但是其压力峰值和热流峰值位置更靠后，分别位于 $x=2.5$ mm 和 25 mm 处。与基准钝体相比，带逆向喷流-激波针的钝体压力与热流峰值降低率分别为 84.0%和 92.7%。

增加逆向喷流-激波针后，乘波构型各截线上的壁面压力和热流数值未呈现出跨越量级式的差异，因此数据值均可以用左侧 Y 轴坐标对照表示，具体情况如图 5.7(f)所示。需要注意的是，乘波构型的侧缘线为空间曲线，所以其位置与图 5.6 所示的位置有一些偏差，是沿着钝化前缘区域的中线连接而成的。Meng 等[5]也研究了逆向喷流-激波针对乘波构型的减阻降热性能的影响，但是他们只研究了上缘线和下缘线的压力和热流变化，而没有关注侧缘线上的压力和热流。

事实上，由图 5.4 可以看出，由于乘波构型侧缘的压缩波强度较大，所以侧缘线上的压力与热流变化比上缘线和下缘线更剧烈，因此，在进行减阻降热分析时，应该予以关注。由图 5.7(f)可知，增加逆向喷流-激波针后，乘波构型上缘线与下缘线上的压力和热流只在头部有些许变化，在其余部位基本不变。与基准构型相比,带逆向喷流-激波针的乘波构型壁面的压力峰值和热流峰值位置向下游移动了 8.2 mm,降低率分别为 32.7%和 31.4%。

综上所述,在不同飞行器构型头部增加逆向喷流-激波针后,飞行器壁面的压力和热流峰值均有不同程度的降低,降低率最大的超过了 90%(如椭圆构型和矩形构型的减阻降热率),最小的也有 30%左右(如乘波构型的减阻降热率)。从流场分析和减阻降热性能的定量分析可知,逆向喷流-激波针对不同构型的飞行器的气动力和气动热环境都有明显的改善作用。

为进一步评估逆向喷流-激波针应用于各种飞行器构型的减阻降热效果,本节对比有/无逆向喷流-激波针时飞行器的总阻力 C_d、壁面平均压力 $\bar{P}$、平均热流 $\bar{q}$、压力峰值 $P_{\max}$ 和热流峰值 $q_{\max}$,如表 5.2 所示。其中,E_d、$E_{\bar{P}}$、$E_{P_{\max}}$、$E_{\bar{q}}$ 和 $E_{q_{\max}}$ 分别为钝体的总阻力、壁面平均压力、峰值压力、平均热流和热流峰值降低率,其定义如下:

$$
\begin{aligned}
E_d &= \frac{C_{d0} - C_{d1}}{C_{d0}} \times 100\% \\
E_{P_{\max}} &= \frac{P_{0\max} - P_{1\max}}{P_{0\max}} \times 100\%, \quad E_{\bar{P}} = \frac{\bar{P}_0 - \bar{P}_1}{\bar{P}_0} \times 100\% \\
E_{q_{\max}} &= \frac{q_{0\max} - q_{1\max}}{q_{0\max}} \times 100\%, \quad E_{\bar{q}} = \frac{\bar{q}_0 - \bar{q}_1}{\bar{q}_0} \times 100\%
\end{aligned}
\tag{5.2}
$$

式中,下标 0 代表基准钝体;下标 1 代表带逆向喷流-激波针的构型。

表 5.2　有/无逆向喷流-激波针的不同飞行器头部构型的气动力和气动热变化

评价指标	球-柱构型	双锥构型	椭圆构型	矩形构型	冯·卡门曲线构型	乘波构型
C_{d0}	0.901	0.204	0.324	0.229	0.251	0.276
C_{d1}	0.185	0.072	0.097	0.089	0.085	0.189
E_d	79.5%	64.7%	70.1%	61.1%	66.1%	31.5%
$\bar{P}_0$ /Pa	9 315.6	6 817.6	6 575.6	7 306.8	6 064.5	5 571.5
$\bar{P}_1$ /Pa	3 530.1	3 602.5	3 494.4	3 948.2	3 452.6	4 512.1
$E_{\bar{P}}$	62.1%	47.2%	46.9%	46.0%	43.1%	19.0%
$P_{0\max}$/Pa	65 813.8	65 037.3	65 798.3	65 532.9	65 556.6	66 014.6
$P_{1\max}$/Pa	8 939.9	4 732.9	9 851.6	7 852.1	10 502.6	44 422.3
$E_{P_{\max}}$	86.4%	92.7%	85.0%	88.0%	84.0%	32.7%

续 表

评价指标	球-柱构型	双锥构型	椭圆构型	矩形构型	冯·卡门曲线构型	乘波构型
$\bar{q}_0/(\mathrm{kW/m^2})$	163.8	184.6	160.8	260.3	159.0	171.9
$\bar{q}_1/(\mathrm{kW/m^2})$	55.7	16.9	33.6	39.6	47.3	160.9
$E_{\bar{q}}$	66.0%	90.9%	79.1%	84.8%	70.3%	6.4%
$q_{0\max}/(\mathrm{kW/m^2})$	963.4	2 503.5	1 905.3	4 538.0	2 106.8	3 109.0
$q_{1\max}/(\mathrm{kW/m^2})$	165.7	299.7	95.9	183.0	154.1	2 131.5
$E_{q_{\max}}$	82.8%	88.0%	95.0%	96.0%	92.7%	31.4%

由表 5.2 可知,对于大部分飞行器构型而言,平均压力与热流降低率小于峰值压力和峰值热流降低率。就减阻效果来看,逆向喷流-激波针在球-柱构型上的减阻效果最好,其值为 79.5%,而在乘波构型上的效果最差,但也有 31.5%的减阻率。在高超声速飞行过程中,由于压差阻力占据总阻力的比例很大,所以壁面平均压力降低率最高的与最低的依然是球-柱构型和乘波构型,其值分别为 62.1%和 19.0%。对于其他四种飞行器构型而言,其平均压力降低率基本都在 45%左右。而从压力峰值降低效果来看,双锥构型最优,为 92.7%,乘波构型最差,只有 32.7%,其余构型均在 85%左右。降热效率与减阻效率略有不同,对于平均热流降低率来说,双锥构型效果最好,超过了 90%,而乘波构型最差,仅有 6.4%。而在热流峰值降低率方面,椭圆构型、矩形构型和冯·卡门曲线构型都超过 90%,乘波构型的热流峰值降低率为 31.4%。总体而言,逆向喷流激波针在大多数飞行器构型中均可有效降低气动阻力并缓解气动加热。然而,在乘波构型中,其热降热效果相对有限,主要受限于流场结构与喷流调控能力之间的匹配性。因此,需通过喷流结构的针对性优化设计,提升其对乘波构型的降热效率。

升阻比是表征乘波构型气动性能和衡量设计水平的关键指标。增加逆向喷流-激波针后,乘波构型的流场结构发生显著改变,升力和阻力随之发生变化,有必要探究逆向喷流-激波针是否会破坏乘波构型的高升阻比特性。图 5.9 给出了有/无逆向喷流-激波针的乘波构型升阻比变化,可以看出,虽然增加逆向喷流-激波针后,乘波构型的升力和阻力均有下降,但升力降低的幅值小于阻力,因此,升阻比有一定程度的增加(增长率为 11.6%),说明逆向喷流-激波针对乘波构型的升阻比提升具有积极影响。

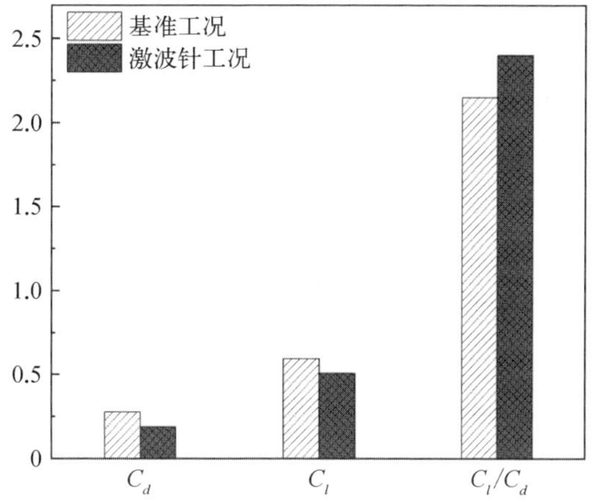

图 5.9　有/无逆向喷流-激波针乘波构型的气动性能变化

5.3　激波针长度对减阻降热特性影响

根据 5.2 节分析可知，逆向喷流-激波针能够通过推离激波远离壁面降低激波的强度从而改善飞行器气动力/热环境。其中，激波被推离的距离是影响逆向喷流-激波针减阻降热性能的重要因素，同时也会对回流区的尺寸产生重要影响。而激波被推离的距离主要由激波针长度决定，因此，有必要分析激波针长度对逆向喷流-激波针减阻降热效率的影响。激波针长度 L 用球柱钝体的直径 D 进行无量纲化，本节共选取四种不同激波针长度（$L/D=0.5$、1、1.5 和 2）进行减阻降热性能对比，激波针直径和喷孔尺寸均保持为 4 mm，喷流总压比为 0.17。

由于回流区随激波针长度的变化对于减阻降热性能分析至关重要，因此，本节将首先分析不同激波针长度下回流区形态和尺寸的差异，如图 5.10 所示。对于球-柱构型而言，如图 5.10(a)所示，当 $L/D=0.5$ 时，在逆压梯度影响下产生了一个较大的回流区覆盖了激波针，逆向喷流并没有附着于激波针表面，在此激波针长度下，再附角度 θ 约为 36°，此时再附点位于钝体的最上游。θ 是以球心为原点，从钝体中心线顺时针向再附点转动的角度。当 $L/D=1$ 时，回流区分裂成两个涡，其中较小的涡位于逆向喷流边界之后，较大的涡位于钝体附近。与 $L/D=0.5$ 相比，$L/D=1$ 的回流区尺寸更大，再附角度也相应增大。当 L/D 增加到 1.5 时，剪切层开始附着在激波针表面，虽然回流区整体的尺寸在增大，但是钝体附近的回流区略有缩减，因此，θ 减小。当 L/D 大于 1.5 后，位于钝体附近的回流区逐渐膨胀，而位于激波针头部的回流区则基本没有改变。当 $L/D=2$ 时，θ 达到最大值 38.5°。

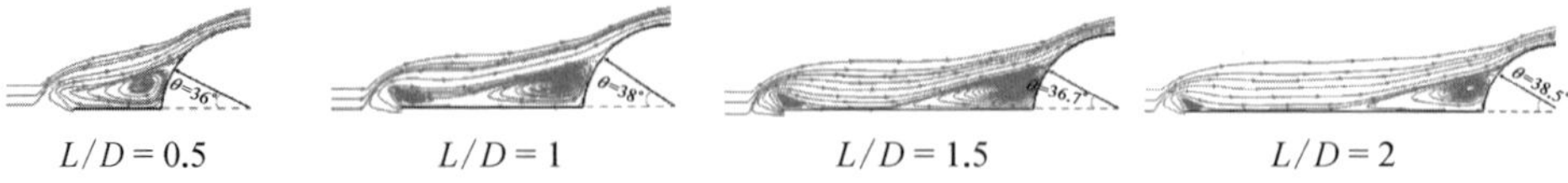

(a) 球-柱构型

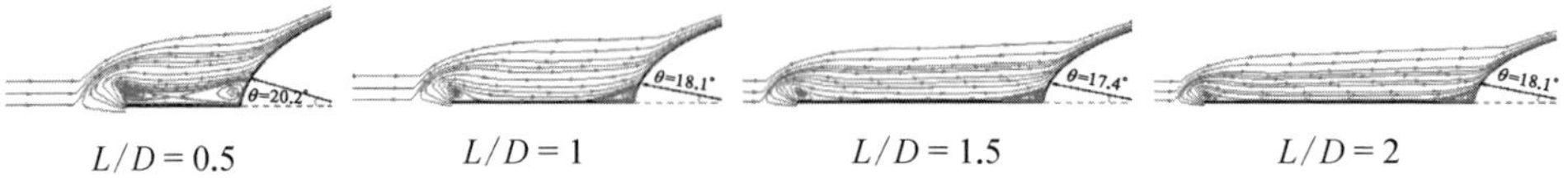

(b) 椭圆构型

图 5.10　回流区随激波针长度的变化

与球-柱钝体相比，椭圆钝体的回流区更小，回流区随激波针长度的变化也有所差异，如图 5.10(b)所示。首先就是回流区的状态，由图可知，对于椭圆构型而言，当 $L/D=0.5$ 时，回流区就分裂成两个涡，这一现象与 $L/D=1$ 的球-柱构型类似。另一个就是再附角度的变化，椭圆构型的再附角度随激波针长度的变化趋势与球-柱构型的有所不同。当 L/D 从 0.5 增加到 1 时，剪切层附着于激波针，压缩了钝体前的回流区，因此，再附位置前移。随着激波针长度的继续增加，激波针长度对回流区的影响很小，再附角度的值也只在很小的范围内变化。对于其他构型的飞行器，只有激波针头部存在一个明显的回流区，穿过该回流区后，喷流直接附着到激波针表面向下游流动。

由上述流场分析可知，在所有分析的表面型线中，侧缘线上的压力和热流变化最剧烈，因此，在接下来的研究中，均采用侧缘线上的压力和热流变化来进行分析。图 5.11 为不同飞行器构型侧缘线上的压力和热流随激波针长度的变化趋势，随着 L/D 从 0.5 增加到 2，激波针头部的弓形激波被推离的距离越来越远，再附激波的强度逐渐降低。由图可知，随着激波针长度增加，大部分钝体壁面压力和热流逐渐减小，只有双锥构型和冯·卡门曲线构型的热流变化趋势出现了差异。

对于球-柱构型，如图 5.11(a)所示，随着激波针长度增加，钝体壁面压力和热流逐渐降低，压力峰值和热流峰值逐渐向下游移动。当 L/D 从 0.5 增加到 1 时，钝体压力和热流峰值降低率最大，分别为 36.5%和 27.5%，结合图 5.10(a)分析，发现钝体前回流区在 $L/D=0.5$ 增加到 $L/D=1$ 时变化最大。从 $L/D=0.5$ 到 $L/D=2$，压力和热流峰值的位置向后移动 6 mm，峰值降低率分别为 52.5%和 50.9%。

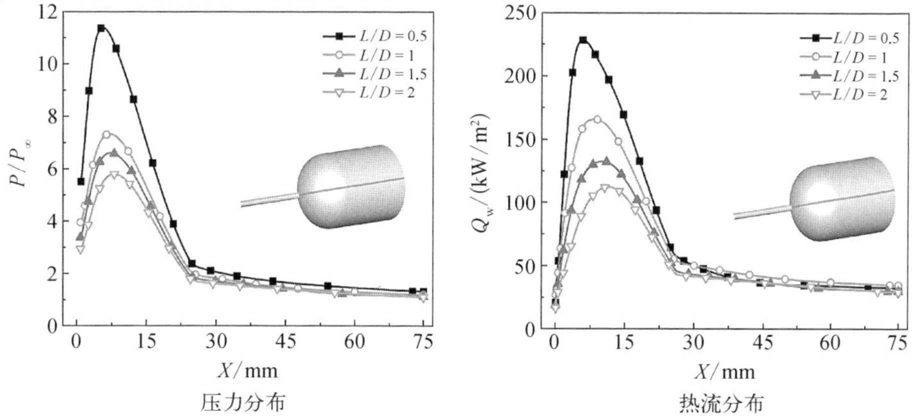

(a) 球-柱构型

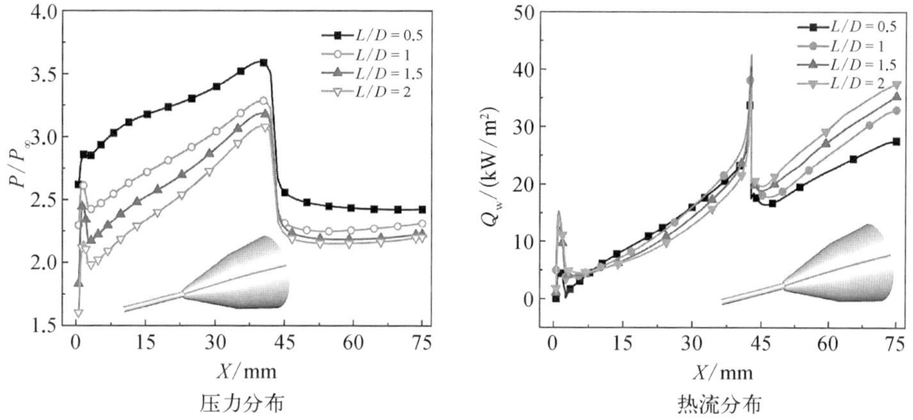

(b) 双锥构型

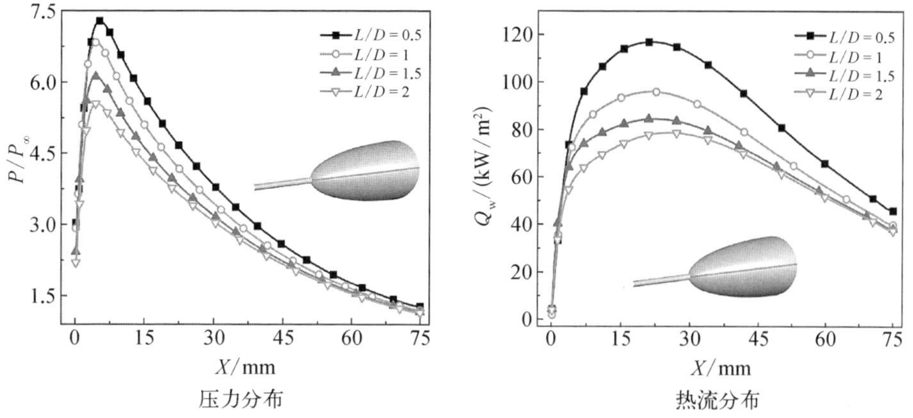

(c) 椭圆构型

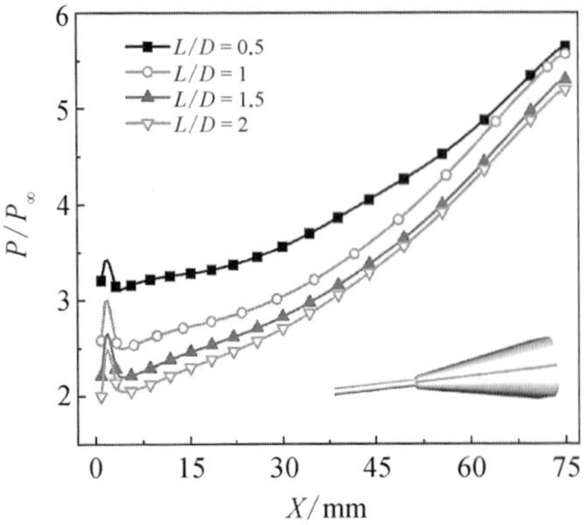

压力分布

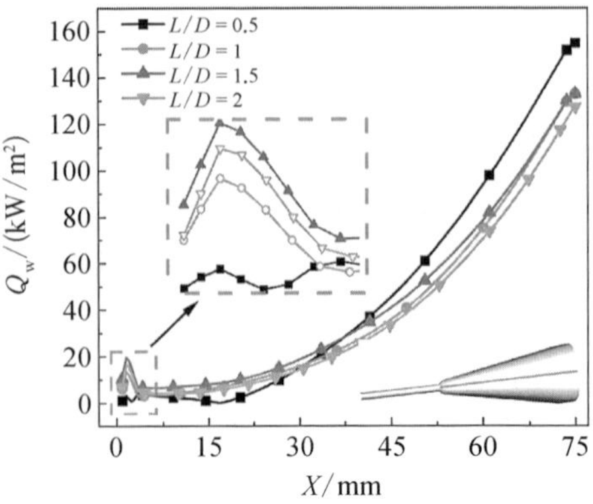

热流分布

(d) 矩形构型

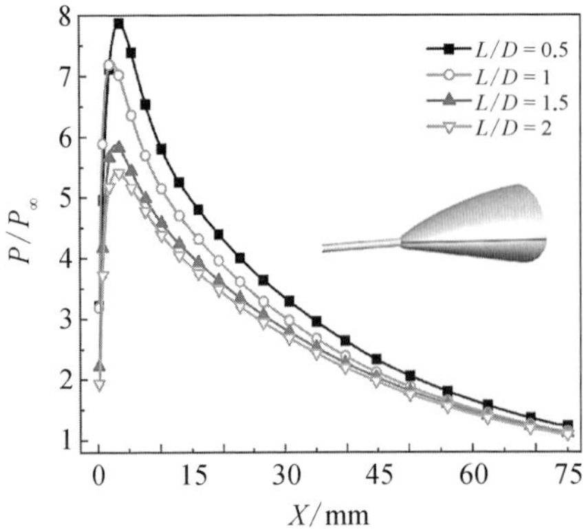

压力分布

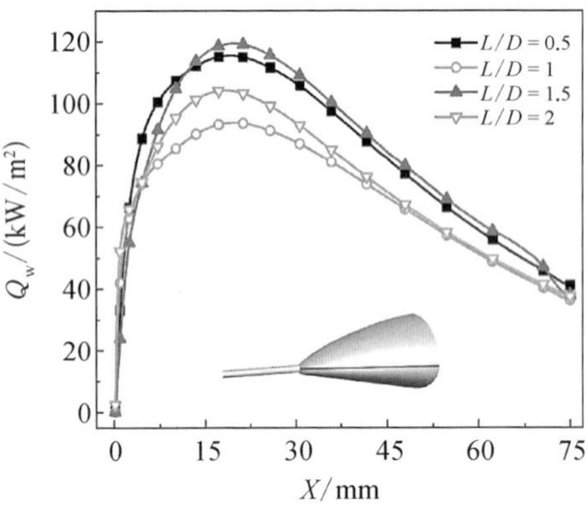

热流分布

(e) 冯 · 卡门曲线构型

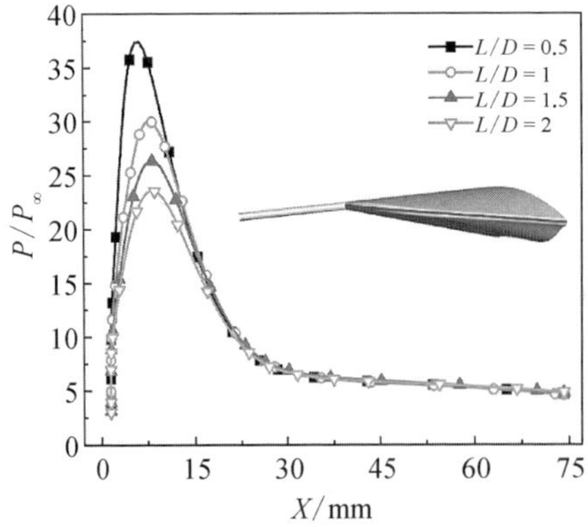

压力分布

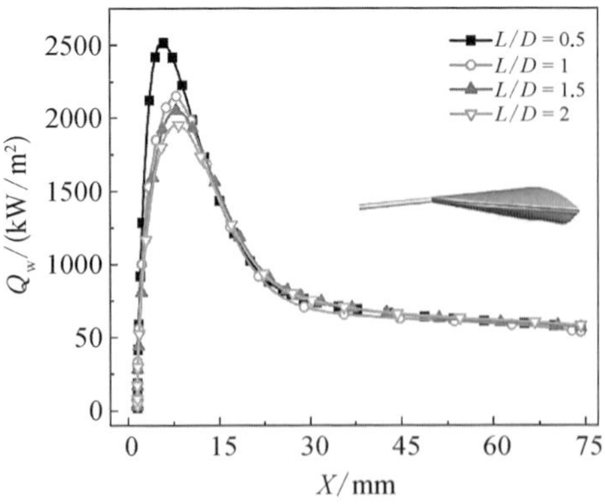

热流分布

(f) 乘波构型

图 5.11 有/无逆向喷流-激波针作用下不同构型钝体壁面压力和热流分布

对于双锥构型[图 5.11(b)]，所有激波针长度下钝体压力和热流变化趋势相似。在前锥头部区域，随着 L/D 从 0.5 增加到 2，压力峰值降低了 24.6%，而热流峰值增加了近 2 倍；在两锥交贯处，从 $L/D=0.5$ 到 $L/D=2$，压力峰值降低了 14.3%，而热流几乎没有变化；在双锥尾部，随着 L/D 从 0.5 到 2，压力峰值降低了 9.2%，而热流峰值增大了 36.3%。

对于椭圆构型，如图 5.11(c)所示，随着激波针长度增加，由于再附激波强度的降低，钝体壁面压力和热流持续减小，从 $L/D=0.5$ 到 $L/D=2$，压力峰值与热流等值分别降低 23.8%和 32.6%。对于矩形构型，如图 5.11(d)所示，随着 L/D 从 0.5 到 2，钝体的压力峰值降低了 8%，当 L/D 增大到 1.5 后，钝体压力的降低程度很小。而热流只在 L/D 从 0.5 增大到 1 时有一定程度的降低，当 L/D 大于 1 后，壁面热流基本不再变化。从图 5.11(d)右侧的热流分布图可以看出，矩形头部热流随激波针长度的增加而增大，这一现象与矩形头部附近的回流区形态有关，如图 5.12 所示。当 $L/D=0.5$ 时，回流区紧贴着壁面，所以壁面的温度较低，热流较小；当 $L/D=1$ 时，涡核向上游移动，低温回流的中心偏离壁面，导致壁面的热流增大。从 $L/D=0.5$ 到 $L/D=2$，热流峰值降低了 17.8%，而头部热流峰值增大了 6.4 倍。

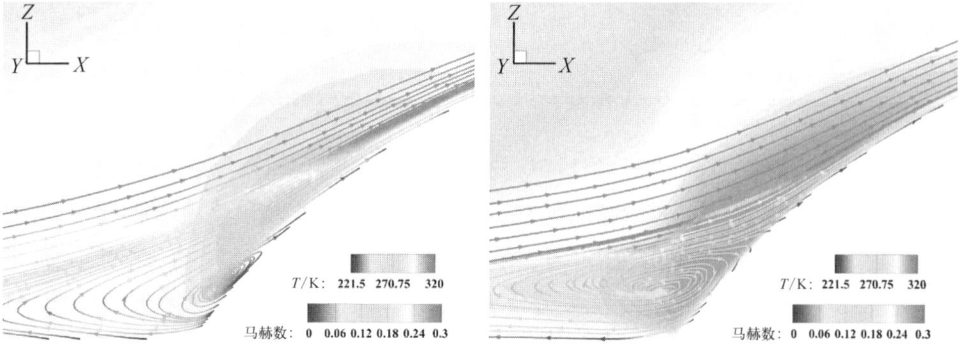

(a) $L/D=0.5$　　(b) $L/D=1$

图 5.12　$L/D=0.5$ 和 $L/D=1$ 的矩形构型回流区对比

对于冯·卡门曲线构型[图 5.11(e)]，从 $L/D=0.5$ 到 $L/D=2$，壁面压力持续降低，降低率为 31%。但是壁面热流的变化趋势并不单调，从 $L/D=0.5$ 到 $L/D=1$，热流峰值降低了 18.7%，当 L/D 增大到 1.5 时，热流峰值又增大了 27.2%，这一现象同样与钝体前的回流区形态有关。图 5.13 给出了 $L/D=1$ 和 1.5 时冯·卡门钝体附近的流场结构，由图可知，当 $L/D=1$ 时，钝体前的回流区沿 Z 轴方向被压缩，回流区尺寸较小；当 L/D 增大到 1.5 后，回流区在 Z 轴方向膨胀，尺寸较大，将钝体附

近的气流沿 Z 轴正向移动，而在回流区外，流动速度逐渐增大，对气流的压缩效果逐渐增强，所以 $L/D=1.5$ 的热流峰值位置比 $L/D=1$ 的更靠后，热流值更大。

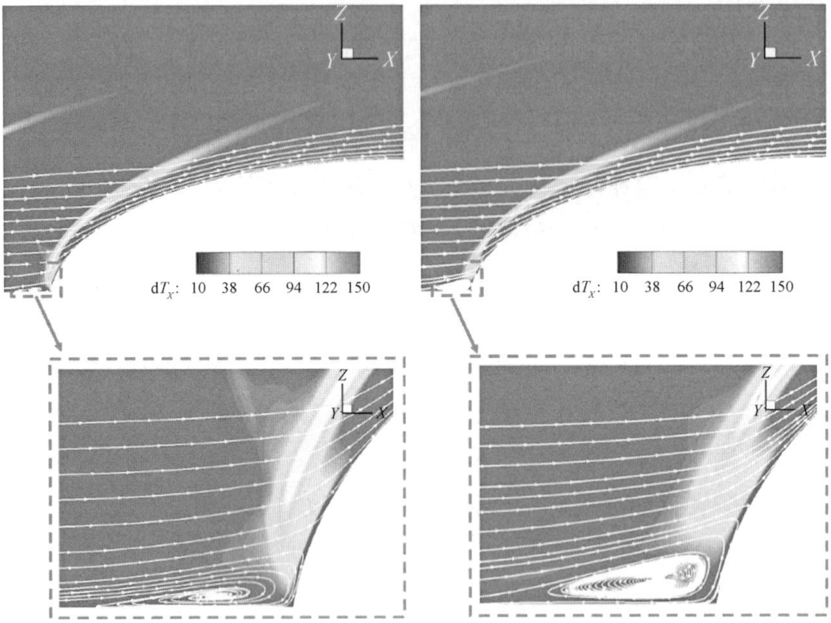

(a) $L/D=1$　　(b) $L/D=1.5$

图 5.13　$L/D=1$ 和 $L/D=1.5$ 冯・卡门曲线构型的流场对比

对于乘波构型而言，如图 5.11(f) 所示，随着激波针长度增加，钝体壁面压力和热流均持续降低，从 $L/D=0.5$ 到 $L/D=2$，乘波构型压力和热流峰值位置向下游移动 2.6 mm，峰值分别降低 36.8%和 22.5%。

图 5.14 展示了不同激波针长度下各飞行器构型相对于基准构型的减阻与降热效果。由图可见，随着激波针长度的增加，其减阻效果逐渐增强，但增幅趋于平缓。这与图 5.11 给出的壁面压力降低率随激波针长度的变化趋势基本一致。而在平均热流降低方面，除了冯・卡门构型外，其余构型的降热效果均随着激波针长度的增加而增大。其中，乘波体的平均降热率随激波针长度变化的幅度最大，从 $L/D=0.5$ 到 $L/D=2$，乘波体的减阻效果和平均降热效果分别由 22.41% 和 1.06%提升到了 42.69%和 16.24%。随着激波针从 $L/D=0.5$ 到 $L/D=2$，虽然其余几种构型的减阻降热率均超过了 50%，但是增加的幅值较小。

图 5.15 比较了乘波构型在不同激波针长度下的升力系数、阻力系数和升阻比。由图可知，增加激波针的长度能够同时降低乘波构型的升力和阻力，但是阻

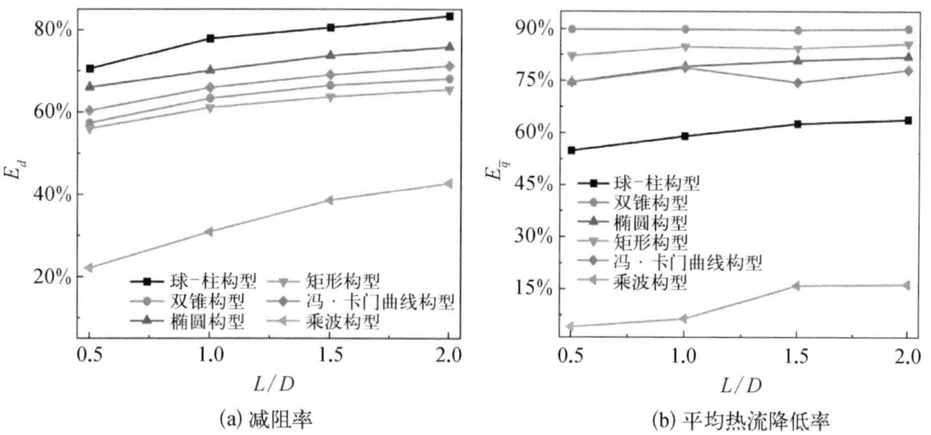

图 5.14　不同飞行器构型的减阻率和平均热流降低率随激波针长度的变化

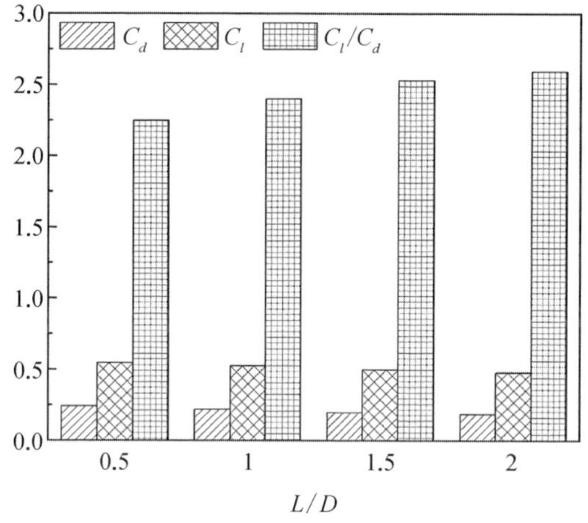

图 5.15　乘波构型在不同激波针长度下的升阻比

力系数对激波长度的变化更加敏感,降低的程度比升力系数大,所以升阻比反而有一定程度的增加。从 $L/D=0.5$ 到 $L/D=2$,升阻比增大了 13.5%。

5.4　攻角对减阻降热特性影响

无论是对于巡航飞行器还是再入飞行器,在进行高超声速飞行的过程中均会存在一定的攻角。当攻角发生变化时,也会对头部激波强度和回流区尺寸产生影响,进而改变逆向喷流-激波针的减阻降热性能。为了探究逆向喷流-激波针在不同攻角下对各飞行器构型的减阻降热效率，本节共选取了 0°、2°、4°、6°和 8°五种攻角进行对比，激波针的长度保持为 $L/D=1$，其余条件与 5.3 节相同。

图 5.16 展示了带逆向喷流-激波针的不同飞行器构型在攻角下的壁面压力和热流分布情况。由于攻角的增加会引起迎风面内压力和热流的剧烈改变，所以对于非轴对称构型，本节同时关注侧缘线与下缘线上的压力和热流分布。随着攻角增大，钝体迎风面斜激波与再附激波之间发生强烈的干扰，导致钝体壁面压力和热流急剧增大。

对于球-柱构型而言，如图 5.16(a)所示，随着攻角的增大，激波干扰使得钝体头部回流区被压缩，再附点位置向上游移动。从 $\alpha=0°$ 到 $\alpha=8°$，壁面压力峰值与热流峰值分别增加了 3 倍和 4.7 倍，峰值点向上游移动了 5.4 mm。对于双锥构型[图 5.16(b)]所示，其壁面压力和热流随攻角的变化趋势与球-柱构型相似，从 $\alpha=0°$ 到 $\alpha=8°$，钝体压力峰值与热流峰值分别增大了 3.4 倍和 80 倍。其中，头部压力和热流的变化最为剧烈，当 $\alpha=8°$ 时，双锥头部压力和热流与两锥交贯处的压力和热流相近。而在两锥交贯线处，攻角从 0°到 8°，压力和热流峰值分别增加了 3 倍和 8.3 倍。

对于椭圆构型而言，如图 5.16(c)所示，攻角的增大对迎风面激波的影响明显地超过侧缘激波，当 $\alpha=6°$ 时，迎风面压力和热流已经大于侧缘线，进一步增大攻角，下缘线和侧缘线上的压力和热流差值越大。从 $\alpha=0°$ 到 $\alpha=8°$，迎风面压力与热流峰值增大了 1.6 倍和 2.5 倍，而在侧缘线上，压力和热流增加了 50%和190%。当 $\alpha=8°$ 时，与侧缘线相比，迎风面的压力与热流分别增大了 5%和 16%。

对于矩形构型而言[图 5.16(d)]，攻角的增大同样会引起壁面压力和热流的增大，与椭圆构型不同的是，除了构型的头部区域，在同一攻角下，其余部位的侧缘压力和热流都比迎风面的要大。从 $\alpha=0°$ 到 $\alpha=8°$，构型头部迎风面压力与热流增大了 2.5 倍和 16 倍，而在侧缘线上分别增大了 1.6 倍和 11 倍。在构型尾部区域，从 $\alpha=0°$ 到 $\alpha=8°$，迎风面的压力和热流增大了 2.5 倍和 23.5 倍，而在侧缘线上，两个参数分别增大了 1.2 倍和 2.3 倍。

对于冯·卡门构型而言[图 5.16(e)]。一方面，攻角从 0°到 4°，迎风面压力峰值增加了 40%，而侧缘线上的压力峰值增量只有 4%；而从 4°到 8°，迎风面上压力峰值的增量(45%)只比侧缘线上的(36.7%)大一点。另一方面，迎风面和侧缘线上的热流变化程度也不相同，从 $\alpha=0°$ 到 $\alpha=8°$，迎风面的热流峰值增加了百倍，而侧缘线上的热流只增加了 3.6 倍，此外，当攻角大于 6°后，迎风面的热流就已经超过了侧缘线。对于乘波构型[图 5.16(f)]，在钝体上游区域，下缘线的压力与热流

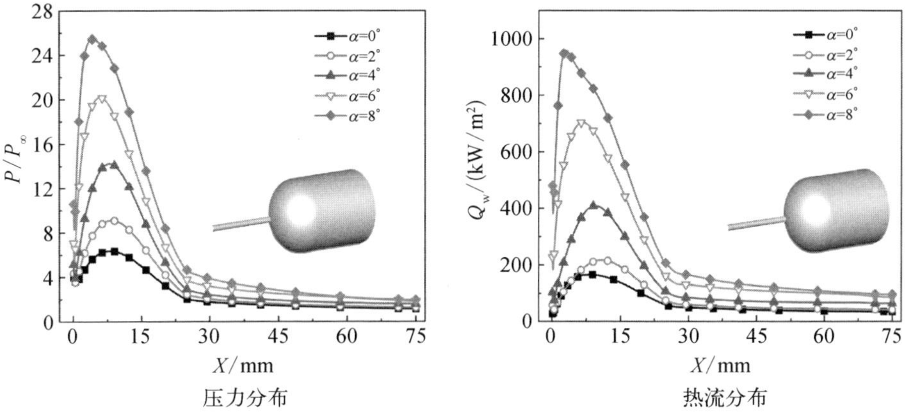

(a) 球-柱构型

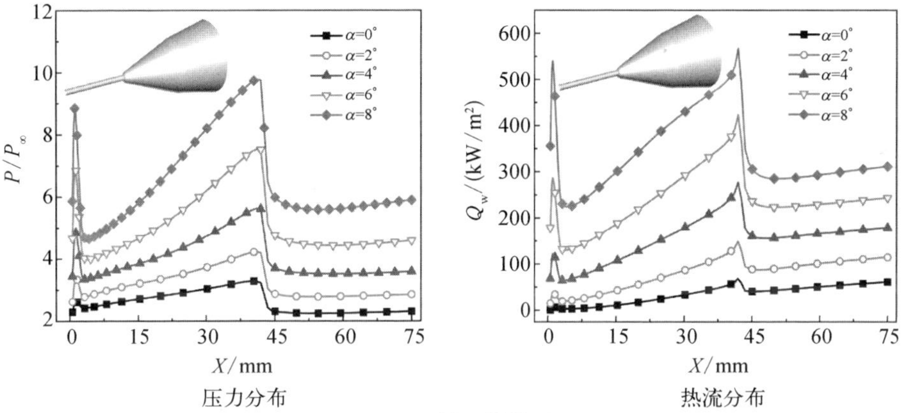

(b) 双锥构型

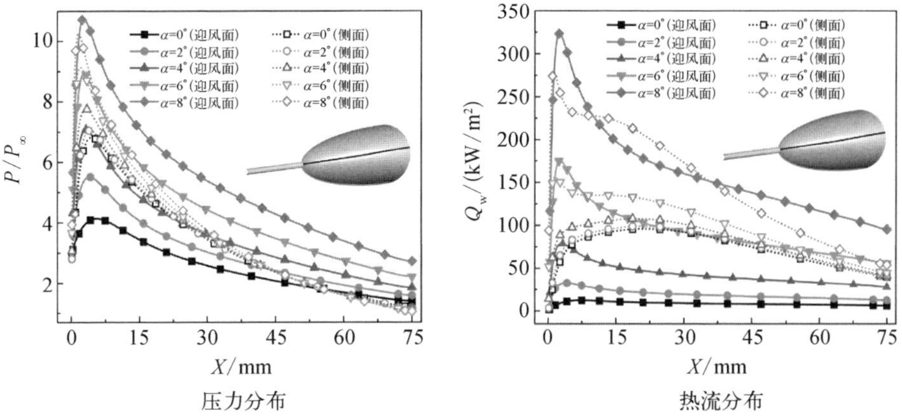

(c) 椭圆构型

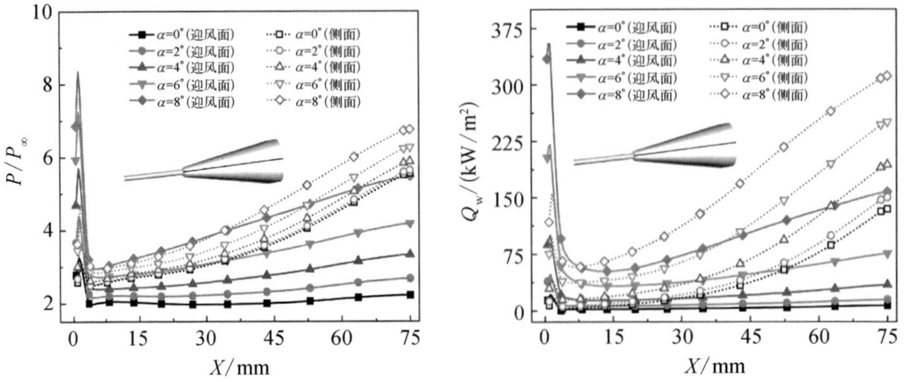

压力分布　　热流分布

(d) 矩形构型

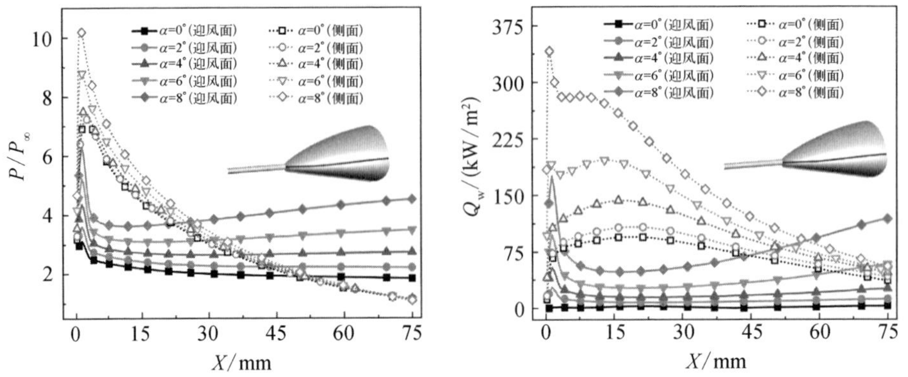

压力分布　　热流分布

(e) 冯·卡门曲线构型

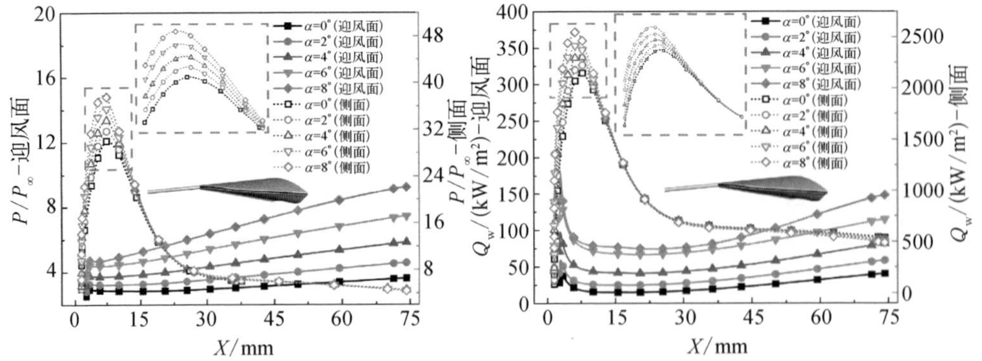

压力分布　　热流分布

(f) 乘波构型

图 5.16　有/无逆向喷流−激波针作用下不同构型钝体壁面压力和热流分布情况

均小于侧缘线；而在下游区域，下缘线的压力逐渐升高并部分超过侧缘线。但是，下缘线的热流值几乎全程小于侧缘线。从 $\alpha=0°$ 到 $\alpha=8°$，迎风面下缘线的压力与热流增大了 62%和 360%，而侧缘线上的压力与热流只增大了 25%和 18%。

与基准钝头体相比，逆向喷流-激波针在不同攻角下对各飞行器构型的减阻效果和平均降热效果如图 5.17 所示。由图可知，随着攻角增大，迎风面存在激波干扰导致壁面压力和热流增大，因此，逆向喷流-激波针对各构型的减阻降热性能急剧降低。对于减阻性能而言，当攻角增大到 8°时，除乘波构型外，其余飞行器头部构型仍有 30%以上的减阻效果。而对于乘波构型而言，当攻角大于 2°后，逆向喷流-激波针不再具有减阻效果。相对于减阻性能，逆向喷流-激波针的降热性能对攻角更加敏感。当攻角大于 0°后，逆向喷流-激波针对乘波构型不再具备降热效果。而当攻角增大到 8°后，在除乘波构型外，逆向喷流对激波针球-柱构型的降热性能最低。综合来看，随着攻角从 0°增加到 8°，除了乘波构型，双锥构型的减阻率和降热率下降最多（分别为 33.4%和 68.3%），而逆向喷流-激波针在冯·卡门曲线构型上的减阻率和降热率下降最少（分别为 14.6%和 32.3%）。

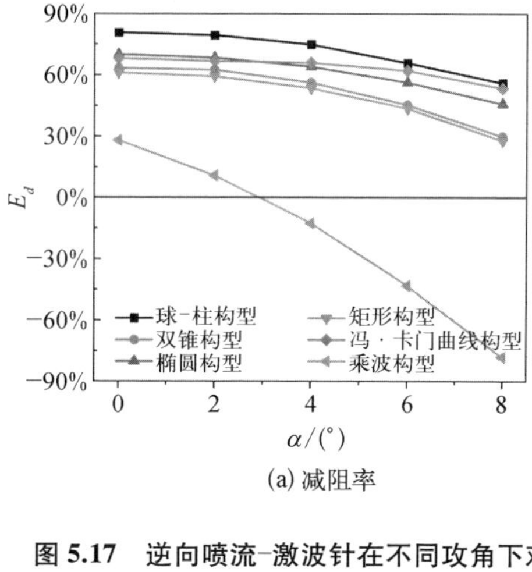

(a) 减阻率

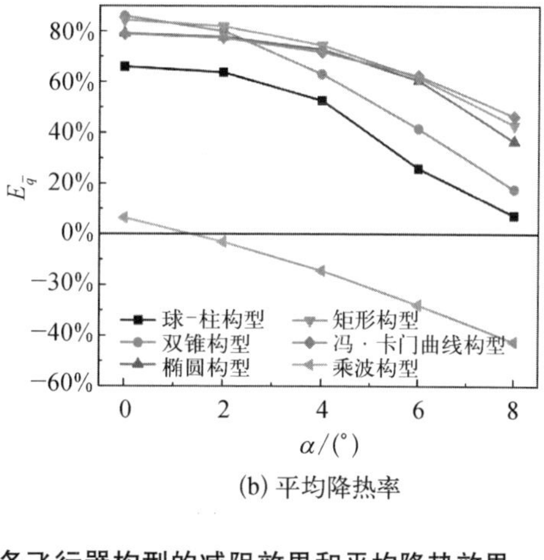

(b) 平均降热率

图 5.17　逆向喷流-激波针在不同攻角下对各飞行器构型的减阻效果和平均降热效果

带逆向喷流-激波针的乘波构型在不同攻角下的升力系数、阻力系数和升阻比变化如图 5.18 所示。由图可知，增大攻角虽然会增加乘波构型的升力，但同时阻力也会急剧增加，导致乘波构型的升阻比降低。与 0°攻角相比，8°攻角下乘波构型的升力系数与阻力系数分别增大了 117%和 155%，升阻比降低了 15%。因此，在实际飞行过程中，应避免大攻角飞行。

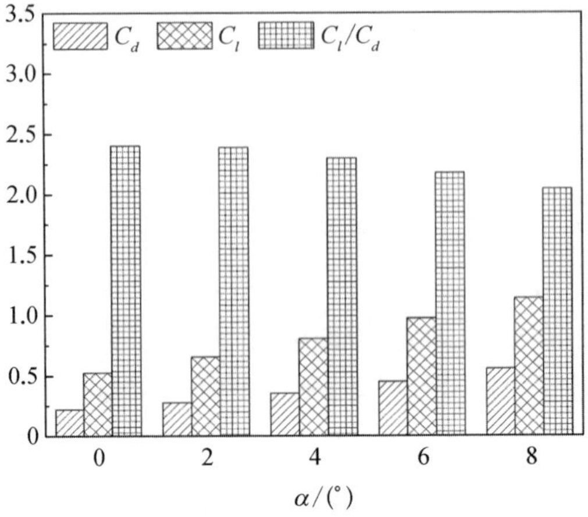

图 5.18 不同攻角下带逆向喷流-激波针的乘波构型气动性能

5.5 本章小结

本章对逆向喷流-激波针组合方法在六种典型高超声速飞行器头部构型上的减阻降热特性进行了研究,并系统性地分析了激波针长度和飞行攻角对流场结构及减阻降热性能的影响。主要研究结论如下:

(1) 与无逆向喷流-激波针的基准钝体相比,逆向喷流-激波针能够通过重构流场使钝体的阻力和热流急剧降低,且对各种飞行器构型均有效。对于不同飞行器构型而言,逆向喷流-激波针附近的流场结构相同,因此,主导钝体壁面压力与热流分布的因素是回流区和再附激波。在六种飞行器构型中,逆向喷流-激波针在球-柱构型上的减阻效果最好,在双锥构型上的降热性能最佳。此外,虽然逆向喷流-激波针在乘波构型上的减阻降热效率较低,但对乘波构型的气动特性有一定的提升效果。

(2) 激波针的长度 L/D 对于提高逆向喷流-激波针的减阻降热性能具有重要的作用。随着激波针长度的增加,激波距离壁面越来越远,钝体壁面的压力和热流逐渐降低。对于球-柱构型而言,当激波针的长度为 $L/D=0.5$ 和 1 时,喷流介质不会附着在激波针壁面,当激波针长度进一步增大时,喷流在形成上游回流区后立即贴近壁面向下游流动。然而,对于其他构型,当 L/D 大于 0.5 后,喷流就开始附着在激波针壁面。从 $L/D=0.5$ 到 $L/D=2$,减阻降热性能提升最大的是双锥构型,提升最少的是乘波构型。此外,增加激波针的长度能进一步提升乘波构型的气动性能。

（3）与增加激波针长度的效果相反，增大攻角后，由于迎风面的激波干扰，逆向喷流-激波针在各飞行器构型上的减阻降热性能急剧降低。随着迎角从 0°增大到 8°，逆向喷流-激波针在冯·卡门曲线构型上的减阻降热效率降低的最少，而在乘波构型上的减阻降热效率降低的最快。虽然攻角的增大能够给乘波构型带来较大的升力，但同时也会引起阻力的剧增，导致升阻比的降低。当攻角大于 2°后，逆向喷流-激波针对乘波构型已不再具有热防护效果。

参考文献

[1] 魏新洋.高超声速钝头体组合喷流减阻降热的数值模拟研究[D].哈尔滨：哈尔滨工业大学，2021.

[2] 郭晓东，周超英，万书翱.矩形脉冲射流对长穿透模态减阻降热的影响[J].航空学报，2023，44(16)：90－105.

[3] 何坤，袁化成.典型及衍生激波针构型的减阻降热流动特性[J].航空动力学报，2024，39(4)：57－69.

[4] 尹亮，刘洪鹏，刘伟强.高超声速气流中头锥逆喷防热流热耦合分析[J].国防科技大学学报，2022，44(1)：99－107.

[5] Meng Y S, Yan L, Huang W, et al. Coupled investigation on drag and heat flux reduction over spiked waverider with a wide-speed range[J]. Acta Astronautica, 2021, 182: 498－516.

[6] 周朗，徐春光.类 X－51A 飞行器尖锐前缘多孔逆向喷流降热[J].中山大学学报，2023，62(2)：156－164.

[7] Deng F, Xie F, Huang W, et al. Numerical exploration on jet oscillation mechanism of counterflowing jet ahead of a hypersonic lifting-body vehicle [J]. Science China (Technological Sciences), 2018, 61(7): 1056－1071.

[8] Deng F, Xie F, Qin N, et al. Drag reduction investigation for hypersonic lifting-body vehicles with aerospike and long penetration mode counterflowing jet[J]. Aerospace Science and Technology, 2018, 76: 361－373.

[9] Li S B, Huang W, Le J, et al. Drag and heat reduction mechanism of the porous opposing jet for variable blunt hypersonic vehicles[J]. International Journal of Heat and Mass Transfer, 2018, 126: 1087－1098.

[10] 段佳昕.高超声速飞行器前体乘波气动布局设计技术研究[D].南京：南京航空航天大学，2023.

[11] Gopalakrishna N, Saravanan S. Experimental investigation of heat transfer over double disk spike-blunt body at Mach 5.7[J]. Experimental Thermal and Fluid Science, 2019, 102: 452－466.

[12] 王俊峰.激波针-喷流构型在高超声速流动中的减阻降热特性研究[D].长沙：中南大学，2023.

[13] 何天琦.高超声速飞行器带逆向喷流-激波针减阻防热机理研究[D].长沙：中南大学，2020.

第 6 章

高超声速飞行器侧向喷流-激波针减阻降热

高超声速飞行器在巡航或再入飞行时，攻角的变化会导致常规的逆向喷流-激波针减阻降热性能出现急剧波动[1,2]。随着攻角的增大，激波干扰越强，壁面热流和压力逐渐增大。当攻角达到一定程度后，逆向喷流-激波针减阻降热效果甚至为负，已经无法满足高超声速飞行器的热防护需求，需要对其进行改进设计[3-6]。本章考虑在逆向喷流-激波针的迎风侧增设侧向喷流，强化将激波推离壁面的能力，以减小激波干扰强度，降低壁面热流和压力峰值，提升减阻降热性能[7,8]。

6.1 数值计算模型

研究采用高超声速飞行器典型的轴对称球-柱头部构型。坐标原点为钝头球心，球形头部的半径 $R=7.5$ mm，柱体长度为 15 mm，激波针长度 $L=2R$，激波针的直径 $d=1.5$ mm。图 6.1 与图 6.2 分别给出了喷流-激波针复合构型示意图和侧向喷孔位置示意图，在不同喷孔数量下，喷孔之间的间距 $D=4$ mm，同文献[9]中的喷流间距与激波针长度之比保持一致。

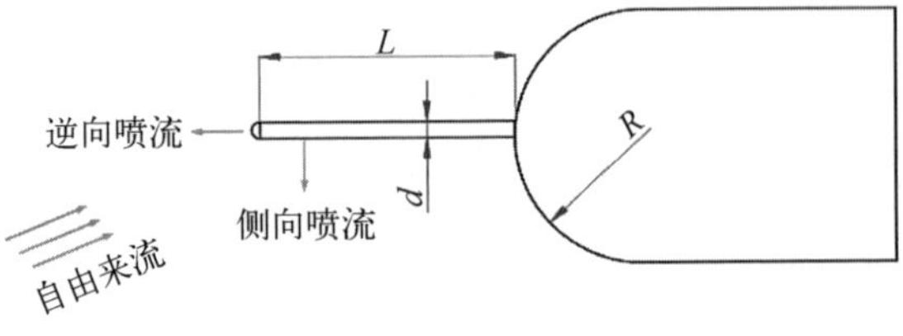

图 6.1 喷流-激波针复合构型示意图

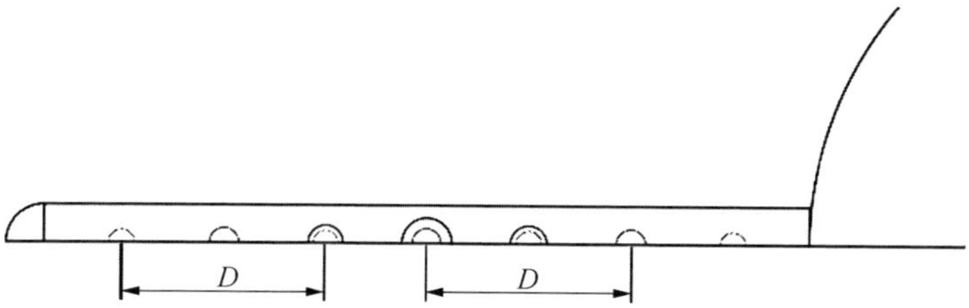

图 6.2　侧向喷孔位置示意图

图 6.3 为计算网格示意图。自由来流条件和喷流边界条件如表 6.1 所示,其中喷流介质为空气,壁面条件设置为无滑移等温壁面且壁温 $T_w = 500$ K,与文献[10]保持一致。表 6.1 中 Ma_∞ 为来流马赫数;T_∞ 为来流温度;P_∞ 为来流静压;Ma_j 为喷流马赫数;T_{0j} 为喷流总温;P_{0j} 为喷流总压。

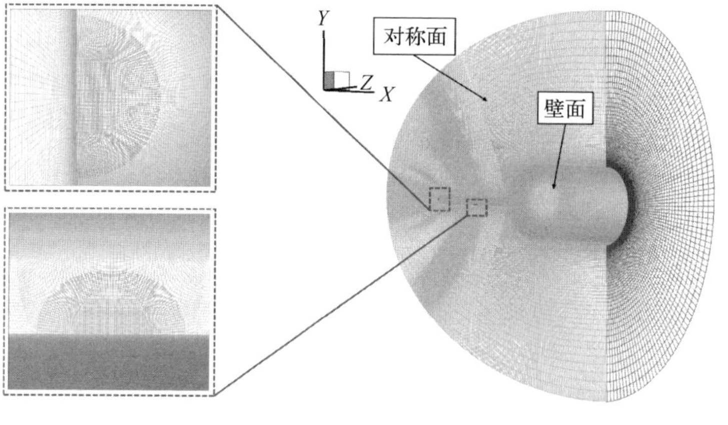

图 6.3　计算网格示意图

表 6.1　自由来流条件和喷流边界条件

自由来流		逆向喷流		壁面温度
Ma_∞	6.5	Ma_j	1	$T_w = 500$ K
P_∞/Pa	1 185.5	P_{0j}/kPa	375	
T_∞/K	231.24	T_{0j}/K	300	

6.2 流场结构及减阻降热特性

图 6.4 对比了施加侧向喷流前后的流场结构和壁面压力分布。如图 6.4(a)所示,当攻角 $\alpha=6°$,逆向喷流-激波针迎风侧的斜激波距离壁面很近,激波与激波针壁面之间的夹角 β 大约为 40°。此外,由于激波贴近壁面,这导致激波针与钝头体之间的回流区骤缩,激波针诱导的斜激波与钝头体前的再附激波之间的干扰增强,壁面热流和压力急剧上升。在迎风侧增加侧向喷流后,如图 6.4(b)所示,侧向喷流在喷孔处膨胀,将原本贴近壁面的斜激波推离壁面,斜激波与激波针之间的夹角增大,削弱了斜激波与再附激波之间的干扰强度。同时,侧向喷流的加入也使得钝头体前的回流区扩大,解决了逆向喷流-激波针在攻角下回流区小和激波干扰强的问题。

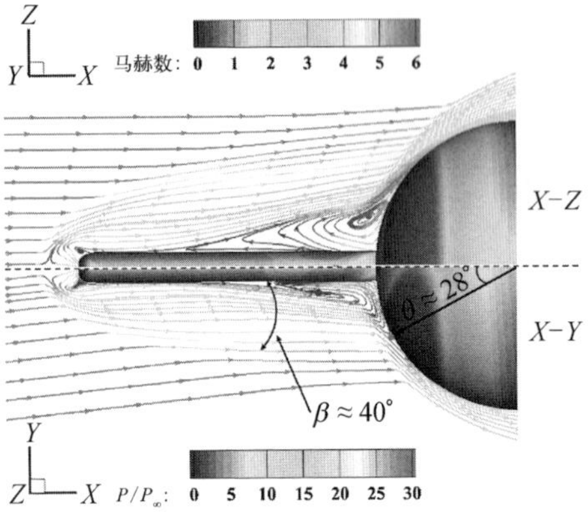

(a) 无侧向喷流

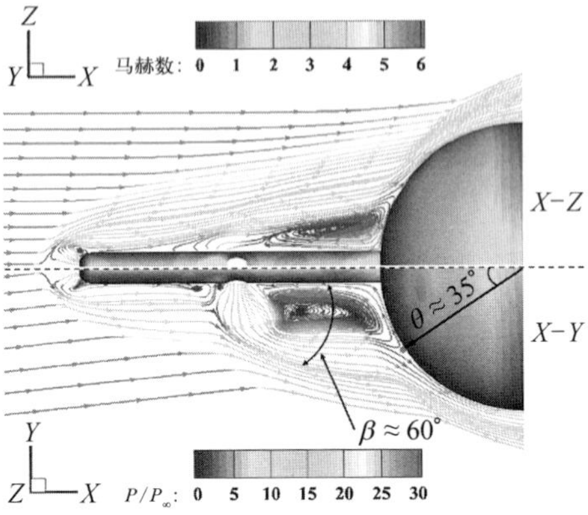

(b) 有侧向喷流

图 6.4 有无侧向喷流的流场结构和壁面压力分布

图 6.5 给出了有无侧向喷流工况下,钝头体迎风面子午线热流和压力分布。由图可知,侧向喷流的引入使得激波远离壁面,回流区增大及再附激波的强度急剧降低,再附角度从 28°增加到 35°,再附点的位置向下游移动,迎风面子午线上的热流和压力要远低于逆向-喷流激波针。

图 6.6 为 $X/R=-8$ 截面处的热流和压力沿周向角 φ 的分布。周向角 φ 定义如图 6.5 所示,其在背风侧为正,在迎风侧内为负。增加侧向喷流后,壁面的高热高压区急剧缩小,热流和压力大幅度降低。与逆向喷流-激波针相比,压力和热流峰值均降低约 54%,峰值位置也从迎风面移动到钝头体中部。因此,在攻角

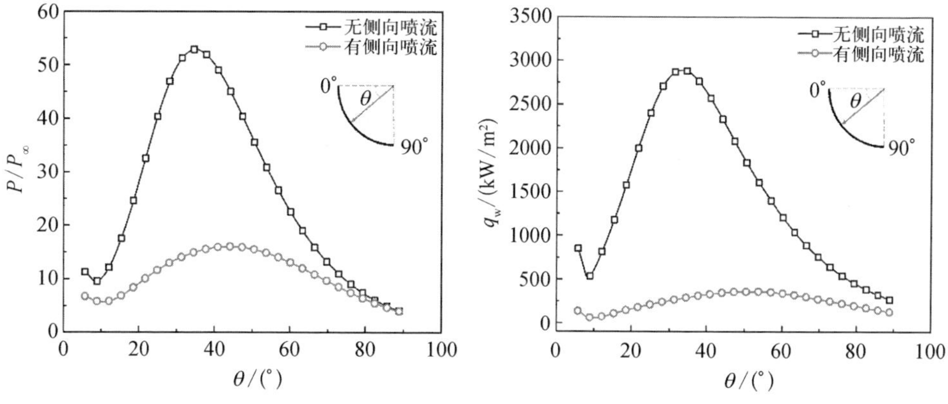

(a) 压力分布　　(b) 热流分布

图 6.5　有无侧向喷流的迎风面子午线压力和热流分布

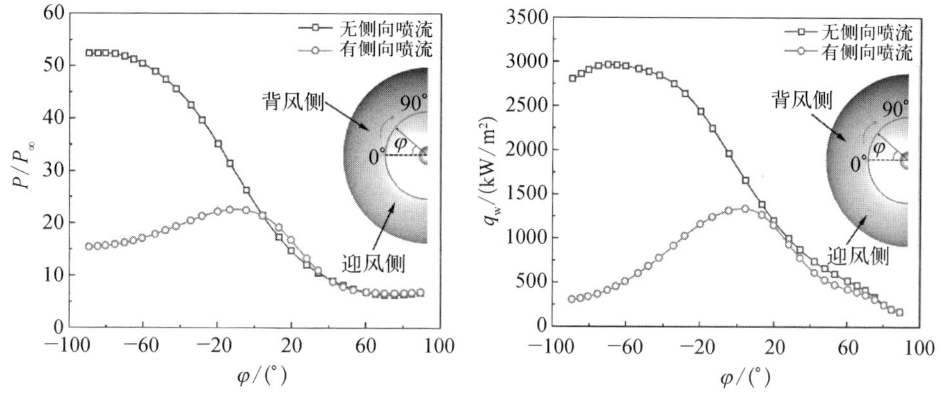

(a) 压力分布　　(b) 热流分布

图 6.6　有无侧向喷流在 *X/R*=−8 处的压力和热流分布

变化下，侧向喷流与逆向喷流-激波针相结合的策略能够克服单一逆向-喷流激波针的缺陷，扩展逆向-喷流激波针的应用范围。

6.3　侧向喷孔数量对减阻降热特性影响

本节针对不同侧向喷孔数量对阻力和壁面热流的影响进行了研究。喷流的条件与表 6.1 保持一致，而喷孔的尺寸变化如表 6.2 所示，以保证随着喷孔数量增加，侧向喷流与逆向喷流的总质量流量不变。

表 6.2 不同喷孔数量下喷孔尺寸的变化

侧向喷孔数量 N	逆向喷孔半径 R_o/mm	侧向喷孔半径 R_l/mm	总质量流量/(g/s)
$N=1$	0.3	0.5	0.467
$N=2$	0.3	0.354	0.467
$N=3$	0.3	0.289	0.467
$N=4$	0.3	0.25	0.467

图 6.7 为不同侧向喷孔数量的对称面流线图和壁面无量纲压力(P/P_∞)分布。由图可知,由于侧向喷流的加入,迎风面流场结构变得非常复杂,除了激波

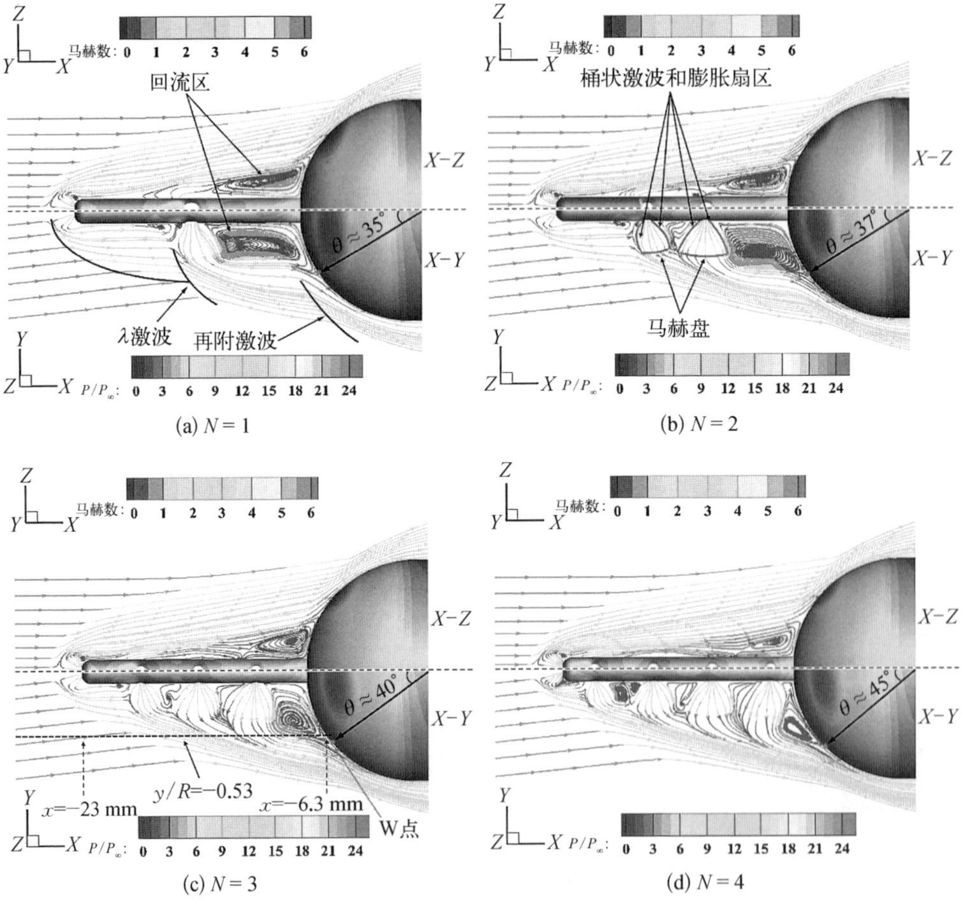

图 6.7 不同喷孔数量的流场结构和壁面压力分布

针前端的斜激波和钝头体前的再附激波,喷孔处还会形成膨胀扇区、λ 激波、桶状激波、马赫盘等结构。高超声速来流通过斜激波后依然为超声速,在桶状激波前分为两部分,一部分与穿过桶状激波的小部分喷流形成上游回流区。另一部分与穿过马赫盘的大部分喷流一起向下游流去,并在侧向喷流与壁面之间形成大的下游回流区。在总质量流量保持一定的情况下,随着喷孔数量的增加,单个喷孔流量降低,最上游的喷流形成的膨胀扇区逐渐减小,但下游的喷流膨胀区变化不大。这是由于在上游喷流的影响下,下游处的喷孔附近压力减小,喷流得以充分膨胀,导致扇形区域扩大,喷流影响区增加。

随着喷孔数量的增加,在靠近激波针顶部喷流的作用下,迎风面内原本贴近壁面的激波被推离壁面,同时,靠近钝头体的喷流能够降低钝头体前再附激波的强度。在多喷流作用下,激波针诱导的斜激波与再附激波之间的干扰强度极大地降低,且再附点位置随喷流数量的增加而向下移动,再附点方位角 θ_{reattach} 从 35°增加到 45°。

不同喷孔数量下钝头体迎风面子午线压力和热流分布如图 6.8 所示。对比可得: 相同喷孔数量下的热流与压力峰值位置十分吻合,均位于回流区再附点位置附近。因此,随着喷孔数量增加,峰值位置向下移动;在喷流质量流量一定的情况下,压力与热流随喷孔数量增加呈截然不同的变化趋势。具体而言,喷孔数量增加,壁面压力降低,但壁面热流呈先升高后降低的趋势。

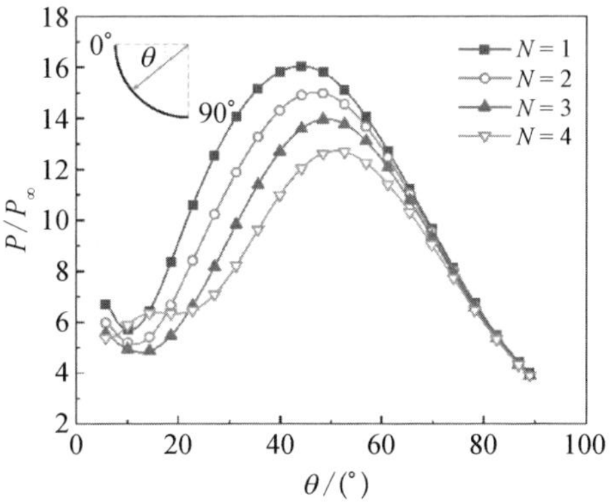

(a) 压力分布

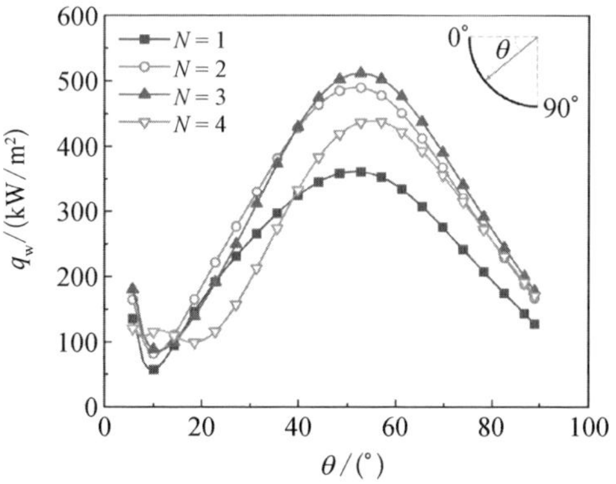

(b) 热流分布

图 6.8　不同喷孔数量下钝头体迎风面子午线压力和热流分布

在对称面截取 $Y/R=-0.53$ 的截线,截线位置如图 6.7(c)所示。图 6.9 给出截线上的压力、密度和温度沿流向分布。由图可知,尽管喷孔数量的不同,流动经过马赫盘压缩后使得曲线呈现多峰值波动状态。但三种曲线总体趋势均为先上升后下降再上升，分别对应来流经过 λ 激波、回流区和再附激波后的变化。具体而言，当来流通过 λ 激波后，压力、密度和温度骤升，此时达到第一个峰值，且这个峰值位置随着喷孔数量的增加逐渐往前移动。在经过 λ 激波后，回流区的存在引起压力、密度和温度降低。靠近钝头体壁面附近，压力和密度经再附激波后再次增大，但二者增大的幅值随喷孔数量的增加而降低，导致壁面的压力和密度峰值随喷孔数量增加而降低。这是由于随着喷孔数量的增加，再附激波强度降低，压缩效应减弱。而对于热流而言，其值与壁面附近温度直接相关。注意到，虽然壁面压力和密度随着喷孔数量增加而降低，但密度降幅更大，导致温度随喷孔数量的增加而增加，即壁面热流呈现出与压力和密度不同的变化趋势。

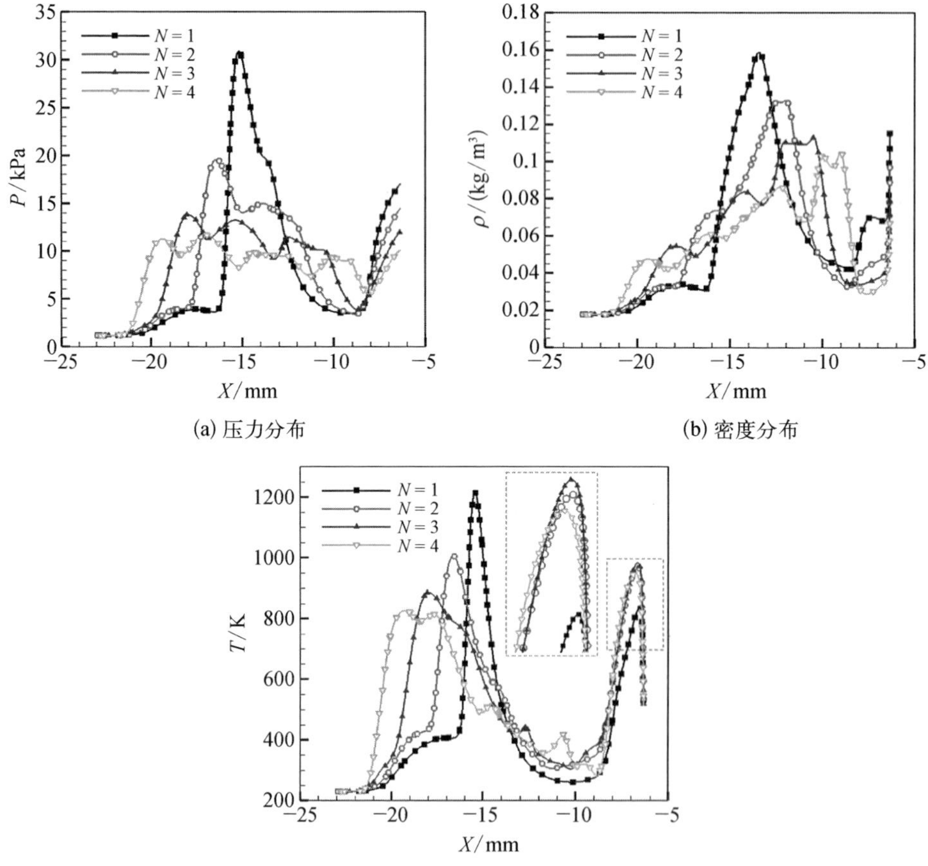

(a) 压力分布　(b) 密度分布　(c) 温度分布

图 6.9　*Y/R*=−0.53 截线处监测数值分布

需要特别关注的是，当喷孔数量 N 由 3 增加到 4 时，热流没有继续增大而是突然降低，通过流动分析认为这一现象与回流区形态密切相关。由图 6.7(d)可知，此时侧向喷流十分靠近壁面，回流区被挤压为三角形，因此，温度梯度分布会显著地区别于图 6.7(a)～(c)中的方形回流区。图 6.10 给定的对称面 W 点[图 6.7(c)]处温度型即可证明这一猜想。显然 $N=4$ 的温度梯度要明显小于 $N=2$ 和 $N=3$。

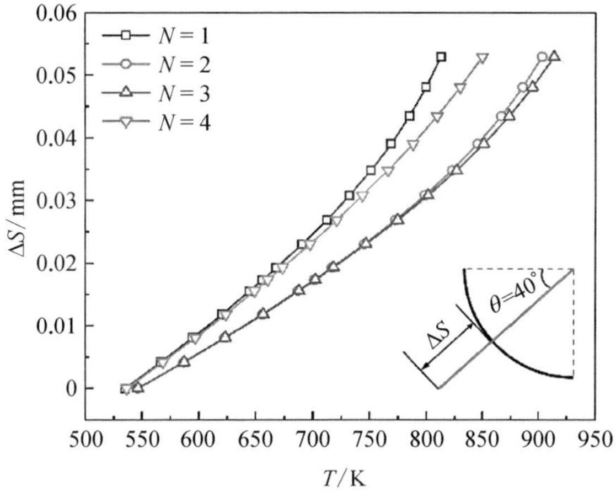

图 6.10　经过钝头体中心与 W 点直线上温度分布

图 6.11 为不同喷孔数量的壁面热流分布。由图可见，在侧向喷流的作用下，热流峰值不再出现在迎风子午线，而是移动到 $Y=0$ 截面附近。随着 N 从 1 增大到 3，钝头体壁面高热区域的范围不断扩大，当 $N=4$ 时，回流区的形态发生改变，导致

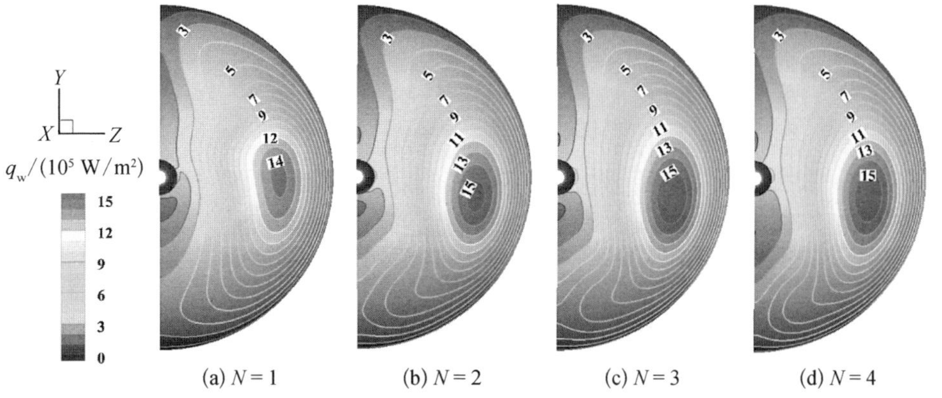

图 6.11　不同喷孔数量的壁面热流分布

壁面热流降低，与 $N=3$ 相比，高热区域相对缩小。进一步提取不同喷流数量的阻力系数和壁面热流峰值定量比较于图 6.12。显然，阻力系数变化趋势与图 6.8 中壁面子午线压力一致，而热流峰值趋势与图 6.8(b) 中壁面子午线热流大体相同。随着侧向喷孔数量 N 的增加，结构的阻力系数降低，$N=4$ 的阻力系数相较于 $N=1$ 降低了 6.5%。但是，随着喷孔数量的增加，热流峰值会随之增大，当喷孔数量从 1 增加到 3 时，热流峰值增大 12%。当 $N=4$ 时，热流峰值又有所降低。

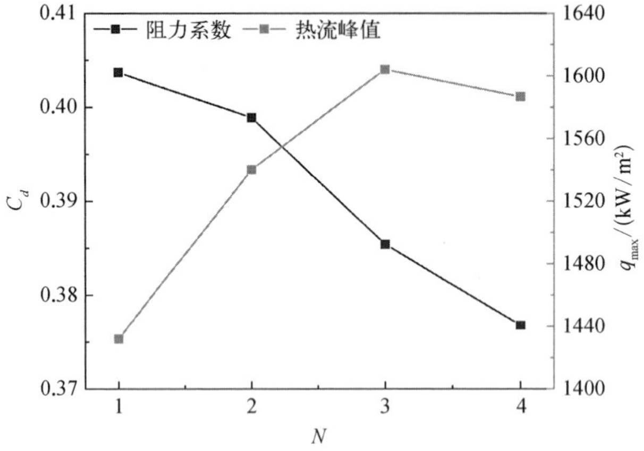

图 6.12　阻力系数和热流峰值随喷孔数量的变化

对于非设计工况下的多喷流-激波针组合构型，逆向喷流和侧向喷流所产生的附加作用力都对总阻力有一定的影响。图 6.13 对比了不同喷孔数量下的总

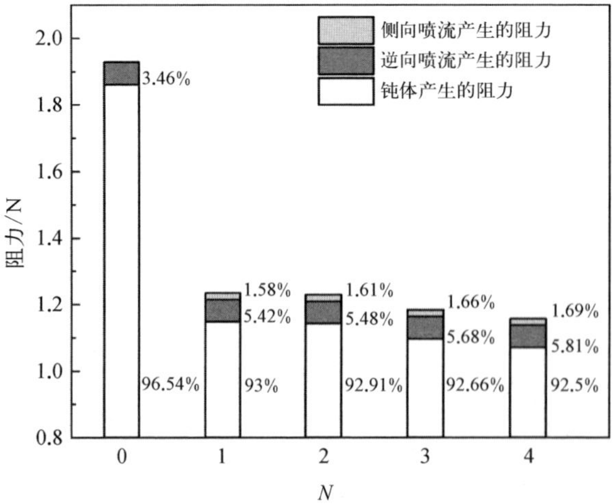

图 6.13　不同喷孔数量下的阻力对比

阻力，包括钝头体上的阻力及逆向喷流和侧向喷流的附加阻力分量。由图可知，在总质量流量不变的情况下，一方面，喷孔数量的增加能够引起钝头体的阻力和总阻力的降低，增强组合构型的减阻能力；另一方面，由于侧向喷孔和逆向喷孔的总面积保持不变，因此，随着喷孔数量的增加，喷流所产生的阻力不变，而钝头体上的阻力减小，喷流产生的附加阻力在总阻力中的占比逐渐增大。

图 6.14 为与单一逆向喷流-激波针相比，多喷流-激波针的减阻率与降热率随喷孔数量的变化。由图可知，当侧向喷孔数量为 4 时，减阻降热效率最高。此外，虽然喷孔数量增加会小幅度地增大壁面热流峰值，但是在带攻角情况下其减阻降热性能要远优于逆向喷流-激波针。

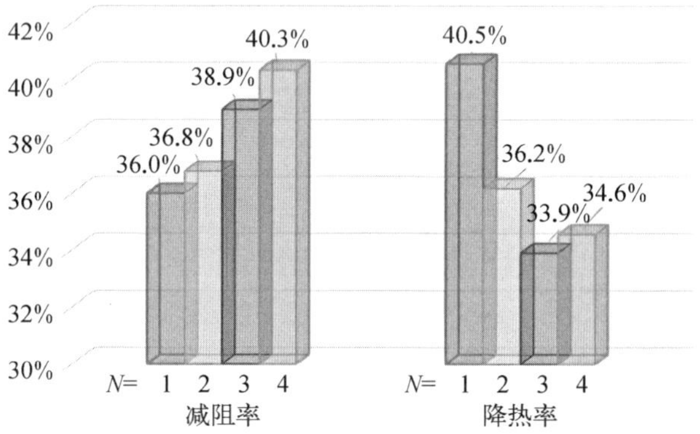

图 6.14　不同喷孔数量的减阻降热效率

6.4　侧向喷孔间距对减阻降热特性影响

由 6.3 节的研究内容可知，激波针上侧向喷流位置会显著地影响波系结构和回流区形态，进而改变减阻降热效率。因此，为了研究有攻角下侧向喷流位置对喷流-激波针构型性能的影响，本节针对 2 个侧向喷流的设计状态，对比了 5 种不同喷孔间距 D 下的钝头体阻力和热流变化。

图 6.15 为不同喷孔间距下 $X-Y$ 与 $X-Z$ 截面流线和壁面压力分布。由图可见，在不同侧向喷孔间距下，$X-Z$ 平面内回流区大小差别不大，区别主要体现在 $X-Y$ 平面内。随着喷孔间距增加，喷孔间回流区逐渐扩大，靠近前端的喷孔逐渐往激波针顶端移动，与前缘激波之间的作用更强，产生的斜激波距离壁面更

远。靠近后面的喷孔逐渐向钝头体移动，钝头体前的回流区呈 X 向压缩，Y 向小幅拉伸的趋势，再附点方位角 $\theta_{\mathrm{reattach}}$ 相应地从 39°增加到 42°。

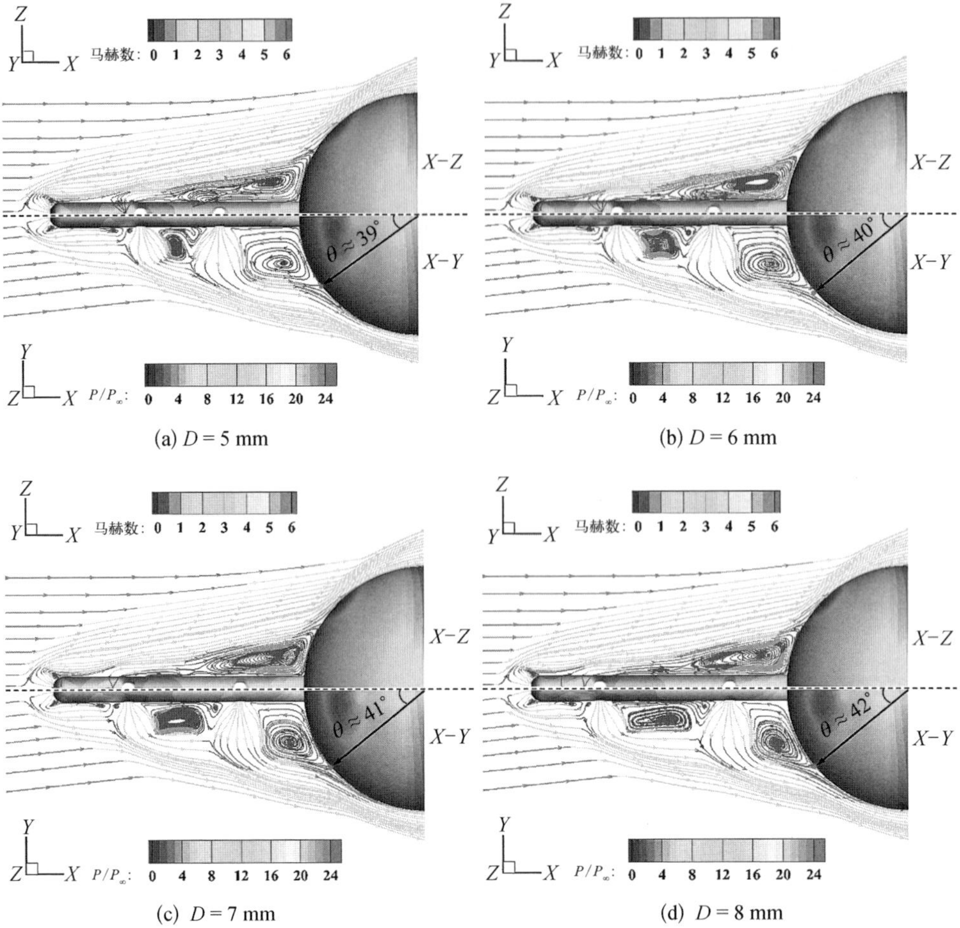

(a) $D=5$ mm　(b) $D=6$ mm

(c) $D=7$ mm　(d) $D=8$ mm

图 6.15　不同喷孔间距的流场结构和壁面压力分布

进一步截取迎风子午线上的热流和压力分布进行定量比较，如图 6.16 所示。随着喷孔间距的增大，斜激波与壁面的距离变远，钝头体前的再附激波减弱，激波/激波干扰的强度降低，因此，迎风侧子午线的热流和压力不断降低。受钝头体前的回流区和再附点位置的影响，从 $D=4$ mm 到 $D=8$ mm，子午线的压力和热流峰值位置逐渐向下游移动，且压力峰值降低 15.2%，热流峰值降低 25.6%。图 6.17 为阻力系数和壁面热流峰值随喷孔间距的变化，由图可知，阻力系数和热流峰值随 D 的增大不断降低，从 $D=4$ mm 增加到 $D=8$ mm，阻力系数

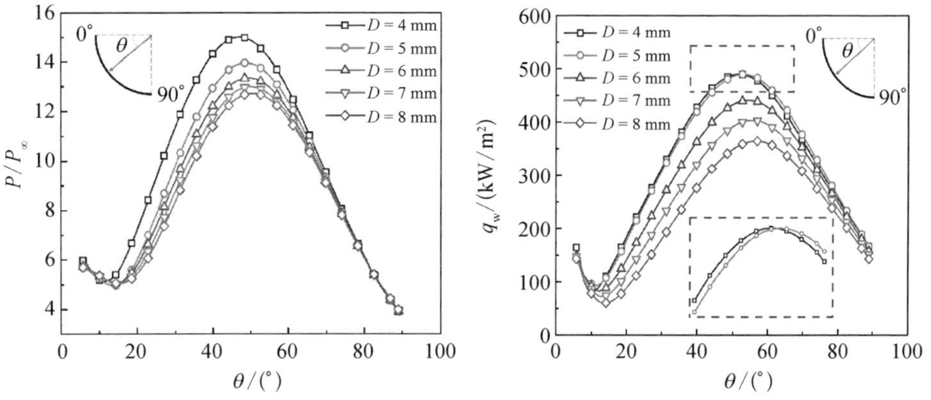

(a) 压力分布　　(b) 热流分布

图 6.16　不同喷孔间距的迎风面子午线压力和热流分布

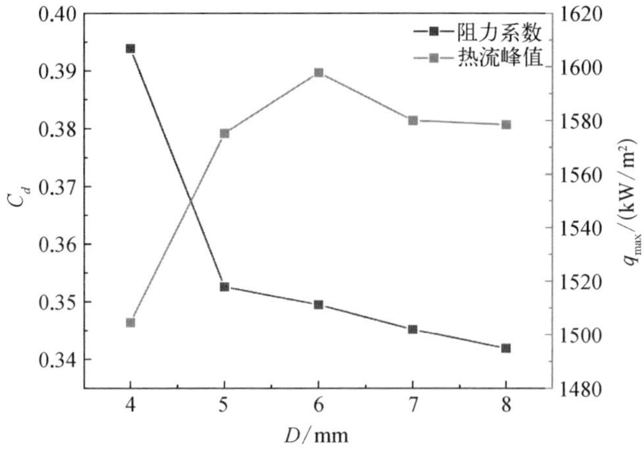

图 6.17　阻力系数和壁面热流峰值随喷孔间距的变化

降低 13.2%，热流峰值增加 4.9%。

不同喷孔间距下的壁面热流分布如图 6.18 所示，随着 D 从 4 mm 增加到 8 mm，壁面高热区大小并无明显变化，只是位置向后移动，原因有二：在 $X-Z$ 平面内回流区大小差别不大，对壁面热流的影响程度相近；在 $X-Y$ 平面内，再附点位置逐渐降低，回流区不断下降，导致高热区向后移动。此外，随着喷孔间距的增大，迎风面的热流逐渐减小，而背风面的热流分布几乎没有改变。图 6.19 为不同喷孔间距的减阻率和降热率，随着喷孔间距的增加，减阻率不断提高，而降热率先降低后增大，与上面降热率随着喷孔数量增加的变化规律相似。

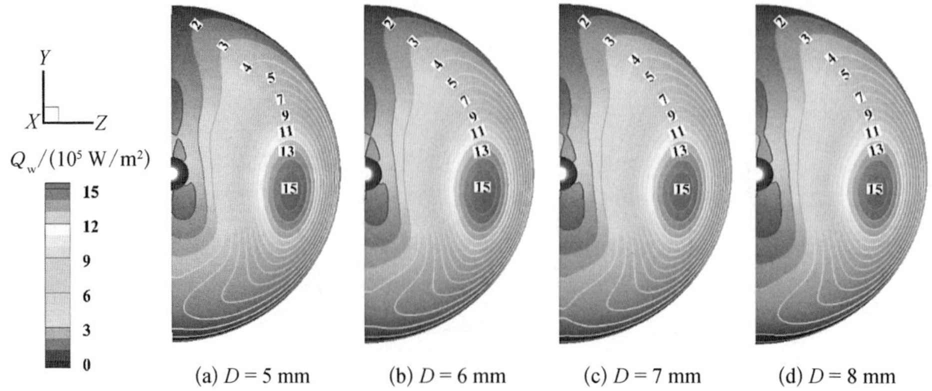

图 6.18 不同喷孔间距下的壁面热流分布

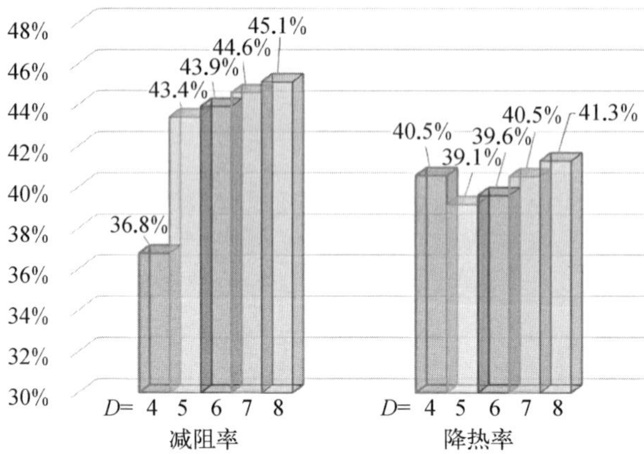

图 6.19 不同喷孔间距的减阻降热效率

6.5 本章小结

本章提出了一种带侧向喷流-激波针组合构型改进方案以应对变攻角给传统组合构型带来的减阻降热性能恶化问题。同时，研究了该改进构型的减阻降热作用机理，并进一步探究了侧向喷孔数量与分布间距对改进方案减阻降热特性的影响规律。主要研究结论如下：

(1) 逆向喷流-激波针在大攻角下减阻降热性能急剧下降，壁面热流和压力峰值甚至超过基准钝头体。而增加迎风侧的喷流后，能够降低激波的强度，削弱激波之间的干扰，壁面压力和热流降低率高达 54%，使得逆向喷流-激波针在不同攻角下也能拥有优异的减阻降热性能，扩展了激波针的使用范围。

（2）当喷孔间距和总质量流量相同时，增加侧向喷孔的数量，再附位置逐渐向下游移动，再附方位角 $\theta_{reattach}$ 从 35°增加到 45°。喷孔数量在增加的过程中，压力和密度降低程度不同，导致阻力和壁面热流随着侧向喷孔数量的增加而呈现不同的变化趋势。当喷孔数量 $N=4$ 时，回流区形状的改变使得其热流要低于 $N=2$ 和 $N=3$。从 $N=1$ 到 $N=4$，虽然阻力系数能够降低 6.5%，但是壁面热流峰值会增加 10.8%。因此，应综合考虑减阻与降热的要求，对其进行多目标设计优化，以得到最优的结果。

（3）随着喷孔间距增大，再附激波强度不断降低，钝头体前的回流区在靠近钝头体中心方向不断被压缩，沿下游方向被拉伸，再附位置不断下移，迎风子午线附近的壁面压力和热流逐渐降低。喷孔间距 D 从 4 mm 增加到 8 mm，阻力系数降低 13.2%，但热流峰值会小幅度地增加 4.9%。

参考文献

[1] 何天琦，罗世彬.带逆向喷流-激波针非设计点减阻防热性能研究[J].飞行力学，2019，37(6)：46－50.

[2] 何天琦.高超声速飞行器带逆向喷流-激波针减阻防热机理研究[D].长沙：中南大学，2020.

[3] Lu H B, Liu W Q. Numerical investigation on properties of attack angle for an opposing jet thermal protection system[J]. Chinese Physics B, 2012, 21(8): 289－294.

[4] Li S B, Wang Z G, Huang W, et al. Analysis of flowfield characteristics for equal polygon opposing jet on different freeflow conditions[J]. Acta Astronautica, 2017, 133: 50－62.

[5] Meng Y S, Yan L, Huang W, et al. Coupled investigation on drag and heat flux reduction over spiked waverider with a wide-speed range[J]. Acta Astronautica, 2021, 182: 498－516.

[6] Deng F, Xie F, Qin N, et al. Drag reduction investigation for hypersonic lifting-body vehicles with aerospike and long penetration mode counterflowing jet[J]. Aerospace Science and Technology, 2018, 76: 361－373.

[7] 王俊峰.激波针-喷流构型在高超声速流动中的减阻降热特性研究[D].长沙：中南大学，2023.

[8] 李珺，王俊峰，赵雅甜，等.面向非设计工况的激波针-喷流复合构型研究[J].航空学报，2022，43(9)：329－344.

[9] Dong M, Liao J, Du Z, et al. Influences of lateral jet location and its number on the drag

reduction of a blunted body in supersonic flows[J]. The Aeronautical Journal, 2020, 124(1277): 1055 - 1069.

[10] Khamooshi A, Taylor T, Riggins D W. Drag and heat transfer reductions in high-speed flows[J]. AIAA Journal, 2007, 45(10): 2401 - 2413.

第7章

高超声速飞行器新型双喷流-激波针减阻降热

第5章和第6章研究中均将逆向喷流安装于激波针头部，该方案的原理主要是利用飞行器驻点前方产生的回流区来包裹头部钝体，进而达到冷却飞行器壁面的目的。激波针头部实施逆向喷流虽然能够避免被烧蚀，但喷流位置与壁面之间仍存在一定的距离，弱化了降热效果[1,2]。本章以激波针根部逆向喷流（本章后续简称为逆向喷流）为研究对象，通过将其与侧向喷流和后向喷流结合，综合已有的多种组合构型策略[3-9]，提出两种新型的双喷流-激波针主动减阻降热方法，并结合高超声速飞行器构型开展研究。

7.1 数值计算模型

本章选取研究模型为轴对称球头模型，如图 7.1 所示。球的半径 $R=25$ mm，激波针安装在球头的驻点，激波针的长度与直径为分别为 50 mm 和 4 mm，半球形的气动盘位于激波针头部，其半径 $R_a=6$ mm。在侧向喷流与逆向喷流组合结构中，侧向喷流和逆向喷流的喷孔直径均为 1 mm，逆向喷流位于激波针根部，而侧向喷流位于激波针上，侧向喷流喷孔中心与气动盘背部的距离用 LR 表示，代表侧向喷流在激波针上的位置。在后向喷流与逆向喷流组合的结构中，气动盘背面和钝体头部存在两个方向相反的喷流，喷孔面积均为 5π mm^2，其中，位于气动盘背面的喷流称为后向喷流，后向喷流的喷孔直径 $d_r=0.625$ mm，喷流的中心与气动盘肩部的距离为 2 mm；逆向喷流的直径 $d_j=1$ mm。后向喷流与逆向喷流方向相对，产生的作用力相互平衡，因此，能够极大程度地削弱逆向喷流产生的附加阻力。

两种双喷流-激波针的计算网格示意图如图 7.2 所示。表 7.1 给出了研究所

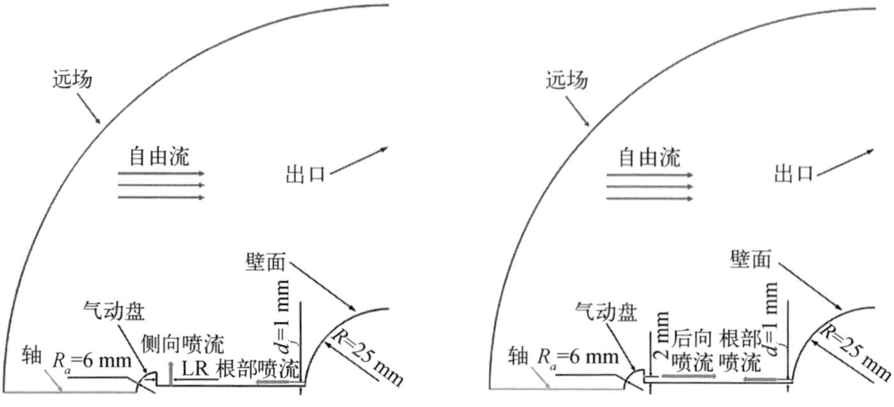

(a) 根部逆向喷流与侧向喷流组合　　(b) 根部逆向喷流与后向喷流组合

图 7.1　两种双喷流-激波针模型示意图

用来流条件和喷流条件,其中,喷流介质为空气,壁面为无滑移等温壁面(T_w = 300 K)。Ma_∞、P_∞、T_∞分别为自由来流的马赫数、压强和温度,Ma_j与T_{0j}分别为喷流的马赫数和总温。PR 为喷流总压比,分为侧向喷流总压比 PR_L、后向喷流总压比 PR_R和逆向喷流总压比 PR_o,其定义均是喷流的总压与来流的总压之比。

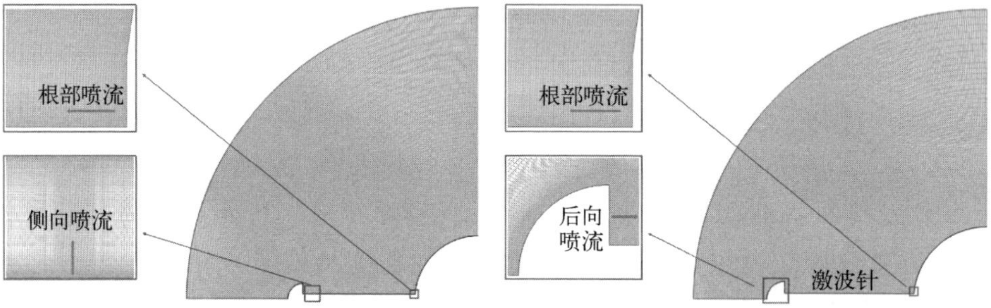

(a) 根部逆向喷流与侧向喷流组合　　(b) 根部逆向喷流与后向喷流组合

图 7.2　两种双喷流-激波针的计算网格示意图

表 7.1　喷流和来流条件

自由来流		逆向喷流		壁面温度
Ma_∞	6	Ma_j	1	T_w = 300 K
P_∞/Pa	2 550	PR	0.2~0.5	
T_∞/K	221.5	T_{0j}/K	300	

7.2　逆向喷流-激波针与侧向喷流组合方法

本节研究激波针逆向喷流与侧向喷流组合方案的减阻降热效率，并进一步探究侧向喷流的位置和喷流总压比（包括逆向喷流总压比和侧向喷流总压比）对该组合方案减阻降热特性的影响。

7.2.1　流场结构及减阻降热特性

在进行流场结构分析时，激波针和气动盘的尺寸保持不变，侧向喷流的位置 LR = 0.1，$PR_o = PR_L = 0.3$，其余条件与表 7.1 保持一致。图 7.3 为无喷流方案流场结构和双喷流方案流场结构的对比，其中，两种结构流场的上半部分用马赫数等值线图和流线表示，下半部分使用温度等值线图表示。由图 7.3（a）可知，当采用无喷流方案时，高超声速来流在半球形气动盘前形成一道弓形激波，来流穿过激波后继续向下游移动，在气动盘的尾部发生分离，并在气动盘下游形成了一个小的回流区。而在逆压梯度作用下，钝体前端形成了另一个较大的回流区。回流区外边界即为剪切层，剪切层向下游发展，最终在钝体肩部再附，导致了再附激波的产生。气动盘与激波针组合能够将原本贴近壁面的弓形激波推离壁面，

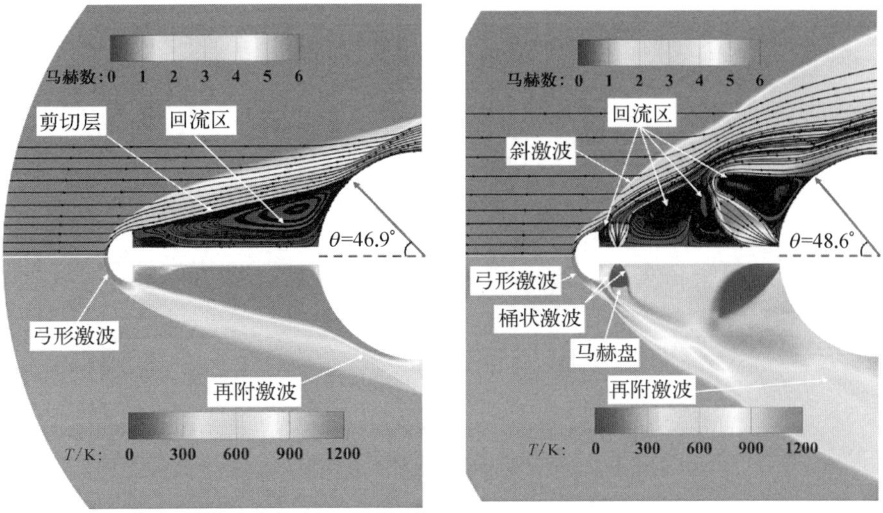

(a) 无喷流方案　　(b) 根部逆向喷流与侧向喷流组合

图 7.3　无喷流方案流场结构和双喷流方案流场结构的对比

并将其转变为一系列强度较弱的压缩波，能够降低壁面压力和热流。同时，从温度分布可以看出，气动盘与激波针组合方法的回流区温度依然很高，对于壁面热防护效果有限。

使用双喷流策略后，如图 7.3(b)所示，流场结构变得更加复杂，喷流从喷孔喷出后加速膨胀，形成了局部膨胀区域。在喷流边界的反射作用下，多个压缩波聚合形成了桶状激波。喷流的膨胀过程在马赫盘处终止。在双喷流作用下，钝体前端回流区扩大并分成了四个部分，分别位于侧向喷流和逆向喷流的两侧，其中，覆盖钝体的回流区扩大，再附点位置不断向下游移动。值得注意的是，与无喷流工况相比，在低温喷流的冷却作用下，钝体近流域温度急剧降低，证明了双喷流-激波针优异的降热效果。

不同构型的壁面压力和热流分布如图 7.4 所示，由图可知，不同减阻降热方法对应的钝体壁面压力和热流变化趋势基本一致，均呈先增大、到达峰值后再逐渐降低的趋势。这是因为当上游超声速气流到达钝体头部时开始被压缩，壁面压力和热流逐渐增大，到达再附点处，压力和热流达到峰值。随着气流继续向下游移动，流动通道扩大，产生了一系列膨胀波，壁面压力和热流逐渐降低。从图中可以看出，在三种方法中双喷流-激波针的壁面压力和热流是最低的。与激波针和气动盘相比，双喷流-激波针的压力峰值分别降低了 76.2%和 49.1%，热流峰值分别降低了 97.8%和 95.3%。

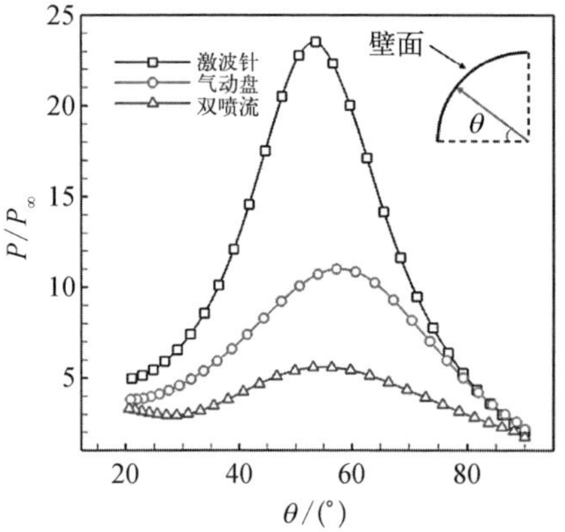

(a) 压力分布

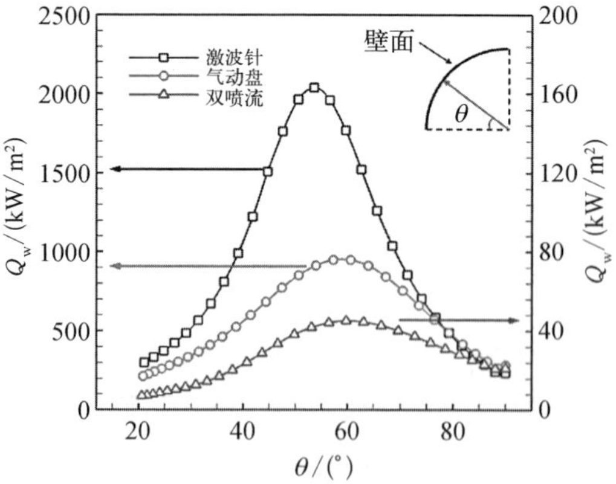

(b) 热流分布

图 7.4 不同构型的壁面压力和热流分布

不同构型中各部件产生的阻力如图 7.5 所示，对于无喷流方案的构型而言，钝体阻力是整个系统阻力的主要来源，而增加逆向喷流后，虽然能够降低钝体阻力，但逆向喷流的反作用力会产生额外的阻力，导致喷流的阻力占系统阻力的很大部分。与激波针和气动盘方案相比，采用双喷流-激波针方案后，钝体阻力降低了 73%和 49.9%。在喷流的作用下，气动盘产生的阻力也有所降低（降低率为 45.8%）。三种减阻降热方法在高超声速条件下的总阻力系数和壁面总热流值如图 7.6 所示，总热流 Q_t的计算公式如下：

$$Q_t = 0.5\pi D^2 \int_{\theta=\theta_0}^{\theta=90^\circ} Q_w \sin\theta \mathrm{d}\theta \tag{7.1}$$

式中，D 为钝体的直径；Q_w为钝体壁面热流。

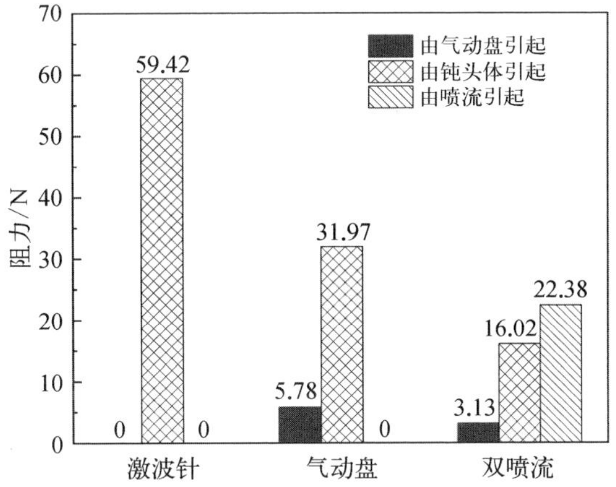

图 7.5　不同构型中各部件产生的阻力

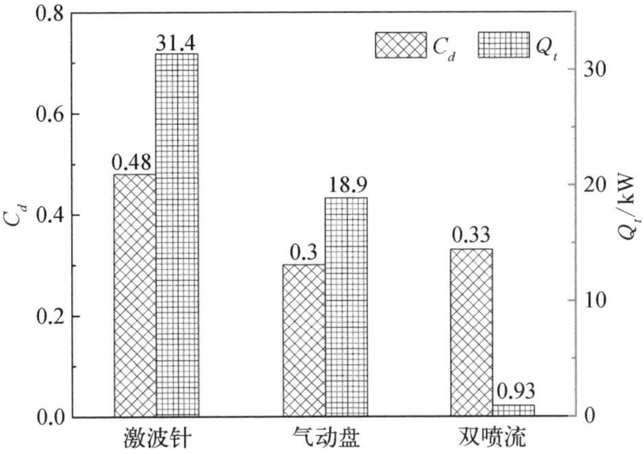

图 7.6　各方案的总阻力和总热流

虽然双喷流的加入使得壁面压力急剧降低，但同时也引入了喷流阻力。与激波针相比，双喷流-激波针的总阻力系数降低了31.3%，但是与气动盘相比，双喷流-激波针的总阻力系数反而增大了10%。另一方面，得益于低温喷流的冷却效果，双喷流-激波针壁面总热流相较于另外两种构型要小得多，与激波针和气动盘相比，双喷流-激波针的总热流分别降低了97%和95.1%。综上所述，虽然喷流的引入会产生额外附加阻力，但是双喷流-激波针无论是在降低壁面压力还是热流方面都具有巨大的优势。

7.2.2 侧向喷流位置对减阻降热特性影响

7.2.1节研究结果证明了激波针逆向喷流与侧向喷流组合的双喷流-激波针在高超声速飞行中的减阻降热优势。在整个双喷流-激波针系统中，侧向喷流对于降低激波强度和钝体附近的温度有着十分重要的影响。当侧向喷流位置发生变化时，双喷流-激波针的流场结构也会相应发生改变，进而影响双喷流-激波针的减阻降热效率。因此，为了研究侧向喷流的位置对双喷流-激波针减阻降热性能的影响，本节共选取四种侧向喷流位置（LR = 0.1、0.3、0.5和0.7）进行研究，激波针尺寸和喷流条件与7.2.1节保持一致。

图7.7为不同侧向喷流位置下双喷流-激波针流场结构的变化趋势，由图可知，随着侧向喷流位置改变，喷流-激波针近壁面流场结构特别是回流区发生显著变化。为了便于区分，侧向喷流和逆向喷流附近的回流区分别命名为回流区1~回流区6。当LR = 0.1时，在逆压梯度作用下，侧向喷流和逆向喷流的两侧分别形成了多个回流区，称为回流区1~回流区4。此时，由于侧向喷流距离气动盘较近，所以回流区1被压缩，尺寸相对较小。而回流区2和回流区3的尺寸较大且相互作用，此时钝体的再附激波强度最弱，覆盖钝体的回流区4的尺寸最大，再附点位置位于钝体最下游。当LR = 0.3时，侧向喷流向下游移动，回流区2和回流区3被压缩，而在侧向喷流的上游形成了一个新的回流区（回流区5）。

另一方面，相较于LR = 0.1，LR = 0.3的回流区4有所缩减，再附点向上游移动。值得注意的是，当LR = 0.1和0.3时，侧向喷流呈欠膨胀的扇区形状，而逆向喷流则呈水滴状，逆向喷流的膨胀区域相对较小。随着LR增大至0.5，侧向喷流与气动盘之间的距离逐渐增加，回流区1和回流区5也相应地增大。此时逆向喷流膨胀区域从水滴状变为了膨胀扇区，喷流影响区域扩大，回流区2和3的尺寸进一步被压缩。虽然逆向喷流形态转变使得喷流的影响区域增大，但同时喷流喷出距离开始回缩，即回流区4依然有所缩减。当LR = 0.7时，侧向喷流与

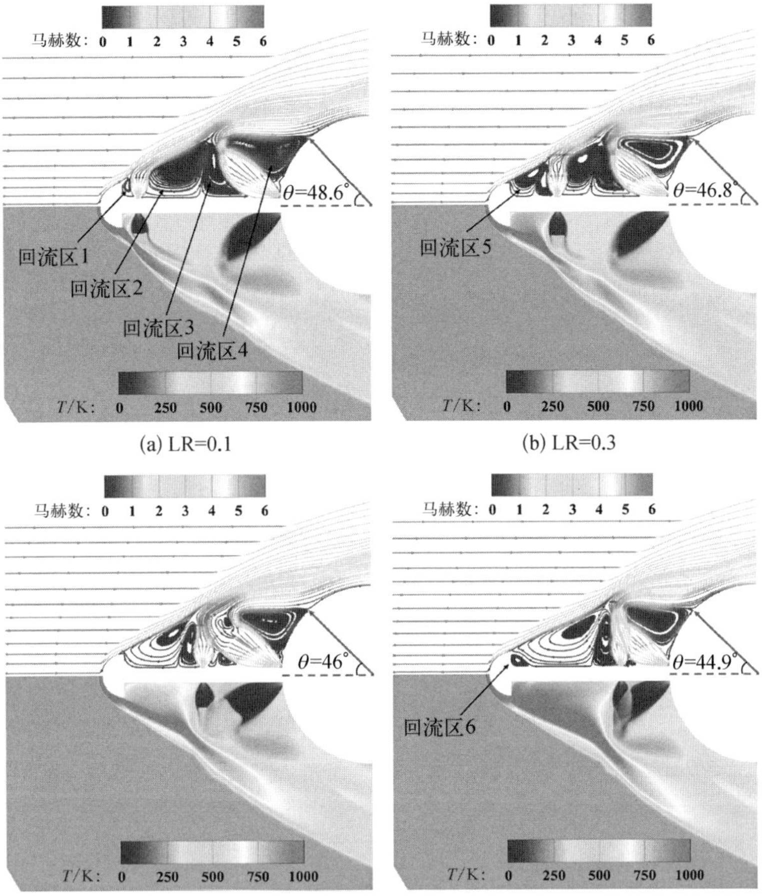

(a) LR=0.1　(b) LR=0.3

(c) LR=0.5　(d) LR=0.7

图 7.7　侧向喷流不同位置的流场结构

逆向喷流已经开始相互干扰,在气动盘后形成了新的回流区结构(回流区 6),此时回流区 2 和回流区 3 被严重压缩。当 LR = 0.7 时,在侧向喷流干扰下,逆向喷流的膨胀区域未完全形成,导致回流区 4 的尺寸急剧缩小。与其他喷流位置相比,LR = 0.7 的再附激波强度最大,再附点位于最上游。此外,从温度分布可以看出,随着侧向喷流向下游移动,侧向喷流上游的温度快速升高,根据热对流原理,上游高温气流对下游回流区的温度具有重要的影响,因此,随着 LR 的增大,覆盖钝体的回流区温度也逐渐地增加。

钝体壁面压力和热流随 LR 的变化如图 7.8 所示,由图可知,在所有 LR 下,钝体壁面压力和热流都呈先增大后减小的趋势,且壁面压力和热流随着 LR 的增大而增大。对于压力分布而言[图 7.8(a)],从 LR = 0.1 到 LR = 0.5,压力峰值增大了 6.2%，而从 LR=0.5 到 LR=0.7，压力峰值增大速度加快，增幅为 18.6%。对于热流分布而言［图 7.8(b)］，热流峰值依然在 LR=0.5 到 LR=0.7 间增长幅度较大，从 LR=0.1 到 LR=0.7，热流峰值增大了 103.7%。不同 LR 下各部件产生的阻力如图 7.9 所示，随着 LR 的增大，覆盖钝体回流区逐渐被压缩，导致钝体产生的阻力占比逐渐增大，从 LR=0.1 到 LR=0.7，钝体阻力增大了 27.8%，而气动盘阻力增大了 28.7%。侧向喷流位置对总阻力和钝体壁面总热流的影响如图 7.10 所示，随着侧向喷流向下游移动，壁面压力和热流也逐渐增大。由图可知，从 LR=0.1 到 LR=0.7，双喷流-激波针总阻力与钝体总热流分别增大了 12.1% 和 101.1%。

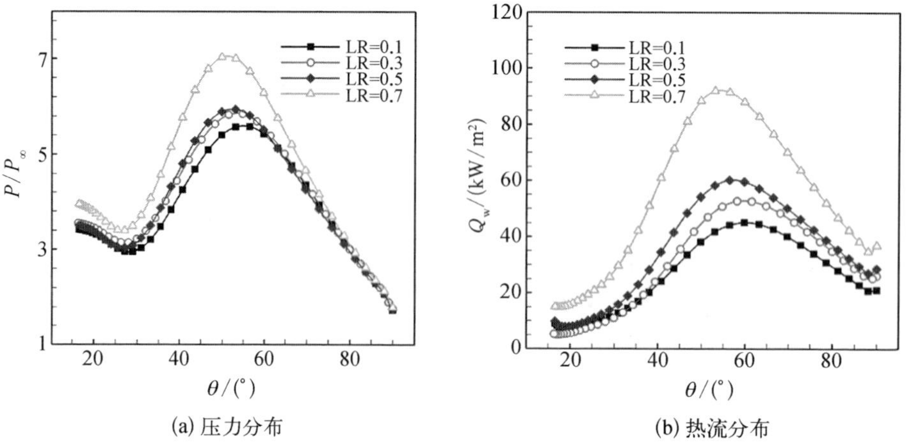

图 7.8　侧向喷流位置对壁面压力和热流分布的影响

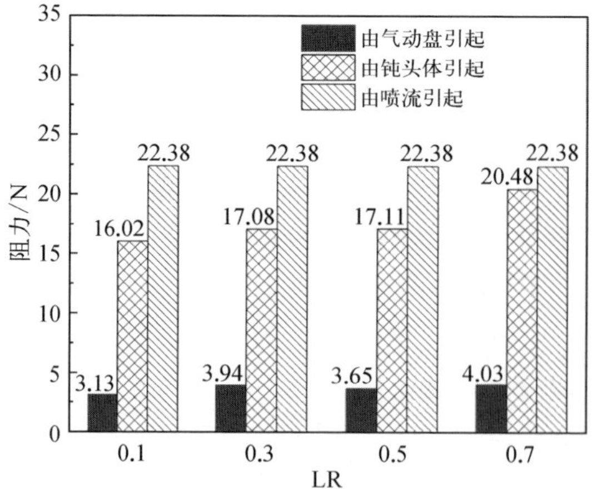

图 7.9　不同 LR 下各部件产生的阻力

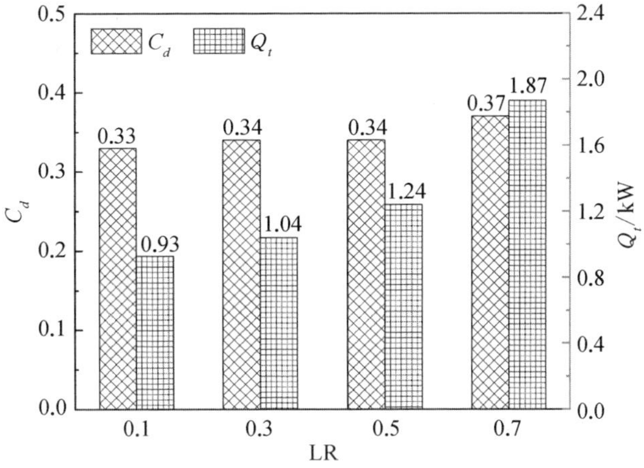

图 7.10　不同喷流位置的阻力系数和总热流

由上述研究分析可知,当侧向喷流位于激波针上游时,双喷流-激波针减阻降热性能最好,这一结论也与文献[10]关于喷流-激波针构型的减阻降热性能随侧向喷流位置的变化趋势的研究结论一致。因此,在后续喷流压比对激波针减阻降热性能的研究中将采用 LR=0.1 的双喷流-激波针构型。

7.2.3　喷流总压比对减阻降热特性影响

1. 侧向喷流总压比的影响

为了研究侧向喷流总压比对双喷流-激波针减阻降热性能的影响,本节以 LR=0.1 的双喷流-激波针构型为研究对象,共选取 4 种不同侧向喷流总压比(PR_L=0.2~0.5)。此外,逆向喷流总压比 PR_o=0.3,其他条件与 5.3.2 节相同。

不同侧向喷流总压比下的流场结构如图 7.11 所示,流场结构采用马赫数染色的流线表示。由于侧向喷流位置没有改变,所以随着 PR_L的增大,双喷流-激波针的流场结构没有太大的变化,回流区的数量也几乎相同。值得注意的是,在所有 PR_L下,逆向喷流均没有形成明显的马赫盘,喷流形态没有发生改变。然而,从图 7.11 中可以看出,随着 PR_L的增大,侧向喷流穿透距离逐渐增加,膨胀扇区面积逐渐增大,因此,钝体前斜激波被推离的距离更远,再附激波强度相应地降低。此外,随着 PR_L的增大,逆向喷流膨胀区域也逐渐地增大,所以逆向喷流下游回流区能够覆盖更多的钝体壁面。另外,增大侧向喷流总压比意味着注入流场中的冷却介质更多,所以钝体周围的流场温度更低,冷却效果更好。

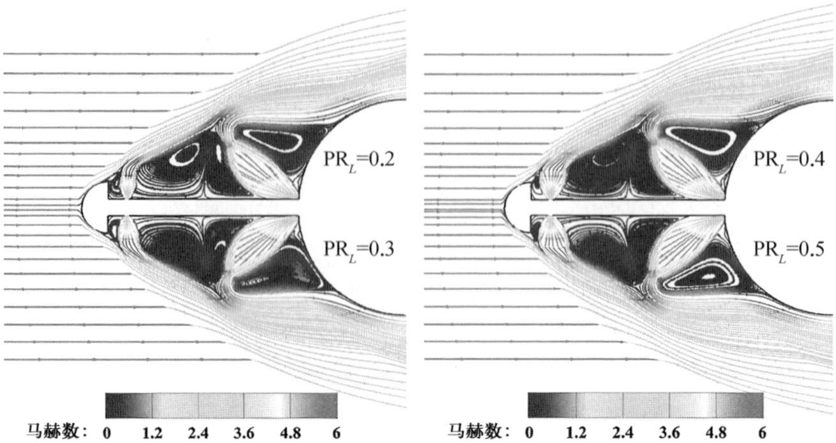

图 7.11 不同侧向喷流总压比下的流场结构

图 7.12 比较了不同侧向喷流总压比下壁面的压力和热流分布，由图可知，增大 PR_L 对壁面压力和热流分布具有重要的影响。随着 PR_L 的增大，由于再附激波强度和钝体附近温度逐渐降低，引起钝体壁面压力和热流逐渐减小。从 $PR_L = 0.2$ 到 $PR_L = 0.5$，钝体壁面压力峰值降低了 8.3%。与压力相比，侧向喷流总压比对热流分布的影响更大，这是因为随着侧向喷流总压比的增大，钝体附近温度急剧降低。从 $PR_L = 0.2$ 到 $PR_L = 0.5$，钝体壁面热流峰值降低了 80.3%。表 7.2 进一步整理了侧向喷流总压比对钝体阻力和总热流的影响情况。

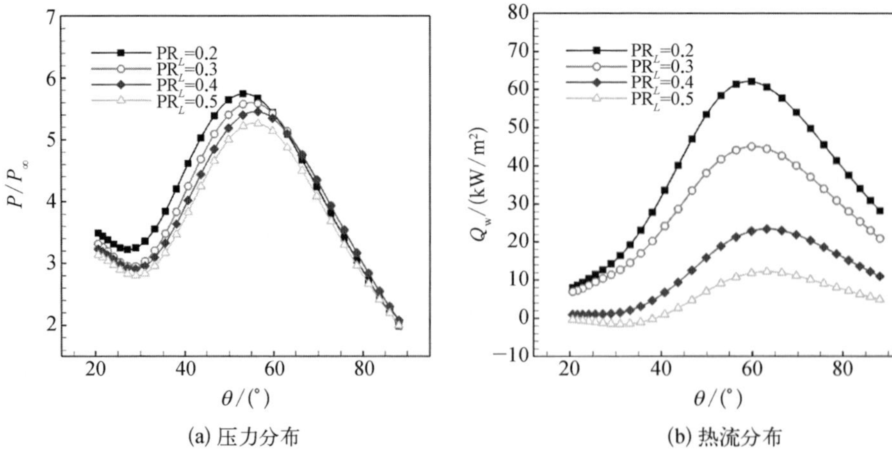

(a) 压力分布 (b) 热流分布

图 7.12 不同侧向喷流总压比下壁面的压力和热流分布

表 7.2　不同侧向喷流总压比下的阻力和总热流

总压比	钝体阻力/N	气动盘阻力/N	喷流阻力/N	C_d	Q_t/kW
$PR_L = 0.2$	16.83	3.42	22.38	0.34	1.23
$PR_L = 0.3$	16.02	3.13	22.38	0.33	0.93
$PR_L = 0.4$	15.44	2.89	22.38	0.32	0.39
$PR_L = 0.5$	14.58	2.63	22.38	0.31	0.16

2. 逆向喷流总压比的影响

为了研究侧向喷流总压比对双喷流-激波针减阻降热性能的影响，本节依然以 LR = 0.1 的双喷流-激波针构型为研究对象，同样选取 4 种不同的逆向喷流总压比(PR_o = 0.2～0.5)。侧向喷流总压比 PR_L = 0.3，其余条件与 7.2.2 节相同。

图 7.13 比较了不同逆向喷流总压比下钝体附近的流场结构。随着 PR_o增大，逆向喷流穿透距离和膨胀区域逐渐增大，喷流两侧回流区也相应扩大，冷却效率逐渐增强。从图中可以看出，当 PR_o小于 0.5 时，逆向喷流没有形成清晰的马赫盘结构，依然呈“水滴状”，当 PR_o = 0.5 时，逆向喷流形态发生变化，马赫盘清晰可见，喷流膨胀扇区更大。此外，随着 PR_o的增大，钝体附近的斜激波距离壁面越来越远，再附激波强度逐渐降低，有利于降低壁面压力和热流。

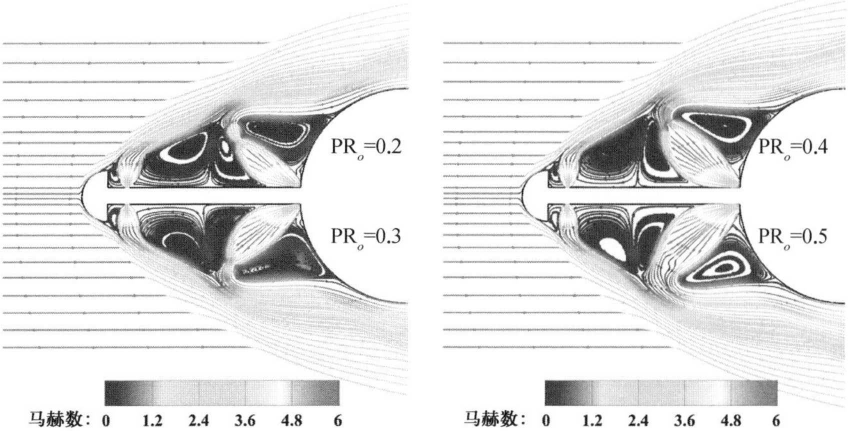

图 7.13　不同逆向喷流总压比下的流场结构

在不同逆向喷流总压比下，钝体壁面的压力和热流分布如图 7.14 所示。与增大侧向喷流总压比的效果类似，随着 PR_o的增大，钝体壁面的压力和热流逐渐

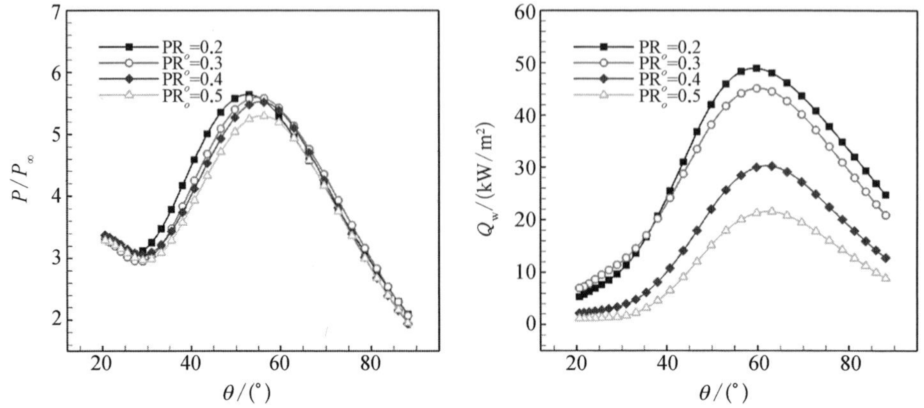

(a) 压力分布　　(b) 热流分布

图 7.14　不同逆向喷流总压比下的壁面压力和热流分布

降低。从 $PR_o=0.2$ 到$PR_o=0.5$，虽然钝体壁面的压力峰值只降低了 6.1%，但是热流峰值降低了 55.9%。增大逆向喷流总压比对总阻力和总热流的影响如表 7.3 所示。随着 PR_o的增大，钝体和气动盘产生的阻力分别降低了 8.4% 和 14.2%，而喷流产生的阻力逐渐增大并成为阻力的主要来源，从 $PR_o=0.2$ 到 $PR_o=0.5$，喷流产生的阻力增大了 167.5%。由于喷流产生的附加阻力逐渐增大，导致系统的总阻力也逐渐增加，从 $PR_o=0.2$ 到 $PR_o=0.5$，总阻力系数增大了 66.7%，而钝体的总热流降低了 63.9%。

表 7.3　不同逆向喷流总压比下的阻力和总热流

总压比	钝体阻力/N	气动盘阻力/N	喷流阻力/N	C_d	Q_t/kW
$PR_o=0.2$	16.43	3.32	14.36	0.27	0.97
$PR_o=0.3$	16.02	3.13	22.38	0.33	0.93
$PR_o=0.4$	15.75	2.99	30.40	0.39	0.52
$PR_o=0.5$	15.05	2.85	38.42	0.45	0.35

综上所述，无论是增大侧向喷流总压比还是逆向喷流总压比，都能够大幅度地提升钝体的热防护性能。但是逆向喷流产生的阻力过大，导致总阻力随逆向喷流总压比的增大而增大，这对于双喷流-激波针的减阻性能而言非常不利。相反，增大侧向喷流总压比则不会使逆向喷流产生的阻力增大，而且还能够提升双喷流-激

波针的减阻性能。因此,综合减阻性能和降热性能,增大侧向喷流总压比更有利于提升侧向喷流域激波针逆向喷流组合的双喷流-激波针的减阻降热效率。

7.3　逆向喷流-激波针与后向喷流组合方法

由 7.2 节的研究可知,在带有逆向喷流的减阻降热方案中,逆向喷流产生的阻力占据总阻力的很大部分,这对于激波针的减阻性能而言是不利的。因此,本节提出另一种新的双喷流-激波针构型,即后向喷流与激波针逆向喷流组合方案,以望削弱逆向喷流产生的附加阻力对减阻效果的影响,提升双喷流-激波针的减阻降热性能。本节中激波针的长径比 $L/D=1$,喷流总压比 PR_o 和 PR_R 均为 0.3,其余条件与 7.2 节保持一致。

7.3.1　流场结构及减阻降热特性

图 7.15 对比了气动盘激波针组合构型和双喷流-激波针组合构型的流场结构。其中,两种结构流场的上半部分用马赫数等值线图和流线表示,下半部分使用温度等值线图表示。对于气动盘和激波针组合结构而言,如图 7.15(a)所示,相应的流场结构在 7.2 节已经进行了分析,此处便不再赘述。而对于双喷流-激波针而言,如图 7.15(b)所示,气动盘前面的流场与图 7.15(a)一致,从气动盘背

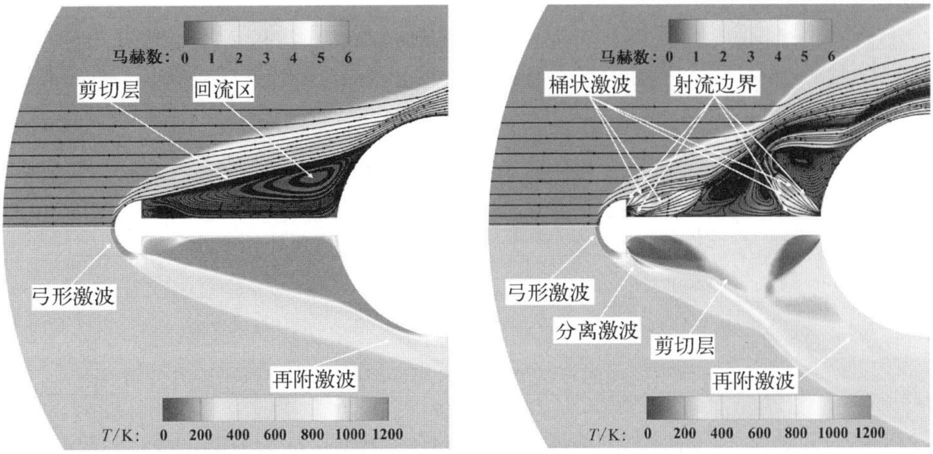

(a) 气动盘激波针组合构型的流场结构　　(b) 双喷流-激波针组合构型的流场结构

图 7.15　流场结构对比

面的后向喷流开始，流场结构发生了很大的变化。在双喷流的作用下，原来气动盘后面较上游的回流区被压缩，而钝体附近的回流区则从一个大的回流区分离成三个小的回流区，分别位于逆向喷流的两侧。由于喷流将钝体前的斜激波推离壁面，因此，双喷流-激波针的再附激波强度极大地降低。此外，从温度云图中可以看出，喷流的作用下低温冷却介质被注入流场中，所以钝体前的回流区温度较低，而低温低压的回流区能够覆盖钝体的大部分，有利于降低钝体壁面的压力和热流。

三种不同减阻降热方案下对应的壁面压力和热流分布如图 7.16 所示。由图可知，无论是压力还是热流，其变化的基本趋势都是先增大到一个峰值后再逐渐减低，这是因为在回流区中心处压力和温度最低，回流区沿着壁面向下游发展，气流逐渐被压缩，产生了一系列的压缩波，压力和温度逐渐增大。最终在再附点处，产生了再附激波，压力和温度达到峰值。随着气流继续向下游流动，由于流动通道的扩大，产生了膨胀波，压力和温度又逐渐减小。当采用双喷流-激波针组合构型后，无论是壁面压力还是壁面热流都是最低的，与单一的激波针构型和气动盘激波针组合构型相比，双喷流-激波针的压力峰值分别降低了 67.2% 和 29.9%。虽然双喷流的压力峰值是最低的，但是压力的降低不能代表最终的减阻效果，因此需要对不同方案的阻力系数进行定量对比。

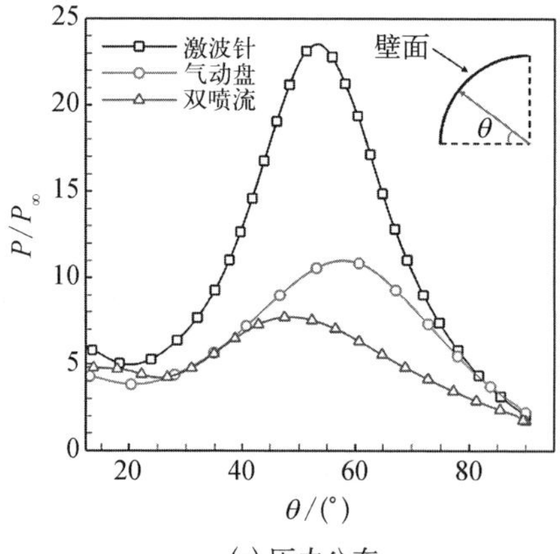

(a) 压力分布

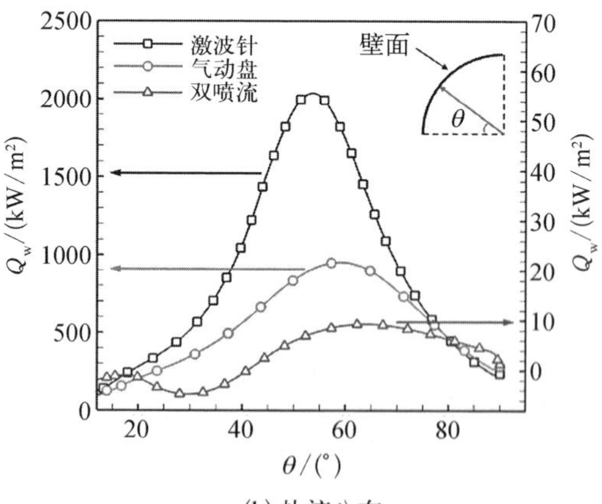

(b) 热流分布

图 7.16　三种不同减阻降热方案下对应钝体的壁面压力和热流分布

图 7.17 对比了三种减阻降热方案所对应的阻力系数和壁面总热流。与单一的激波针和气动盘相比，双喷流-激波针的减阻效果分别提升了 54.2% 和 26.7%。而相对减阻效果而言，双喷流-激波针的降热效果更明显。与激波针和

气动盘相比，双喷流-激波针的总热流降低程度均达到了 95%以上。此外，从图 7.16(b)可知，对于双喷流-激波针而言，由于喷流距离钝体壁面较近，能够有效地冷却壁面，因此，双喷流-激波针的钝体局部热流会出现负值。

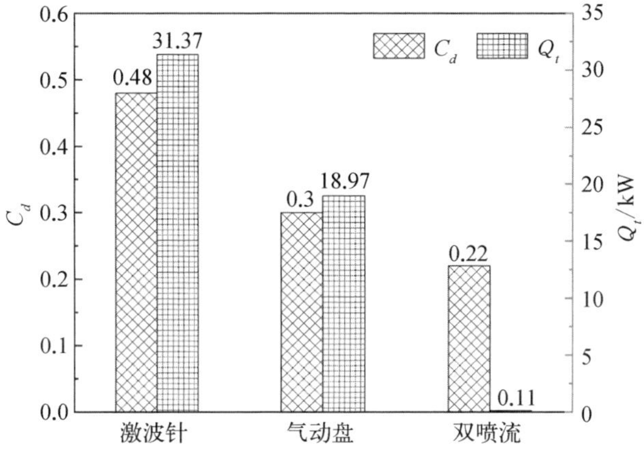

图 7.17 不同方案的阻力系数和热流峰值对比

综上所述，后向喷流与逆向喷流组合的双喷流-激波针能够将钝体附近的斜激波推离壁面，降低再附激波的强度。此外，双喷流-激波针还能够将降低喷流附加阻力对减阻效率的影响，提高双喷流-激波针的减阻降热性能。

7.3.2 激波针长度对减阻降热特性影响

由 7.3.1 节的分析可知，激波针对流场结构的变化至关重要，而随着激波针长度变化，双喷流-激波针的流场结构也会相应地发生改变，从而影响减阻降热效率。因此，为了分析激波针长度对双喷流-激波针减阻降热效率的影响，本节共选取了四种激波针长度(即 $L/D=1$、2、3、4)来进行研究。来流条件如表 7.1 所示，激波针逆向喷流和后向喷流的总压比均保持为 0.3，其余参数与 7.3.1 节保持一致。图 7.18 给出了不同激波针长度下双喷流-激波针的流场结构，其中流场的上半部分为马赫数流线分布，下半部分为温度分布。

由图 7.18(a)可知，当 $L/D=1$ 时，由于激波针长度较短，后向喷流与根部逆向喷流之间的距离较小，后向喷流产生的下游回流区与逆向喷流产生的上游回流区相互作用。值得注意的是，$L/D=1$ 的逆向喷流和后向喷流均呈欠膨胀的“水滴状”，此时覆盖在钝体壁面的回流区尺寸较小。另外，由于激波针长度较小，钝体附近的斜激波与气动盘形成的弓形激波之间的夹角较小，激波干扰强度

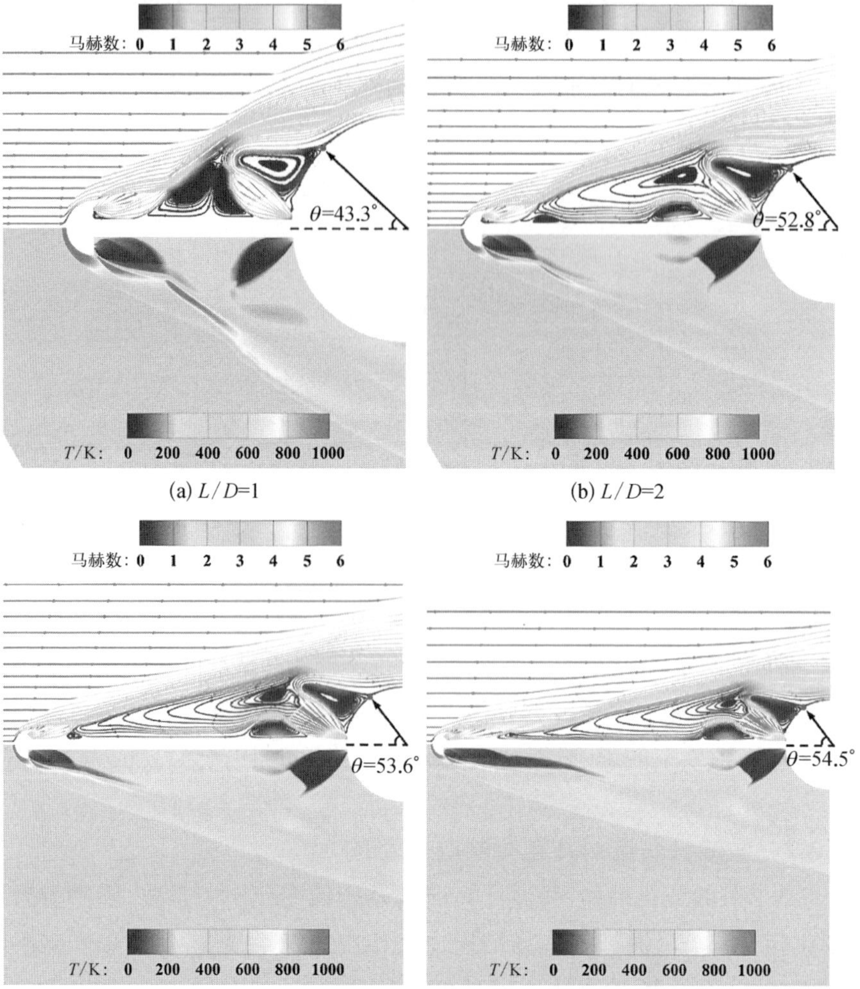

(a) L/D=1

(b) L/D=2

(c) L/D=3

(d) L/D=4

图 7.18 不同激波针长度下的双喷流-激波针的流场结构

较大。当 $L/D=2$ 时,流场结构发生了显著的变化,首先,由于激波针长度的增加,虽然后向喷流沿下游膨胀的距离有所增大,但是其产生的下游回流区与根部逆向喷流产生的上游回流区不再相互挤压,因此,根部逆向喷流得以充分膨胀,由原来的水滴状转变为膨胀扇区,形成了马赫盘、三相点等新的流场结构。由图 7.18(b)可知,在马赫盘上游区域,逆向喷流分为两部分,一部分向上游回流与后向喷流掺混后向下游流动,并在压力梯度的作用下形成了一个新的回流区。逆向喷流的另一部分直接向下游流动,在钝体附近形成回流区,冷却壁面。与 $L/D=1$ 相比，$L/D=2$ 的回流区更大，再附点位置更靠后，再附激波的强度更低。

当 L/D 大于 2 时，如图 7.18(c)和(d)所示，此时整体的流场结构与 $L/D=2$ 相似，只是局部略有变化。第一个是后向喷流所形成的下游回流区。随着激波针长度从 $L/D=2$ 增加至 $L/D=4$，后向喷流下游回流区逐渐缩小，到 $L/D=4$ 时，基本消失。第二个是马赫盘前的回流区和覆盖钝体的回流区随激波针长度的增加逐渐增大，再附点位置逐渐向下游移动。当 L/D 大于 2 时，从流场结构可以看出，激波针长度的变化对再附激波强度的影响逐渐地降低。

图 7.19 给出了不同激波针长度下双喷流-激波针钝体壁面的压力和热流分布。由图可知，激波针长度对钝体壁面的压力和热流具有非常重要的影响。根据上述流场分析，随着激波针长度的增加，再附激波的强度逐渐降低，回流区扩大，再附点位置逐渐后移，因此，壁面压力不断降低，压力峰值点逐渐向下游移动，但是压力降低率不断减小。从 $L/D=1$ 到 $L/D=2$，再附激波强度降低程度最大，壁面压力降低量最多，压力峰值降低 58.2%。而从 $L/D=2$ 增加到 $L/D=3$，激波针长度的增加对再附激波的影响降低，压力峰值降低率为 26.6%。而 $L/D=3$ 和 $L/D=4$ 之间的壁面压力相差不大，压力峰值之间只有约 8%的差异。

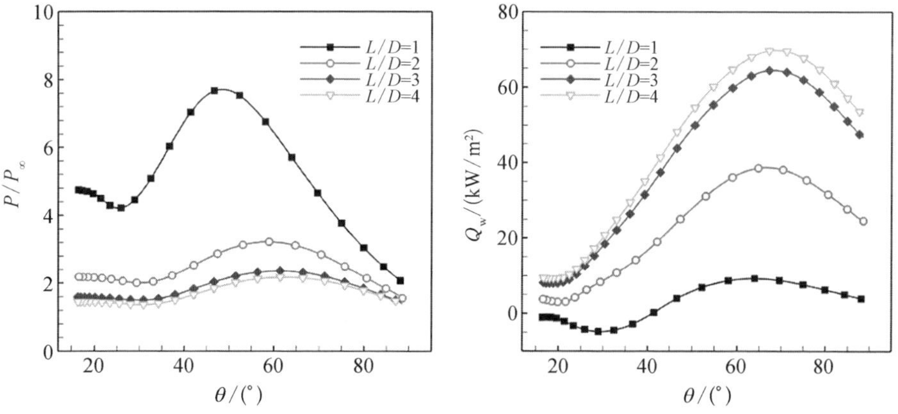

(a) 压力分布　(b) 热流分布

图 7.19　不同激波针长度下钝体壁面的压力和热流分布

由图 7.19(b)可知，随着激波针长度的增加，双喷流-激波针钝体壁面的热流变化趋势与压力相反。具体而言，从 $L/D=1$ 到 $L/D=4$，壁面热流逐渐增大，热流峰值逐渐后移，但热流的增大增长率逐渐降低。产生这一现象的原因如下：首先，比较图 7.18(a)和(b)可知，对于 $L/D=1$ 而言，一方面，后向喷流距离钝体壁面较近,能够有效地冷却壁面;另一方面,后向喷流与逆向喷流距离较近,两者形成的回流区相互作用能够使逆向喷流的冷却介质全部向下游流动,因此,钝体附近的温度较低。而当 $L/D=2$ 时,激波针长度的增加使得喷流之间的距离增大及逆向喷流的形态发生变化,导致大部分的逆向喷流介质向上游回流,与激波后的高温气流掺混后再向下游流动,所以 $L/D=2$ 的钝体附近的温度要高于 $L/D=1$ 的,壁面热流也因此增大。

继续比较图 7.18(b)和(c),可以发现虽然这两种激波针长度下流场的结构几乎相同,但是随着激波针长度的增加,逆向喷流向上游回流的距离逐渐增大,与高温气流掺混的时间更长,所以钝体附近的温度有所增大,热流也相应地增加。当 L/D 大于 3 后,逆向喷流向上游回流的介质的温度与高温气流的温度传递即将达到平衡,因此,继续增大激波针的长度对于钝体附近的温度不会有很明显的提升,所以壁面热流的增长相应地降低。由图 7.19(b)可知,从 $L/D=1$ 到 $L/D=4$,热流峰值增加了 7.5 倍,而从 $L/D=1$ 到 $L/D=2$,热流峰值增长幅度最大,约为 4.2 倍。

图 7.20 对比了不同激波针长度条件下各部分的阻力及总阻力系数和总热流变化。由图可知,随着激波针长度的增加,钝体所产生的阻力逐渐降低。当 L/D 小于 3 时,总阻力主要由钝体产生,当 $L/D=3$ 时,钝体和气动盘产生的阻力相差不大,当 L/D 大于 3 后,气动盘成为阻力产生的主要部件。从 $L/D=1$ 到 $L/D=4$,钝体阻力降低了 83.8%,而气动盘产生的阻力几乎没有变化。对于总阻力的变化而言,从图 7.20(b)可以看出,随着激波针长度的增加,总阻力系数不断降低,但是降低率逐渐减小,从 $L/D=1$ 到 $L/D=4$,总阻力系数降低了 72.7%。

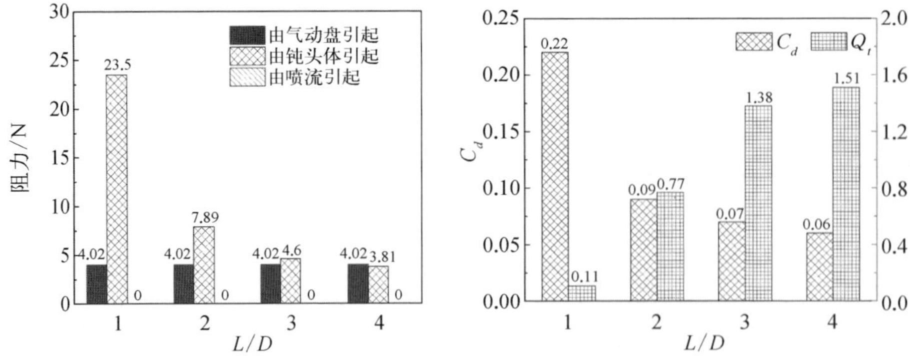

(a) 各部分阻力 (b) 总阻力系数和总热流

图 7.20 不同激波针长度所对应的阻力和热流情况

而钝体总热流随激波针长度的变化趋势与壁面热流变化趋势一致,从 $L/D=1$ 到 $L/D=4$,钝体的总热流增大了 12.7 倍。

7.3.3　喷流总压比对减阻降热特性影响

对于双喷流-激波针构型而言,除了激波针的长度,喷流的总压比也同样对流场结构具有重要的影响,因此,有必要研究喷流总压比的变化对双喷流-激波针的流场及减阻降热效率的影响。本节共选取四种喷流总压比(包括后向喷流总压比和逆向喷流总压比)分别为 0.2、0.3、0.4 和 0.5,当研究逆向喷流总压比对减阻降热性能的影响时,后向喷流的总压比 $PR_R=0.3$,其余条件与 7.3.2 节保持一致;当研究后向喷流总压比对减阻降热性能的影响时,根部逆向喷流的总压比 PR_o 则保持为 0.3,其他条件不变。

1. 逆向喷流总压比的影响

不同逆向喷流总压比下流场的流场结构如图 7.21 所示,由图可知,随着 PR_o 的增大,逆向喷流的形态发生了明显的改变,由 $PR_o=0.2$ 和 0.3 的欠膨胀结构变为 $PR_o=0.4$ 和 0.5 的膨胀扇区,这一现象与激波针长度由 $L/D=1$ 变为 $L/D=2$ 时逆向喷流的形态变化相似。另外,随着逆向喷流总压比的增大,逆向喷流的膨胀距离逐渐增大,膨胀区域也随之扩大。此外,从图 7.21 中可以观察到,无论喷流总压比如何变化,在这一激波针长度下,逆向喷流的冷却介质没有向上游回流,而是全部向下游流动,因此,随着逆向喷流总压比的增大,覆盖钝体壁面的回流区逐渐增大,再附激波的角度也逐渐增大,再附位置逐渐

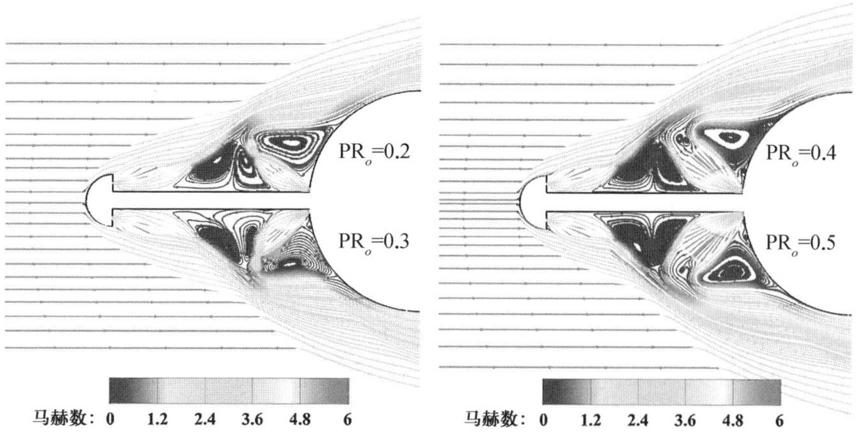

图 7.21　不同逆向喷流总压比下的流场结构

向下游移动。

图 7.22 为逆向喷流总压比的变化对钝体壁面的压力和热流分布的影响。随着 PR_o的增大，壁面压力和热流均呈单调递减的变化趋势。对于压力变化而言，从 $PR_o = 0.2$ 增加到 $PR_o = 0.5$，压力峰值降低 24.1%。而对于热流变化来说，从图 7.22(b)可以看出，PR_o从 0.2~0.5，$\theta = 30°$前的钝体壁面几乎均处于放热状态，其热流绝对值从 1.37 kW/m^{2}增大到 8.13 kW/m^2。在 $\theta = 30°$之后，随着 PR_o的增大，壁面热流逐渐降低，从 $PR_o = 0.2$ 到 $PR_o = 0.5$，壁面热流峰值降低 95.8%，当 PR_o大于 0.4 后，整个壁面的热流均为负值。

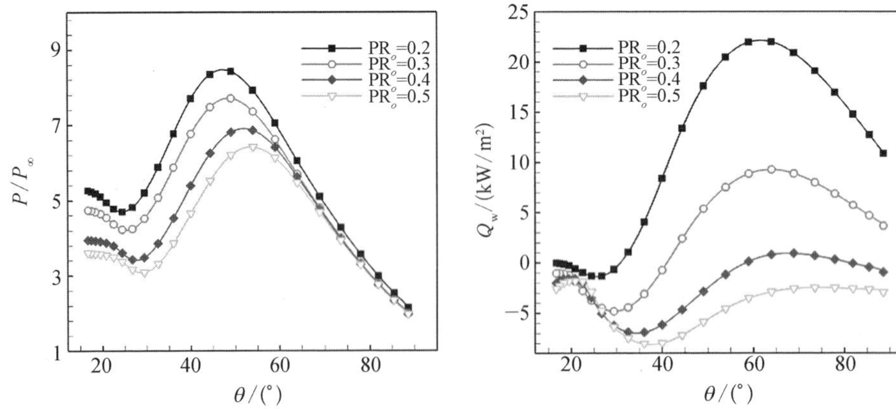

(a) 压力分布　　(b) 热流分布

图 7.22　不同逆向喷流总压比下的壁面压力和热流分布

随着逆向喷流总压比的增加，钝体各部分的阻力及总热流的变化如表 7.4 所示。由表可知，一方面，钝体阻力与压力峰值变化趋势一致，均随着 PR_o的增大逐渐降低，从 $PR_o = 0.2$ 到 $PR_o = 0.5$，钝体阻力降低了 31.6%。另一方面，逆向喷流总压比的变化对气动盘的流场结构并没有影响，在所有逆向喷流总压比下，气动盘产生的阻力没有变化。然而，随着 PR_o的增大，喷流产生的阻力逐渐增加，并对总阻力的变化产生重大影响。当 $PR_o = 0.2$ 时，后向喷流产生的力要大于逆向喷流，因此，会产生一个反方向的推力，能够降低整体的阻力。当 PR_o大于 0.3 后，逆向喷流开始产生额外的阻力，因此，虽然钝体阻力随着逆向喷流总压比的增大而降低，但是总阻力反而逐渐增大。从 $PR_o = 0.2$ 到 $PR_o = 0.5$，总阻力系数增大了 66.7%。由图 7.22(b)可知，当 PR_o大于 0.3 后，钝体壁面的热流均为负值，所以 $PR_o = 0.4$ 和 0.5 的钝体的总热流也为负值。

表 7.4　不同逆向喷流总压比下的总阻力及总热流比较

总压比	钝体阻力/N	气动盘阻力/N	喷流阻力/N	C_d	Q_t/kW
$PR_o=0.2$	26.39	4.02	−8.02	0.18	0.39
$PR_o=0.3$	23.49	4.02	0	0.22	0.11
$PR_o=0.4$	20.02	4.02	8.02	0.25	−0.09
$PR_o=0.5$	18.05	4.02	16.04	0.30	−0.16

2. 后向喷流总压比的影响

图 7.23 为不同后向喷流总压比 PR_R下双喷流−激波针流场结构的变化。由图可知，随着 PR_R的增大，后向喷流沿激波针壁面的流动时间更长，向下游发展的距离增大，产生的下游回流区减小。但是，由于 PR_o保持不变，所以后向喷流总压比的变化对于逆向喷流下游的流场结构影响不大。另外，从流场结构的对比可以看出，随着后向喷流沿下游发展的距离的增大，钝体附近的斜激波与弓形激波的干扰位置明显地后移。

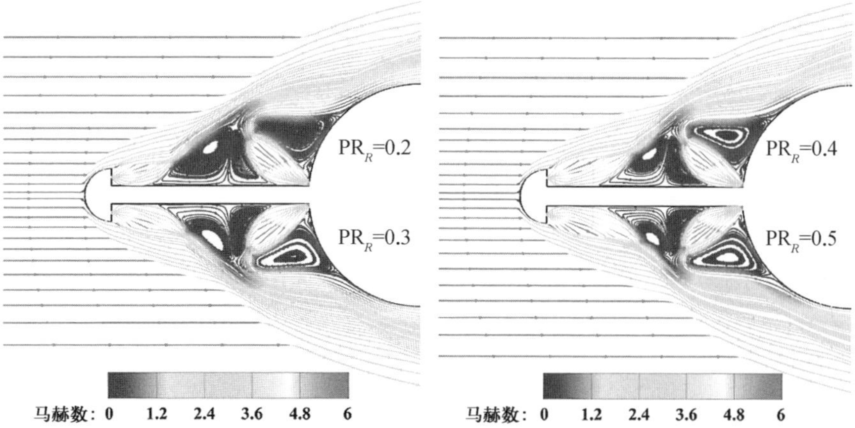

图 7.23　不同后向喷流总压比下的流场结构

图 7.24 进一步比较了不同 PR_R下钝体壁面的压力和热流分布情况，可以看出，随着 PR_R的增大，钝体的压力逐渐增加。一方面，由于 PR_o保持不变，所以后向喷流对再附激波的影响很小。另一方面，随着 PR_R的增大，钝体附近的斜激波与后向喷流附近的激波干扰位置逐渐后移，这就导致高 PR_R下再附激波前的压力比低 PR_R的高，所以钝体壁面的压力有所升高。从 $PR_R=0.2$ 增大到 $PR_R=0.5$，压力峰值

增大了 26.6%。与压力相比,钝体热流随 PR_R的变化趋势与压力正好相反。其原因主要有两个,其一,随着 PR_R的增大,形成的结构欠膨胀程度更高,喷流沿下游发展后能够达到的温度更低,其二,增大后向喷流总压比相当于将更多的冷却介质注入流场中,在与激波后高温气流掺混后温度变化的程度更低。所以增大后向喷流总压比可以显著地提高双喷流-激波针的热防护性能。随着 $PR_R=0.2$ 增大到 $PR_R=0.4$,热流峰值降低了 73.8%,当 PR_R大于 0.4 时,壁面热流均为负值。

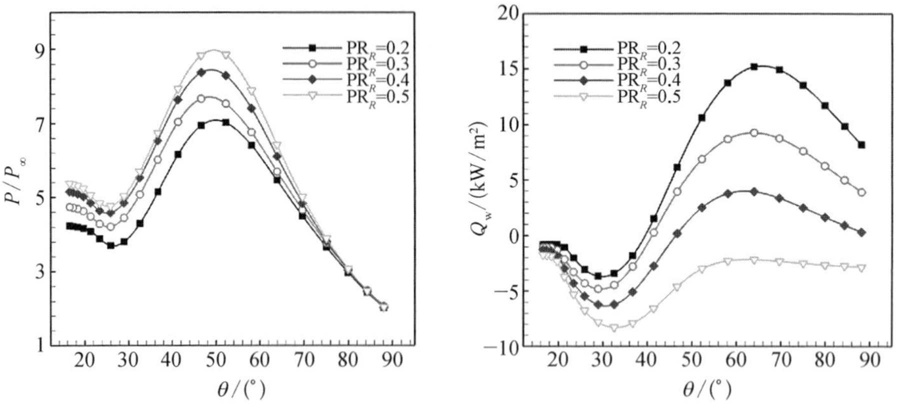

(a) 压力分布　　(b) 热流分布

图 7.24　不同后向喷流总压比下的壁面压力和热流分布

表 7.5 比较了不同 PR_R下,钝体各部分产生的阻力及总热流的变化。从表中可以看出,随着 PR_R的增大,钝体产生的阻力也随之增加,这与钝体壁面的压力分布随喷流总压比的变化趋势一致。但是另一方面,随着后向喷流总压比的增大,后向喷流产生反方向的力更大,并逐渐超过逆向喷流产生的阻力,因此,总阻力系数随 PR_R的增大而减小。从 $PR_R=0.2$ 到 $PR_R=0.5$,阻力系数降低59.3%。而当 PR_R大于 0.3 后,钝体壁面的总热流为负。

表 7.5　不同后向喷流总压比下的总阻力及总热流比较

总压比	钝体阻力/N	气动盘阻力/N	喷流阻力/N	C_d	Q_t/kW
$PR_R=0.2$	20.95	4.85	8.02	0.27	0.21
$PR_R=0.3$	23.49	4.02	0	0.22	0.11
$PR_R=0.4$	25.79	3.20	−8.02	0.17	−0.02
$PR_R=0.5$	27.22	2.41	−16.04	0.11	−0.15

7.3.4　等质量流量对减阻降热特性影响

由上述研究结果可知，增大后向喷流总压比能够极大地改善双喷流-激波针的减阻降热性能，然而，后向喷流总压比的提高也意味着达到预设效果所需要的喷流质量越多。对于高超声速飞行器而言，增大喷流质量将会降低相应的有效载荷，影响飞行器的航程和机动性能，因此，有必要探究等质量流量条件下，双喷流-激波针的减阻降热性能。本节以 $PR_R = 0.3$ 和 $PR_o = 0.3$ 为标准工况，通过使双喷流-激波针的总质量流量保持恒定，分别改变后向喷流总压比和后向喷流喷孔直径，探究双喷流-激波针流场结构和减阻降热效率的变化。来流条件与表 7.1 保持一致。

1. 等喷孔面积条件下改变喷流总压比

由于后向喷流和逆向喷流的喷孔面积保持不变，因此，在使双喷流-激波针总质量流量恒定的情况下，改变后向喷流总压比的同时会引起逆向喷流总压比的变化。本节共研究了四种后向喷流总压比工况，喷流的条件如表 7.6 所示。

表 7.6　喷流总压比的变化

工　况	PR_o	PR_R	后向喷流喷孔直径 d_r/mm	总质量流量/(kg/s)
1	0.1	0.5	0.625	0.08
2	0.2	0.4	0.625	0.08
3	0.3	0.3	0.625	0.08
4	0.4	0.2	0.625	0.08

等质量流量下双喷流-激波针的流场结构随逆向喷流和后向喷流总压比变化的情况如图 7.25 所示，其中，流场上半部分用马赫数染色的流线表示，下半部分用温度等值线图表示。由图可知，从工况 1 到工况 4，随着后向喷流总压比的降低和逆向喷流总压比的增大，后向喷流沿下游膨胀的距离逐渐减小，同时逆向喷流膨胀的区域和穿透距离逐渐增加，后向喷流与逆向喷流之间的回流区逐渐扩大。在逆向喷流总压比的影响下，覆盖钝体的回流区也随着逆向喷流膨胀区域的扩大而逐渐向下游移动，因此，再附点的位置逐渐后移。此外，从图中可以看出，随着逆向喷流总压比的增大，钝体外的斜激波逐渐远离壁面，再附激波强度逐渐降低，有利于降低壁面的压力和热流。同时，从温度分布可以看出，随着后向喷流总压比的降低，后向喷流下游的高温区域面积逐渐增大，这会导致覆盖

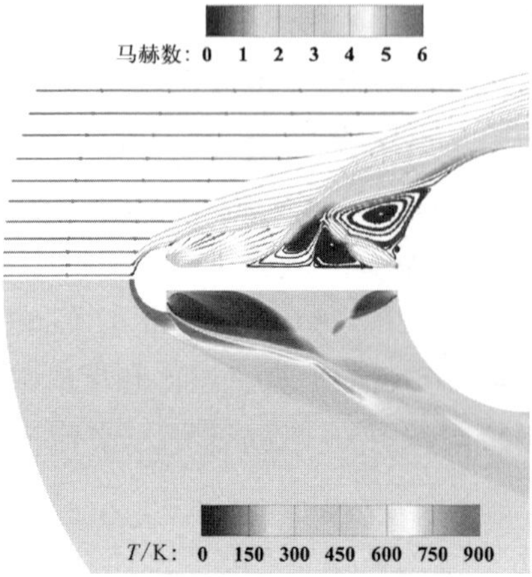

(a) PR_o=0.1−PR_R=0.5

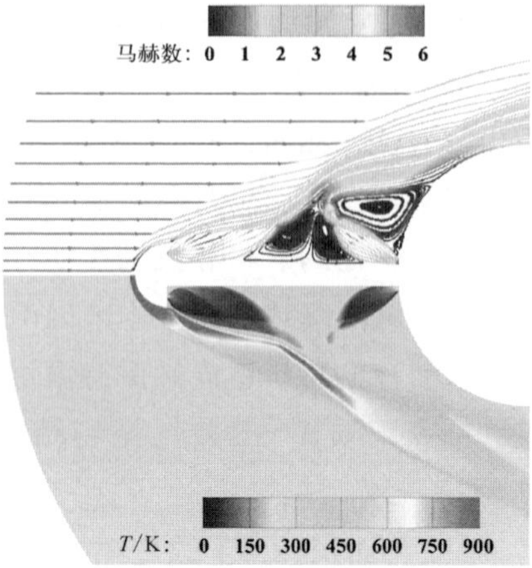

(b) PR_o=0.2−PR_R=0.4

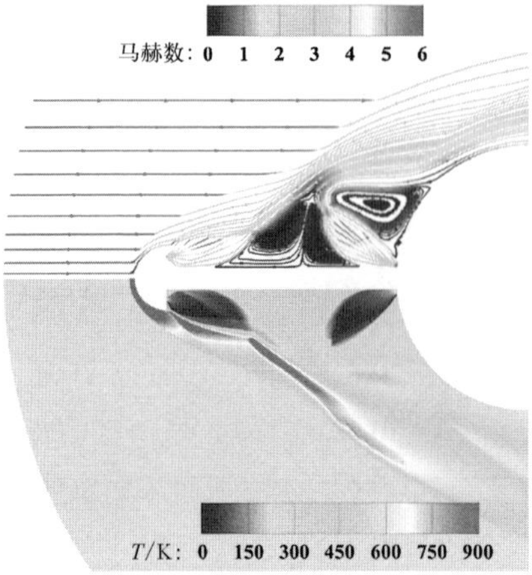

(c) PR_o=0.3−PR_R=0.3

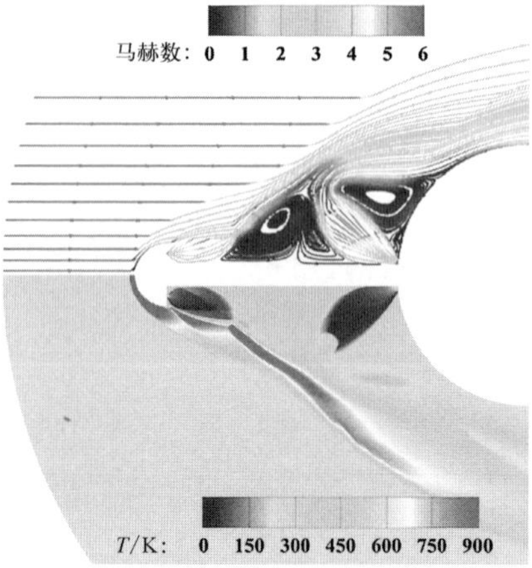

(d) PR_o=0.4−PR_R=0.2

图 7.25　等质量流量条件下不同喷流总压比的流场结构

钝体的回流区的温度增大,引起壁面热流的升高。

图 7.26 给出了等质量流量条件下,喷流总压比的变化对壁面压力和热流分布的影响。从图中可以看出,改变喷流的总压比对再附点区域的压力影响较大,而在钝体头部和再附点下游区域,喷流总压比对壁面压力的影响减小了很多。由上述流场分析可知,随着后向喷流总压比的降低,再附激波的强度逐渐减小,因此,在等质量流量条件下,随着后向喷流总压比的增大和逆向喷流总压比的减小,钝体壁面的压力逐渐降低。当 $PR_o = 0.1$ 和 $PR_R = 0.5$ 时,钝体壁面的压力峰值为 24 769.2 Pa,而当 PR_o 与 PR_R 分别为 0.4 和 0.2 时,钝体壁面的压力峰值为

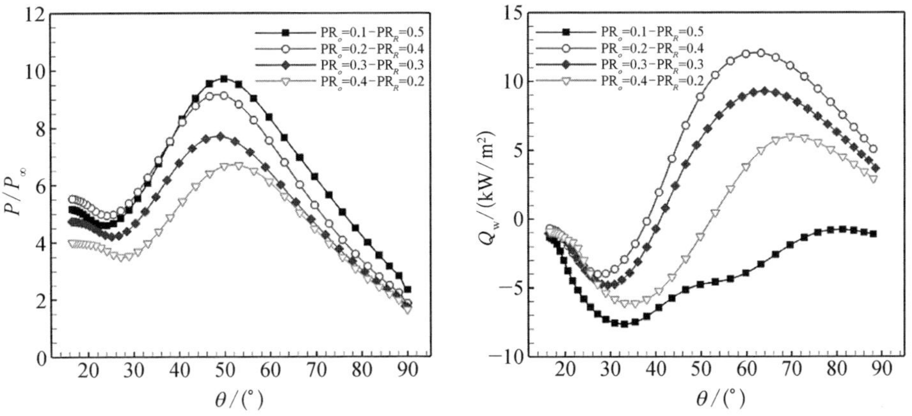

(a) 压力分布　　(b) 热流分布

图 7.26　等质量流量条件下喷流总压比对钝体壁面的压力和热流分布影响

10 339.4 Pa,压力峰值降低率达到了 58.3%。

由图 7.26(b)可知,与压力分布规律不同,壁面热流随喷流总压比的改变呈不单调变化。具体而言,当 $PR_o=0.1$ 和 $PR_R=0.5$ 时,虽然逆向喷流的影响区很小,对壁面的冷却效果有限,但是由于后向喷流沿下游发展的距离很长,能够直接使钝体附近的温度降低,因此,即使在工况 1 下,钝体肩部的再附激波强度最大,但是热流却是最低的。当 $PR_o=0.2$ 和 $PR_R=0.3$ 时,后向喷流沿下游发展的距离减小,喷流下游与高温来流掺混的距离相应地增加,温度增长较快,因此,后向喷流对钝体附近的冷却效果降低。同时,逆向喷流的影响区域虽然有所增大,但是后向喷流总压比降低对下游气流温度的影响仍大于逆向喷流的影响,因此,即使工况 2 的再附激波强度降低,但是其热流却大于工况 1。

图 7.27 给出了 $Y=0.01$ m 处的温度分布可以验证这一猜想,显然工况 2 钝体附近的温度要远大于工况 1 的。随着后向喷流总压比的继续降低和逆向喷流总压比的增大,逆向喷流的冷却效果逐渐增强,钝体壁面的热流持续降低。当处于工况 1 时,钝体壁面的热流均为负值,与工况 2 相比,工况 4 的热流峰值降低了 50.4%。

等质量流量条件下喷流总压比对钝体的阻力和总热流的影响如图 7.28 所示。由图 7.28(a)可知,随着后向喷流总压比的减小和逆向喷流总压比的增大,由于再附激波强度的降低,钝体产生的阻力逐渐减小,从工况 1 到工况 4,钝体产生的阻力降低了 34.8%。而气动盘产生的阻力却恰好相反,从工况 1 到工况

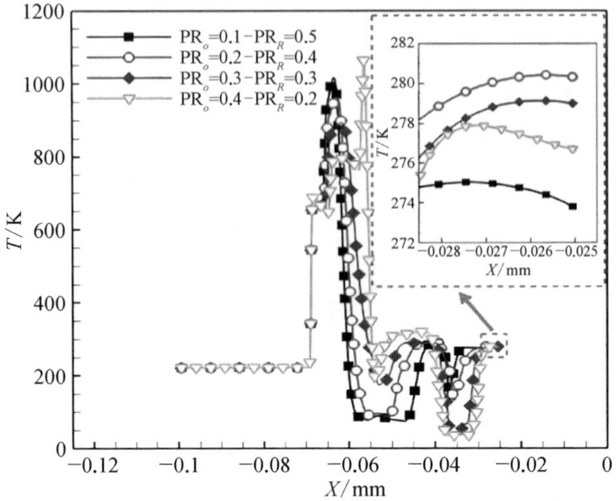

图 7.27　不同喷流总压比下 $Y=0.01$ m 的温度分布

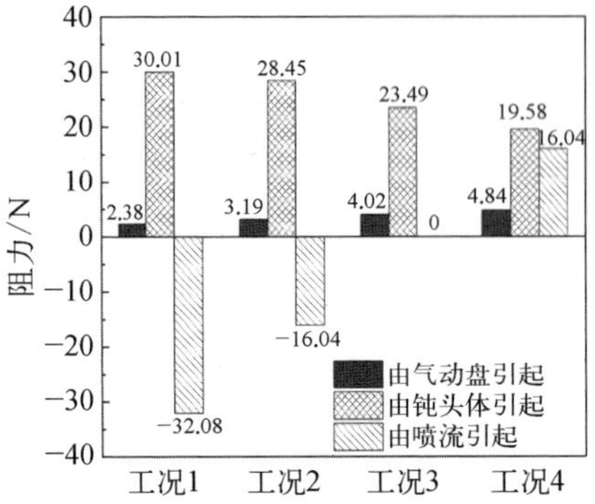

(a) 各部分产生的阻力

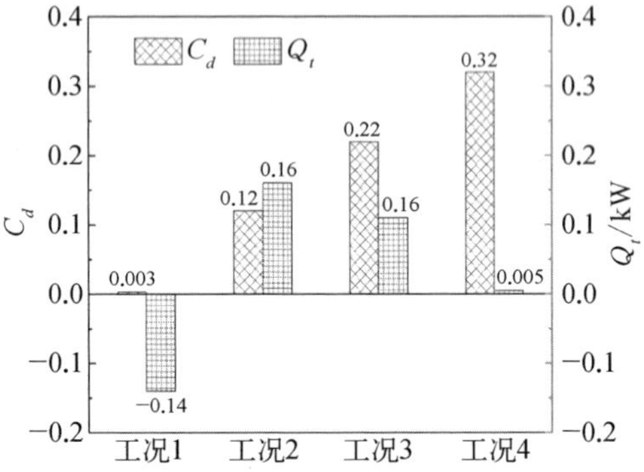

(b) 总阻力系数和总热流

图 7.28　等质量流量条件下喷流总压比对钝体的阻力和总热流的影响

4,由气动盘产生的阻力增大了近 1 倍。此外,从图中可以看出,由于逆向喷流总压比的增大,喷流产生的阻力也逐渐地增加。

由图 7.28(b)可知,随着后向喷流总压比的降低,喷流阻力的增加量超过钝体阻力的减小量,因此,从工况 1 到工况 4,总阻力系数逐渐增大。而钝体总热流的变化趋势与壁面热流分布变化趋势一致,从工况 1 到工况 4,壁面总热流先增大后减小。通过上述研究发现,在保持总质量流量和喷孔尺寸恒定的情况下,为了使双喷流-激波针构型具有更好的减阻降热性能,应尽量地增大后向喷流的总压比。

2. 变喷孔面积条件下改变喷流总压比

为了使双喷流-激波针的总质量流量保持恒定，当逆向喷流条件不变时，改变后向喷流喷孔的尺寸会同时引起后向喷流总压比的变化。喷流的具体条件如表 7.7 所示，在保证后向喷流中心位置不变的情况下，随着喷孔直径的增大，后向喷流总压比相应地减小。

表 7.7　后向喷流喷孔尺寸和总压比的变化

工　况	PR_o	PR_R	后向喷流喷孔直径 d_r/mm	总质量流量/(kg/s)
1	0.3	0.1	1.825	0.08
2	0.3	0.3	0.625	0.08
3	0.3	0.5	0.375	0.08
4	0.3	0.75	0.25	0.08

图 7.29 给出了等质量流量条件下不同后向喷流喷孔直径和总压比的流场结构，其中，流场的上半部分用马赫数染色的流线表示，下半部分用温度等值线图表示。由图可知，在保持逆向喷流条件不变的情况下，改变后向喷流的喷孔尺寸和总压比对流场结构的影响很小。工况 1 到工况 4 钝体近壁面流场结构相似度较高，具体表现在，再附激波的位置和强度没有出现明显的变化。另外，由工况 1 到工况 4 后向喷流的变化情况可知，随着后向喷流总压比的增大，喷孔向近壁面流域注射入工质的速度加快（能量增强），后向喷流沿下游膨胀加速的程度越大，形成的桶状激波和分离激波的强度逐渐增大。然而，因受喷孔尺寸的限制，喷孔出流工质的流量一定，所携带的能量也相差不大，故各工况后向喷流沿下游发展的距离几乎相同。

等质量流量条件下不同后向喷流喷孔直径和总压比对钝体壁面压力和热流分布的影响如图 7.30 所示。从图中可以看出，后向喷流条件的改变只对钝体肩部（$\theta=40°\sim60°$）的压力分布有影响，而且除了工况 1，工况 2 到工况 4 的压力几乎相同。从工况 1 到工况 4，钝体肩部的压力峰值降低了 12.3%。此外，从热流分布可知，当后向喷流总压比过小时，无法有效地冷却钝体，因此，钝体壁面的热流值最大。继续增大后向喷流总压比到工况 2 时，后向喷流膨胀区域扩大，使钝体外的激波距离壁面更远，引起逆向喷流区域略微扩张，因此，双喷流-激波针整体的冷却性能更强。从工况 1 到工况 2，壁面热流峰值降低了 38.8%。当后向喷

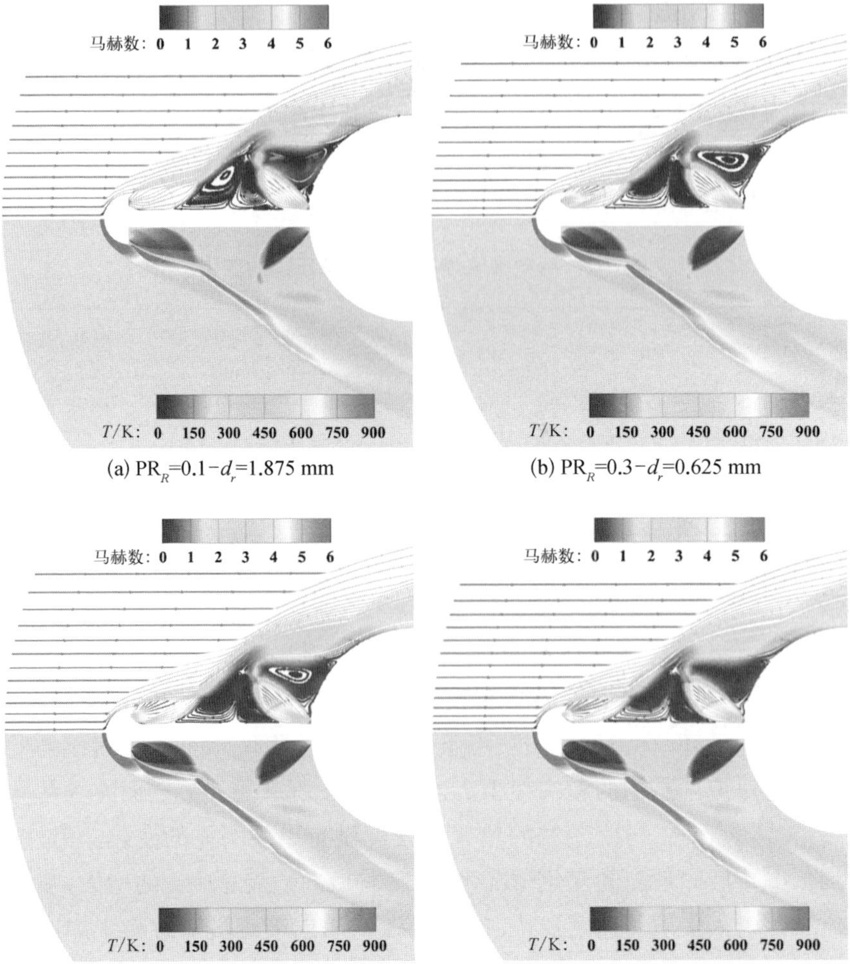

(a) $PR_R=0.1-d_r=1.875$ mm (b) $PR_R=0.3-d_r=0.625$ mm

(c) $PR_R=0.5-d_r=0.375$ mm (d) $PR_R=0.75-d_r=0.25$ mm

图 7.29 等质量流量条件下不同后向喷流喷孔直径和总压比的流场结构

流总压比达到工况 3 时,喷孔尺寸限制了后向喷流的膨胀,使得钝体外的激波与壁面之间的距离缩小,而逆向喷流没有发生改变,因此,钝体壁面热流有所升高。进一步增大后向喷流总压比,发现后向喷流的膨胀程度扩大,但喷流区域沿激波针向上游收缩,而逆向喷流的膨胀区域扩大,壁面热流进一步降低。从工况 1 到工况 4,钝体壁面的热流峰值降低了 27.7%,当后向喷流喷孔面积与逆向喷流相同时,钝体壁面的热流最低。

等质量流量条件下不同后向喷流喷孔尺寸和总压比对各部分阻力和总热流的影响如图 7.31 所示。由图 7.31(a)可知,对于钝体阻力而言,后向喷流条件的

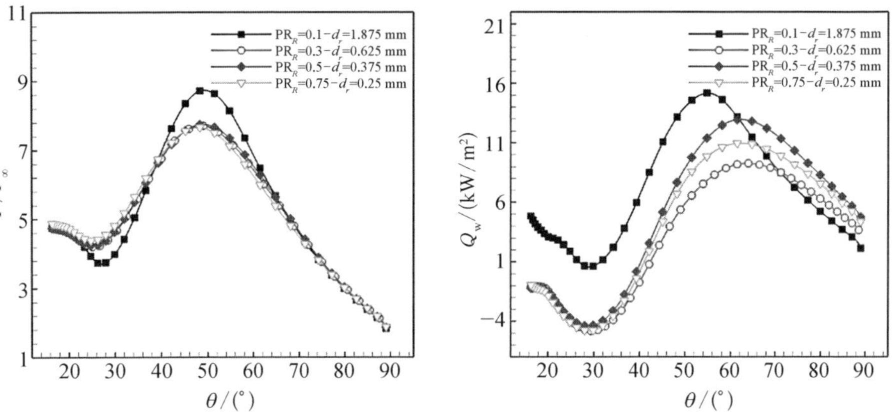

(a) 压力分布　　(b) 热流分布

图 7.30　等质量流量条件下不同后向喷流喷孔尺寸的壁面压力和热流分布

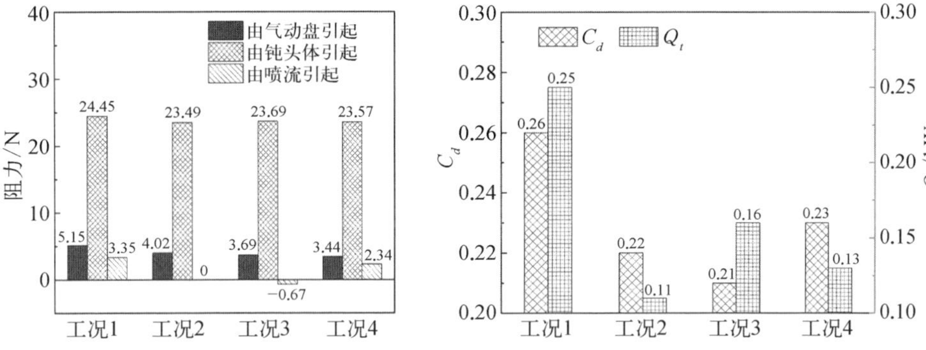

(a) 各部分产生的阻力　　(b) 总阻力系数和总热流

图 7.31　等质量流量条件下不同后向喷流喷孔尺寸对阻力和总热流的影响

改变对钝体阻力的影响很小,从工况 1 到工况 4,钝体阻力降低了 3.6%。而随着后向喷流喷孔尺寸的减小和后向喷流总压比的增大,气动盘的阻力逐渐降低,从工况 1 到工况 4,气动盘阻力降低了 33.2%。从图 7.31(b)可以看出,处于工况 1 时,结构的总阻力和钝体的总热流最高,而工况 2 到工况 4 的结构总阻力相差不大,当 PR_R = 0.5 和 d_r = 0.375 mm 时,双喷流-激波针引起的总阻力最低。从工况 1 到工况 4,结构的总阻力系数减小了 11.5%。各工况的总热流变化趋势与钝体壁面的热流分布趋势一致,当后向喷流喷孔面积与逆向喷流喷孔面积相等时(即工况 2),钝体的总热流最低。从工况 1 到工况 4,钝体壁面的总热流降低了 48%。由上述研究可知,在保持总质量流量和逆向喷流条件不变的情况下,若想通过改变后向喷流参数来使双喷流-激波针达到更优的减阻降热效果，应尽量地使后向喷流的喷孔面积与总压比和与逆向喷流相同。

7.4 本章小结

本章以激波针逆向喷流为基础，提出了逆向喷流与侧向喷流组合及逆向喷流与后向喷流组合的双喷流-激波针组合构型，探究了这两类新构型在高超声速来流条件下的减阻降热特性，同时深入分析了喷流工作参数和设备结构参数对两类新组合构型工作性能的影响。主要研究结论如下：

（1）无论是逆向喷流与侧向喷流组合还是与后向喷流组合后都具有优异的减阻降热性能。在两种新型的双喷流-激波针构型中，逆向喷流能够降低再附激波的强度，形成回流区包裹壁面，冷却钝体；而侧向喷流能够推离斜激波，降低侧向喷流下游的流场温度；后向喷流则能产生反作用力，极大地降低了逆向喷流产生的附加阻力对减阻效果的影响。与侧向喷流和逆向喷流组合构型相比，后向喷流与逆向喷流组合方案的减阻降热性能更好。

（2）对于逆向喷流与侧向喷流组合构型而言，当侧向喷流位于激波针头部时对流场的影响最大，此时双喷流-激波针的减阻降热性能最好。从 LR = 0.1 到 LR = 0.7，双喷流-激波针的总阻力和钝体总热流分别增大了 12.1%和 101.1%。增大侧向喷流总压比 PR_L能够进一步推离激波，提高双喷流-激波针的减阻降热效果。随着 PR_L从 0.2 增大到 0.5，双喷流-激波针的总阻力系数和总热流分别降低了 8.8%和 87%。而随着逆向喷流总压比 PR_o从 0.2 增大到 0.5，虽然双喷流-激波针的降热效率提升了 63.9%，但是由于逆向喷流附加阻力的影响，其减阻效率却降低了 66.7%。

（3）对于逆向喷流与后向喷流组合构型而言，随着激波针长度 L/D 增加，逆向喷流的形态由最初的“水滴状”转变为膨胀扇区，再附激波强度降低，回流区扩大，钝体阻力不断降低。从 $L/D=1$ 到 $L/D=4$，由于逆向喷流回流与高温气流掺混后增加了回流区的温度，因此，虽然结构的总阻力系数降低了 72.7%，但壁面热流峰值增大了 7.5 倍。随着 PR_o的增大，总阻力系数逐渐增大但壁面热流不断降低，当 PR_o大于 0.4 后，整个壁面的热流均为负值。而随着后向喷流的总压比 PR_R的增大，得益于后向喷流的推力作用，总阻力不断降低。在保持总质量流量和喷孔尺寸不变的情况下，增大后向喷流总压比能够使双喷流-激波针具有更优的减阻降热效果。而在使总质量流量与逆向喷流恒定的条件下，则应尽量地使后向喷流的喷孔面积和总压比与逆向喷流相接近，才能使双喷流-激波针具有更好的减阻降热性能。

参考文献

[1] Eghlima Z, Mansour K. Drag reduction for the combination of spike and counterflow jet on blunt body at high Mach number flow[J]. Acta Astronautica, 2017, 133: 103-110.

[2] 李珺，王俊峰，赵雅甜，等.面向非设计工况的激波针-喷流复合构型研究[J].航空学报，2022，43(9)：329-344.

[3] 王俊峰，李珺，罗世彬.双喷流激波针在高超声速下的减阻降热特性[J].空气动力学学报，2024，42(2)：34-46.

[4] 王俊峰.激波针-喷流构型在高超声速流动中的减阻降热特性研究[D].长沙：中南大学，2023.

[5] 许阳，陈宣亮.超声速飞行器减阻杆/盘与双喷流组合构型减阻和防热性能[J].航空动力学报，2024，39(5)：213-230.

[6] Guo J, Fang S Z, Wang Z Y, et al. Investigation of drag and heat flux reduction induced by a novel combinational spike-aerodisk and channel concept for hypersonic blunt body[J]. Acta Astronautica, 2023, 204: 207-221.

[7] 张帅，郭建，戴梧叶.高速飞行器减阻杆槽道组合构型减阻防热特性研究[J].航空动力学报，2023，38(12)：3063-3072.

[8] Zhang Z K, Xu W W, Ye W, et al. Study on hypersonic drag and heat reduction of a spiked blunt body with multiple flat aerodisks and rear opposing jets[J]. Case Studies in Thermal Engineering, 2023, 42: 102714.

[9] 郭建，方蜀州，王子玉.高超声速飞行器减阻杆-双盘-槽道组合构型减阻防热特性研究[J].推进技术，2024，45(5)：89-99.

[10] Zhu L, Li Y K, Gong L K, et al. Coupled investigation on drag reduction and thermal protection mechanism induced by a novel combinational spike and multi-jet strategy in hypersonic flows[J]. International Journal of Heat and Mass Transfer, 2019, 131: 944-964.

第 8 章

极高动压飞行环境下喷流–激波针减阻降热

高超声速飞行器超低空高马赫数飞行时，面临极高飞行动压和复杂地面效应，气动加热作用极为显著，常规中等动压飞行环境获得的主动减阻降热方法相关研究结论并不一定适用[1-4]。本章聚焦于高超声速飞行器极高动压飞行环境，针对由此引发的极端气动力/热问题，以旋成体构型和升力体构型高超声速飞行器为研究对象，探究喷流、激波针及其组合方法的减阻降热特性，评估典型主动减阻降热方法在极高动压飞行环境中的应用效果[5]。

8.1 旋成体构型飞行器数值计算模型

本节针对高超声速飞行器常用的钝头双锥旋成体开展研究工作。钝体与锥体同轴线，由头部（钝化半径为 50 mm）、前锥（底部直径约为 500 mm）和后锥（底部直径约为 1 200 mm）共同组成。其中，前锥外轮廓线与水平线夹角为 16°，长度为 1 000 mm；后锥外轮廓线与水平线夹角为 4°，长度为 5 000 mm[6]。基础构型头部安装激波针后变为激波针构型，在激波针头部增加逆向喷流变为组合构型。钝头双锥旋成体基础构型及衍生构型具体几何参数如图 8.1 所示。

研究表明，增加激波针长度有助于将激波推离壁面，提高减阻降热效率。然而，在承受非对称均匀来流时，过长的结构尺寸会增大根部弯曲应力并且引发结构破坏，最终影响头部流场稳定性。激波针长度与其减阻降热能力之间并非始终保持线性关系，超过一定数值后其对减阻降热能力的增益作用受到衰减。因此，激波针长度的选择对方案整体减阻降热性能起着至关重要的影响，有研究指出，当激波针长度超过钝体直径 4 倍时减阻降热能力将受到制约[7]，而在头径比为 2.5 时将呈现出最佳的减阻降热效果[8]。因此，研究中将激波针长度设定为

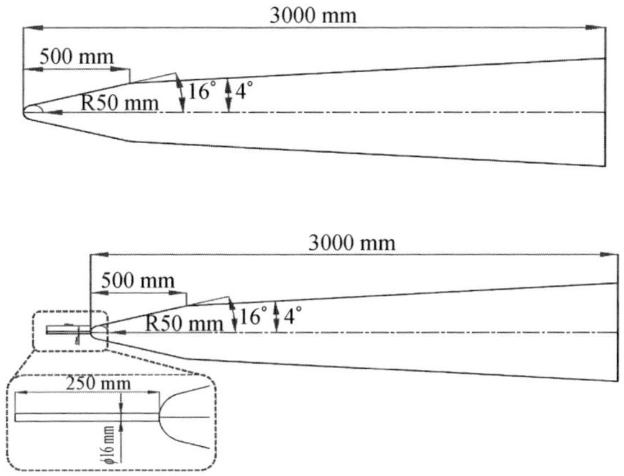

图 8.1　钝头双锥旋成体基础构型及衍生构型具体几何参数

250 mm,激波针直径取为 16 mm。

使用结构网格对计算空间进行离散化处理,并且对壁面网格进行适当加密。加强构型计算网格如图 8.2 所示,逆向喷流-激波针组合方案边界条件设置如表 8.1 所示。

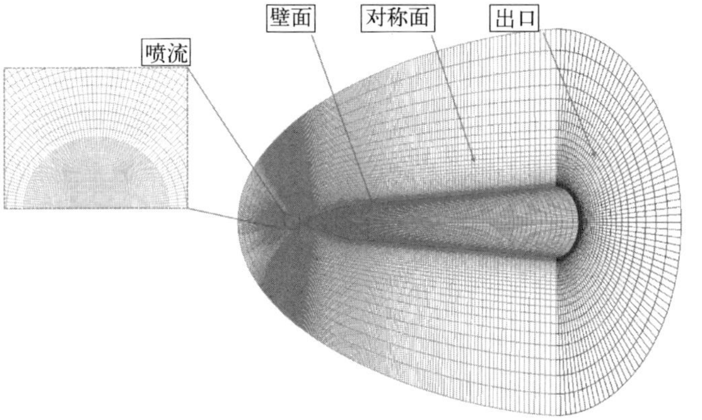

图 8.2　加强构型计算网格

表 8.1　逆向喷流-激波针组合方案边界条件设置

自由来流	逆向喷流	壁面条件
$Ma_{\infty}=4$	PR=0.2,0.4,0.6	T_w(K)= 300
——	$Ma_s=1$	——

8.2 旋成体构型飞行器喷流-激波针减阻降热特性

8.2.1 减阻降热有效性验证

首先探索主动减阻降热方法在极高动压特殊飞行环境中应用于钝头双锥旋成体上的减阻降热效果，方法有效性验证设置工况为高度 1 km、$Ma=4$（动压为 1 MPa），方案有效性验证实验工况设计如表 8.2 所示。

表 8.2 方案有效性验证实验工况设计（$Ma=4$）

实验编号	飞行高度	减阻方法
1（基础构型）	1 km	无减阻（基础构型）
2（激波针构型）	1 km	激波针构型减阻
3（组合构型）	1 km	喷流-激波针组合构型（PR = 0.2）

对旋成体构型头部流场结构演化进行研究，三种构型头部流场的三维流线如图 8.3 所示。由于其均由基础构型演化而来，因此，头部后方的流场形态展现出高度径向一致性。在构型头部，由于采用的主动减阻降热方法不同，近壁面流场结构也表现各异。可以看到，在激波针作用下，弓形激波从钝体头部被推至激波针头部，在激波针尾部与钝头交界位置形成低马赫数回流区；附加头部逆向喷流后，弓形激波被进一步推离激波针头部，头部流场发生膨胀，低马赫数流动区域得到扩展。

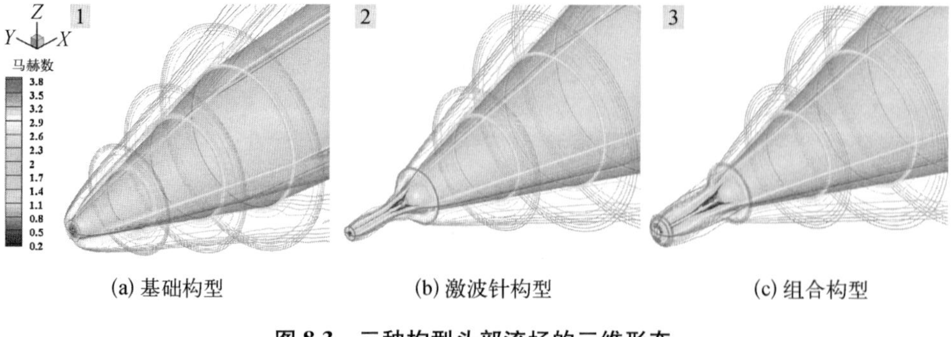

(a) 基础构型　(b) 激波针构型　(c) 组合构型

图 8.3 三种构型头部流场的三维形态

旋成体构型头部二维流场的上半区域用对称面无量纲压力(P/P_∞)染色流线表示,下半区域用密度梯度量级(DGM)表示,壁面也采用无量纲压力云图进行着色处理,如图 8.4 所示。可以明显地发现,来流与壁面/前端针头撞击形成弓形激波,流体穿越激波面后速度被削减为亚声速,压力随之增大。在基础构型上,头部壁面受高压来流冲击而形成局部高压区。加装激波针后,弓形激波被推离壁面,高压区转移至激波针头部,流经弓形激波后的气流沿表面向下输运一段距离后发生流动分离,钝体头部低压回流区形成。

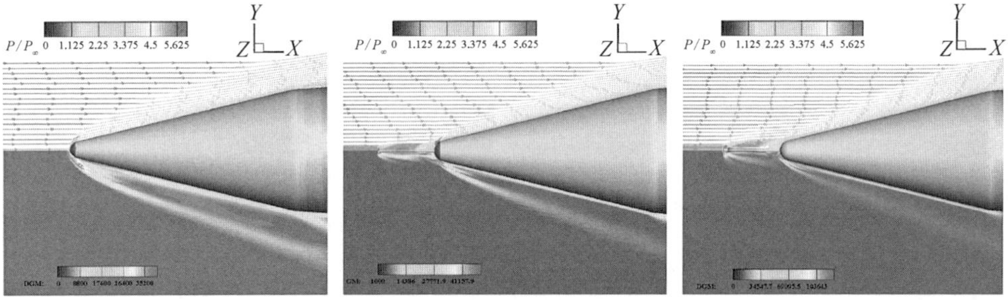

(a) 基础构型　(b) 激波针构型　(c) 组合构型

图 8.4　三种工况下的流场结构

由于身处极高动压的特殊环境,头部弓形激波未能得到充分发展就被压缩在激波针附近,回流区剪切层与弓形激波尾流相互干扰在钝体肩部附近形成再附激波,其后部形成局部高压区域,即钝体头部仍笼罩在高压区内。在激波针头部增设逆向喷流使这一情况发生转变,冷却工质以高速喷流的形式从激波针头部喷出并在喷孔前端快速膨胀,激波针前方弓形激波被有效地推离壁面,喷流的膨胀在马赫盘处终止,高压区域也被抑制在马赫盘处。头部弓形激波向后延伸出的侧向斜激波角度出现扩张,激波面后高压气流对钝头体冲击减小,配合激波针根部回流区的双重作用,头部高压区域不复存在。

图 8.5 为三种构型下温度及马赫数云图,上部为马赫数云图与等值线,下部为温度云图及其等值面,构型外侧由声速等值面包裹。等值面形状变化可以更直观地展现主动减阻降热方法对近壁面流场的重构作用。对比发现,组合构型可以为激波针和钝体头部壁面开辟出一块低马赫流动区域,反观激波针构型,仅在激波针根部形成局部低马赫流动区域,其余位置等值面仍紧贴壁面。三种构型与迎风面交界面处的热量分别为 1 050 K(基础构型)、850 K(激波针构型)与 300 K(组合构型)。同时,三种构型钝体头部热量最高值为 1 200 K(基础构

型）、1 150 K（激波针构型）与 937.5 K（组合构型），对比基础构型，峰值温度分别下降了 4.2%（激波针构型）、21.9%（组合构型）。由于激波针和组合方法成功地将弓形激波推离壁面，近壁面流场温度峰值点的相对位置也发生改变，具体表现为由钝体头部向肩部移动。

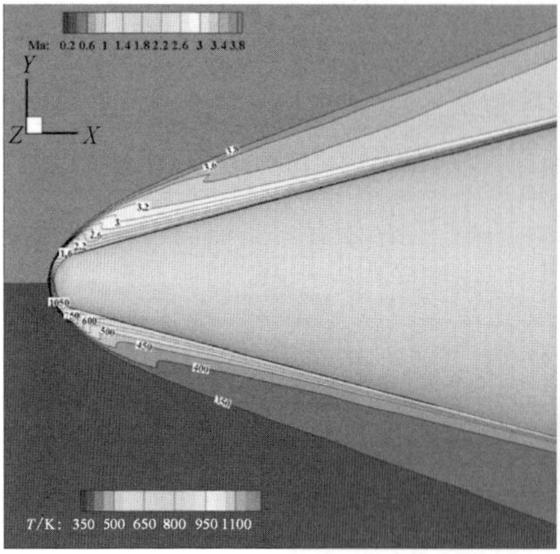

(a) 基础构型

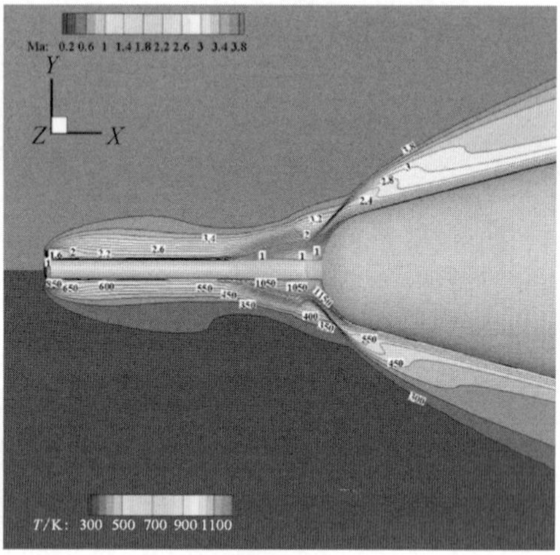

(b) 激波针构型

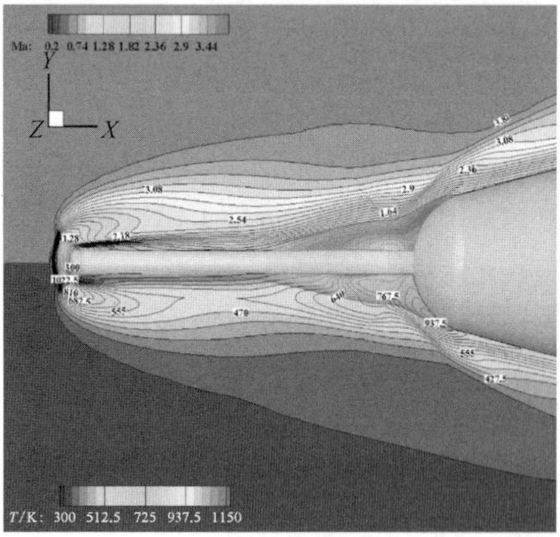

(c) 组合构型

图 8.5　三种构型下温度及马赫数云图

观察三种构型头部壁面热流分布（图 8.6）可以发现，激波针构型的热流分布形态与基础构型相近，由内向外变化趋势为降低—升高—降低。这说明单一激波针构型在极高动压下对钝体头部流场的重构作用受限严重。从壁面热流数值上看，相较于基础构型，加装激波针后旋成体构型头部热流出现小幅度增长，这表明单纯激波针方案在极高动压下难以提供良好的降热效果，这与图 8.5 中近壁面流域温度情况表现相似。组合构型头部壁面热流值受激波干扰和再附影响，呈现出与前者不同的分布形态。通过三种构型头部壁面热流云图对比可以看出，使用逆向喷流后钝体头部热流出现大幅度降低，即组合构型依然保持着良好降热能力。

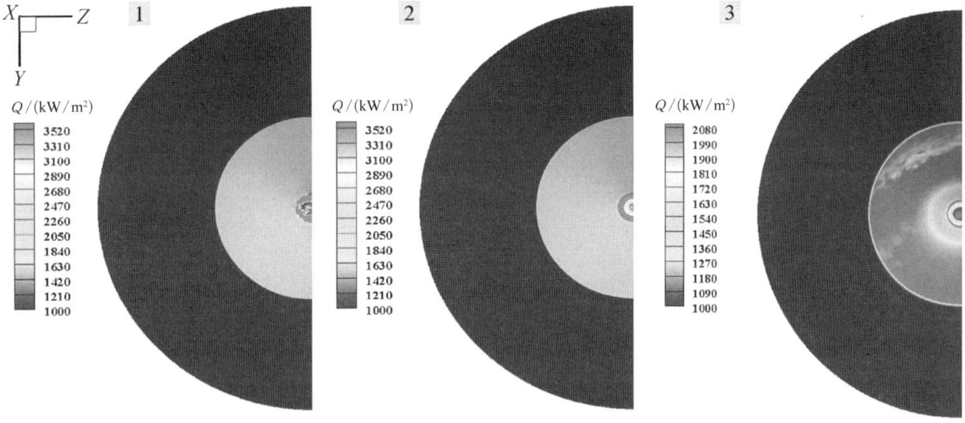

(a) 基础构型　　(b) 激波针构型　　(c) 组合构型

图 8.6　旋成体构型壁面热流分布

对比三组方案阻力数值（表 8.3）可以发现，激波针构型与基础构型阻力十分接近，甚至激波针构型阻力值略高一些（阻力增大了 0.1%）。在三组方案中，组合构型与基础构型相比，其阻力值降低了 4.4%，而对比激波构型阻力值降低了 4.5%。这一数值结果与图 8.4 中壁面无量纲压力分布达成良好统一的关系。

表 8.3　三组方案阻力对比

方案编号	飞行高度/km	阻力/N
1（基础构型）	1	38 212.3
2（激波针构型）	1	38 254.1
3（组合构型）	1	36 541.5

图 8.7 展示了三种方案头部壁面热流沿 x 方向分布情况。图中以 B 代表基础构型，BS 代表激波针构型，BSJ 代表组合构型。“BSJ－1000－0.2”中依次表示构

型-飞行高度-喷流压比,即组合构型在 1 000 km 飞行高度下采用喷流压比 0.2。本章中亦有其余几处使用该标记方式,故在此一并说明。从钝头顶部至第一级锥构型底部,三组方案热流曲线初期均呈现先急速上升后快速下降的趋势。略有不同的是,基础构型和激波针构型曲线在下降后直接进入稳定阶段;组合构型在进入稳定阶段前则是需要经过一段缓慢上升的阶段。因处极高动压环境,激波针构型虽能将弓形激波转移,但延伸出的斜激波无法充分地扩展,头部近壁面流场结构变化程度受限,故壁面热流变化情况相仿。对于基础构型和激波针构型,流体流经构型头部弓形激波后,动能向内能快速转化,近壁面流体温度快速上升,头部壁面受气动加热作用强烈,随着弓形激波向下游发展,逐渐地远离头部,近壁面流场气动加热作用减缓。相较于前者,组合构型依靠出色的近壁面流场重构能力和工质自带冷却效果,极大程度改变了钝头体壁面热流数值及分布情况。

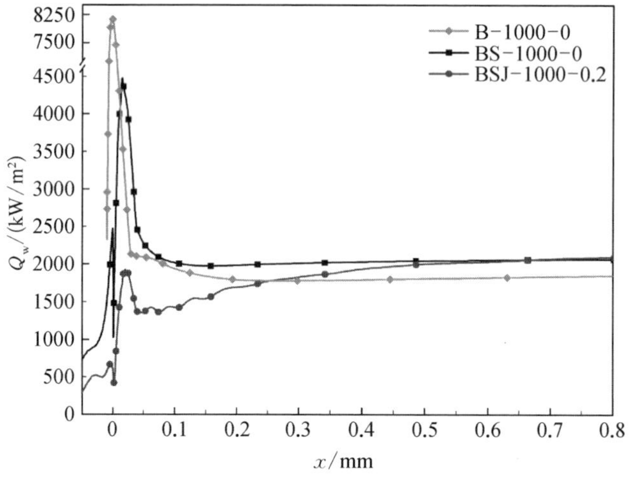

图 8.7　三种方案壁面热流沿 x 方向的分布

8.2.2　减阻降热特性

8.2.1 节已对极高动压下两种方法的减阻降热能力进行验证。外部参数和内部参数(尤其是喷流压比)对组合方法作用机制及减阻降热能力起着至关重要的影响[9-12]。为了量化主动减阻降热方法的作用效果并进一步探索各构型的参数特性,在本节将开展相应参数敏感性研究工作。固定飞行马赫数 $Ma=4$,飞行高度分别设定为 0.5 km、1 km、2 km 和 5 km,对应动压 1 069 kPa、1 006 kPa、890 kPa 和 605 kPa。喷流压比则设定为 0.2、0.4 和 0.6。参数敏感性探究使用单因素试验方法设计数值模拟工况,工况设计情况如表 8.4 所示。

表 8.4　参数敏感性探究试验设计($Ma=4$)

水　平	喷流压比	飞行高度/m
1	0(激波针构型)	500
2	0.2(组合构型)	1 000
3	0.4(组合构型)	2 000
4	0.6(组合构型)	5 000

通过对比相同构型、相同喷流压比,不同高度对称面流场云图(图 8.8)可以发现：对于基础构型,随着高度增加,来流动压减弱,钝体头部流场得到充分的发展,弓形激波前缘侧向倾角增大,激波后缘与壁面间距增大。然而,当飞行高度在 0.5~2 km 基础构型头部高压区范围无明显的变化,随高度升高至 5 km 后,头锥位置壁面压力才明显衰退。对于激波针构型,由于剪切层和逆压梯度的同时作用,激波针根部回流区的压力随高度增加而减小。外部流场动压降低,再附激波的强度减弱,回流区压力减小,造成钝体头部高压区域向前缘收缩的现象。在高度跃升至 5 km 后,第一级锥尖头部被低压区域包裹。组合构型流场变化与激波针构型类似,飞行高度的降低(即外部流场动压减小)将提高主动方法减阻降热能力。

通过对比相同构型、相同高度,不同喷流压比的对称面流场云图[图 8.8(i)~(t)]可以发现：随喷流压比增大,喷孔处流场膨胀,马赫盘体积扩大,弓形激波被推离壁面,驻点位置也向来流方向推移。弓形激波前缘侧向倾角显著地扩张,

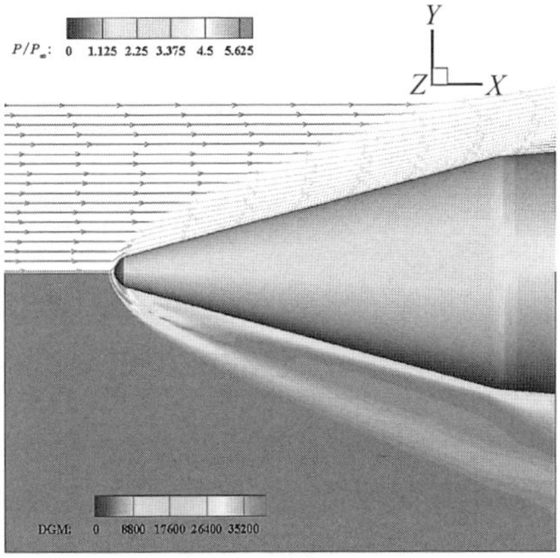

(a) 基础构型-H=500 m-PR=0

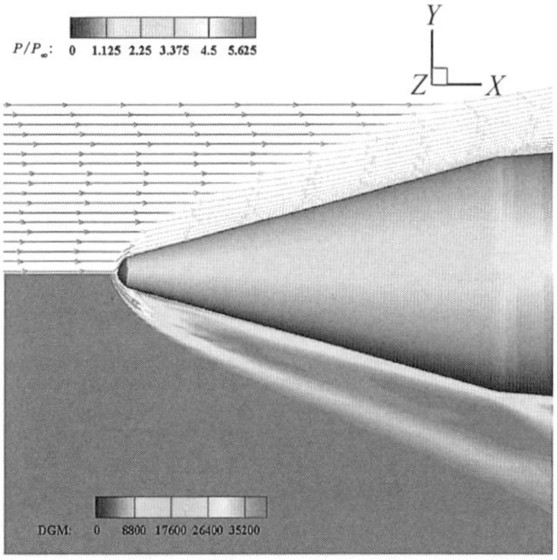

(b) 基础构型-H=1 km-PR=0

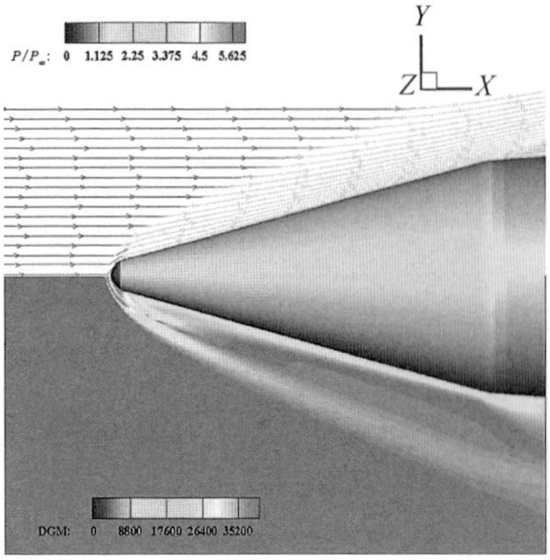

(c) 基础构型-H=2 km-PR=0

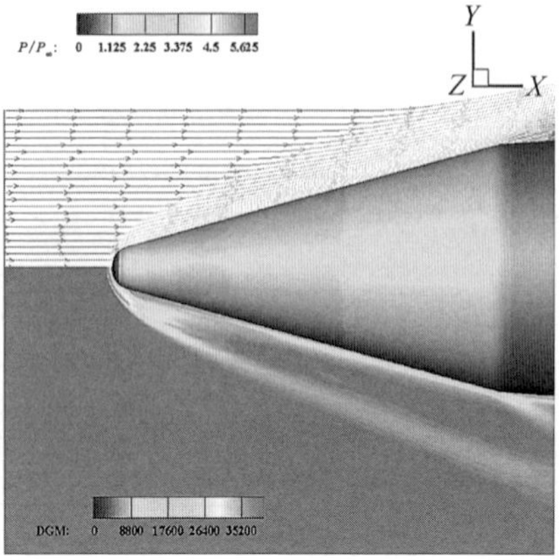

(d) 基础构型-H=5 km-PR=0

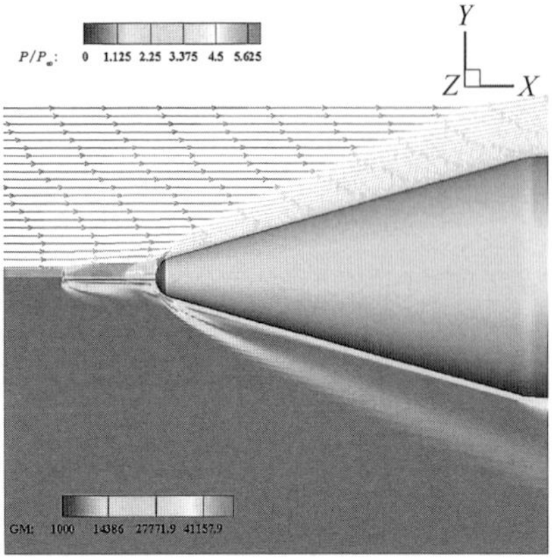

(e) 激波针构型-H=500 m-PR=0

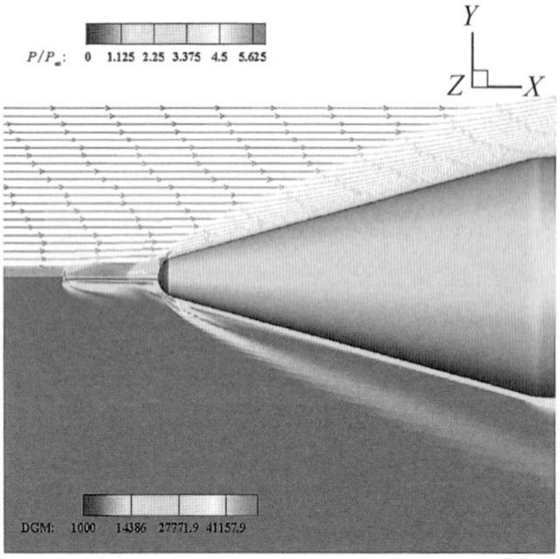

(f) 激波针构型-H=1 km-PR=0

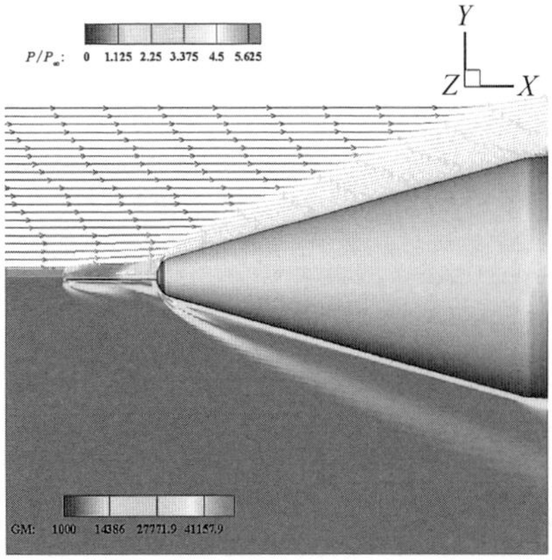

(g) 激波针构型-H=2 km-PR=0

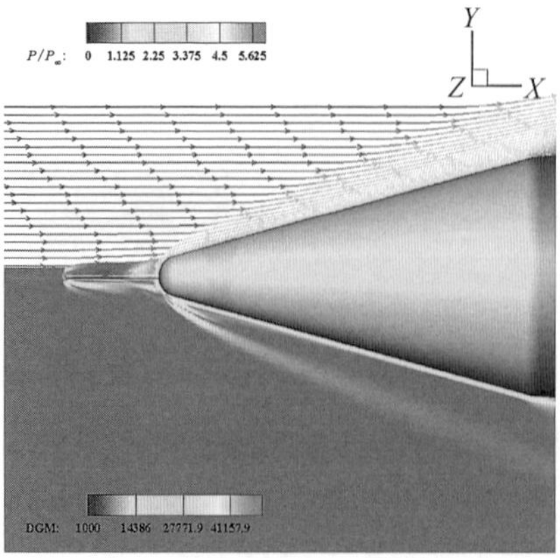

(h) 激波针构型-H=5 km-PR=0

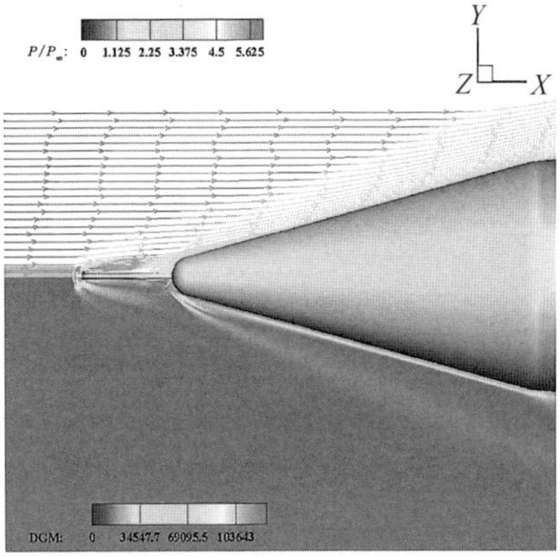

(i) 组合构型-H=500 m-PR=0.2

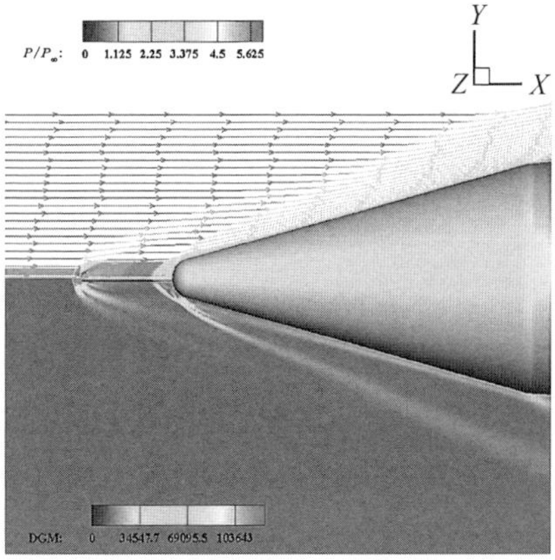

(j) 组合构型-H=1 km-PR=0.2

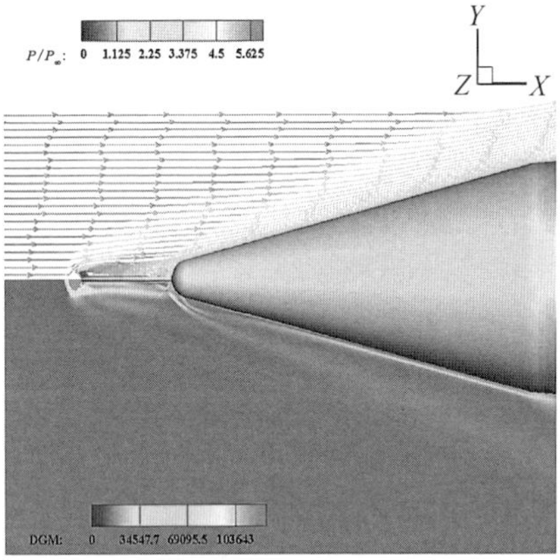

(k) 组合构型-H=500 m-PR=0.4

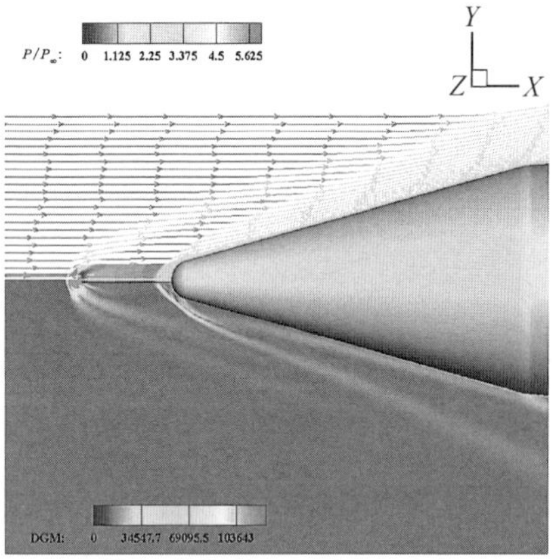

(l) 组合构型-H=1 km-PR=0.4

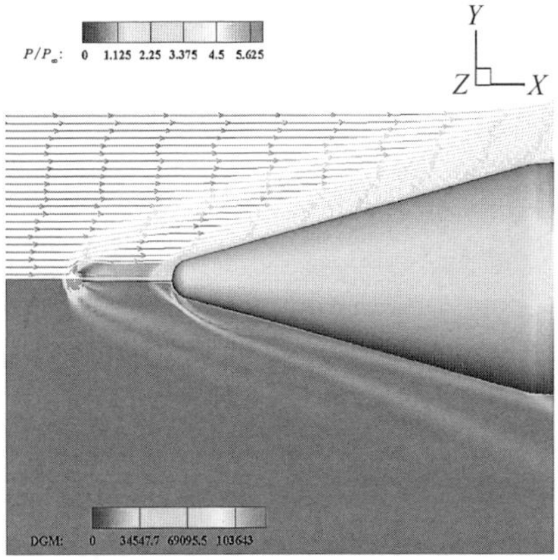

(m) 组合构型-H=500 m-PR=0.6

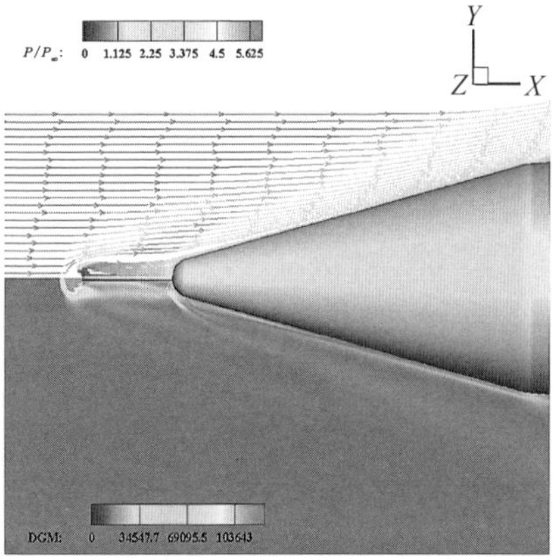

(n) 组合构型-H=1 km-PR=0.6

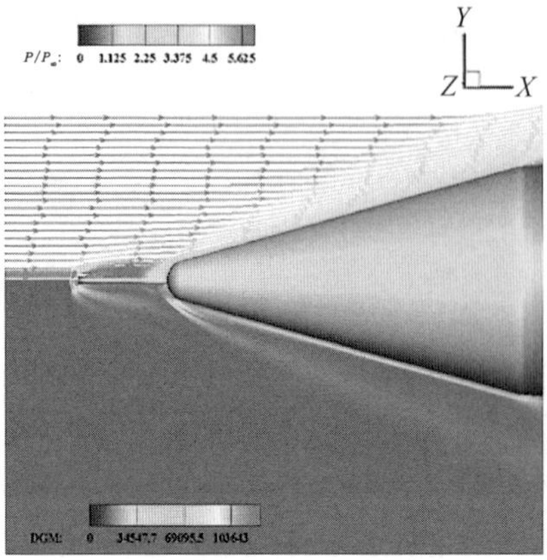

(o) 组合构型-H=2 km-PR=0.2

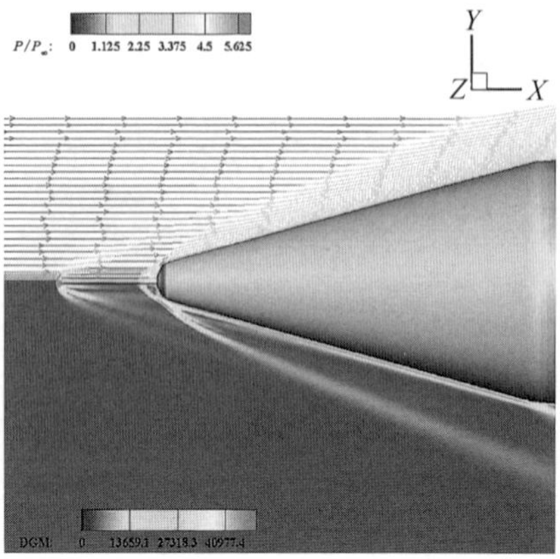

(p) 组合构型-H=5 km-PR=0.2

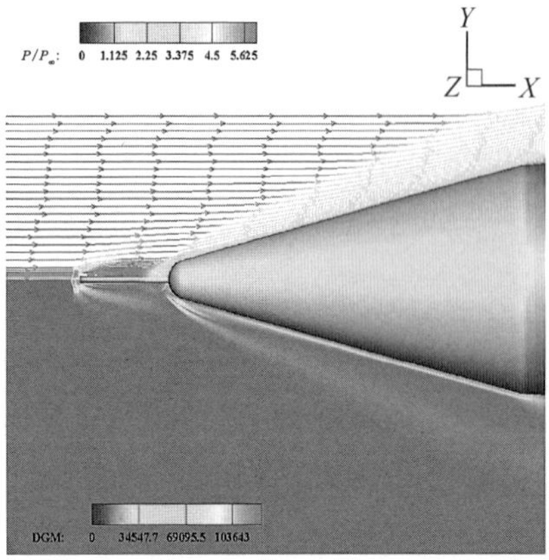

(q) 组合构型-H=2 km-PR=0.4

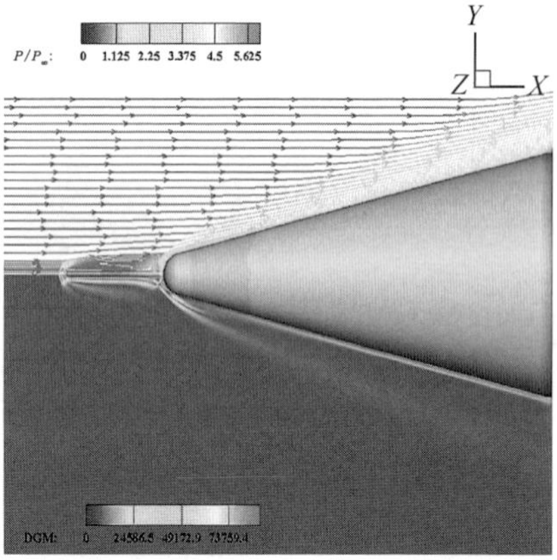

(r) 组合构型-H=5 km-PR=0.4

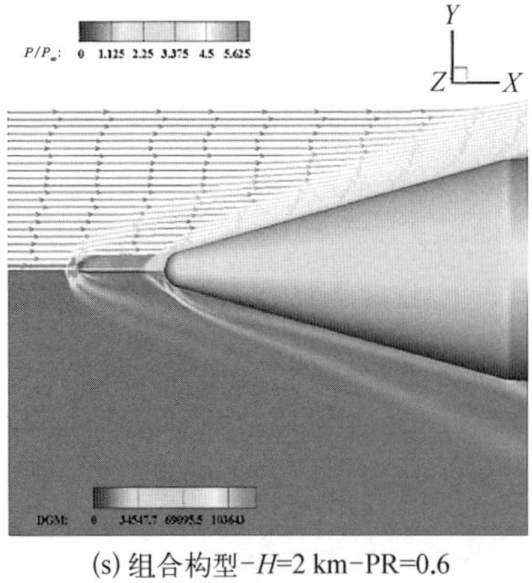

(s) 组合构型-H=2 km-PR=0.6

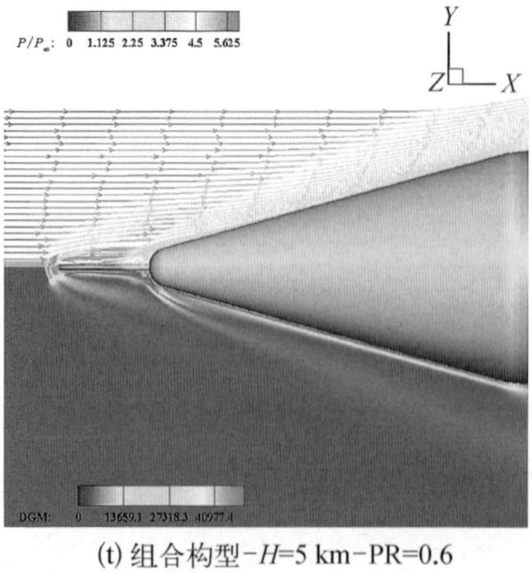

(t) 组合构型-H=5 km-PR=0.6

图 8.8　不同参数组合下的流场结构图

激波后缘向背离壁面的一侧推移，弓形激波面压缩强度增加，流场分层现象更加显著。高压区在组合构型流场中变为由马赫盘、交界面和自由驻点共同组成的膨胀扇区。飞行高度增加，来流动压降低，头部弓形激波能量减弱，气流受激波面压缩作用减轻，喷流在喷孔位置得到充分加速膨胀，膨胀扇区面积随即增大。

对称面温度及马赫数云图，近壁面声速等值面如图 8.9 所示。因流场结构固定，马赫数云图等值线与温度云图等值线表现出高度一致。在极高动压的流动环境中，基础构型和单一激波针构型外部流场受到压缩作用而紧贴壁面。反观组合构型，喷流在头部流场展现出良好的扩张和膨胀效应，高马赫数来流被成功地推离壁面，为钝体头部开辟出一片低速流动区域。由于头部膨胀流场和激波针根部回流区联合作用，钝体头部出现再附激波并顺来流向后发展。飞行高度对流场形态并无明显改变作用。相反地，减阻方案的选择及内部参数(喷流

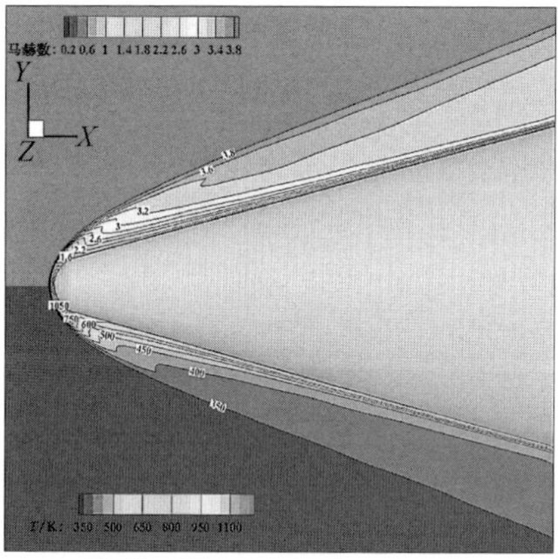

(a) 基础构型-H=500 m-PR=0

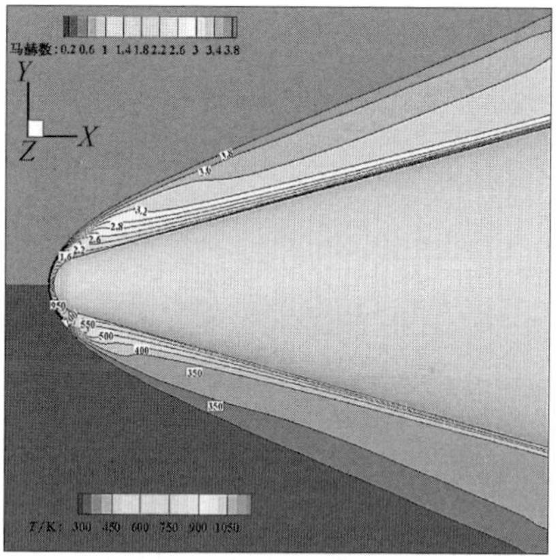

(b) 基础构型-H=1 km-PR=0

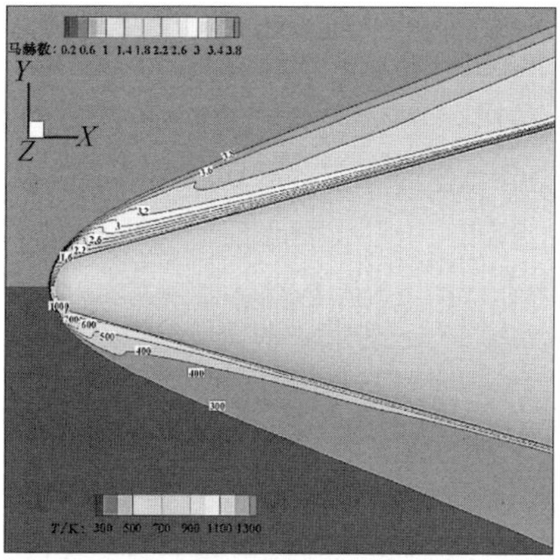

(c) 基础构型-H=2 km-PR=0

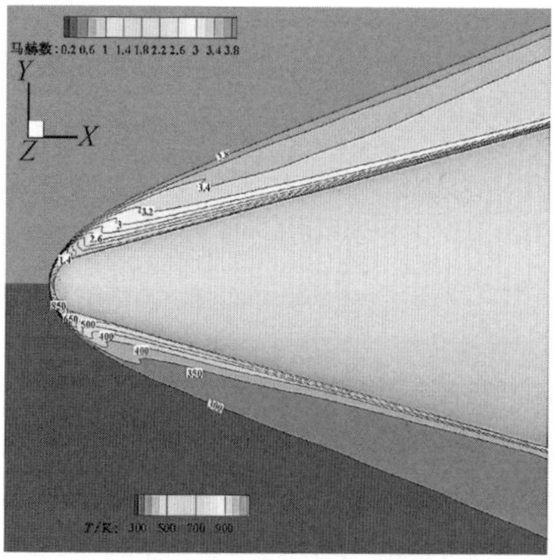

(d) 基础构型-H=5 km-PR=0

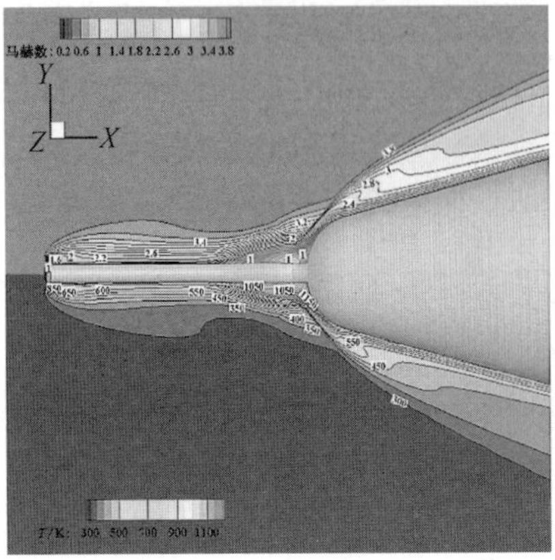

(e) 激波针构型-H=500 m-PR=0

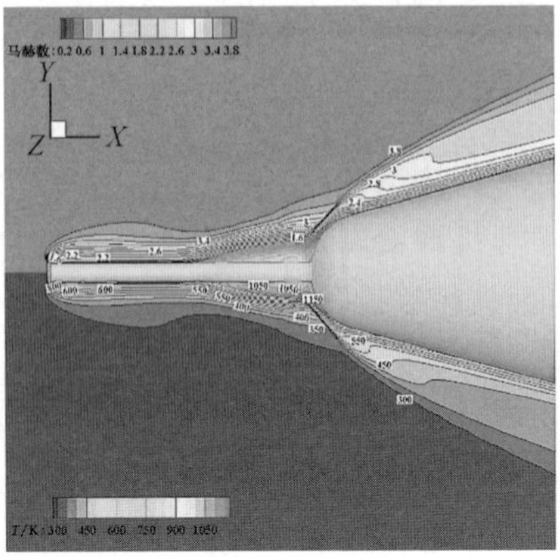

(f) 激波针构型-H=1 km-PR=0

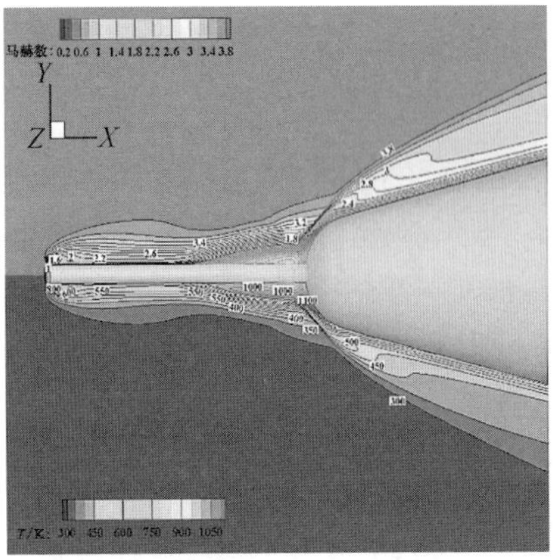

(g) 激波针构型-H=2 km-PR=0

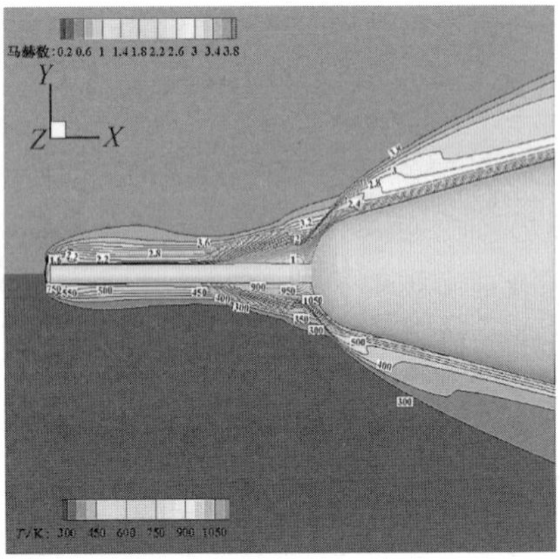

(h) 激波针构型-H=5 km-PR=0

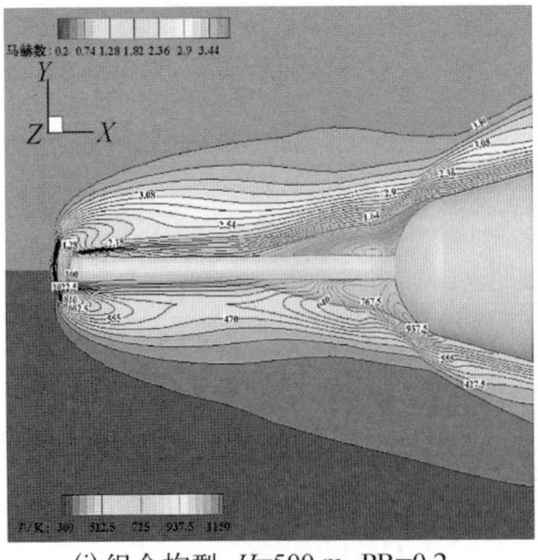

(i) 组合构型-H=500 m-PR=0.2

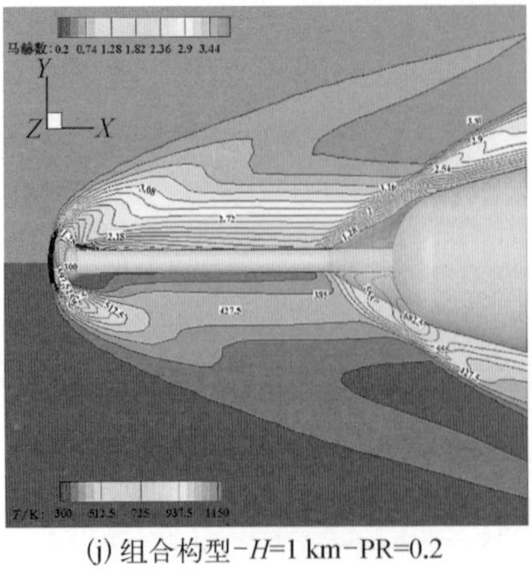

(j) 组合构型-H=1 km-PR=0.2

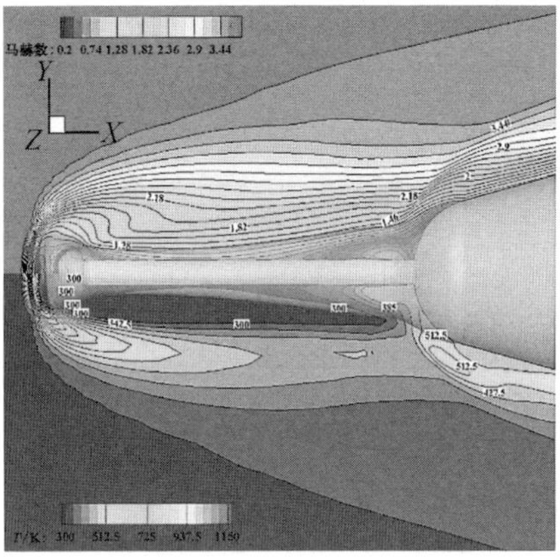

(k) 组合构型-H=500 m-PR=0.4

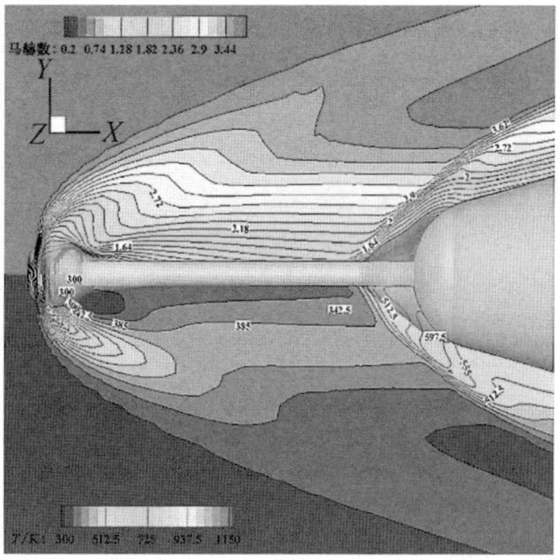

(l) 组合构型-H=1 km-PR=0.4

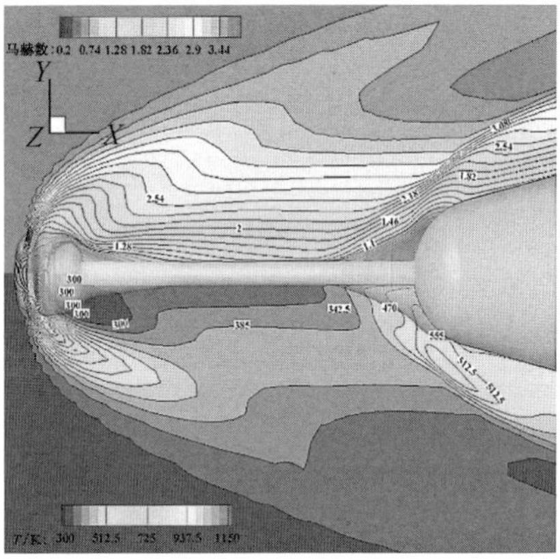

(m) 组合构型-H=500 m-PR=0.6

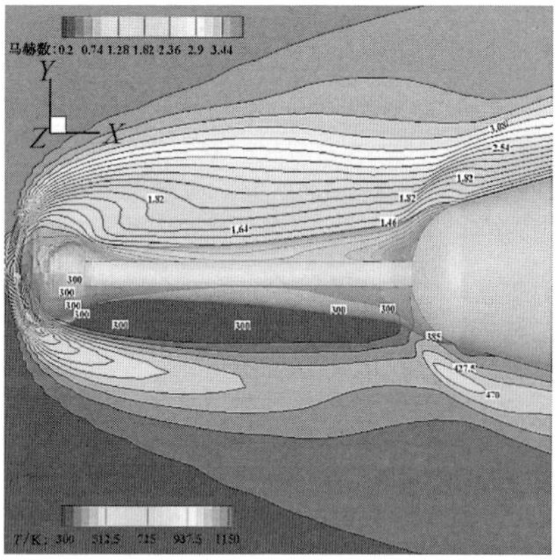

(n) 组合构型-H=1 km-PR=0.6

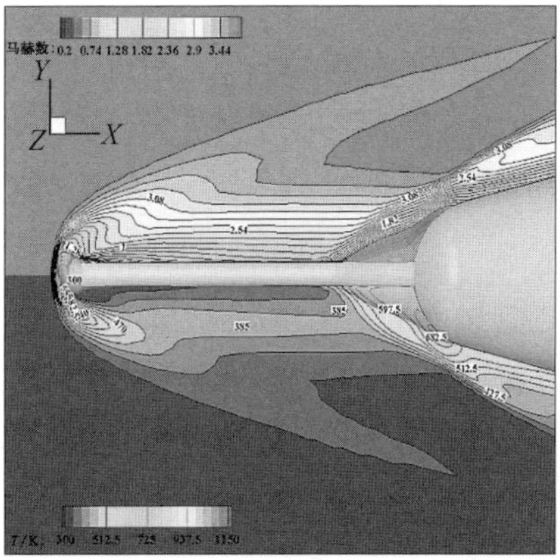

(o) 组合构型-H=2 km-PR=0.2

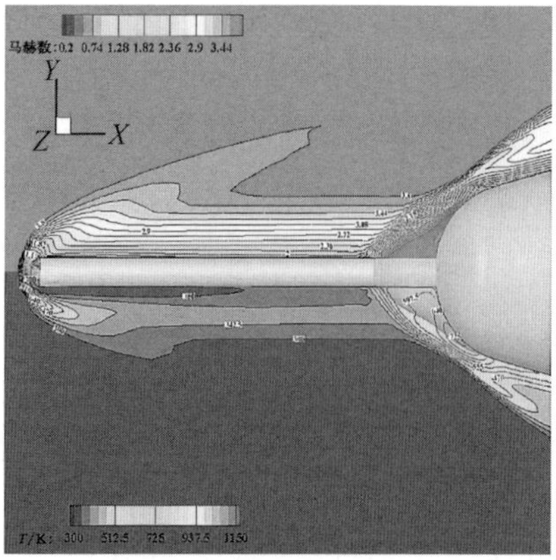

(p) 组合构型-H=5 km-PR=0.2

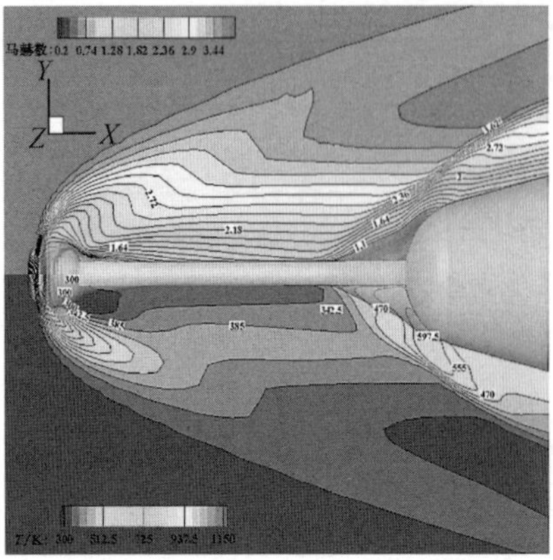

(q) 组合构型-H=2 km-PR=0.4

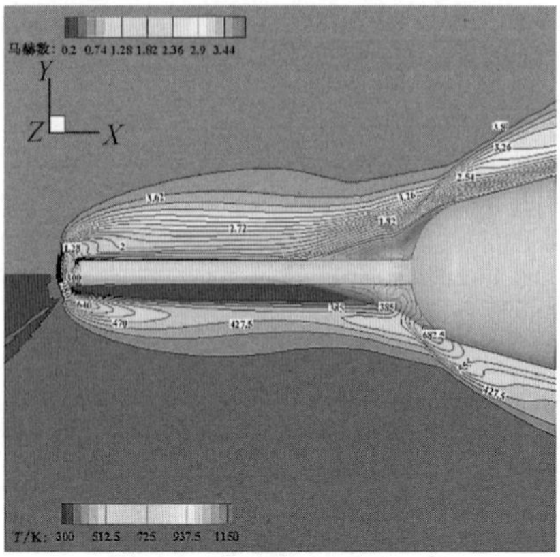

(r) 组合构型-H=5 km-PR=0.4

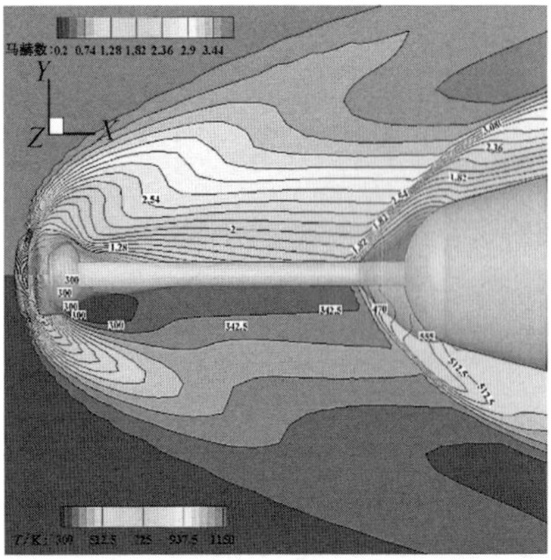

(s) 组合构型-H=2 km-PR=0.6

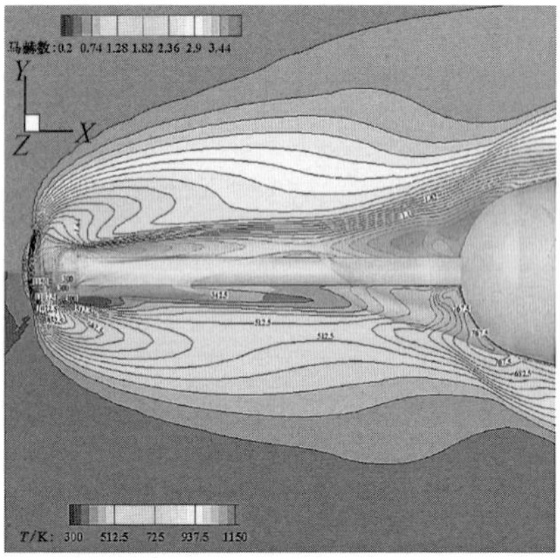

(t) 组合构型-H=5 km-PR=0.6

图 8.9 不同参数组合下温度及马赫数云图

压比）对流场形态变化的作用较为显著。

基础构型头部流体区域受压缩作用，在弓形激波后侧形成高气动热、低马赫流动区域，流场最高温度为 1 200 K。锥尖处近壁面温度会随着飞行高度的增加发生小幅降低。对激波针方案，由于回流区和再附激波双重作用，钝头体近壁面热值最大区域被限制在顶部与肩部的过渡区域。借助激波针对流场的重构作用，一级锥体尖部热流得到一定程度的降低，但是在激波针末端位置，近壁面流域复杂流动特征相互作用提高了钝体近壁面温度。在组合构型中，弓形激波被喷流推向来流方向，激波脱体距离增加，喷流穿过马赫盘与来流形成交界面，交界面上出现局部高温区域。由于激波被推移并脱体，激波针中部被低温低马赫区域的流动区域包裹。

相较于喷流压比，飞行高度对近壁面流域热值分布的影响并不明显。在同一飞行高度下，提高喷流压比，喷流膨胀效应增强，激波针后段弧形局部高温区域远离壁面，有效地扩张了激波针根部附近低热值区域并使高温区域由锥顶向肩部移动。在高度 1 km，喷流压比 0.6 工况下获得最低近壁面流场温度(385 K)。最大的降热率出现在飞行高度 500 m 时，近壁面流场最高热量由 937.5 K(PR=0.2)降低至 555 K(PR=0.6)，降低率达 40.8%。在高度 5 km 时出现了随喷流压比增大近壁面热量先减小后增大的现象。

结合 1 马赫等值面进行分析，从等值面外包络曲线形状可以发现，喷孔处高压喷流与高速来流在头部形成交界面，来流在交界面后向两侧流动，在逆压梯度作用下形成头部回流区。膨胀扇区体积的扩张程度与喷流压比关系密切，随着喷流压比增大，喷孔处形成倒锥形膨胀扇区并逐渐向来流方向膨胀扩张。飞行高度改变对膨胀扇区形态变化无明显作用，激波针中部及根部回流区的等马赫数包络轮廓曲线随高度和喷流压比呈现无规则变化。

激波针中段低马赫流动区域向后发展，在钝体壁面处形成根部回流区并由钝体头部向肩部扩展。回流区具有低速、低温等良好特性，对锥尖钝化的头部有着至关重要的减阻降热作用。图 8.10 整理了各工况头锥处回流区的形态，可以对其进行观察与分析总结回流区形态随外界参数变化的规律，并推动建立减阻降热性能表征与流场微观细节演化的联系。组合构型近壁面低速流动区域面积随喷流压比增大呈现显著扩张延伸趋势，反观高度则对近壁面低速流动区域的影响较为有限。这说明喷流压比对组合构型近壁面流场结构改变作用明显，且超过了高度对它的影响。组合构型在同一飞行高度下增加喷流压比，附着在钝体头部近壁面的回流区形态发生明显变化，回流区向钝体圆心坍缩，面积减小并且涡心位置向壁面移动。

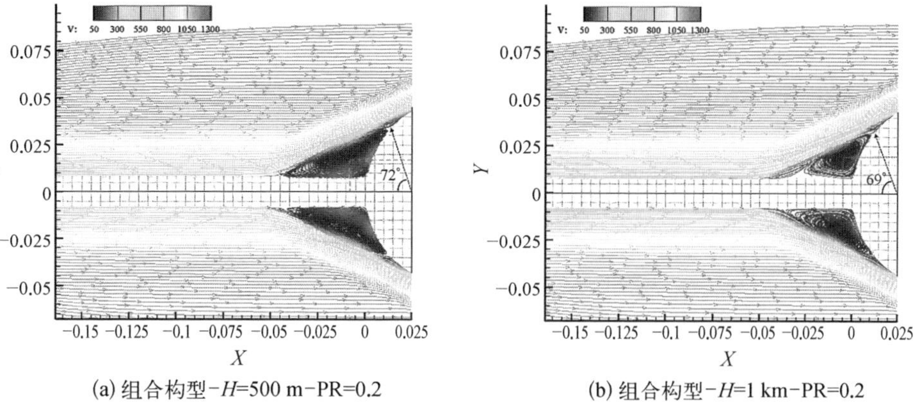

(a) 组合构型-H=500 m-PR=0.2　　(b) 组合构型-H=1 km-PR=0.2

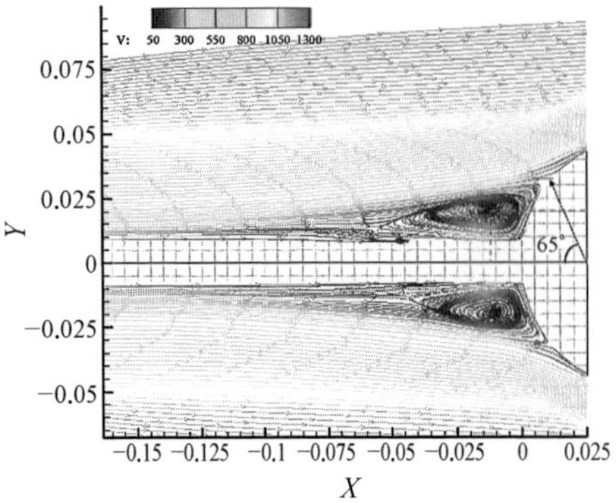

(c) 组合构型-H=500 m-PR=0.4

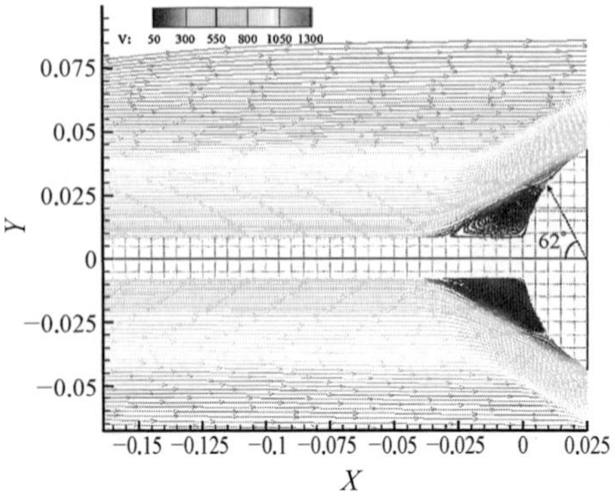

(d) 组合构型-H=1 km-PR=0.4

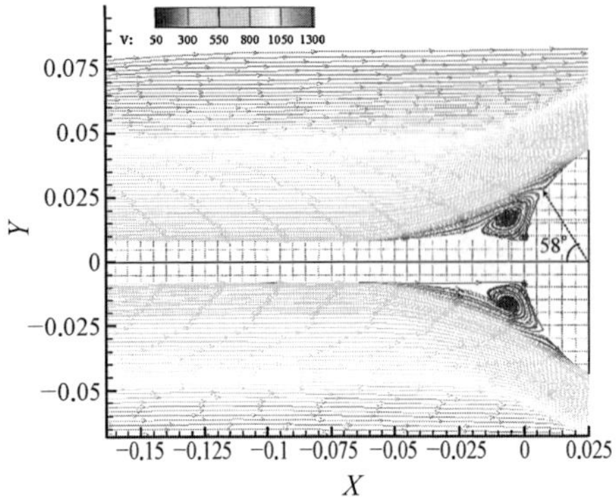

(e) 组合构型-H=500 m-PR=0.6

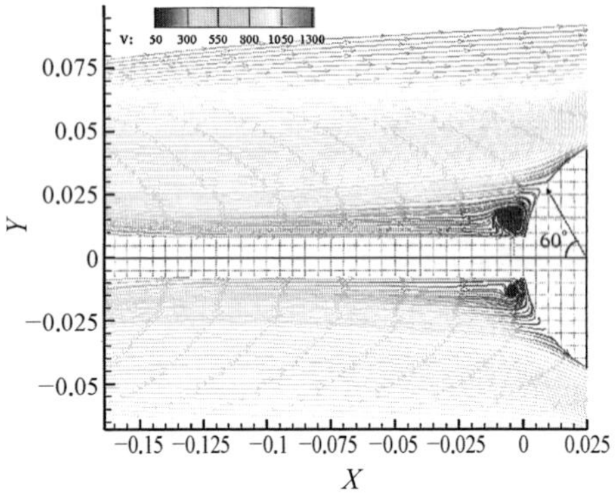

(f) 组合构型-H=1 km-PR=0.6

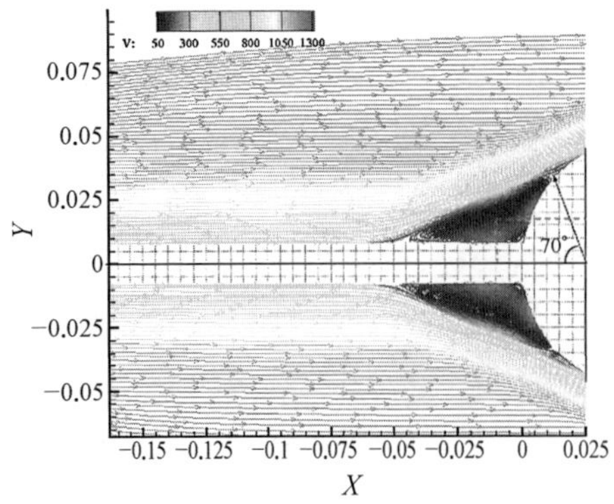

(g) 组合构型-H=2 km-PR=0.2

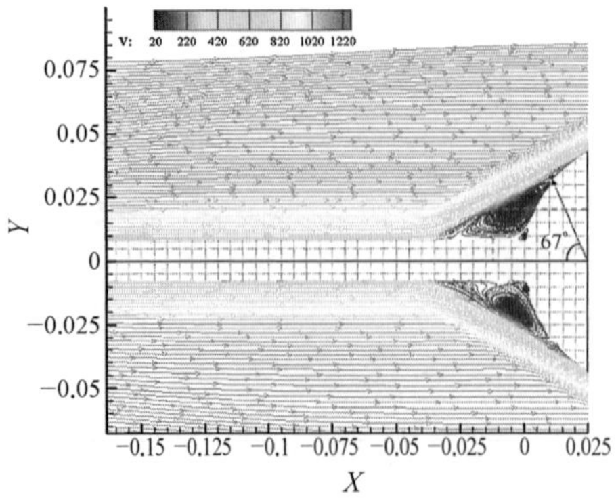

(h) 组合构型-H=5 km-PR=0.2

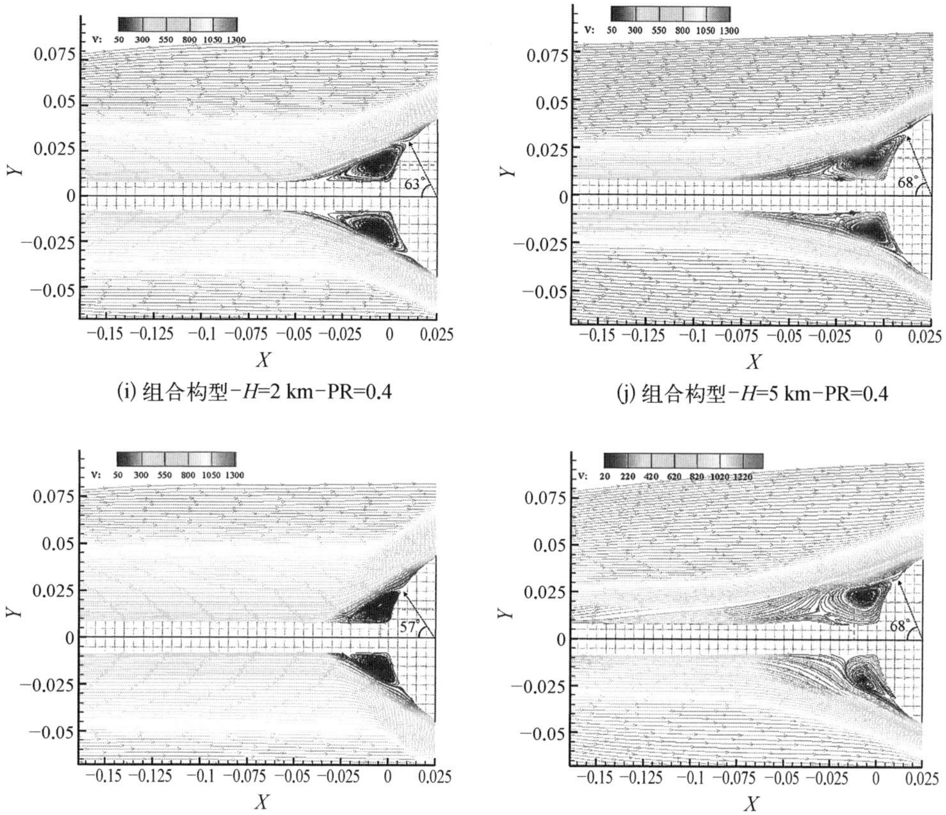

(i) 组合构型-H=2 km-PR=0.4　　(j) 组合构型-H=5 km-PR=0.4

(k) 组合构型-H=2 km-PR=0.6　　(l) 组合构型-H=5 km-PR=0.6

图 8.10　带喷流旋成体构型头部回流区形态

表 8.5 记录了 20 组数值模拟工况的阻力情况，表中参数标记包含三组信息，分别是构型（B 表示基础构型，BS 表示激波针构型，BSJ 表示组合构型）、飞行高度和喷流压比。减阻方案选择和飞行高度对阻力值的影响情况见图 8.11 和图 8.12。

表 8.5　阻力及减阻率

数值模拟工况编号	参数标记	阻力/N	同一高度下不同方案的减阻率/%	同一喷流压比下的减阻率/%
1	B－500－0	39 554.5	—	—
2	B－1000－0	38 212.3	—	3.39
3	B－2000－0	30 204.6	—	23.64

续 表

数值模拟工况编号	参数标记	阻力/N	同一高度下不同方案的减阻率/%	同一喷流压比下的减阻率/%
4	B－5000－0	22 603.9	—	24.85
5	BS－500－0	41 710.9	-5.45	—
6	BS－1000－0	38 254.1	-0.11	8.29
7	BS－2000－0	34 557.5	-14.41	17.15
8	BS－5000－0	23 675.8	-4.74	43.24
9	BSJ－500－0.2	38 708.9	2.14	—
10	BSJ－500－0.4	38 937.1	1.56	—
11	BSJ－500－0.6	36 822.6	6.91	—
12	BSJ－1000－0.2	36 541.5	4.37	5.60
13	BSJ－1000－0.4	35 703.1	6.57	8.31
14	BSJ－1000－0.6	36 275.4	5.07	1.49
15	BSJ－2000－0.2	32 362.6	-7.14	16.39
16	BSJ－2000－0.4	31 617.6	-4.68	18.80
17	BSJ－2000－0.6	31 082.8	-2.91	15.59
18	BSJ－5000－0.2	23 017.7	-1.83	40.54
19	BSJ－5000－0.4	25 591.8	-7.16	34.27
20	BSJ－5000－0.6	23 312.2	-1.85	40.13

图8.11对同一高度下不同减阻方案的减阻效率进行对比，通过观察柱状图发现：激波针构型在500 m、1 km、2 km和5 km高度下减阻率分别为-5.45%、-0.11%、-14.41%和-4.74%。数据表明，激波针构型在极高动压的飞行环境中已然丧失减阻效果。组合方案凭借主动喷出介质对外流域流场结构进行重构，在小于等于1 km的高度内工作时仍可以提供良好的减阻效果，此时对应减阻率为6.91%。在2 km飞行高度下，各方案中最佳减阻率为-2.91%，在5 km飞行高度下，各方案中最佳减阻率为-1.83%，两者均表现出一定程度的阻力增加。即当飞行高度上升至2 km后，以激波针或者喷流-激波针为代表的组合减阻降热方法已经失去了相应效果，即使增大喷流压比也不缓解这一问题。通过仔细分析喷流压比对减阻率的影响发现，在除飞行高度为2 km以外的所有工况中，减阻率随喷流压比的增加表现出复杂的非线性变化趋势。这反映出，喷流压比

并非越大越好，而在固定工况中总存在着一个最优喷流压比。从减阻率变化的大致趋势可以得到，在一定范围内，增大喷流压比可以强化主动喷流对流场的重构作用并实现良好的减阻效果。

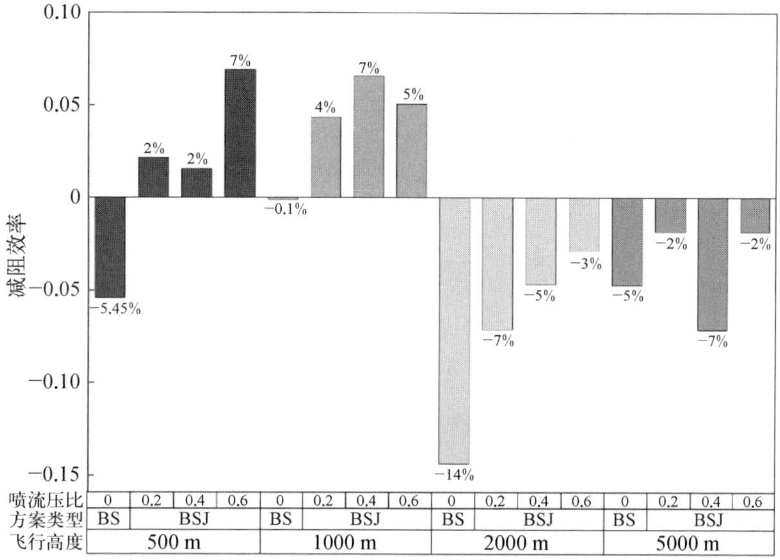

图 8.11　不同减阻方案对减阻效率的影响

图 8.12 中对同一减阻方案下不同飞行高度的减阻效率进行对比。以各方案在飞行高度 500 m 下的阻力数值作为基准数据，通过不同颜色对减阻方案进行区分，研究飞行高度对各方案减阻效率的影响。伴随飞行高度的增加，减阻率呈现较为明显且连续地上升趋势。飞行高度越高，阻力减小程度越发明显，当飞行高度为 1 km、2 km、5 km 时，平均减阻率分别为 5.42%、18.31%、36.61%。图中各项减阻率皆为正值，且在同一高度下各方案减阻率数值接近。这说明在超低空、极高动压的飞行环境中，阻力对飞行高度变化的敏感程度高于对减阻方案选择的敏感程度。

图 8.13 为各方案壁面热流分布情况，对于基础构型和激波针构型，云图组合中从左到右飞行高度依次增大，对于组合构型，同一高度下云图从左到右喷流压比依次增大。基础构型与激波针构型的壁面热流随飞行高度变化显著，特别地表现在低热流区域面积变化。飞行高度增大，旋成体构型第一级锥面由高热流状态向低热流状态快速转换，锥顶位置热流也表现出明显衰退迹象。

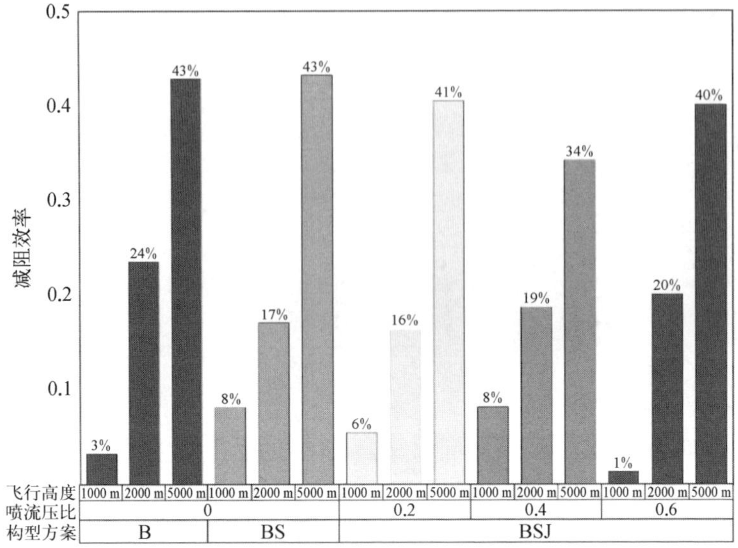

图 8.12　不同飞行高度对减阻效率的影响

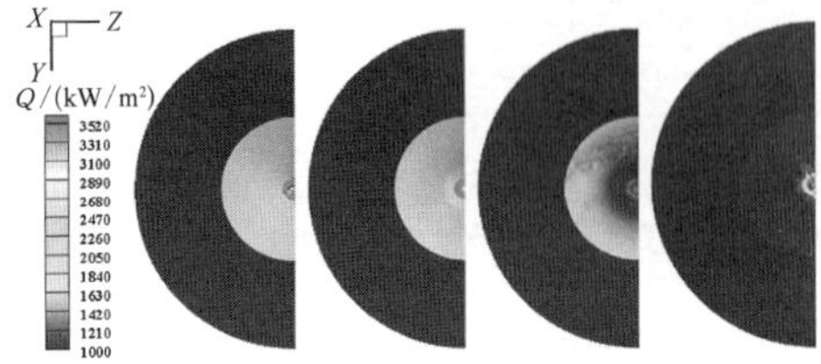

(a) 基础构型在不同飞行高度下

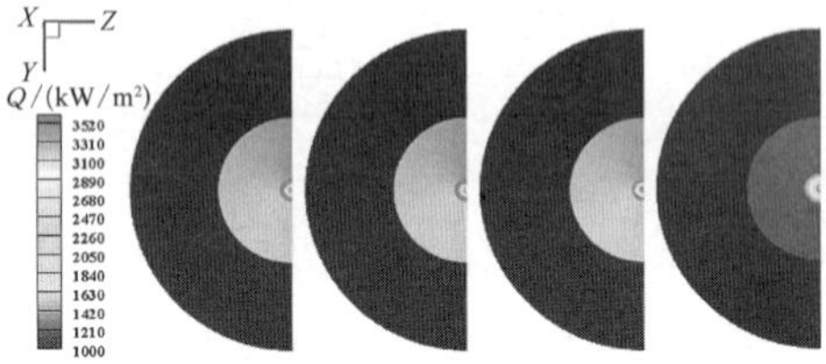

(b) 激波针构型在不同飞行高度下

(c) 组合构型在500 m不同喷流压比下

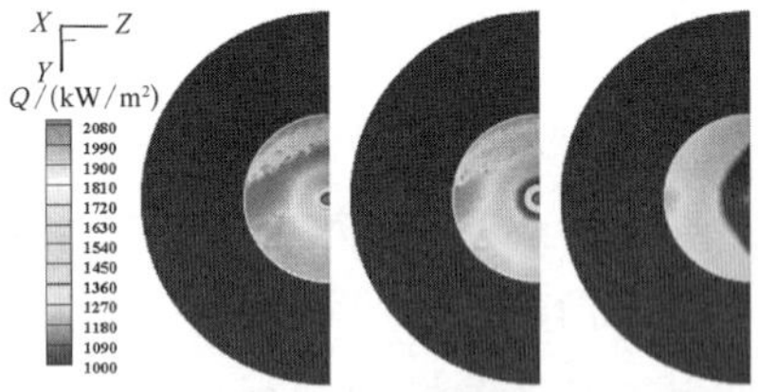

(d) 组合构型在1 km不同喷流压比

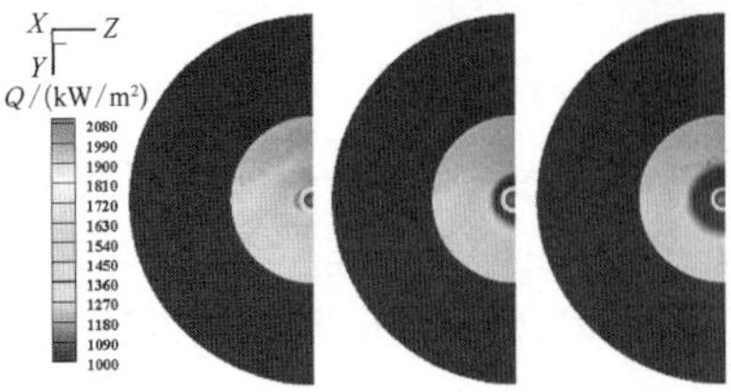

(e) 组合构型在2 km不同喷流压比下

(f) 组合构型在5 km不同喷流压比下

图 8.13　旋成体构型头部壁面热流云图

组合构型在喷流压比改变时锥面热流的变动情况见图 8.13(c)～(f)。相较于基础构型和激波针构型,组合构型展现出出众的壁面热流分布重构能力,壁面热流峰值点由锥尖快速转移至第一级锥面的外缘。除此之外,还可以观察到增大喷流压比对降低壁面热流产生了积极的影响。具体而言,壁面低热流区域成功地由锥顶向外缘扩展,热流峰值也表现出不同程度的下降。

由不同飞行高度下四种装置构型第一段锥体壁面上的热流分布情况[图 8.14(a)～(d)]可以发现,降热方案显著地改变了壁面热流曲线的形态。来流直接冲击在基础构型钝体头部,头部尖顶处形成弓形激波,气动加热严重,伴随着出现高热流的极值点。弓形激波随来流向下发展,并演化为斜激波,激波对来流的压缩作用减弱。越过极值点后,壁面热流迅速降低,在钝体头部结束位置有一道微弱的激波,壁面热流将出现局部升高,随后降低并逐渐保持稳定。对于激波针构型,弓形激波形成位置向前推移至针头部位置,随后形成脱体的斜激波并向

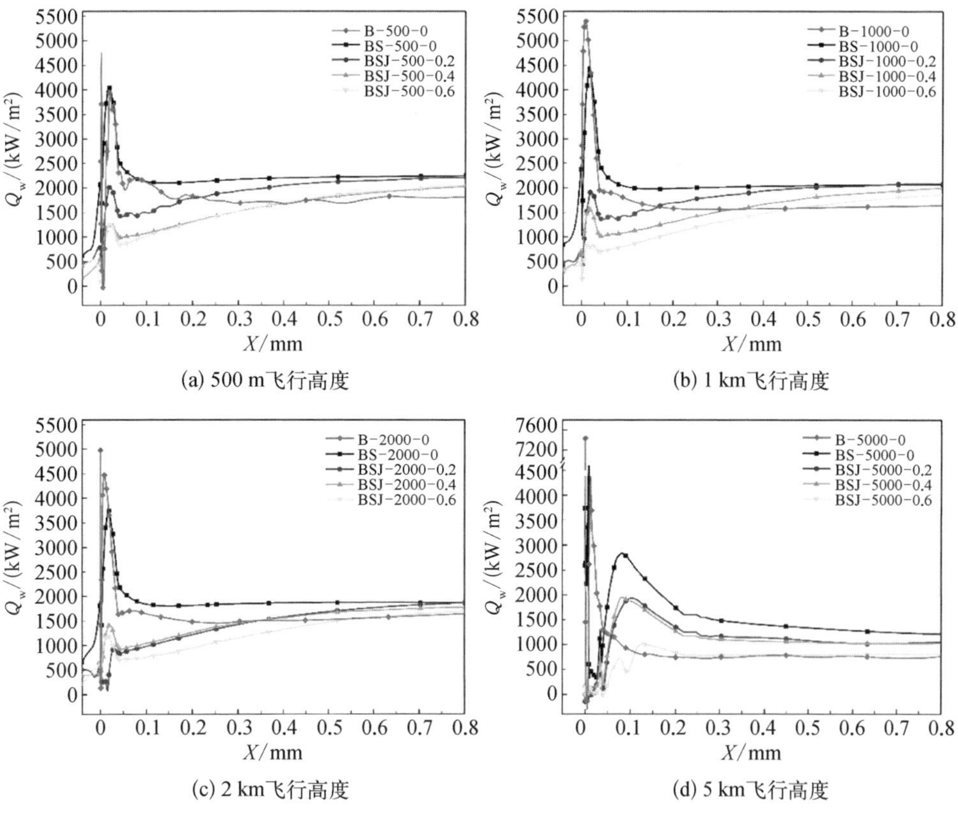

(a) 500 m飞行高度　(b) 1 km飞行高度

(c) 2 km飞行高度　(d) 5 km飞行高度

图 8.14　不同飞行高度下四种构型钝体头部壁面热流分布曲线

后延伸,激波针及钝体头部被包裹在低流速区域。钝头肩部再附点形成一再压缩激波,来流经过激波面被压缩,压力升高使此处壁面出现高峰值热流点。激波针将激波推离,为近壁面开辟出一块低速流动区域,因此,越过高峰值点后壁面热流曲线表现为平滑过渡并逐渐稳定。对比不同减阻方案的壁面热流曲线,带喷流的组合构型具有明显区分性。虽然三种构型锥面外缘平稳状态下的热流差异较小,但带组合构型热流峰值明显低于其他两种构型,这得益于喷流工质吸热冷却作用。激波针与喷流配合使用增强了主动方案对近壁面流场的重构作用,低速流动区域范围扩大,热流需要经历一段回升过渡阶段后才能逐渐进入平稳状态。

当飞行高度为 500 m、1 km、2 km 时,组合构型的壁面热流峰值虽然较其他方式有明显的下降,但峰值位置仍较为接近。反观 5 km 高度下的热流云图,组合构型与激波针构型的热流峰值点显著地向外缘推移,与基础构型表现出明显差异。在 5 km 高度下,来流压力明显低于其他高度,激波针根部产生膨胀波,来流越过膨胀波后流动速度增大,气流与物面的强烈摩擦使边界层内气流温度上升,气动加热作用明显,此处出现局部热流波动点。随流动向后推离,激波层再次贴近壁面,在流动干扰作用下构型上出现新的热流峰值点,相较其他高度其位置更加靠近锥面外缘。对比组合构型采用不同喷流压比时壁面热流峰值点情况,明显地发现:提高逆向喷流的喷流压比可以为壁面带来更优质的冷却效果。

提取数值模拟结果中的热流峰值及对应降热率并记录在表 8.6 中。在飞行高度 1 km,喷流压比 0.6 的工况下,记录中最低热流峰值为 859.34 kW/m^2。整理表格数据,将各个高度下基准构型作为参考情况进行计算,得出各头部构型方案对应降热率,绘制成图 8.15。同时,以各方案在 500 m 飞行高度提取热流数据为基准,计算以飞行高度变化为主导的降热率,绘制成图 8.16。

表 8.6 热流峰值及降热率

数值模拟工况编号	参数标记	壁面热流峰值/(kW/m^2)	同一高度下不同方案的降热率/%	同一方案下不同高度的降热率/%
1	B-500-0	3 948.08	—	—
2	B-1000-0	5 412.89	—	-37.10
3	B-2000-0	4 464.07	—	-13.07
4	B-5000-0	4 475.60	—	-13.36

续　表

数值模拟工况编号	参数标记	壁面热流峰值/(kW/m²)	同一高度下不同方案的降热率/%	同一方案下不同高度的降热率/%
5	BS－500－0	4 051.26	−2.61	—
6	BS－1000－0	4 476.29	17.30	−10.49
7	BS－2000－0	3 778.80	15.35	6.73
8	BS－5000－0	2 837.05	36.61	29.97
9	BSJ－500－0.2	2 010.74	49.07	—
10	BSJ－500－0.4	1 246.89	68.42	—
11	BSJ－500－0.6	1 279.12	67.60	—
12	BSJ－1000－0.2	1 923.25	64.47	4.35
13	BSJ－1000－0.4	1 606.22	70.33	−28.82
14	BSJ－1000－0.6	859.34	84.12	32.82
15	BSJ－2000－0.2	936.57	79.02	53.42
16	BSJ－2000－0.4	1 412.21	68.36	−13.26
17	BSJ－2000－0.6	1 192.24	68.36	6.79
18	BSJ－5000－0.2	1 930.33	56.87	4.00
19	BSJ－5000－0.4	1 947.15	56.49	−56.16
20	BSJ－5000－0.6	1 012.63	68.45	20.83

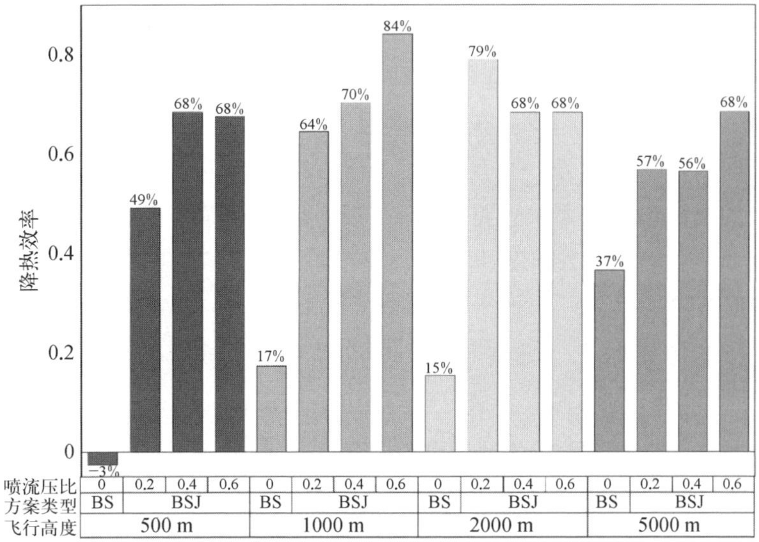

图 8.15　同一高度下旋成体构型头部壁面热流峰值随减阻方案的变化

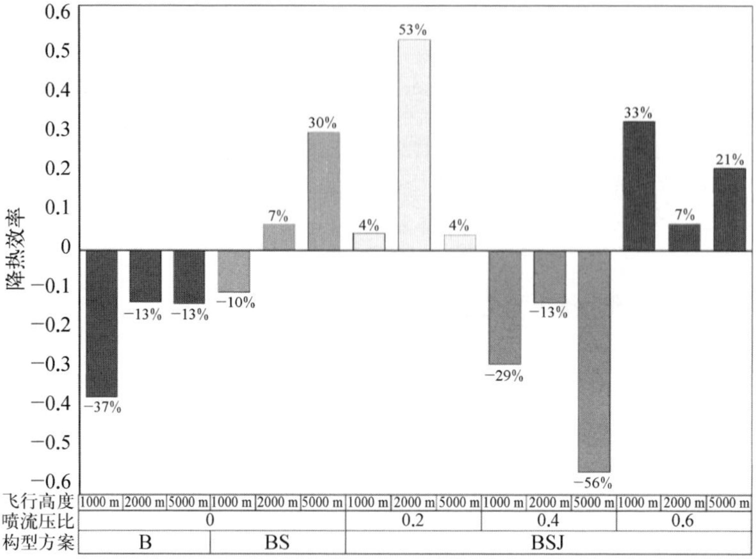

图 8.16　相同构型方案下旋成体构型头部热流峰值随飞行高度的变化

在各种减阻方案降热率中,仅有 500 m 高度下激波针构型表现出热流增大,其余方案均具有良好降热能力。特别地,组合构型表现出强大的降热能力,相较于单一激波针构型,叠加喷流后方案降热能力提升了 3~4 倍。在不同高度下,激波针构型平均降热率为 16.7%。在各工况下,飞行高度 1 km ,组合构型平均降热率为 66.8% 。在各工况下,飞行高度 1 km 采用喷流压比 0.6 的组合构型表现出最优降热效果,热流峰值降低了 84.12%。随飞行高度增加,激波针方案降热能力大体上呈现增强趋势。在飞行高度 2 km 下,随喷流压比增大,组合构型降热率反而出现下降趋势。换言之,对于组合构型,其降热能力与喷流压比之间并无明显的线性作用关系。这是因为,在极高动压的特殊环境中飞行,环境参数微小变化都有可能引起结果高度非线性变动,因此,参数间线性作用区间被压缩,甚至几乎消失。

借助图 8.16 比较飞行高度对不同构型降热能力的影响,可以发现,高度由 1 km 上升至 5 km,基础构型和激波针构型的降热能力得到一定提升。当采用组合构型且喷流压比设置为 0.4 时,构型降热能力随飞行高度的增加而减弱,特别是在高度为 5 km 时,降热能力的减弱最为显著,头部热流峰值上升了 56%。相比之下,在飞行高度增加的情况下,喷流压比分别为 0.2 和 0.6 的组合构型则展现出较为良好的降热效果,其对应的平均降热率分别为 20.6% 和 20.2%。总体而言，飞行高度对方案降热能力的影响并无显著一致性规律可循。

8.3　升力体构型飞行器数值计算模型

本节针对高超声速升力体构型开展研究工作，在众多升力体飞行器构型中，选取代表性的 HTV－2 高超声速飞行器外形，侧缘线与平面夹角为 15°，上、下缘线与平面的夹角为 4.5°。将飞行器头部钝化，钝化半径设置为 50 mm。依照头部减阻方案将构型划分为原始构型，激波针构型及组合构型。在基础构型的头部加装一长 25 mm、直径 16 mm 的激波针即为激波针构型，其三维模型如图 8.17 所示。升力体构型的计算网格如图 8.18 所示，图中着重展示基础构型和激波针构型头部的网格划分情况。自由来流及喷流边界的设置情况与表 8.7 中给定一致。

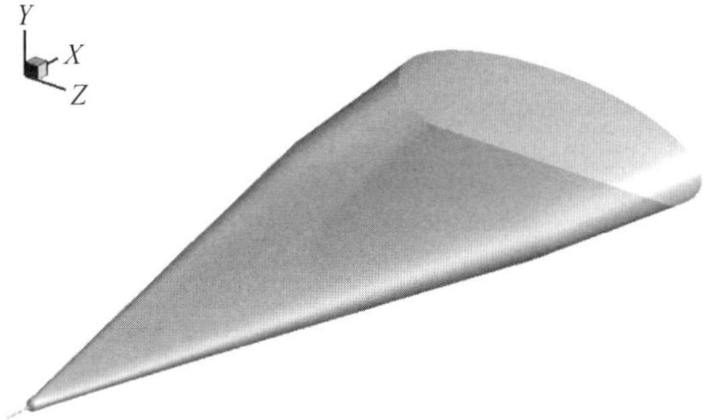

图 8.17　升力体构型加装激波针后的三维模型

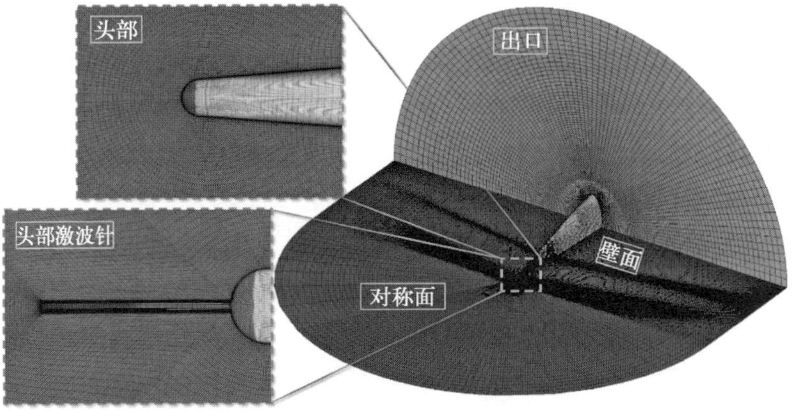

图 8.18　升力体构型的计算网格

表 8.7 边界条件设置

自由来流	逆向喷流	壁面条件
$Ma_{\infty}=4$	PR = 0.2, 0.4, 0.6	$T_w = 300$ K
——	$Ma_s = 1$	——

8.4 升力体构型飞行器喷流-激波针减阻降热特性

8.4.1 减阻降热有效性验证

主动减阻降热方法应用在极高动压环境中的有效性验证数值模拟工况被设定为高度 1 km、飞行马赫数 $Ma=4$(动压为 1 MPa),数值模拟工况设计如表 8.8 所示。

表 8.8 方案有效性验证数值模拟工况设计($Ma=4$)

数值模拟工况编号	飞行高度	减阻方法
1(原始构型)	1 km	无减阻(原始构型)
2(激波针构型)	1 km	激波针构型减阻
3(组合构型)	1 km	喷流-激波针组合构型(PR = 0.2)

由于升力体构型的侧缘线与上、下缘线之间存在显著差异,因此,将 $X-Z$ 截面和 $X-Y$ 截面共同设置为特征截面。流场用特征截面上的密度梯度量级(DGM)着色,壁面采用无量纲压力(P/P_{∞})表示。图片由上半部分的 $X-Z$ 截面及下半部分的 $X-Y$ 拼接而成,并展示在图 8.19 中。

当飞行器在高马赫数状态下飞行时,头部将产生弓形激波(图 8.20),弓形激波对来流有强烈压缩作用,这会直接给飞行器头部带来突出的气动阻力与气动热问题。顺着来流方向,激波的压缩作用减弱并且激波面逐渐远离壁面,从壁面无量纲压力图中可以明显地观察到这一点。升力体构型侧缘线与上、下缘线外扩夹角不一致,因而在不同的截面上,激波形态与强度相差较大。即侧缘线截面的激波较下缘线截面的激波更贴近壁面,增加激波针与喷流后这一特征仍被保留。在头部增设激波针后,弓形激波被推离飞行器壁面,并在后段贴近壁面时

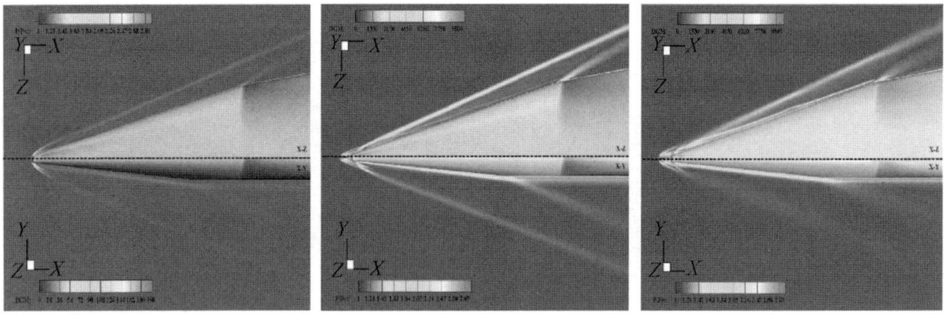

(a) 原始构型　　(b) 激波针构型　　(c) 组合构型

图 8.19　流场结构与壁面压力分布

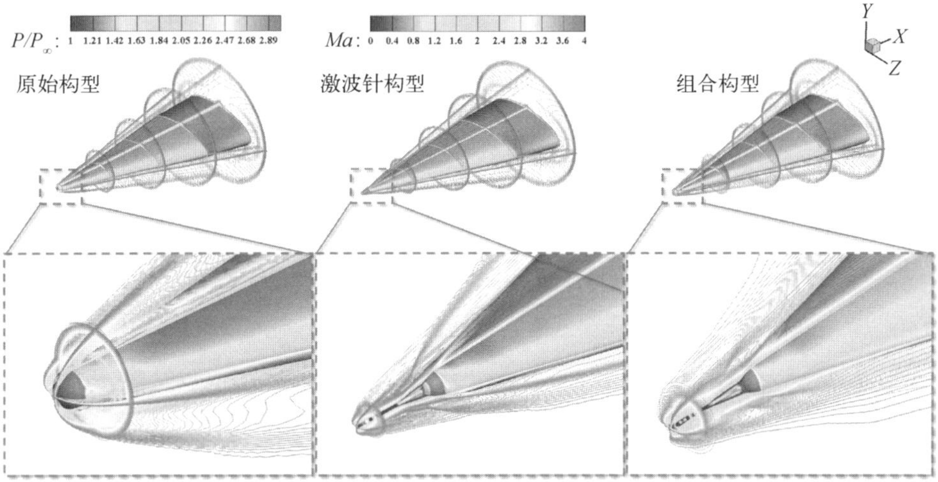

图 8.20　流场结构与壁面压力分布

转化为斜激波，其强度大幅度降低。在激波针构型上组合逆向喷流方法，工质从出口处喷出并迅速膨胀，对弓形激波的推离效果更加明显。

上述分析中提到的侧缘线与上下缘线激波形态的差异，在图 8.21 所示的头部壁面热流云图中得到了进一步验证。侧缘线与激波距离较近，受激波压缩的气流对侧缘线壁面气动加热作用相较于上、下缘线壁面更强烈，因此，侧缘线壁面热流数值明显高于上、下缘线。在原始构型中，来流被紧贴壁面的弓形激波压缩，其气动加热作用增强，钝体头部形成了环状高热流区域，伴随流动向后延伸，高热流区域出现在侧缘线壁面上。反观激波针构型和喷流-激波针组合构型，借助主动降热方法对流场重构作用，头部尖锥所受气动加热作用明显地减弱。相较于原始构型，增设主动降热装置的构型具有更好的降热效果。

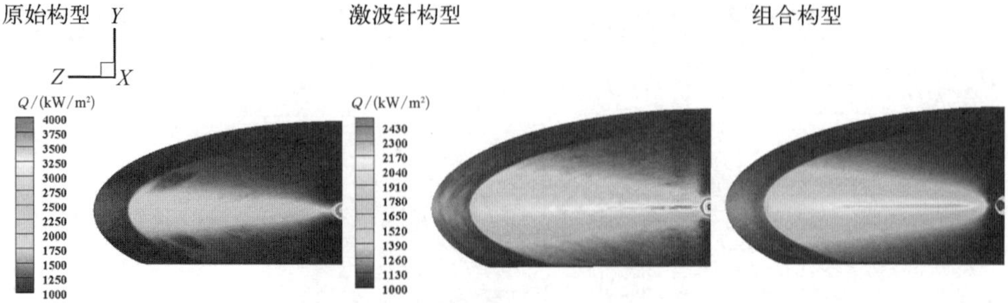

图 8.21　飞行器壁面热流分布

图 8.22 为三种构型侧缘线及上、下缘线壁面热流曲线图，为便于区分，上缘线用黑线表示，侧缘线采用红线表示，下缘线用蓝线表示。提取曲线上热流峰值与热流均值数据连同气动阻力数据一起记录于表 8.9 中。

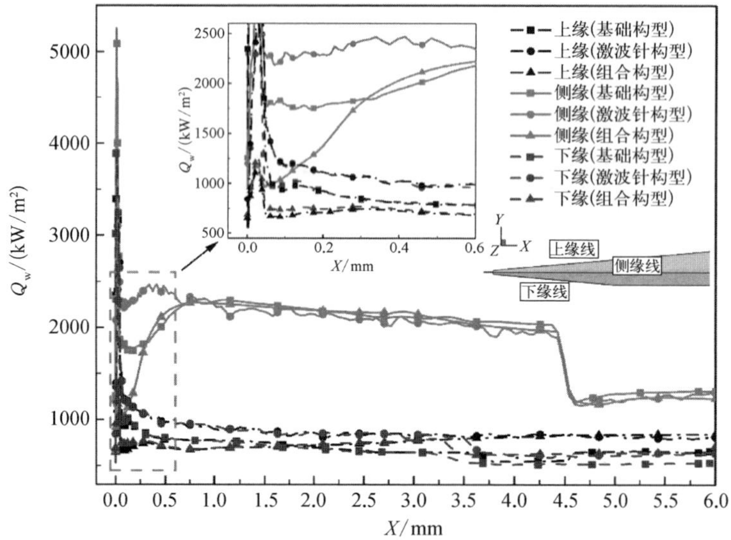

图 8.22　飞行器壁面热流分布

表 8.9　飞行器气动力及气动热数据

观　察　项	基础构型	激波针构型	组合构型
阻力/N	63 568.69	62 645.82	66 397.42
减阻率	—	1.45%	−4.45%
上缘线的最大热流/$(\mathrm{kW/m^2})$	3 656.75	3 272.57	1 148.33

续　表

观　察　项	基础构型	激波针构型	组合构型
侧缘线的最大热流/(kW/m^2)	4 181.53	3 139.16	2 130.81
下缘线的最大热流/(kW/m^2)	3 971.84	3 142.62	1 266.54
上缘线的平均热流/(kW/m^2)	1 065.13	1 123.22	769.67
侧缘线的平均热流/(kW/m^2)	1 971.53	1 868.95	1 546.04
下缘线的平均热流/(kW/m^2)	1 060.36	1 071.50	762.78

对于基础构型三条缘线，侧缘线受气动加热作用最强，上、下缘线壁面热流峰位置几乎一致，在前面论述中已经对这一现象的原因进行阐述，故此处便不赘述。从热流曲线变化形式来看，侧缘线与上、下缘线之间存在显著的差异，上、下缘线间的区别则较小。缘线变化剧烈及多段组合的交界处被清晰地反映在侧缘线与下缘线的热流分布曲线上，特别地，在侧缘线转折过渡位置对应热流曲线出现阶梯性下降变化。受激波面位置影响，热流峰值点出现在侧缘线上，数值为 4 181.53 kW/m^2。此外，侧缘线上热流均值也是三条缘线中最大的，为 1 971.53 kW/m^2。对缘线上热流数值进行分析可以得到：激波针方法对热流峰值最大降低率为 24.93%，平均降热流峰值率为 18.77%；组合构型对热流峰值最大降低率达到 68.60%，平均降热流峰值率为 61.92%。采用主动减阻降热方法改变头部流场结构对降低头部热流有重大的意义。主动减阻降热方法在降低热流峰值方面具有显著效果，但在调节热流均值方面的作用则较为有限。在三条缘线上，激波针方法最大降平均热流率为 5.20%，喷流-激波针组合方法最大降平均热流率为 28.06%。从热流曲线图中可以发现，引入主动降热方法前后，热流曲线显著变化仅出现在头部区域，在曲线中后段三者几乎保持一致。虽然，主动降热方法对壁面热流均值影响程度有限，但是其出众的降壁面热流峰值能力仍使研究人员不能忽略其研究价值。

通过观察气动力数据可以发现：对于升力体构型，在低空高马赫的特殊飞行环境下，组合构型丧失减阻能力，激波针构型的减阻能力也大打折扣，其仅能提供 1.45%的减阻效果。综合而言，主动减阻降热方法应用在低空高马赫的升力体构型上时，仍能实现头部流场重构并保持良好降热作用，但是该方法的减阻能力遭到严重削弱。

8.4.2　减阻降热特性

8.4.1 节从减阻和降热两个方面对特殊飞行环境下主动减阻降热方法性能

进行评估并就方法有效性进行分析。本节将开展飞行环境及逆向喷流参数(喷流压比)对方法减阻降热能力影响的研究工作。固定飞行马赫数 $Ma=4$,改变飞行高度为 0.5 km、1 km、2 km 和 5 km,分别对应动压 1 069 kPa、1 006 kPa、890 kPa 和 605 kPa,喷流压比设置为 0.2、0.4 和 0.6,采用单因素试验方法设计数值模拟工况,工况详情被记录在表 8.10 中。

表 8.10 参数敏感性探究数值模拟工况($Ma=4$)

工 况	喷 流 压 比	飞行高度/m
1	0(激波针构型)	500
2	0.2(组合构型)	1 000
3	0.4(组合构型)	2 000
4	0.6(组合构型)	5 000

图 8.23 为 $X-Z$ 平面和 $X-Y$ 平面飞行器对称面流场云图。对于激波针构型,随着飞行高度增加,环境压力下降,头部弓形激波强度降低。激波对来流压缩作用减弱,波后气流压力减弱,尽管头部仍有部分高压区域,但整机表面无量纲压力明显减弱。在头部加装激波针后,头部流场发生改变,弓形激波推离钝化头部。随飞行环境改变(飞行高度上升),头部弓形激波角度扩张,壁面低压力区域由尾段开始向前端逐渐延伸。综合上述分析可知,飞行高度对飞行器表面受力状况有较明显的改变作用。接下来,对组合构型流场结构进行分析,相较于先前讨论的两种构型,喷流使飞行器头部拥有更复杂流场形态。弓形激波面被推离激波针头部,来流与喷出工质在针头前方形成膨胀扇区,喷流在马赫盘处终止膨胀,并与波后来流形成压力均衡的交界面。与单纯激波针构型相比,组合构型有效地改善了针尖高压高温的恶劣环境。除此之外,多道新激波在组合构型头部区域产生,这成功地扩大了头部弓形激波的弓形角度,并使更大范围头部区域被包裹在低速流动区域中。尽管流场整体结构在云图中未表现出显著变化,但喷流在头部区域引发了明显的流动重构,有效改善了该区域恶劣的流场环境。头部弓形激波扩张角度增大,膨胀扇区位置前推并且面积增大,随着飞行高度的提升或喷流压比的增加,头部弓形激波的扩张角度增大,膨胀扇区向前移动且覆盖面积扩大,反映出组合构型在头部流场重构方面的调控能力得到增强。

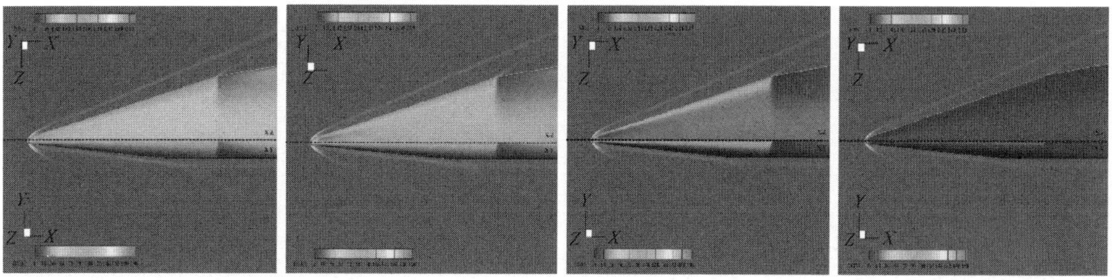

(a) 原始构型-H=500 m　(b) 原始构型-H=1 km　(c) 原始构型-H=2 km　(d) 原始构型-H=5 km

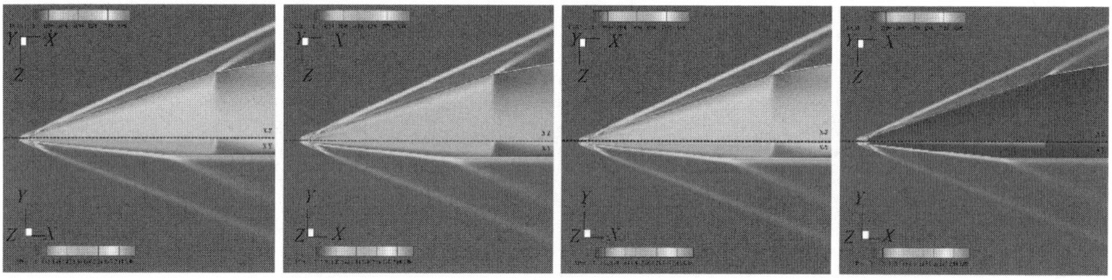

(e) 激波针构型-H=500 m　(f) 激波针构型-H=1 km　(g)激波针构型-H=2 km　(h) 激波针构型-H=5 km

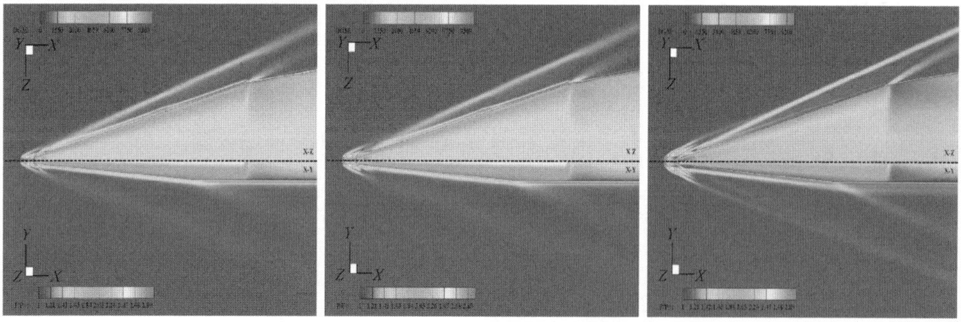

(i) 组合构型-H=500 m-PR=0.2　(j) 组合构型-H=500 m-PR=0.4　(k) 组合构型-H=500 m-PR=0.6

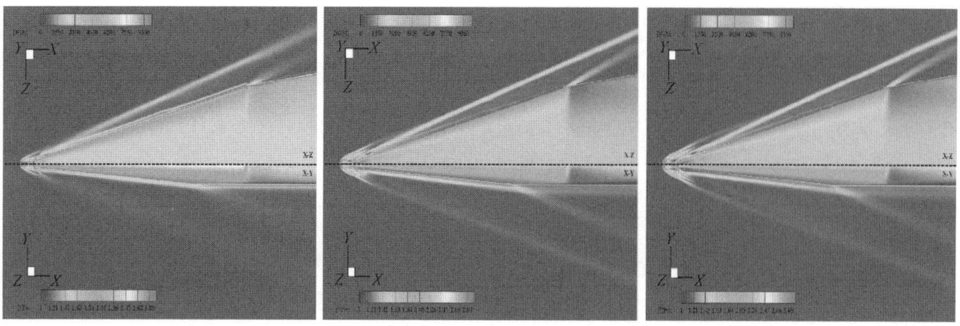

(l) 组合构型-H=1 km-PR=0.2　(m) 组合构型-H=1 km-PR=0.4　(n) 组合构型-H=1 km-PR=0.6

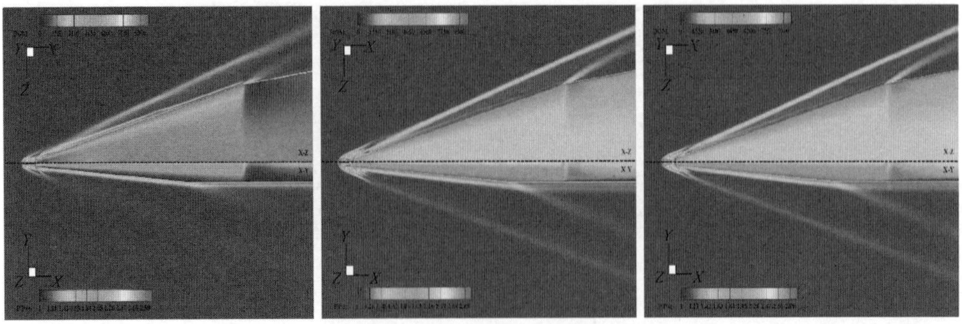

(o) 组合构型-H=2 km-PR=0.2　(p) 组合构型-H=2 km-PR=0.4　(q) 组合构型-H=2 km-PR=0.6

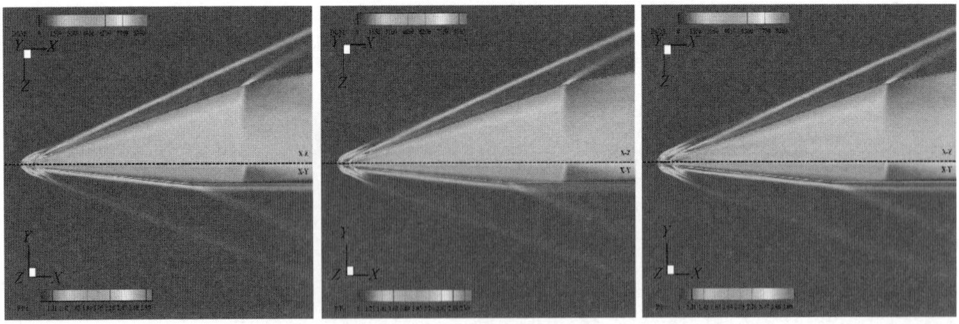

(r) 组合构型-H=5 km-PR=0.2　(s) 组合构型-H=5 km-PR=0.4　(t) 组合构型-H=5 km-PR=0.6

图 8.23　$X-Z$ 平面和 $X-Y$ 平面飞行器对称面流场云图

飞行器的阻力数据见表 8.11，在此基础上对数据进行可视化处理，图 8.24 比较了不同头部构型方案对飞行器阻力的影响，图 8.25 则是比较了飞行高度对飞行器阻力的影响。图 8.24 将同一高度下原始构型的阻力数据作为参考数据，研究主动减阻方法对减阻率的影响。研究表明，在部分飞行状态下，主动减阻方法引发的附加阻力增量超过了其预期的减阻收益，造成整体气动阻力不降反升，表明该方法在该类工况下的适用性受到限制。在众多工况中，阻力呈现增大的工况，其阻力平均增加值为 7.35%；而对于仍具有减阻效果的工况，其平均减阻率为 2.33%，方案中引起阻力增大比例远高于仍具有减阻效果的比例。对流场结构进行分析可知，虽然在极高动压下，组合构型依然对头部流场保持着良好重构作用，但其对整机的作用效果并不显著。具体而言，采用激波针或组合构型，或是增大组合构型喷流压比虽然可以强化方案对头部激波处理能力，但是这些作用均被极高动压的来流限制在头部近壁面区域。激波针构型在不同飞行高度下平均减阻率为 1.64%，组合构型则为-3.08%，从这项数据上分析可以发现，激波针构型减阻能力稍优于组合构型。

表 8.11　阻力及减阻率

数值模拟工况编号	参数标记	阻力/N	同一高度下不同方案的减阻率/%	同一喷流压比下的减阻率/%
1	B－500－0	67 886.61	—	—
2	B－1000－0	63 568.69	—	6.36
3	B－2000－0	56 656.50	—	16.54
4	B－5000－0	38 902.61	—	42.69
5	BS－500－0	66 716.15	1.72	—
6	BS－1000－0	62 645.82	1.45	6.10
7	BS－2000－0	55 628.52	1.81	16.62
8	BS－5000－0	38 285.87	1.59	42.61
9	BSJ－500－0.2	70 897.91	-4.44	—
10	BSJ－500－0.4	70 607.66	-4.01	—
11	BSJ－500－0.6	65 229.57	3.91	—
12	BSJ－1000－0.2	66 397.42	-4.45	6.35
13	BSJ－1000－0.4	61 197.53	3.73	13.33
14	BSJ－1000－0.6	61 118.16	3.85	6.30
15	BSJ－2000－0.2	59 384.50	-4.81	16.24
16	BSJ－2000－0.4	65 811.65	-16.16	6.79
17	BSJ－2000－0.6	66 047.42	-16.58	-1.25
18	BSJ－5000－0.2	39 283.54	-0.98	44.59
19	BSJ－5000－0.4	37 891.94	2.60	46.33
20	BSJ－5000－0.6	38 773.00	0.33	40.56

图 8.25 把同种构型对应飞行高度 500 m 时的阻力数据作为基础数据，探究在极高动压下飞行高度对阻力的影响规律。当飞行高度增至 1 km、2 km 和 5 km 时，构型的平均减阻率分别为 17.00%、12.11% 和 42.91%，表明增大飞行高度可显著降低飞行器所受阻力。对于原始构型和激波针构型，飞行高度增加与阻力降低也表现出正相关的趋势。对于组合构型，变喷流压比的逆向喷流为近壁面流场结构带来了丰富变化，这一改变打破了原本高度和阻力之间线性关系。随飞行高度增加，组合构型的减阻率变化无固定规律。在喷流压比为 0.4 时，飞

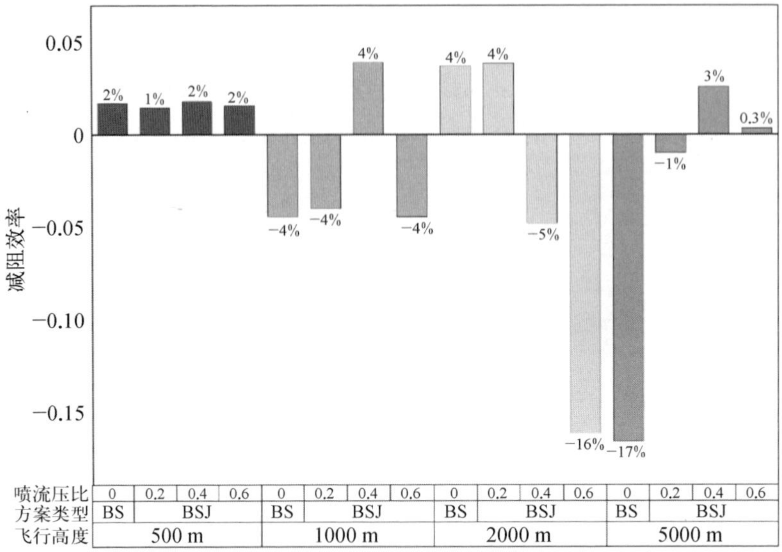

图 8.24 不同头部构型方案对飞行器阻力的影响

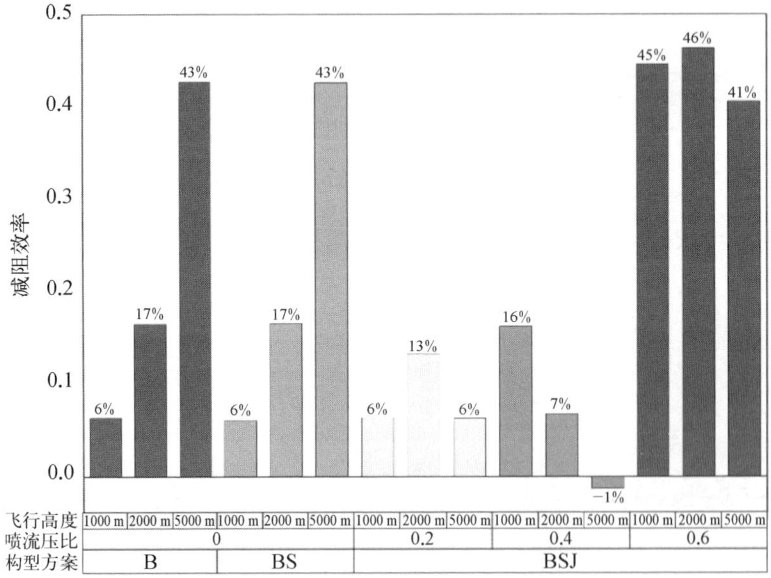

图 8.25 飞行高度对阻力的影响

行高度与减阻率呈负相关。就减阻率而言，随着飞行高度增加基础构型和激波针构型减阻率呈现出几乎相同的数值，这在一定程度上表明飞行高度变化对"定构型"飞行器阻力数值有着相近的影响规律。区别于"定构型"飞行器，变喷流压比的组合构型为飞行器阻力变化带来了更多可能性。正因如此，以逆向喷流为代表的主动质量引射方法也被认为是新一代智能飞行器变体技术突破口之一。

主动减阻降热方法对飞行器气动热影响情况同样值得关注。图 8.26 展示了各工况下飞行器壁面的热流分布情况。对于原始构型和激波针构型，随高度升高其壁面高热流区域逐渐由扇形向针状过渡，最后在侧缘线上汇聚成一条线，对比两者壁面热流云图可以看出，激波针为飞行器带来了一定的降热效果。图 8.26(c)~(e)给出了组合构型壁面热流分布情况，不同于上述两种构型在飞行高度增大时壁面热流的单调性变化，组合构型壁面热流变化趋势更加复杂。总体而言，提升飞行高度或是增大喷流压比都可以提高方案的降热能力，但是其并非始终呈现出一种连续单调变化规律。

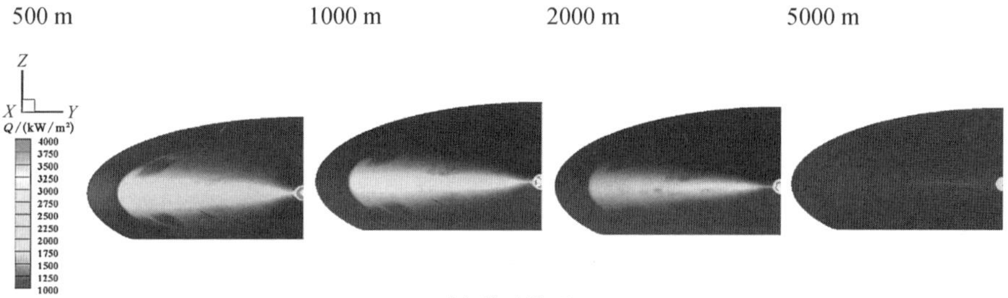

(a) 基础构型

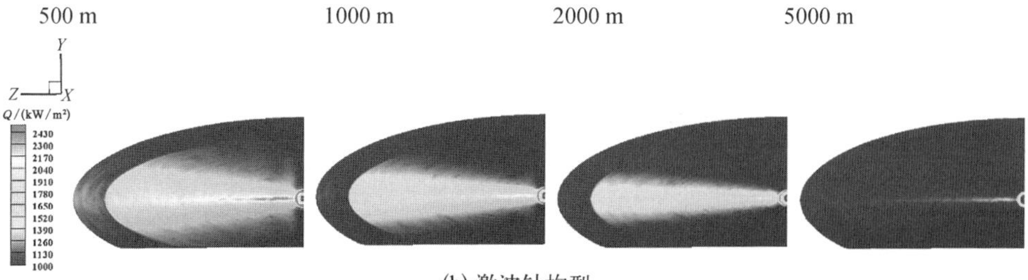

(b) 激波针构型

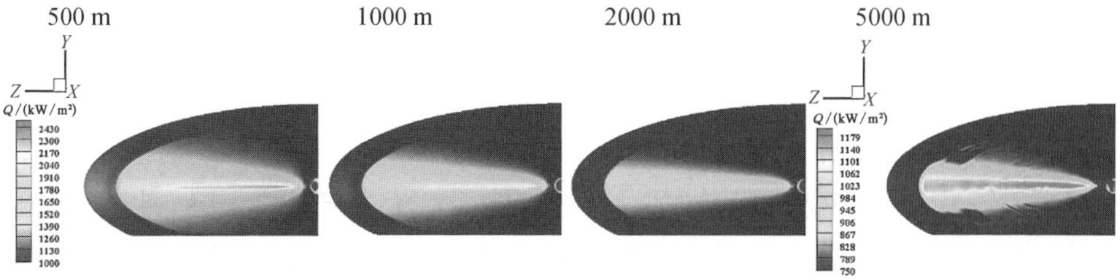

(c) 组合构型-PR=0.2

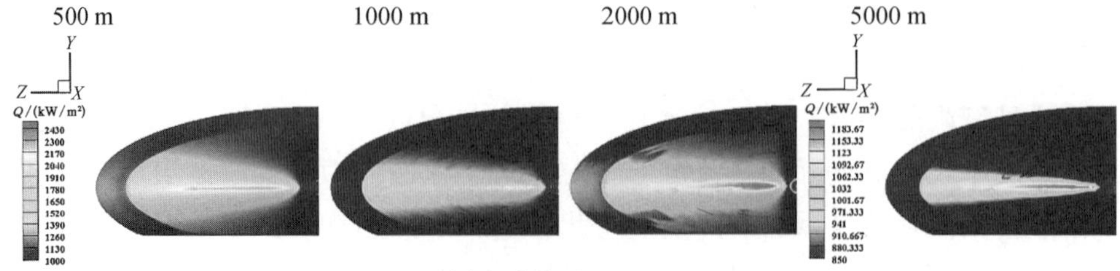

(d) 组合构型-PR=0.4

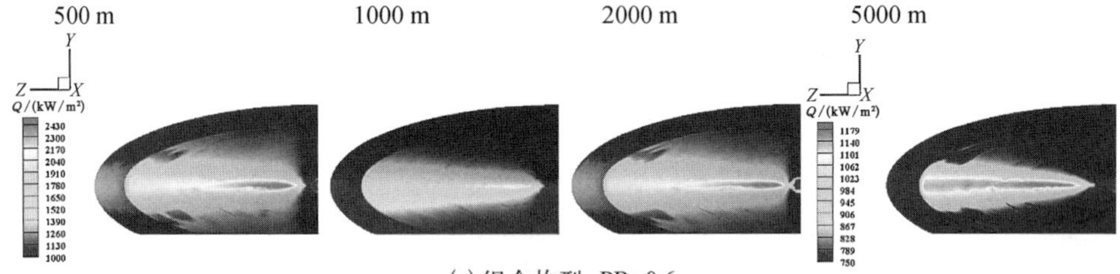

(e) 组合构型-PR=0.6

图 8.26 各工况下飞行器壁面热流分布

为定量分析主动减阻降热方法在极高动压下对飞行器的降热效果,从飞行器壁面选取三条缘线,分别为上缘线、侧缘线和下缘线,如图 8.27 所示。图 8.28～图 8.30 分别为三条边缘线在不同高度下壁面热流分布曲线图。

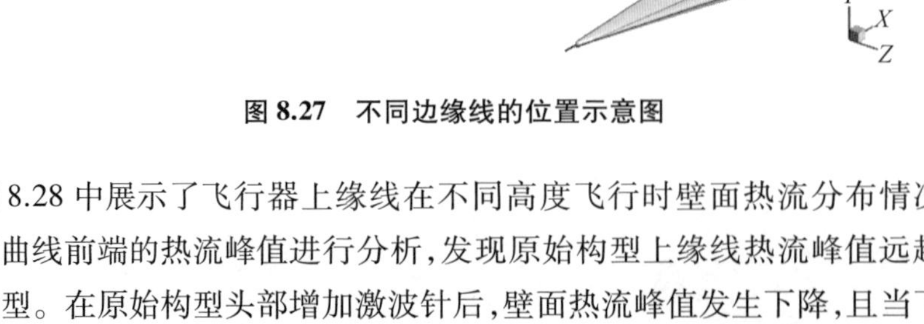

图 8.27 不同边缘线的位置示意图

图 8.28 中展示了飞行器上缘线在不同高度飞行时壁面热流分布情况。针对热流曲线前端的热流峰值进行分析,发现原始构型上缘线热流峰值远超其他两种构型。在原始构型头部增加激波针后,壁面热流峰值发生下降,且当飞行高度为 2 km 时下降幅度最大。在激波针的头部引入逆向喷流,上缘线热流峰值又得到了进一步的下降。一方面,喷流工质在激波针头部快速膨胀,有效地将弓形

激波推离壁面并加快其转化为强度更弱的斜激波;另一方面,当工质喷射膨胀期结束时,流体穿过激波面后被下游流动裹挟,并最终冲击飞行器壁面。在此过程中,工质与壁面相互作用,吸收并带走了壁面上多余的热量。这两点很好地解释了为什么增加逆向喷流后上缘线前端热流峰值出现了大幅度的降低。

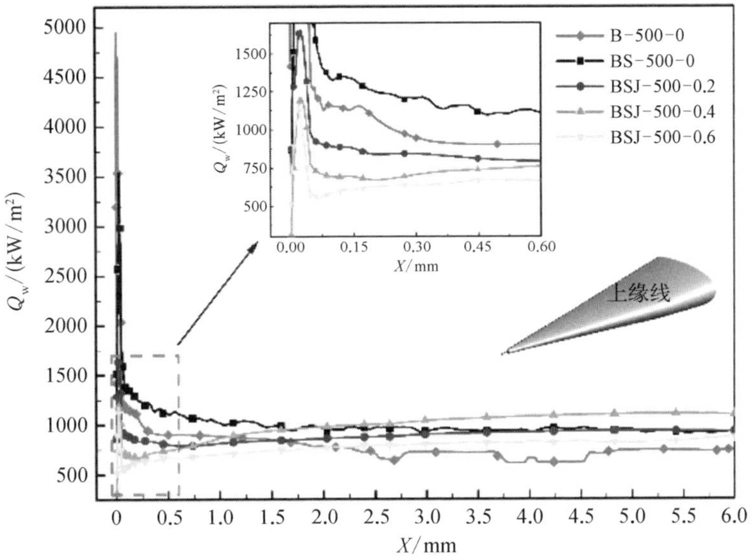

(a) 500 m时上缘线热流分布

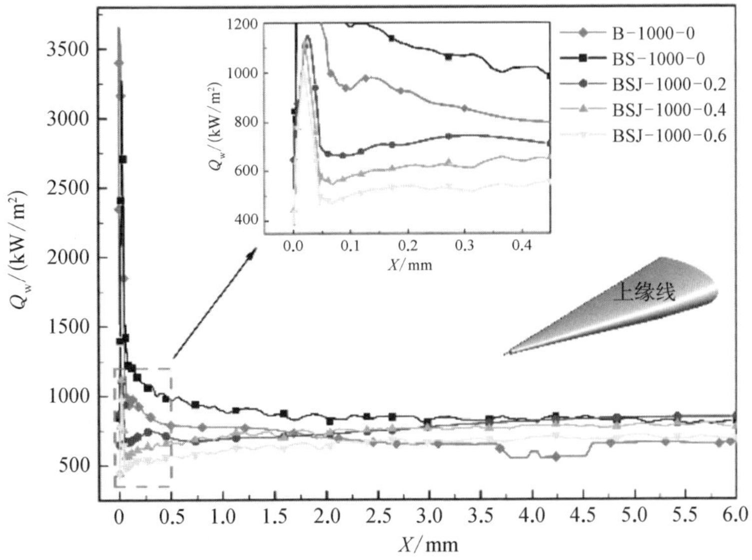

(b) 1 km时上缘线热流分布

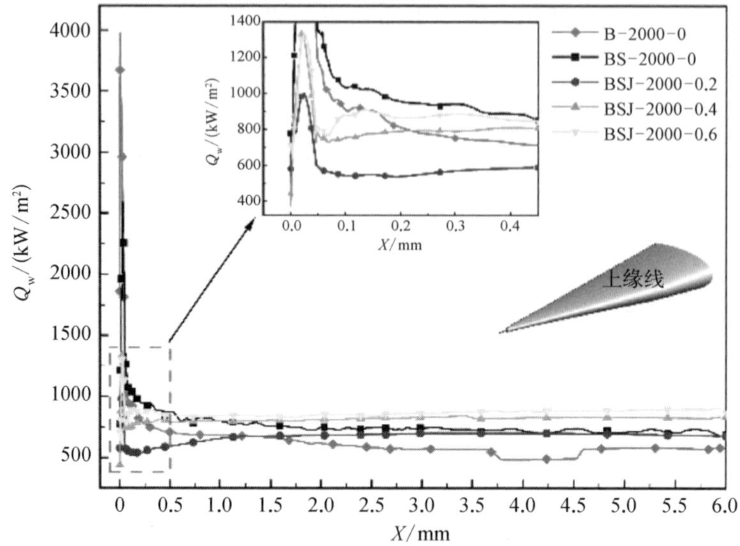

(c) 2 km时上缘线热流分布

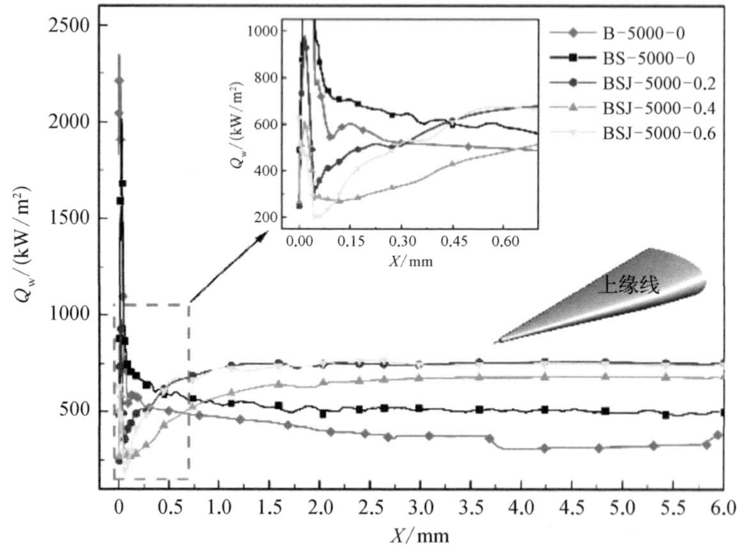

(d) 5 km时上缘线热流分布

图 8.28 上缘线热流分布情况

随着飞行高度增加,基础构型上缘线壁面热流峰值保持连续下降趋势,但在 2 km 高度时热流值又发生短暂升高。对于组合构型而言,喷流压比对组合构型降热效果影响并不明显,不同喷流压比方案在热流峰值减小程度上处于交替领先状态。相比之下,增加飞行高度可以显著地降低热流峰值。特别值得注意的是,在高度 5 km 时首次出现了热流峰值低于热流稳态均值的现象。

从上缘线热流曲线形态变化解读主动方法降热机制。激波针构型仅小幅度地降低了壁面热流峰值,因此,在钝体后端,壁面热流数值开始平滑降低,随后保持稳定。与之不同的是:组合构型大幅度地降低了热流峰值,峰值点后热流曲线缓慢回升并最终保持稳定。在热流曲线前段,虽然各构型之间热流峰值差异明显,但峰值位置十分接近,这与飞行器头部构型尺寸关联紧密。在热流曲线后段,该区域受头部降热构型影响较小,各构型在尾段壁面热流数值本应保持一致或呈无规律交错排列,但从图中发现原始构型尾段热流值长期处于较低位置。这是由于主动降热构型在头部推离弓形激波的同时还扩大了激波弓形角,重构后激波后段更贴近飞行器尾端,这使尾段受到较先前更强气动加热作用,壁面热流也相应升高。主动降热方法在头部良好的降热表现是否会因为后段局部增强的气动加热作用而遭受削弱,对整体壁面是否能起到有效的降热作用,这一问题将在后续进行详细讨论。

飞行器侧缘线壁面热流在不同高度下的曲线分布如图 8.29 所示。曲线头部是热流峰值最集中的位置,原始构型热流峰值依旧是三组构型中最高的,激波针构型次之。组合构型对热流峰值降低作用显著,甚至一度令热流峰尖热流值低于曲线平均热流值。从整体看,激波针构型和组合构型对飞行器头部的热流峰值均有降低作用,其中组合构型降热能力更为突出。

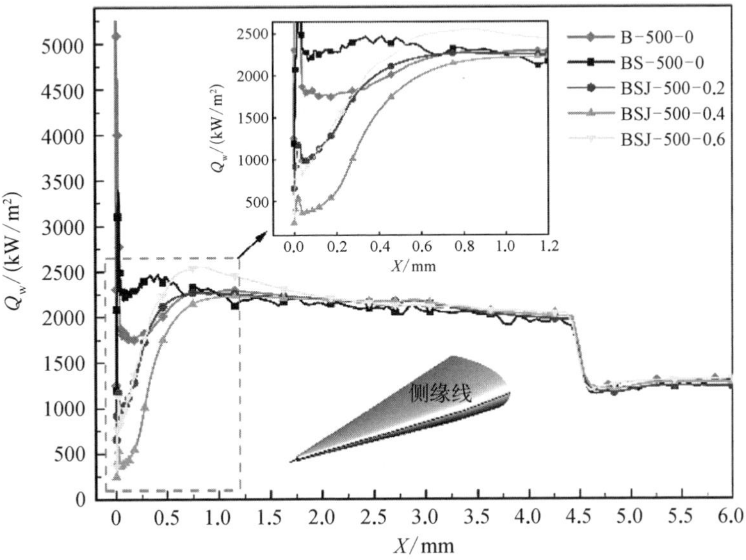

(a) 500 m时侧缘线壁面热流分布

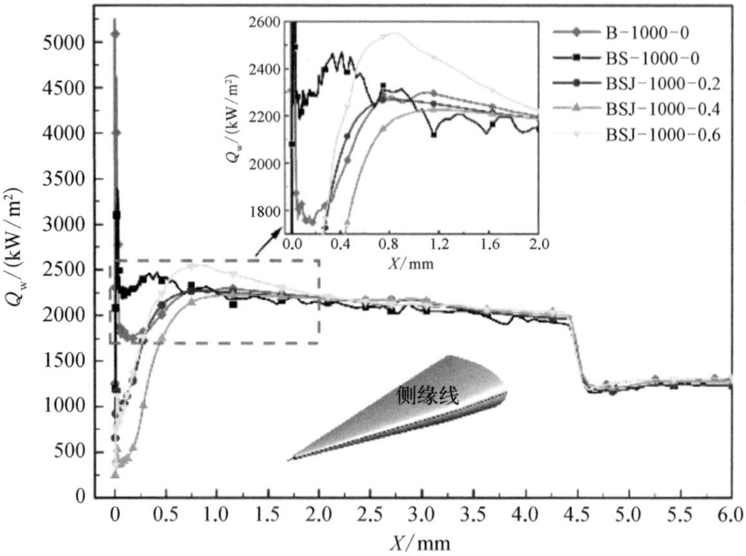

(b) 1 km时侧缘线壁面热流分布

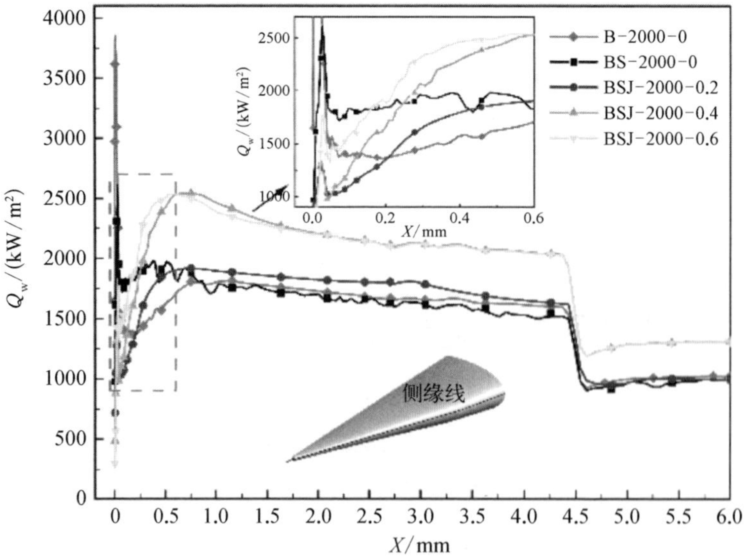

(c) 2 km时侧缘线壁面热流分布

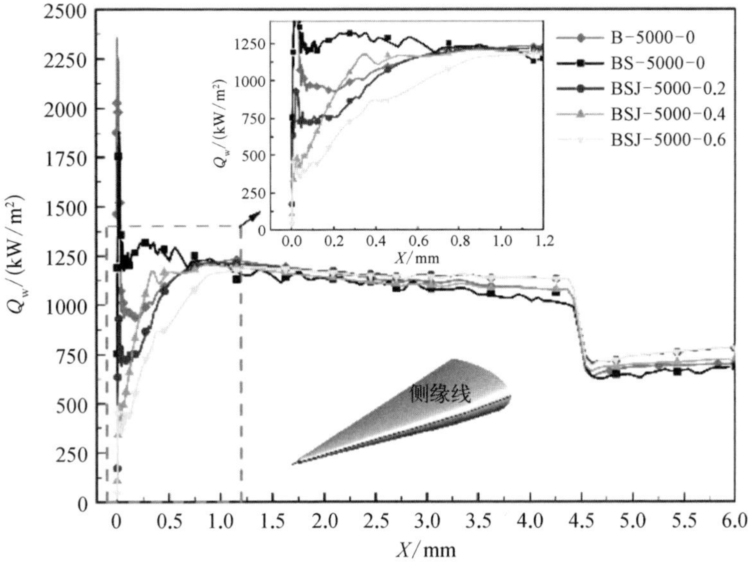

(d) 5 km时侧缘线壁面热流分布

图 8.29　侧缘线上壁面热流分布情况

与上缘线相比,侧缘线热流分布曲线表现出截然不同的变化形态。突出地表现在两个方面:其一,侧缘线上热流平均数值明显地高于上缘线;其二,曲线后半段出现了上缘线所未有的"下降阶梯"。两条缘线近壁面激波作用强度差异是造成第一个不同点的原因,即外扩角较大的侧缘线更贴近头部延伸出的斜激波面,因而来流受激波压缩后产生高焓气流更直接地与冷壁面发生热交换,气动加热效应增强,附带壁面热流上升。两边缘线间热流曲线中后段形态差异则可以归结于边缘线构型差异,相较于上边缘线平直曲线形态,侧缘线由扩张-内收两段构成。从图 8.23 的流场结构图中可以清晰地发现,在两段交界斜率变化位置产生了新的膨胀激波。来流越过膨胀激波后速度增加,内能向动能转化,近壁面流体对壁面气动加热作用放缓,壁面热流下降。

图 8.30 中展示了下缘线的热流分布情况。下缘线热流分布曲线具有与其余两条边缘线相类似的变化规律。首先,由于外扩角相同,下缘线热流曲线的总体变化趋势与上缘线类似;其次,由于存在线段斜率减小的交界点,下缘线也出现局部热流下降阶梯;最后,因头部构型对弓形激波的重构作用,在热流曲线后段,原始构型保持更低的热流数值。

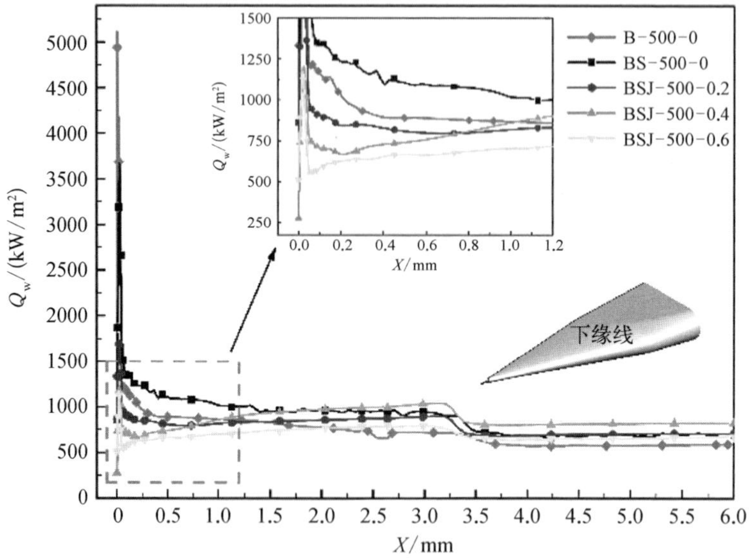

(a) 500 m时下缘线壁面热流分布

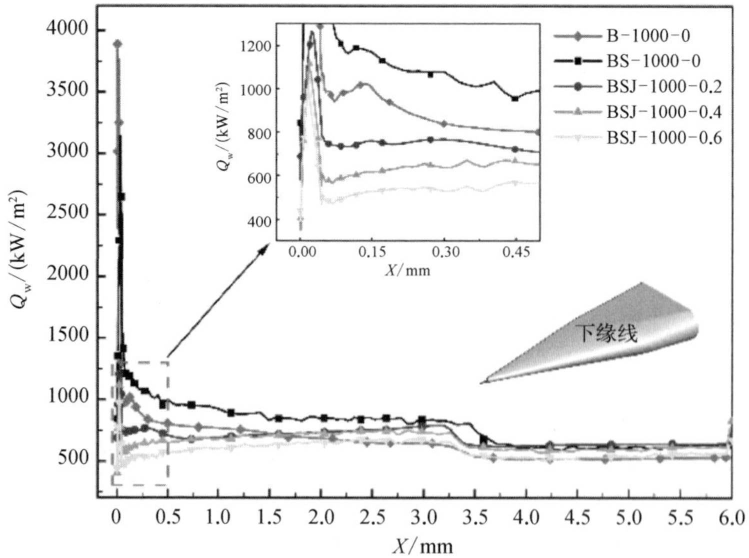

(b) 1 km时下缘线壁面热流分布

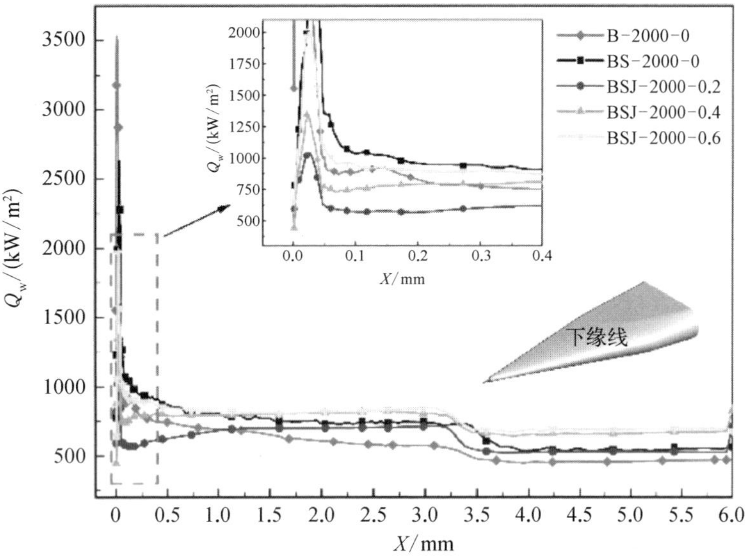

(c) 2 km时下缘线壁面热流分布

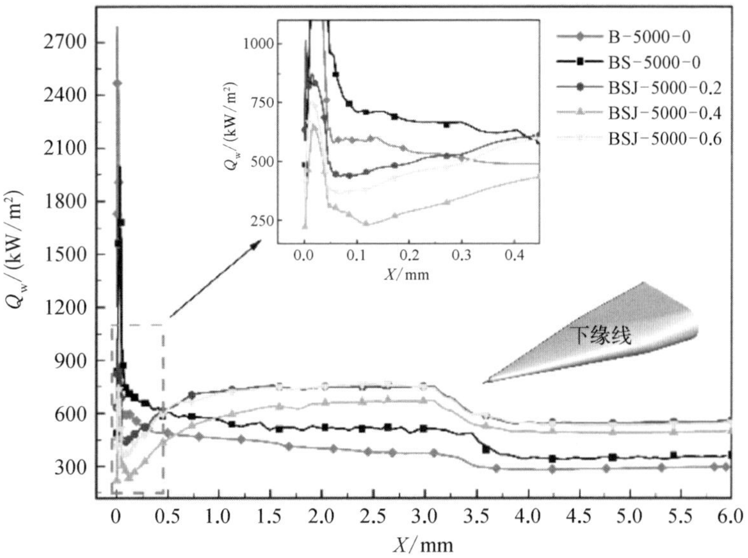

(d) 5 km时下缘线壁面热流分布

图 8.30　下缘线壁面热流分布情况

侧缘线是升力体构型气动热环境最为恶劣的位置，其热流最大值可以近似认为是飞行器整机的热流最大值。因而，将侧缘线上热流曲线最大值作为飞行器热流峰值。结合图 8.29 中的热流峰值数据绘制了图 8.31 与图 8.32。图 8.31

以各飞行高度下原始构型的热流数据作为基础，重在研究头部构型方案对壁面热流峰值的影响程度。图 8.32 以各构型在飞行高度 500 m 时的热流数据作为基础，重在研究飞行高度对壁面热流峰值的影响程度。

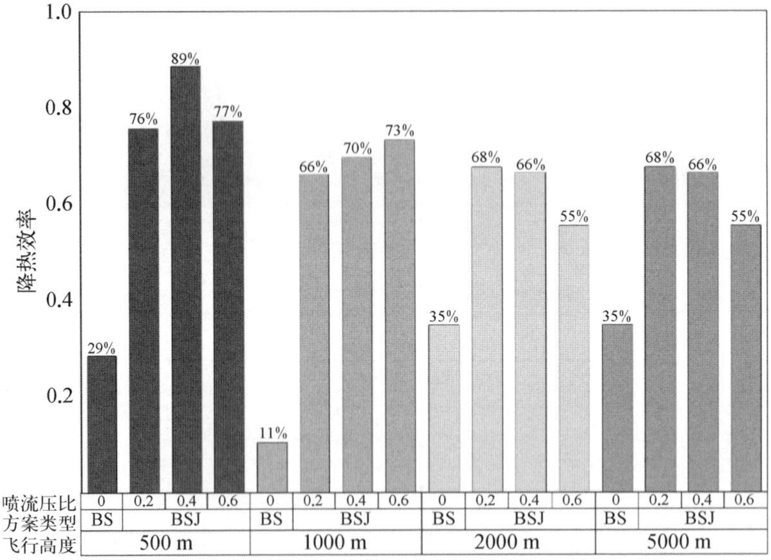

图 8.31 降热方案对壁面热流峰值的影响

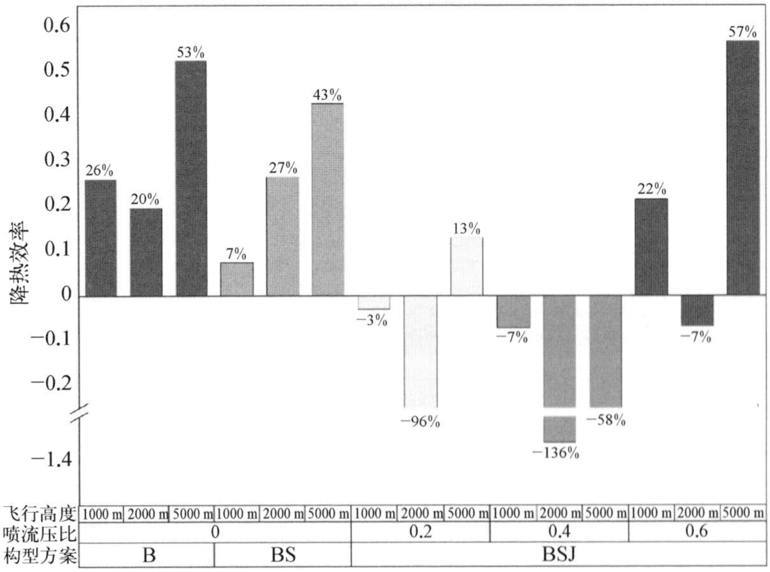

图 8.32 飞行高度对壁面热流峰值的影响

对比柱状图(图 8.31)高度可以发现,组合构型表现出极强的降热流峰值能力。结合数据分析发现,组合构型对壁面热流峰值最小降热率为 55.4%,最大降热率为 88.6%,平均降热率高达 71.1%。即使激波针构型能提供 27.5%的平均降热率,但相比之下,其降热能力依旧明显弱于组合构型。就喷流压比对组合构型降热能力的影响而言,在不同飞行高度下表现出不同影响趋势。例如,当飞行高度为 500 m 时,PR = 0.4 具有最佳的降热率;当飞行高度为 1 km 时,降热率随喷流压比增大而增强;当飞行高度为 2 km 和 5 km 时,随喷流压比增大降热率出现了连续下降。总体而言,头部主动降热方案的选择在很大程度上决定了飞行器需要承载的热载荷极限。

在本节对上缘线热流分布的分析中曾指出:改变头部激波结构会使飞行器中后段壁面热流数值增大,因此,仅依靠头热流峰值点的变化情况来评价构型的降热能力是不准确的。表 8.12 中罗列了三条缘线的热流均值,并进一步计算了同一高度下不同方案的降热率及同一方案下不同高度的降热率。图 8.33 以各飞行高度下原始构型的热流数据作为基础,表征了降热方案对壁面热流均值的影响规律。图 8.34 以各构型在飞行高度 500 m 时的热流数据作为基础,表征了飞行高度对壁面热流均值的影响规律。

表 8.12　热流均值及降热率

数值模拟工况编号	参数标记	热流均值	同一高度下不同方案的降热率/%	同一方案下不同高度的降热率/%
A1	B - 500 - 0	1 528.60	—	—
A2	B - 1000 - 0	1 365.67	—	10.66
A3	B - 2000 - 0	1 244.04	—	18.62
A4	B - 5000 - 0	825.36	—	46.01
B1	BS - 500 - 0	1 521.95	0.43	—
B2	BS - 1000 - 0	1 354.56	0.81	11.00
B3	BS - 2000 - 0	1 187.27	4.56	21.99
B4	BS - 5000 - 0	825.95	-0.07	45.73
C1	BSJ - 500 - 0.2	1 162.63	23.94	—
C2	BSJ - 500 - 0.4	1 030.37	32.59	—
C3	BSJ - 500 - 0.6	1 030.10	32.61	—
C4	BSJ - 1000 - 0.2	1 026.16	24.86	11.74

续 表

数值模拟工况编号	参数标记	热流均值	同一高度下不同方案的降热率/%	同一方案下不同高度的降热率/%
C5	BSJ - 1000 - 0.4	951.48	30.33	7.66
C6	BSJ - 1000 - 0.6	881.99	35.42	14.38
C7	BSJ - 2000 - 0.2	922.64	25.83	20.64
C8	BSJ - 2000 - 0.4	1 111.50	10.65	-7.87
C9	BSJ - 2000 - 0.6	1 198.86	3.63	-16.38
C10	BSJ - 5000 - 0.2	743.75	9.89	36.03
C11	BSJ - 5000 - 0.4	619.13	24.99	39.91
C12	BSJ - 5000 - 0.6	658.12	20.26	36.11

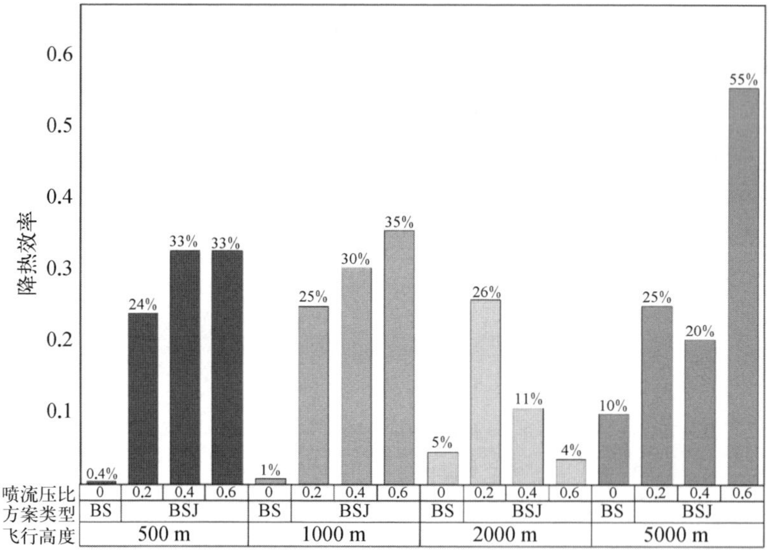

图 8.33 降热方案对壁面热流均值的影响

当比较区域从局部前缘钝头区域扩展到整机时，通过分析可以发现激波针构型降热能力被大幅地削减，从原先平均降低率(27.5%)下跌至 1.44%。反观组合构型，虽然其降热率也出现了下降，但总体而言仍保持着良好降热能力。组合构型对于飞行器整机平均降热率为 22.92%，是激波针构型的 15 倍。高度一定时，增大组合构型喷流压比可以在一定程度上改变构型降热能力。具体而言，当飞行高度为 500 m 与 1 km 时，随着喷流压比增大降热率得到稳步提升；反观

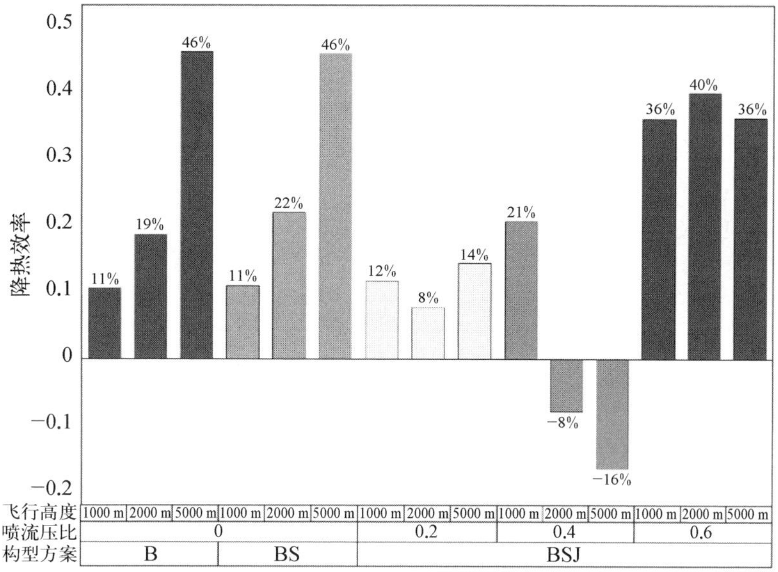

图 8.34　飞行高度对壁面热流均值的影响

当飞行高度为 2 km 及 5 km 时,随着喷流压比增大降热率出现连续性或区域性减弱。

观察高度对壁面热流均值的影响(图 8.34)可以发现,对于原始构型和激波针构型,抬高飞行高度可以明显地降低壁面热流数值。这是由于,提高飞行高度可以减小环境动压,头部弓形激波面得以充分地扩张,远离壁面,波后高温气流对壁面的气动加热作用减弱;同时,抬升飞行高度改变了原本稠密的大气环境,分子平均自由程增大,气体分子热量传递的效率被削弱。对于组合构型,其头部流场变化动态程度较高,对于不同喷流压比下的工况,高度未能表现出统一的影响规律。综合头部构型变化及飞行高度对壁面热流的影响而言,头部降热方案的选择对升力体构型壁面热流均值存在明显的影响,且相较于激波针构型,组合构型降热效果更加显著。

8.5　本章小结

本章以高超声速飞行器极高动压飞行为背景,开展了主动减阻降热方法在旋成体构型和升力体构型高超声速飞行器中的应用研究,探究了逆向喷流、激波

针及其组合方法对整机气动阻力、气动加热的影响机制,分析了飞行高度和喷流压比对减阻降热性能的影响规律。主要研究结论如下:

(1) 在极高动压飞行环境下,主动减阻降热方法的减阻能力受到极大抑制。对于旋成体构型高超声速飞行器,激波针方案的平均减阻率为-6.6%,组合方案的平均减阻率则为0.09%,其中,最大减阻率为6.91%。对于升力体构型高超声速飞行器,激波针方案的平均减阻率为1.64%,组合方案的平均减阻率为-3.08%。

(2) 在极高动压飞行环境下,主动减阻降热方法仍保有一定的降热能力,其中,组合构型的降热能力明显地强于激波针构型。对于旋成体构型高超声速飞行器,激波针方案的平均降热流峰值率为16.66%,组合方案的平均降热流峰值率为66.8%。对于升力体构型高超声速飞行器,激波针方案的平均降热流峰值率为27.5,平均降热流均值率为1.44%;组合方案的平均降热流峰值率为71.1%,降平均热流均值率为22.92%。

(3) 极高动压飞行环境下高超声速飞行器阻力对飞行高度的变化更为敏感,飞行高度的增加使得飞行器阻力显著地降低。由高超声速飞行器表面受热影响情况可知,在设计过程中对于其头部降热方案的选择更为关键。

参考文献

[1] Sun X W, Guo Z Y, Huang W, et al. Drag and heat reduction mechanism induced by a combinational novel cavity and counterflowing jet concept in hypersonic flows[J]. Acta Astronautica, 2016, 126: 109-119.

[2] Zhang R R, Huang W, Yan L, et al. Numerical investigation of drag and heat flux reduction mechanism of the pulsed counterflowing jet on a blunt body in supersonic flows[J]. Acta Astronautica, 2018, 146: 123-133.

[3] Zhang R R, Huang W, Li L Q, et al. Drag and heat flux reduction induced by the pulsed counterflowing jet with different periods on a blunt body in supersonic flows[J]. International Journal of Heat and Mass Transfer, 2018, 217: 503-512.

[4] Tamada I, Aso S, Tani Y. Reducing aerodynamic heating by the opposing jet in supersonic and hypersonic flows [C]. Orlando: The 48th Aerospace Sciences Meeting and Exhibit AIAA, 2010.

[5] 罗世彬,李戴威,冯彦斌,等.喷流激波针在极高动压下的减阻降热特性初探[C].厦门:第一届临近空间与空天飞行气动技术研讨会,2023.

[6] 王泽江,李杰,曾学军,等.逆向喷流对双锥导弹外形减阻特性的影响[J].航空学报,2020,41(12):220-228.

[7] Sebastian J J, Suryan A, Kim H D. Numerical analysis of hypersonic flow past blunt bodies

with aerospikes[J]. Journal of Spacecraft and Rockets, 2016, 53(4): 669–677.

[8] Qin Q H, Xu J L, Guo S. Fluid-thermal analysis of aerodynamic heating over spiked blunt body configurations[J]. Acta Astronautica, 2017, 132: 230–242.

[9] Zhang W Q, Wang X, Zhang Z J, et al. Transient numerical simulation of hemispherical cone with combined opposing jet in hypersonic flow[J]. Acta Astronautica, 2020, 175: 327–337.

[10] Guo J H, Lin G P, Bu X Q, et al. Sensitivity analysis of flowfield modeling parameters upon the flow structure and aerodynamics of an opposing jet over a hypersonic blunt body[J]. Chinese Journal of Aeronautics, 2020, 33(1): 161–175.

[11] Guo J H, Lin G P, Bu X Q, et al. Parametric study on the heat transfer of a blunt body with counterflowing jets in hypersonic flows[J]. International Journal of Heat and Mass Transfer, 2018, 121: 84–96.

[12] Balaji S V, Cheng G, Chang C L, et al. Long penetration mode counterflowing jets for supersonic slender configurations: A numerical study[C]. San Diego: 31st AIAA Applied Aerodynamics Conference, 2013.

第 9 章

高超声速飞行器气膜冷却与发散冷却

高超声速飞行器前缘几何半径较小，在降低气动阻力的同时导致气动热问题极为突出。尖锐的外形特征和狭小的结构容积限制了激波针、逆向喷流等减阻降热方案的应用，而气膜冷却、发散冷却等具备共形能力的冷却方案受到了广泛关注。本章以高超声速飞行器前缘为研究对象，对比气膜冷却、发散冷却及气膜-发散组合冷却三种冷却方案，分析流动换热过程及冷却特性，探究前缘近壁面的流场结构演化、壁面压力及温度分布特征，评估气膜-发散组合冷却方案的综合效能[1]。

9.1 数值计算模型

高超声速飞行器前缘气膜冷却和发散冷却均处于高超声速流动环境，高速来流对前缘产生剧烈的流动冲击，冷却剂在前缘内部存在组分输运过程，冷却剂流出结构壁面后与主流发生掺混，对边界层及流场特征产生一定影响。为准确地描述前缘外部流场结构、前缘内部力/热分布特征及发散冷却特性，需要建立一套高精度、高效率的数值模拟方法。在不考虑高温效应空气电离的情况下，前缘的外部流场简化为可压缩流动，采用壁面无滑移条件的 N－S 方程作为控制方程组。前缘内部传热传质过程较为复杂，为考虑组分混合的不可压缩流，此外，还应考虑多孔介质内部流动及传热过程。

9.1.1 物理模型与计算域

研究所使用物理模型参考 Ding 等[2]提出的高超声速飞行器前缘双层组合冷却结构。该结构由内外两层组成，外层为发散冷却层，采用镍基高温合金粉末烧结而成的多孔介质材料(图 9.1);内层为开有离散槽缝的结构金属层,采用高强铝合金材料,可增强组合冷却结构的承载能力。冷却剂一部分通过槽缝可以直接进入多孔介质层,另一部分通过前面的气膜孔直接喷出。尾部的输送管道持续向冷却腔内输送冷却剂来实现前缘热防护。

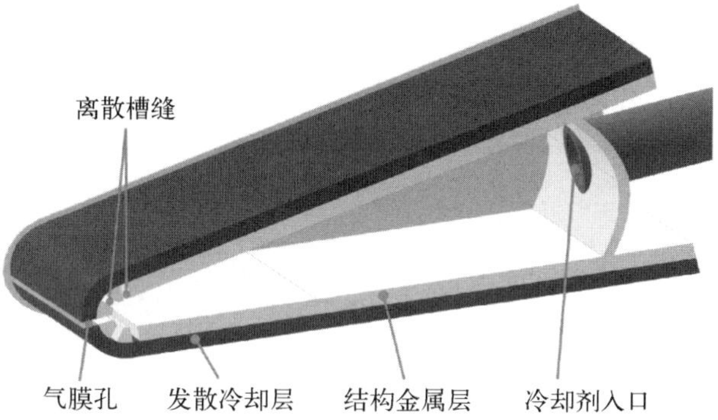

图 9.1　前缘气膜-发散组合冷却结构示意图

由于前缘物理模型具有对称结构,在 0°攻角时流场对称,且沿展向剖面的流场特征一致,因此,可以忽略三维效应,并且为了减小计算复杂度,可选取模型中心剖面的一半,将三维模型简化为二维面对称模型。模型主要尺寸如图 9.2 所示,前缘总长度为 40 mm,上楔角为 θ_1,下楔角为 θ_2,头部半径为 3 mm,内层结构金属层和外层多孔介质层具有同样的厚度,均为 1 mm,离散槽缝及气膜孔的宽度均为 0.5 mm。以前缘头部最前端为平面直角坐标系原点,以主流流向为 X 轴正方向,竖直向上为 Y 轴正方向建立坐标系。

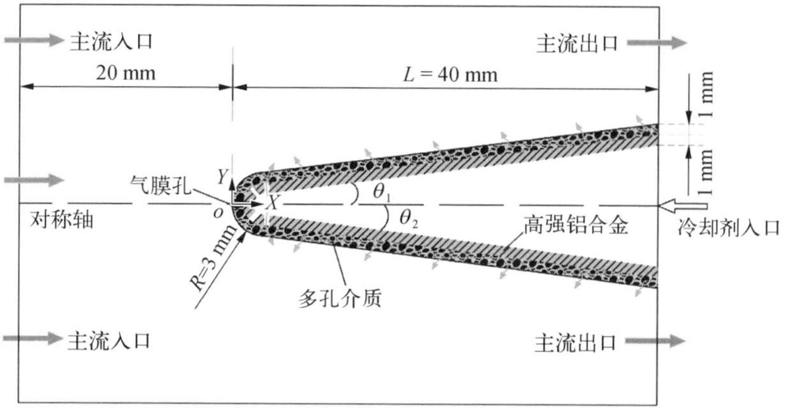

图 9.2　二维计算域示意图

本节建立了高超声速发散冷却、气膜冷却、多孔介质传热和对流换热相耦合的计算域,如图 9.3 所示。冷却剂从右侧进气口喷入,质量流量为 0.03 kg/s 和 0.05 kg/s,冷却剂一部分经过设置在头部区域的贯通槽喷射到外部,将激波推离外表面;另一部分通过离散槽缝进入到多孔介质中,在多孔介质中与固体骨架进行充分换热后从多孔介质微流小孔中溢出,覆盖在多孔介质外表面形成均匀气膜,将高温主流与多孔介质表面隔开。

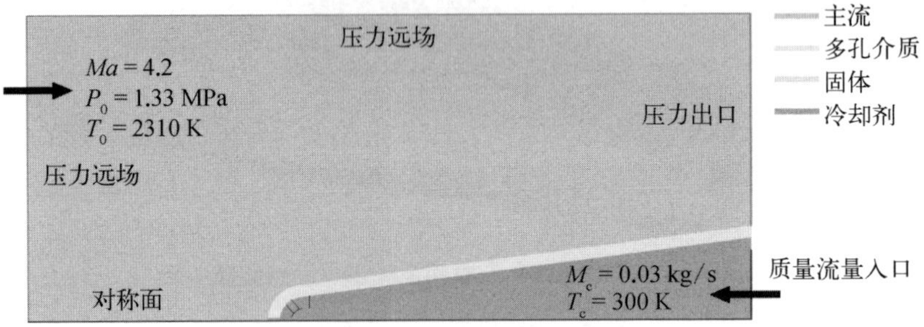

图 9.3 计算域示意图

主流通道和冷却剂通道计算域的控制方程如下:

$$\nabla\cdot(\rho \boldsymbol{U}) = 0 \tag{9.1}$$

$$\nabla\cdot(\rho \boldsymbol{U}\boldsymbol{U}) = -\nabla p + \nabla\cdot\bar{\tau} \tag{9.2}$$

$$\nabla\cdot[\boldsymbol{U}(\rho E + p)] = \nabla\cdot(\lambda\nabla T + \bar{\tau}\cdot\boldsymbol{U}) \tag{9.3}$$

式中,ρ 为流体密度,$\mathrm{kg/m^3}$; $\boldsymbol{U}$ 为流体速度,m/s; p 为压力,Pa; τ 为剪切应力,Pa; E 为内能,J; λ 为热导率,W/(m · K); T 为温度,K。

多孔介质区域单相发散冷却的连续性方程为

$$\nabla\cdot(\rho \boldsymbol{V}) = 0 \tag{9.4}$$

式中,$\boldsymbol{V} = \varepsilon \boldsymbol{U}$;$\varepsilon$ 为多孔介质孔隙率; $\boldsymbol{V}$ 为 Darcy 速度,m/s。

基于 Darcy 公式的 Forchheimer-Brinkman 修正方程在目前关于发散冷却的研究中被广泛地采用[3],其特点是同时考虑了流体流动惯性和黏性耗散影响。多孔介质区域单相发散冷却的动量方程为

$$\nabla\cdot(\varepsilon\rho \boldsymbol{U}\boldsymbol{U}) = -\varepsilon\nabla p + \nabla\cdot(\varepsilon\bar{\tau}) - \left(\frac{\varepsilon^2\mu}{K}\boldsymbol{U} + \frac{1.75(1-\varepsilon)}{d_{\mathrm{p}}}\rho|\boldsymbol{U}|\boldsymbol{U}\right) \tag{9.5}$$

$$K = \frac{d_{\mathrm{p}}^2}{150} \frac{\varepsilon^3}{(1-\varepsilon)^2} \tag{9.6}$$

式中，μ 为流体动力黏度，单位是 Pa·s；K 为多孔介质渗透率；d_{p} 为颗粒直径，单位是 m。

研究表明，局部热平衡模型相对于局部非热平衡模型的计算工作量大大减少，并广泛地用于研究多孔介质内流动换热。Wang 等[4]定量讨论了局部热平衡模型假设带来的误差，并分析了局部热平衡模型误差的变化趋势，结果表明：当无量纲冷却流量 $M < 0.223Bi^{0.507}$（Bi，毕渥数）时，热平衡模型误差小于 5%，热平衡模型较准确。多孔介质区域的能量方程采用多孔介质热平衡模型进行分析[5]。多孔介质区域单相发散冷却的能量方程为

$$\nabla \cdot [\boldsymbol{U}(\rho E + p)] = \nabla \cdot (\lambda_{\mathrm{eff}} \nabla T + \bar{\tau} \cdot \boldsymbol{U}) \tag{9.7}$$

$$\lambda_{\mathrm{eff}} = \varepsilon \lambda_{\mathrm{f}} + (1-\varepsilon)\lambda_{\mathrm{s}} \tag{9.8}$$

式中，λ_{eff}、λ_{f} 和 λ_{s} 分别为多孔介质有效导热系数、流体导热系数和固体导热系数。

固体区域的热传导方程为

$$\nabla \cdot (\lambda_{\mathrm{s}} \nabla T) = 0 \tag{9.9}$$

9.1.2　边界条件

为使数值模拟与实验工况保持一致，边界条件参考文献[6]中对应的实验数据，边界条件设置如表 9.1 所示。其中，主流和计算域上边界设置为压力远场，主流出口设置为压力出口。冷却剂入口设置为质量流量入口或速度入口，计算域的底部设置为对称轴。超声速主流马赫数设置为 4.2，总压为 1.33 MPa，总温为 2 310 K。

表 9.1　边界条件设置

边　界　条　件	数　　值
主流 Ma	4.2
主流总压 P_0	1.33 MPa
主流总温 T_0	2 310 K
冷却剂质量流量 M_{c}	0.03 kg/s

续 表

边 界 条 件	数 值
冷却剂入口温度 T_c	300 K
多孔介质孔隙率	0.33
多孔介质黏性阻力	1.33×10^{13}
湍流强度	5%
湍流黏性比	10

根据式(9.10),其中,T_0为总温,P_0为总压,Ma 为马赫数,γ 为比热容比,求解方程可得主流静温为 510.2 K,静压为 6 732.6 Pa。

$$\begin{cases} T_1 = T_0\left(1 + \dfrac{\gamma - 1}{2}Ma^2\right) \\ P_1 = P_0\left(1 + \dfrac{\gamma - 1}{2}Ma^2\right)^{\frac{\gamma}{\gamma-1}} \end{cases} \tag{9.10}$$

当冷却剂入口设置为质量流量入口时,将入口质量流量分别设为 0.03 kg/s 和 0.05 kg/s,温度设置为常温 300 K;当冷却剂入口设置为速度入口时,将速度设置为 2.7 m/s,温度设置为常温 300 K。将多孔介质的孔隙率设置为 0.33,黏性阻力设置为 1.33×10^{13},固体骨架材料设置为高温合金 Inconel－600,其热物性参数如表 9.2 所示。将湍流强度和湍流黏性比分别设置为 5%和 10。模拟中采用的多孔介质材料为各向同性,因此,当流体在多孔介质中流动时,x 方向受到的流动阻力和 y 方向的一致。

表 9.2　高温合金 Inconel－600 热物性参数

材　　料	密度 ρ/ (kg/m³)	热导率 λ/ [W/(m·K)]	比热容 C_p/ [J/(kg·K)]	熔点 T_{melt}/ ℃
Inconel－600	8 420	20.615	460	1 371～1 427

主流空气密度采用理想气体假设,黏性采用 Sutherlands 模型,比热容及热导率数值从美国国家标准与技术研究院(National Institute of Standards and Technology, NIST)流体热物性数据库中获取并根据温度进行五阶多项式拟合。

计算域的飞行条件为 $Ma=4.2$，属于高马赫数场景，采用密度基、隐式求解器来求解控制方程。为了提高求解精度，采用二阶迎风格式用于连续性、动量和能量方程的离散化。

通过以下三方面对数值计算是否达到收敛进行判断：

（1）连续性方程、能量方程、湍流方程 k 和 ω 分量、X 方向速度、Y 方向速度绝对残差低于 1×10^{-3}；

（2）整个计算域的进出口满足质量和能量守恒；

（3）相邻两个计算步数内的前缘外表面平均温度和压力误差低于 0.1%。

9.1.3　数值模拟方法验证

1. 网格无关性验证

采用 O-block，Y-block 和离散块策略对几何模型进行完全结构化网格划分，使得网格块更好地贴合壁面，结构化网格及局部网格细节如图 9.4 所示。由于激波边界层和外表面网格质量对计算结果有较大影响，因此，在激波和壁面边界层附近进行网格加密，调整壁面第一层网格高度，使得无量纲壁面距离 $Y+$值在整个外壁面上都小于 1。通过流体速度、密度、动力黏度和边界层长度可计算出第一层网格高度，对前缘外表面进行加密。在气膜槽缝、多孔介质和主流的接触区域，通过耦合算法连接起来，实现物质的运输。局部网格划分细节图如图 9.5 所示。

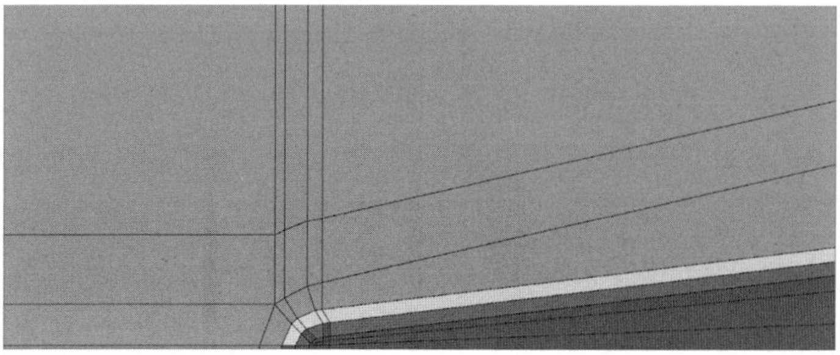

图 9.4　结构化网格及局部网格细节

控制第一层网格高度不变，分别生成四套不同节点数的网格用于网格无关性验证，从网格 1 到网格 4 沿着主流的流向进行加密，且网格节点数按 1.5~2 的倍率递增。给定主流工况：来流马赫数为 4.2，攻角为 0°，总压为 1.33 MPa，总温为 2 310 K，前缘外壁面为绝热壁面。0°攻角下可选取模型的一半来计算无冷却情况下的前缘峰值静温，结果如表 9.3 所示。根据表 9.3，以第一套网格的计算

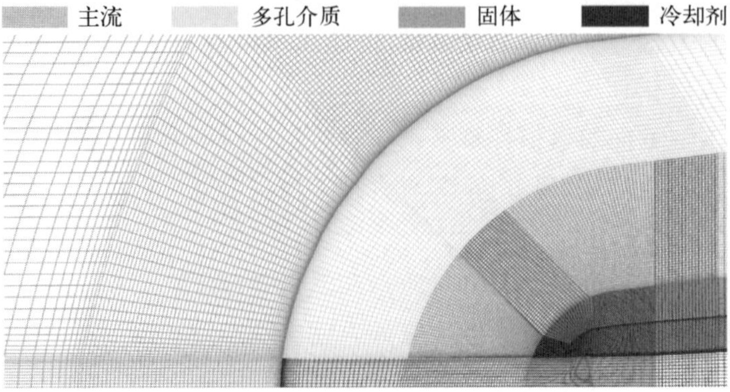

图 9.5　局部网格划分细节图

结果为基准，计算另外三套网格数值模拟结果的偏差。从网格 2 开始，误差百分比都低于 0.1%，可以看出由网格量对模拟结果的影响很小。

表 9.3　不同网格量对应的峰值温度

评 价 指 标	网格 1	网格 2	网格 3	网格 4
网格量	80 046	120 597	240 325	480 405
驻点温度/K	2 015.30	2 016.43	2 016.31	2 016.06
误差百分比/%	0	0.056 5	0.050 1	0.037 7

图 9.6 提取四种网格计算出的前缘正前方 $X=-1.2$ mm 至 $X=0$ mm 这一段的温度数据并绘制成曲线。从图中可以看出，网格 2、网格 3 和网格 4 计算出的温度值在每个坐标点上都基本一致。因此，为了降低计算的开销，提高计算效率，这里选取网格 2 用于后续的计算，网格 2 的半模网格量为 120 597，全模网格量为 241 194。图 9.7(a)给出了无主动冷却下，给定前缘外壁面绝热边界条件，计算得到的无冷却前缘绝热静温云图，图 9.7(b)为无冷却前缘绝热静压云图。使用无量纲化参数 X/L 作为图的横坐标，其中 X 是沿主流方向距驻点的距离，L 是前缘的总长度。

2. 湍流模型验证

为验证数值模拟方法的准确性，选取文献中的试验工况作为数值模拟的边界条件。文献中的试验模型如图 9.8 所示。采用 SST $k-\omega$ 模型、Realizable $k-\varepsilon$ 模型及 RNG $k-\varepsilon$ 模型进行计算，提取多孔介质外表面的温度数据进行后处理，并与文献中的试验结果进行比较，结果如图 9.9 所示。由图可知，采用 SST $k-\omega$ 模

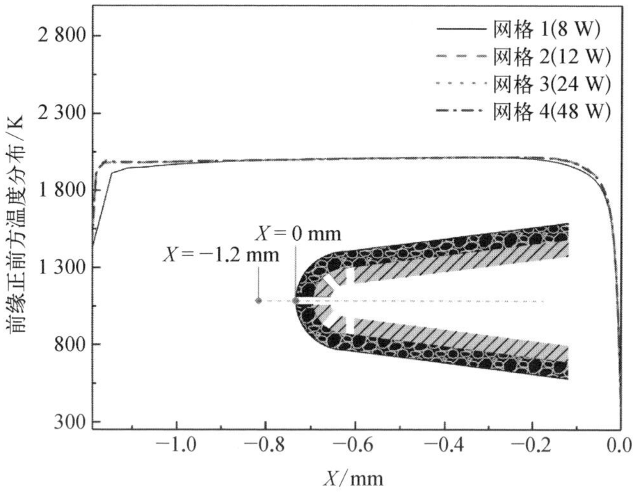

图 9.6　不同网格量下前缘正前方温度分布

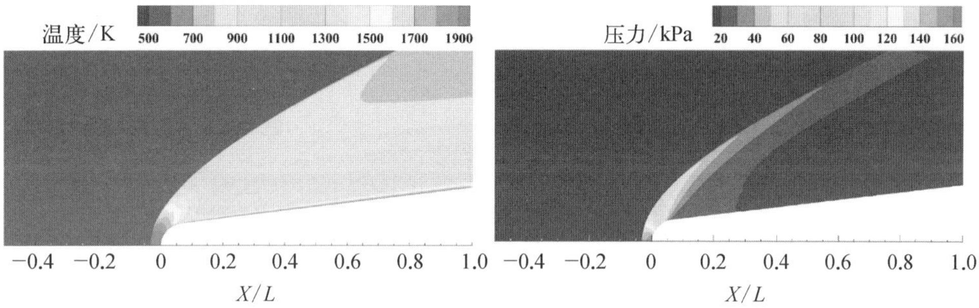

(a) 静温云图　　(b) 静压云图

图 9.7　无冷却前缘绝热流场图

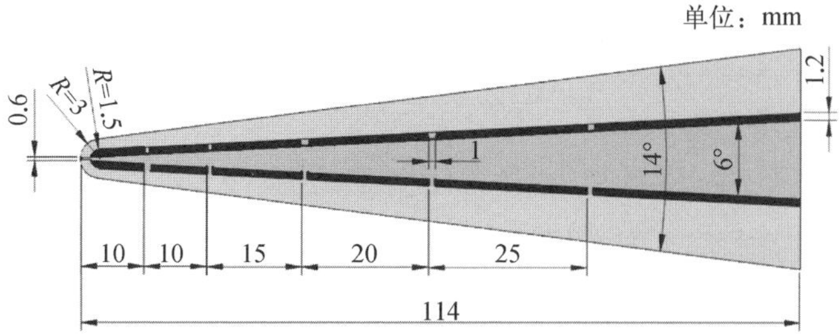

图 9.8　试验模型示意图

型计算得到的结果与文献中的试验数据基本保持一致,其他的湍流模型无法得到较好的结果,与实验数据之间的误差百分比较大。此外,SST $k-\omega$ 模型所得曲线与实验数据曲线峰值温度之间的误差百分比仅为 2.3%,在误差可接受范围之内。

采用 SST $k-\omega$ 湍流模型针对图 9.10 中超燃冲压发动机支板发散冷却进行模拟,提取收敛后的结果与 Xiong 等[7]的结果进行对比,如图 9.11 所示。可以看出,采用 SST $k-\omega$ 模型得到的支板外壁面温度曲线与文献中变化趋势一致,且吻合程度较高。充分地验证了 SST $k-\omega$ 湍流模型用于后续数值模拟的可靠性。在之前的一些研究中,将多孔介质壁面作为边界条件,只考虑了发散冷却对主流的影响。而实际上发散冷却数值模拟的难点之一在于多孔介质与主流及冷却流之间交界面的耦合传热。前人开发了多种耦合计算方法,其中包括一些分区多步耦合求解的数值方法。研究时采用全场耦合求解的方法,将各个计算域之间通过耦合边界条件考虑在一起,并给定初始值进行计算,通过迭代的结果修正初始值,最终获得收敛解。

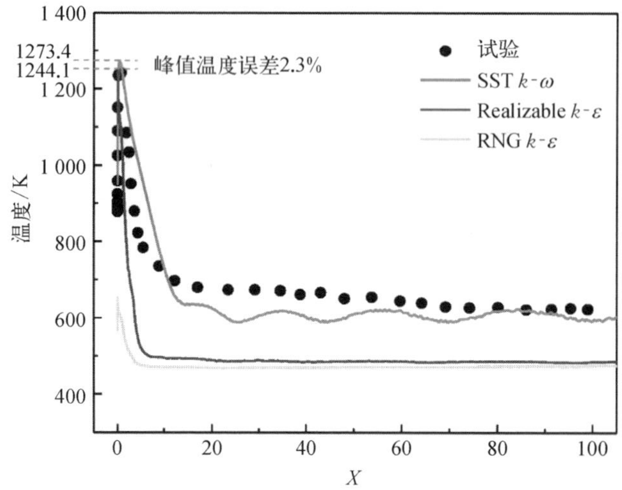

图 9.9 不同湍流模型计算结果对比

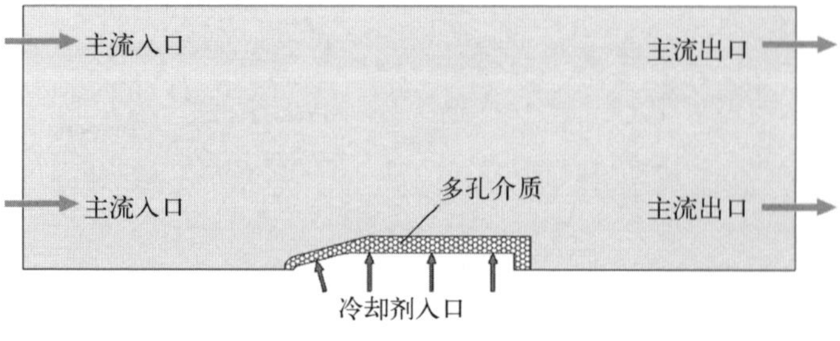

图 9.10 超燃冲压发动机支板发散冷却示意图[7]

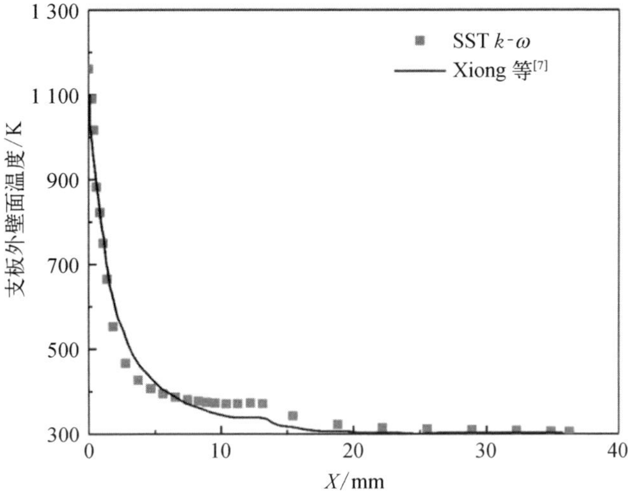

图 9.11　数值模型验证结果

9.2　高超声速飞行器前缘气膜冷却

气膜冷却依靠冷却工质直接从气膜孔中喷出对热端表面进行覆盖来实现热防护，是一种优异的主动冷却方式[8-12]。因此，本节将以高超声速飞行器前缘气膜冷却结构为研究对象，分析不同数量气膜孔和不同冷却剂质量流量对前缘气膜冷却流动换热特性的影响。图 9.12 给出了前缘气膜冷却结构示意图，主流条件和 9.1 节中数值模拟方法验证时采用的试验工况一致，气膜孔的数量分别为 1、2 和 3，气膜孔的深度为 2 mm。

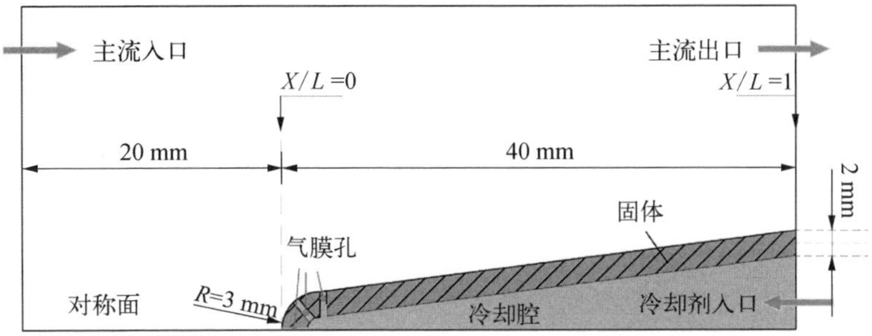

图 9.12　高超声速飞行器前缘气膜冷却示意图

9.2.1 单气膜孔

本节对只打开前端第一气膜孔，关闭第二、三气膜孔时的单气膜孔气膜冷却结构进行研究，分析冷却剂质量流量改变对整体冷却特性的影响。图 9.13 给出了不同质量流量下单气膜孔气膜冷却温度和压力分布情况。从图 9.13(a) 中可以看出，随着质量流量增大，前缘固体区域温度出现较大幅度的减小。当质量流量为 0.05 kg/s 时，气膜孔出口处出现了低温区，但是此时外流场结构变化不明显。当质量流量增大到 0.1 kg/s 时，低温区进一步扩大，此时冷却剂将激波推离前缘一段距离，外流场的结构发生了显著改变。从图 9.13(b) 中可以看出，质量流量为 0.05 kg/s 时，在气膜孔出口处，局部区域压力下降了 20 kPa，质量流量为 0.1 kg/s 时，前缘附近的压力相较于 0.03 kg/s 时已有明显降低。

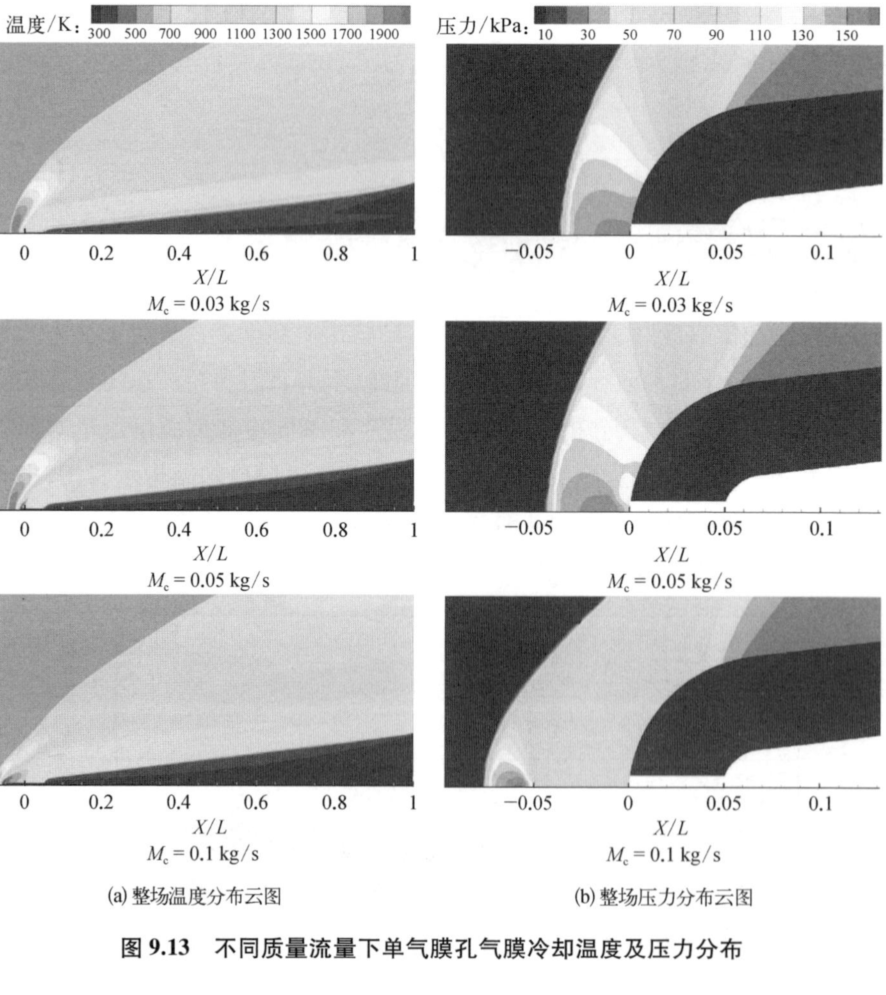

(a) 整场温度分布云图　　(b) 整场压力分布云图

图 9.13 不同质量流量下单气膜孔气膜冷却温度及压力分布

图 9.14 给出了不同质量流量下前缘外表面的温度分布和压力分布。图 9.14(a)中,质量流量为 0.03 kg/s 时外表面峰值温度接近 1 350 K。相较于无冷却的前缘曲线段的最高温度 2 016.43 K,只采用单气膜孔气膜冷却且质量流量为 0.03 kg/s、0.05 kg/s 和 0.1 kg/s 时,温度降低幅度分别为 33.19%、61.23% 和 63.37%,可以看出质量流量从 0.03 kg/s 提升到 0.05 kg/s 时冷却能力有较大幅度的提升,但是继续增大至 0.1 kg/s 时,冷却能力提升较小,可知并非冷却剂的质量流量越大单气膜孔气膜冷却效果越好。从图 9.14(b)中可以看出,增大质量流量可以降低前缘头部区域的壁面压力,与上述增大冷却剂质量流量和降温效果之间关系相反。当 M_c = 0.03 kg/s、0.05 kg/s 和 0.1 kg/s 时,相较于无冷却工况,其壁面压力分别下降了 8.63%、18.01% 和 50.6%,即随着冷却剂质量流量增大,外壁面压力减小幅度增大。

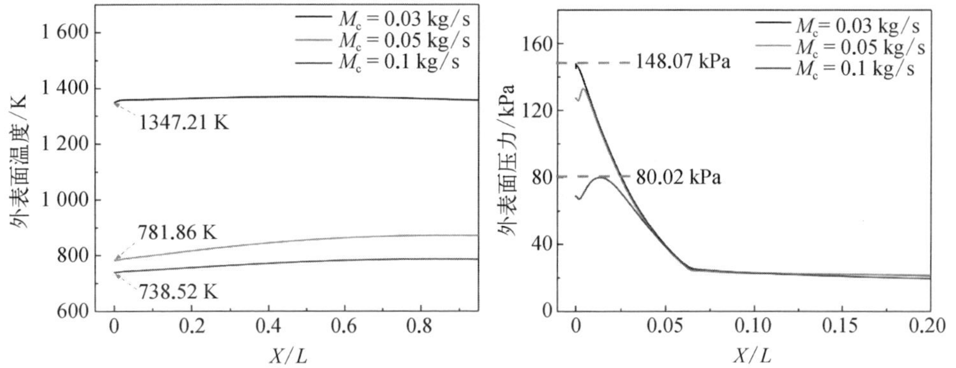

(a) 温度分布　　(b) 压力分布

图 9.14　不同质量流量下单气膜孔冷却前缘外表面温度和压力沿 X 方向分布

表 9.4 给出了以无冷却前缘阻力系数为基准,不同冷却剂质量流量下单气膜孔气膜冷却的减阻率。从减阻性能来看,M_c = 0.03 kg/s 和 0.05 kg/s 时减阻率较小,随着质量流量进一步增大,当 M_c = 0.1 kg/s 时减阻率达到了 34.50%。综上,采用单气膜孔气膜冷却时,若以防热为主要目的,在考虑尽可能地降低冷却

表 9.4　不同质量流量下单气膜孔气膜冷却减阻率

评价指标	无冷却前缘	M_c = 0.03 kg/s	M_c = 0.05 kg/s	M_c = 0.1 kg/s
C_d	0.271	0.259	0.249	0.177
η	0	4.10%	8.02%	34.50%

剂消耗量，提高有效载荷的情况下，可选取 $M_c=0.05$ kg/s；若要同时考虑减阻和防热，可选取较大的质量流量 $M_c=0.1$ kg/s。

图 9.15 给出了不同质量流量下前缘周围冷却剂质量分数分布，并给出了气膜孔出口处流线图。首先从整体流场来看，随着冷却剂质量流量增大，冷却剂对整个前缘覆盖面积增加，覆盖在前缘表面的气膜可以极大地降低主流和表面换热，这一点可以从图 9.14(a) 中表面温度分布中得到验证。此外，通过对气膜孔出口区域的流线观察发现，质量流量越大，将激波推离前缘距离更远，并且冷却流在受到激波的阻隔下，在气膜孔出口与前缘曲线段之间形成回流区，流量越大回流区覆盖范围越大，回流区低流速和低压强的性质，可实现较好的减阻效果。

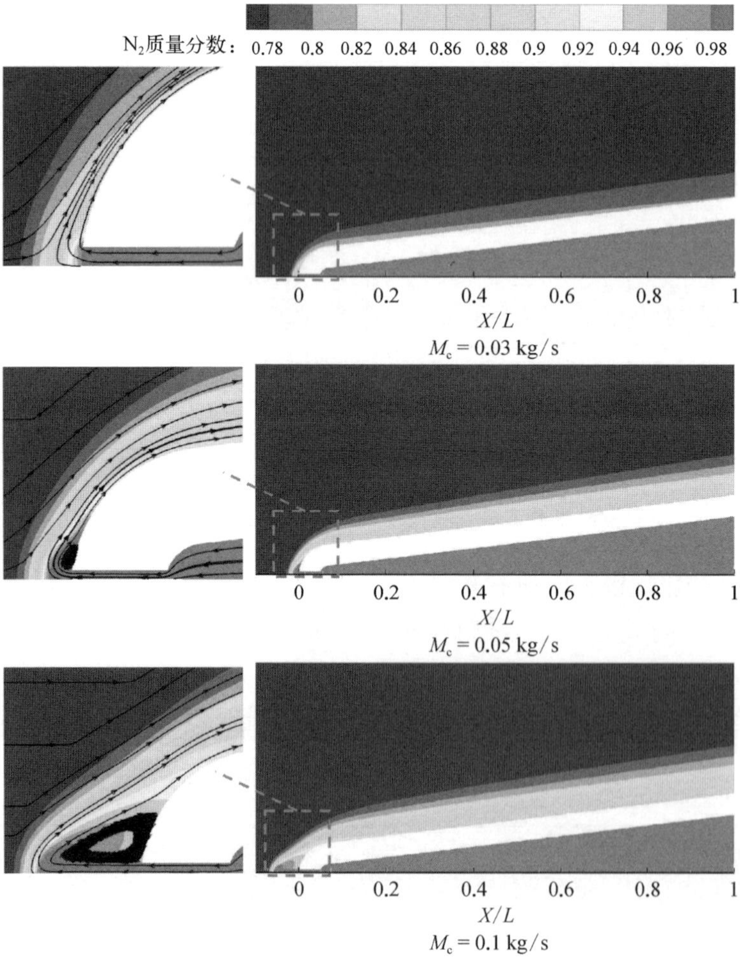

图 9.15　不同质量流量下单气膜孔冷却前缘周围冷却剂质量分数分布及流线图

9.2.2　双气膜孔

本节对打开前端的第一、第二气膜孔，关闭第三气膜孔时的双气膜孔气膜冷却结构进行研究，并分析冷却剂质量流量的改变对整体冷却效果的影响。图 9.16 给出了不同质量流量下，双气膜孔气膜冷却前缘外表面温度和压力云图。

图 9.16(a)中，当冷却剂质量流量为 0.03 kg/s 和 0.05 kg/s 时，冷却剂无法输运到第一气膜孔，均从第二气膜孔中流出，此时前缘曲面段的峰值温度超过 1 900 K，无法满足防热需求。当质量流量提升到 0.1 kg/s 时，一部分冷却剂进入到第一气膜孔中，但是此时质量流量大小仍不足以使得冷却剂从第一气膜孔中流出，需要更进一步地加大冷却剂流量。图 9.16(b)三种工况下，前缘周围的

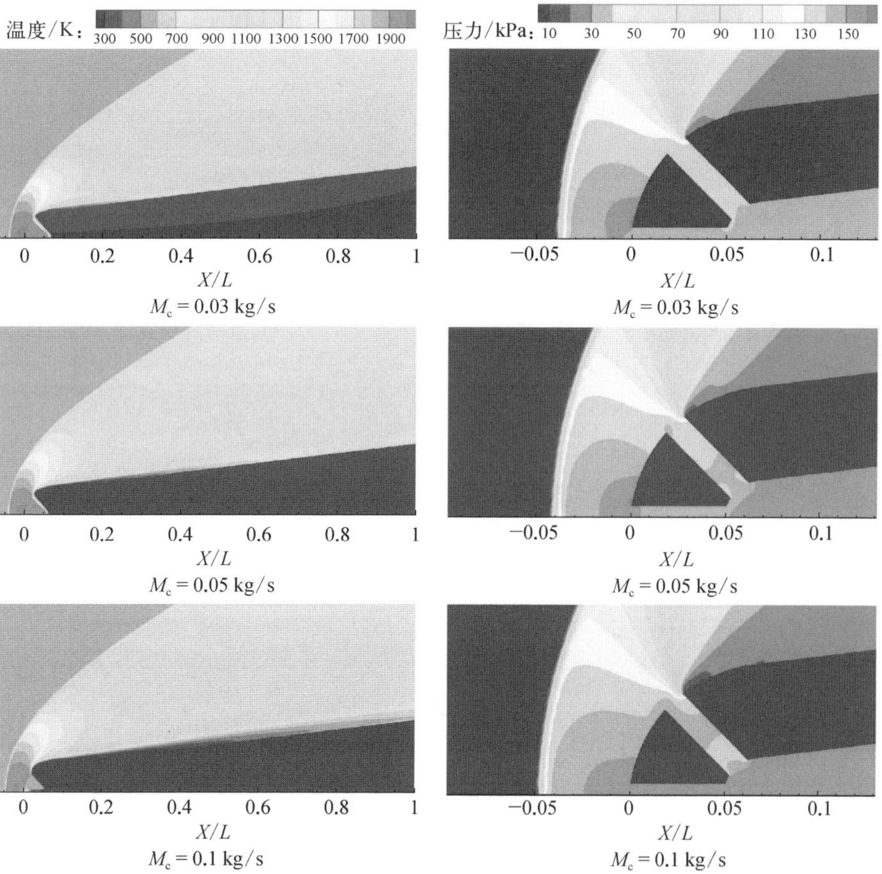

(a) 整场温度分布云图　　(b) 整场压力分布云图

图 9.16　不同质量流量下双气膜孔气膜冷却温度及压力分布

压力梯度一致。由于第一气膜孔出口处,主流在前缘表面形成激波带来的波后压力较大,当冷却剂质量流量较小时,腔内平均压力要低于波后压力,因此很难从第一气膜孔中流出,当冷却剂流量为 0.1 kg/s 时,此时腔内平均压力接近波后压力,冷却剂可以进入到第一气膜孔中。

图 9.17 给出了不同质量流量下前缘周围冷却剂质量分数分布,并给出了气膜孔出口处流线图。通过观察图 9.17 可以发现,流量为 0.03 kg/s 和 0.05 kg/s 时,冷却剂全部从第二气膜孔中流出,由于冷却剂流动速度远小于主流速度,在主流影响下,从孔中流出的冷却剂会附在前缘下游壁面上,形成气膜对下游壁面进行保护。随着流量增大,形成的气膜层厚度更厚,覆盖在壁面上的冷却剂更

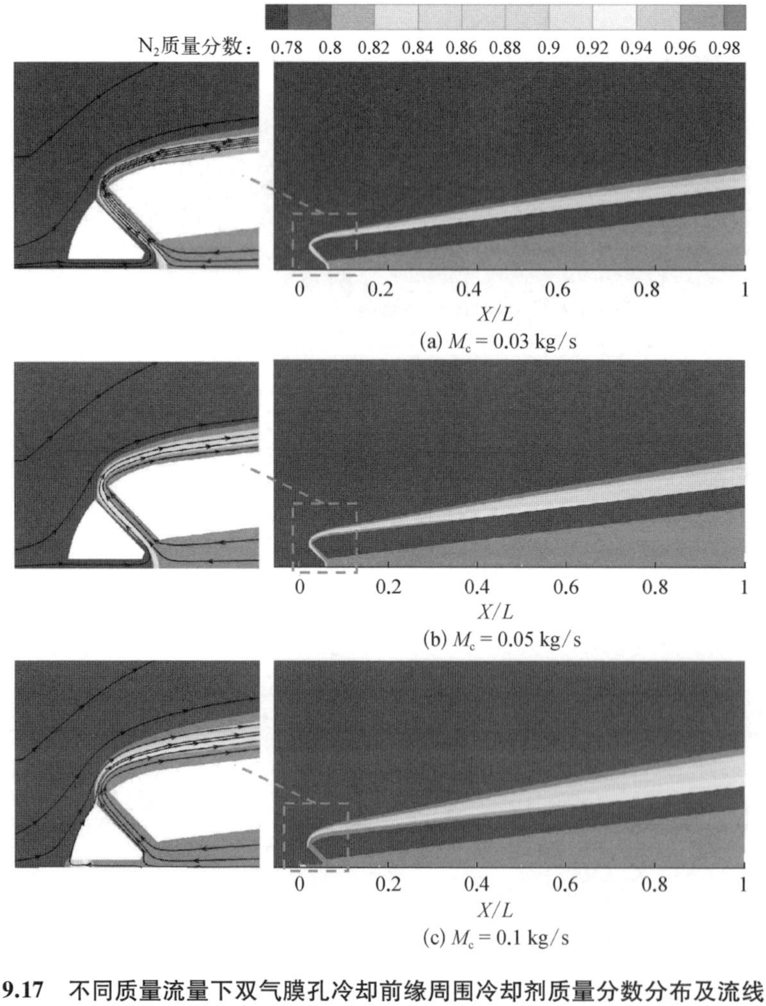

图 9.17　不同质量流量下双气膜孔冷却前缘周围冷却剂质量分数分布及流线图

多，增大流量的同时冷却剂输运距离也随之增大。当流量为 0.1 kg/s 时，冷却剂可以从第一气膜孔中流出，但相较于从第二气膜孔中流出的冷却剂质量要小得多，因此，第一气膜孔和第二气膜孔之间的外壁面温度较高。若要实现全局温度维持在材料熔点以下，需要进一步增大冷却剂质量流量，这给高超声速飞行器质量分配带来了很大的负担。

9.2.3　三气膜孔

图 9.18 给出了三气膜孔气膜冷却时，不同冷却剂质量流量下温度和压力云图。从图 9.18(a) 中可以看出，三种不同质量流量下，前缘的曲面段温度都很

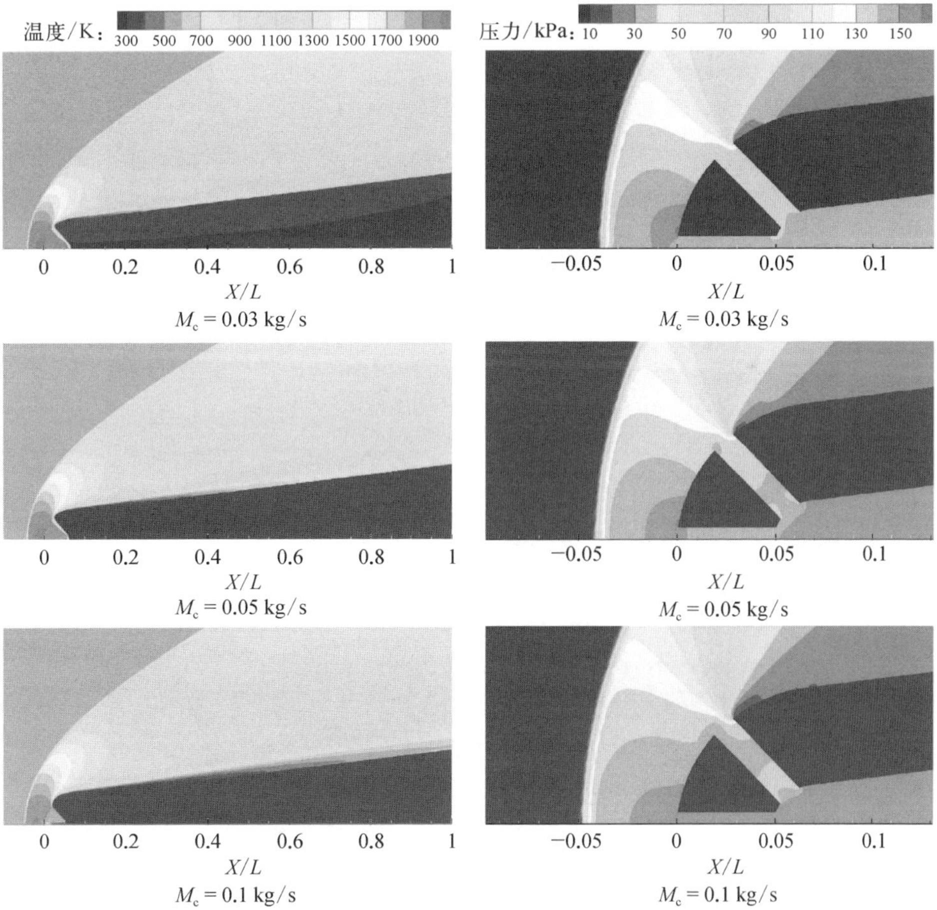

(a) 整场温度分布云图　(b) 整场压力分布云图

图 9.18　不同质量流量下三气膜孔气膜冷却温度及压力分布

高，并且已经超过了固体材料的熔点。因此，在较小的冷却剂消耗量下，采用三气膜孔气膜冷却方式无法对前缘进行冷却。从图 9.18(b) 中可以看出，随着冷却剂质量增加，腔内压力和第二个气膜孔内压力不断增大。前缘曲面段压力分布不受流量增大的影响。

图 9.19 给出了采用三气膜孔气膜冷却方式时，不同的冷却剂质量流量下，前缘内部及周围的冷却剂质量分数分布。可以看出，质量流量从 0.03 kg/s 变化到 0.1 kg/s 时，冷却剂依然未能从正前方的气膜孔中喷出，因此，无法对前缘曲面段进行冷却。在第二个与第三个气膜孔之间的区域出现了较大的回流区，并且随着流量增大，回流区域面积逐渐减小，当质量流量为 0.01 kg/s 时，小部分冷

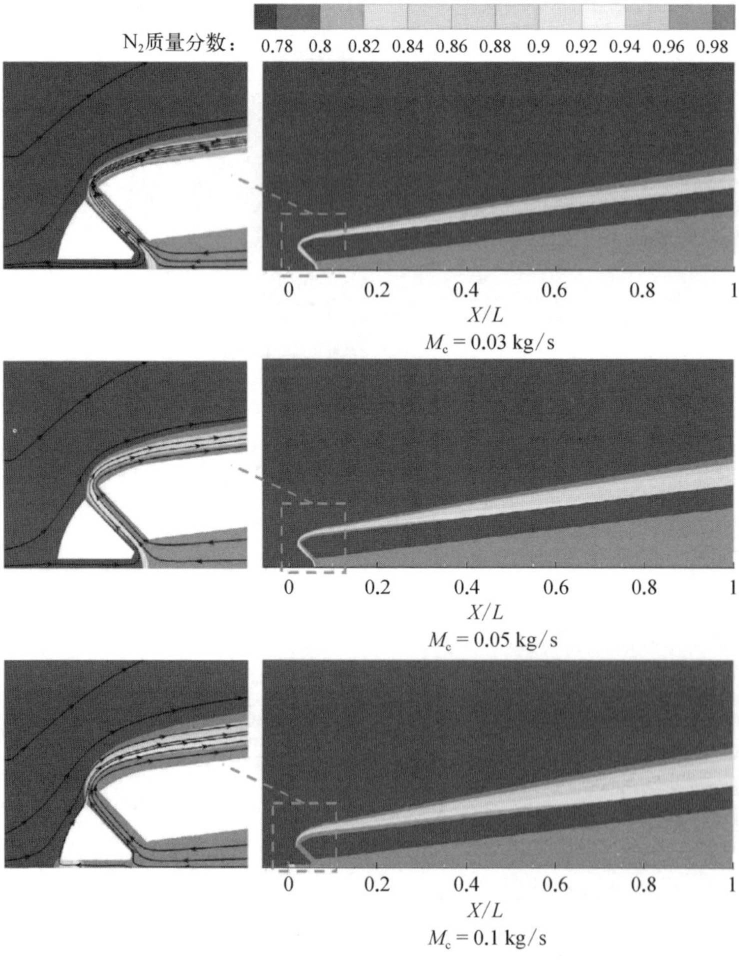

图 9.19　不同质量流量下三气膜孔冷却前缘内部及周围冷却剂质量分数分布及流线图

却剂可以从第二个气膜孔中流出。另外，由于大多数冷却剂都是从第三个气膜孔中流出的，在主流作用下，在前缘下游形成了较厚的气膜层，可以很好地对下游表面进行冷却，但前缘最需要防热的部位是曲面段，因此，采用三气膜孔气膜冷却方案无法在合理的冷却剂消耗量要求下对前缘进行冷却。

9.3　高超声速飞行器前缘发散冷却

本节对只采用单一发散冷却的前缘进行研究，通过改变冷却剂质量流量及多孔介质厚度来分析冷却特性的变化。高超声速飞行器前缘发散冷却结构示意图如图 9.20 所示，来流工况以及多孔介质的孔隙率、渗透率等属性和 9.2 节一致，其他工况如表 9.5 所示。

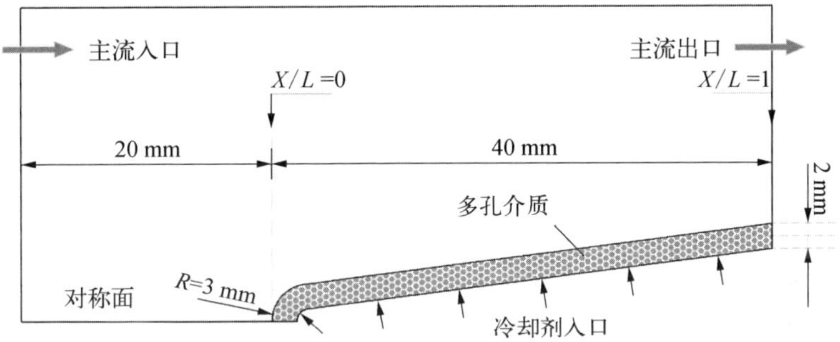

图 9.20　高超声速飞行器前缘发散冷却示意图

表 9.5　单一发散冷却计算工况

工　况	多孔介质厚度/mm	冷却剂质量流量 M_c/(kg/s)
Case 1	1	0.03
Case 2	2	0.03
Case 3	1	0.05
Case 4	2	0.05
Case 5	1	0.1
Case 6	2	0.1

图 9.21 给出了不同工况下全场的温度云图。通过对同一质量流量不同多

孔介质厚度工况数值模拟结果的比较可以发现，多孔介质厚度为 2 mm 时前缘的平均温度要低于厚度为 1 mm 时。另外，当厚度保持一致时，增大冷却剂的质量流量可以提高冷却效果。

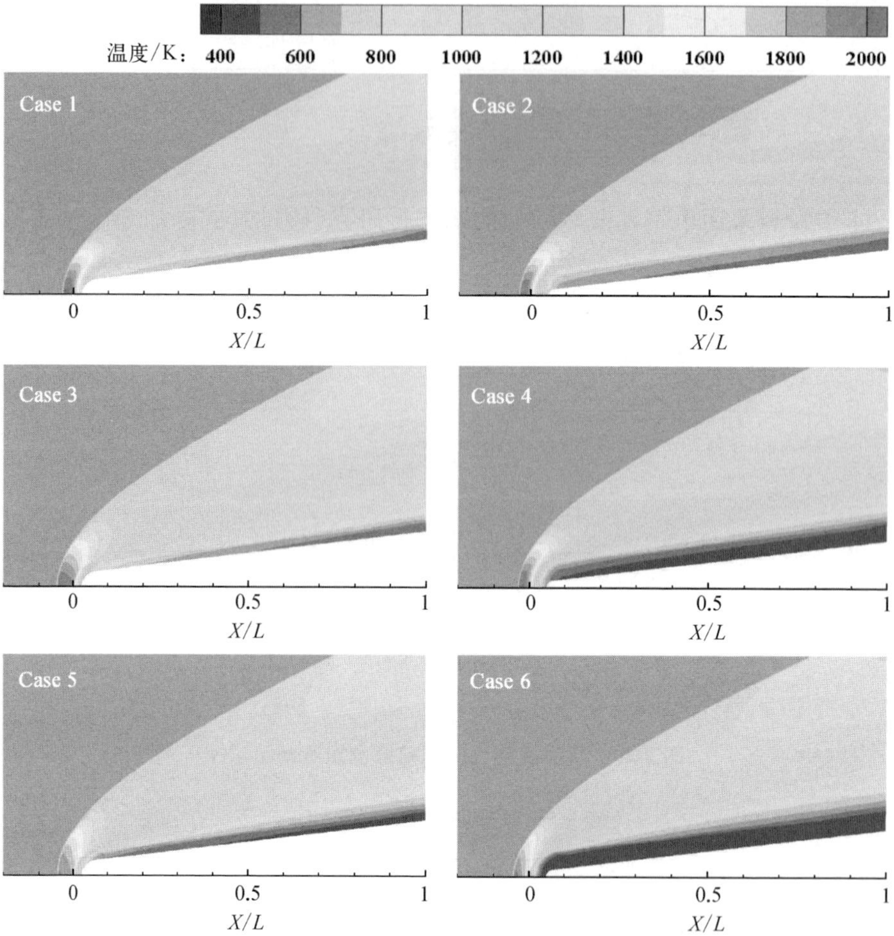

图 9.21　不同工况下前缘发散冷却全场温度云图

图 9.22 给出了六组工况下前缘部分的温度云图。从图中可以看出，多孔介质厚度为 1 mm 的前缘高温区域范围明显地大于多孔介质厚度为 2 mm 的模拟组。几种工况中多孔介质头部曲线段都受到了高温主流的侵蚀，但是在冷却剂质量流量一定时，多孔介质厚度越大，前缘受到主流侵蚀的程度越小，前缘发散冷却效果越好；当多孔介质厚度一定时，增大冷却剂的质量流量可以减小头部曲面段受侵蚀面积。此外，即使在 Case 6 多孔介质厚度为 2 mm，冷却剂质量流量

为 0.1 kg/s 的情况下，前缘头部曲面段仍有较小范围的高温区域，可见在此种工况下单一发散冷却结构仍然未能抵挡住高温的侵蚀。

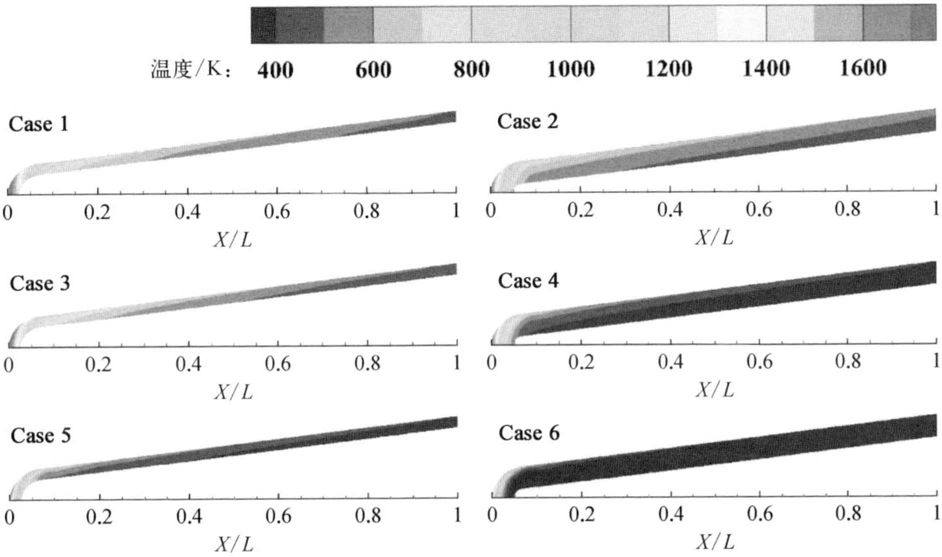

图 9.22　不同工况下前缘温度云图

图 9.23 给出了不同工况下前缘外表面温度沿 X 方向变化情况。从图中可以看出，几种工况中最高温度为 1 896.17 K，对应的工况为 Case 1 和 Case 3，二者

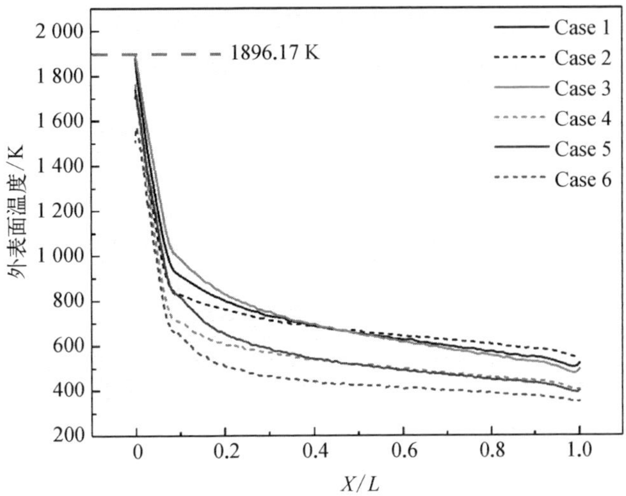

图 9.23　不同工况下前缘发散冷却外表面温度分布

的多孔介质厚度都为 1 mm，其中，Case 3 相较于 Case 1 的冷却剂质量流量增大了 66.7%，但是前缘的最高温度却近似相等，并且在整个前缘表面，二者温差较小，说明在多孔介质厚度较小时，单纯依靠增大冷却剂流量并不能显著地降低前缘温度。此外，从图中可以看出，在相同质量流量下，多孔介质厚度为 2 mm 对应模拟组的外表面温度始终低于厚度为 1 mm 时，Case 1 和 Case 2 的最大温差为 137.91 K，Case 3 和 Case 4 的温差为 327.64 K，Case 5 和 Case 6 的温差为 205.31 K。6 组工况的外表面温度在 $X/L=0$ 至 $X/L=1$ 区间的变化趋势一致。

图 9.24 给出了不同工况下前缘冷却剂质量分数分布。从图中可以看出，在几种工况下，冷却剂都能充满多孔介质。外部主流中冷却剂质量分数随着质量

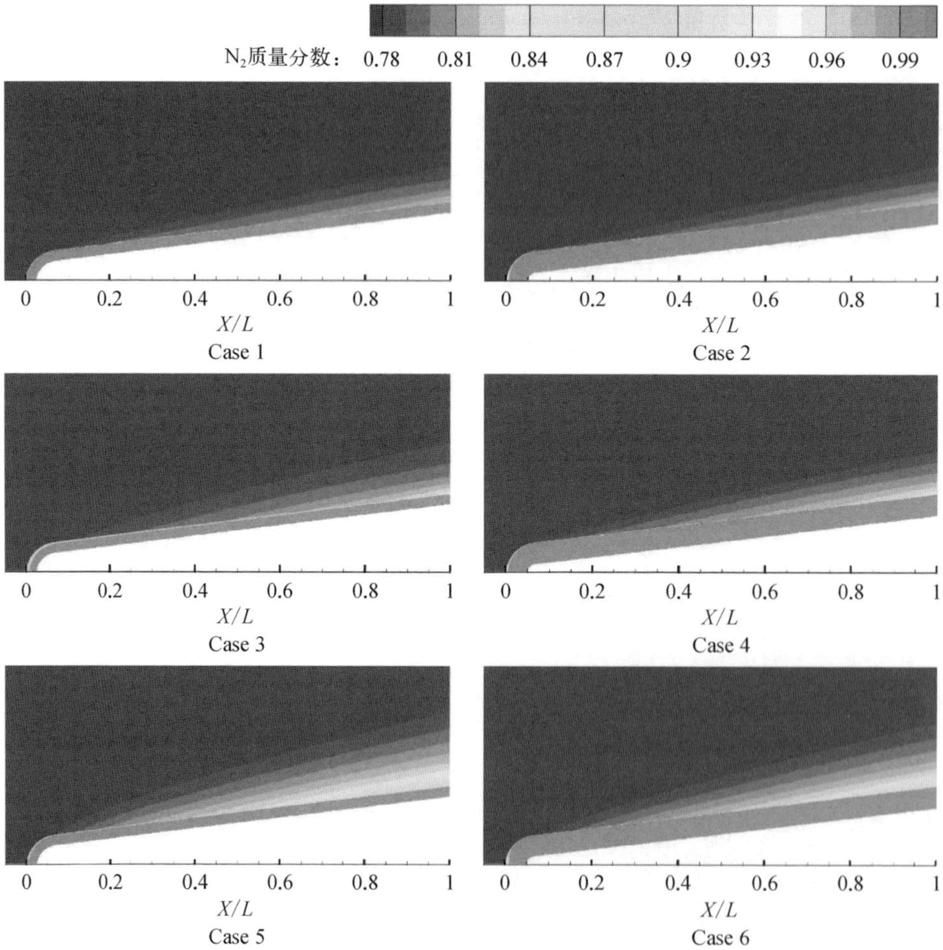

图 9.24 不同工况下前缘冷却剂质量分数分布

流量增大而增大，并且在相同质量流量时，多孔介质厚度越小，冷却剂越容易从多孔介质中流出，耗散在主流中的冷却剂质量越多，冷却剂在多孔介质内部流动换热过程短暂，发散冷却效率较低，有较多冷却剂未能合理应用，且前缘头部曲面段的温度仍然高于多孔介质骨架材料熔点。

9.4　高超声速飞行器前缘组合冷却

在 9.2 节与 9.3 节中分别对高超声飞行器前缘气膜冷却和发散冷却结构进行了研究。结果表明，单气膜孔气膜冷却对处于滞止区域的部位冷却效果较好，但消耗流量较大；发散冷却整体冷却效果较好，但冷却剂难以从曲面段流出形成气膜。以上结论证实了只依靠一种冷却方式难以高效地冷却前缘。

因此，本节基于以上研究，将单气膜孔气膜冷却方式和发散冷却结合在一起，并在固体之间设置离散槽缝，使冷却剂更容易流入曲面段多孔介质中。组合冷却结构如图 9.25 所示，该结构对比单气膜孔冷却在外部增加了一层多孔介质，可保证形成气膜的均匀性；对比单一发散冷却在头部直接开有气膜孔，可提高滞止区域的冷却效果，此外，多孔介质内层紧密贴合着固体，提高了结构的承载能力。

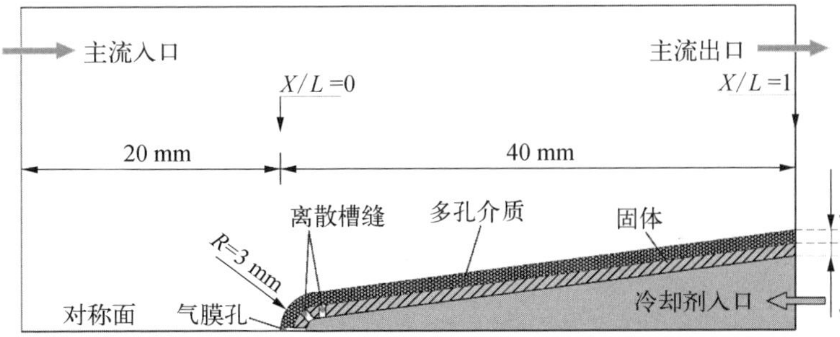

图 9.25　高超声速飞行器前缘组合冷却示意图

冷却剂在组合冷却结构中的流动方向示意图如图 9.26 所示。在组合冷却结构中，冷却剂有多个流向，一部分直接从前端的气膜孔喷出，在主流的作用下形成气膜；一部分沿着冷却腔流动，并沿离散槽缝进入多孔介质中，在多孔介质中与骨架材料进行了充分的换热，由于多孔介质有很多微孔，因此，形成的气膜较为均匀；一部分在流经气膜孔时进入多孔介质中，增强前缘曲面段的冷却效果。

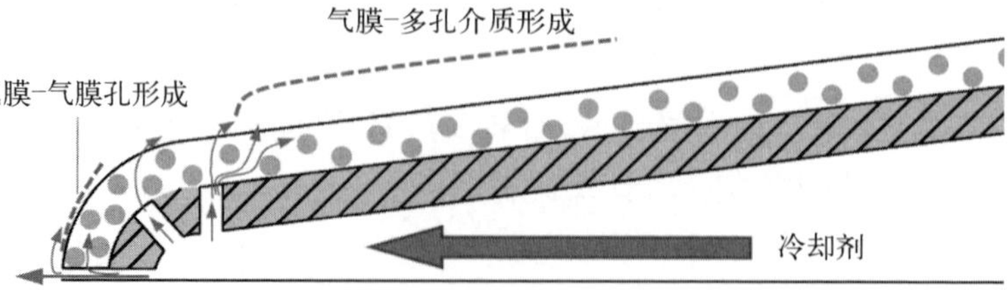

图 9.26 冷却剂在组合冷却结构中的流动方向示意图

本节研究了气膜-发散组合冷却结构的冷却效果和流动换热特性,设计了四种计算工况,如表 9.6 所示。

表 9.6 组合冷却结构计算工况

工 况	多孔介质厚度/mm	冷却剂质量流量 M_c/(kg/s)
Case 1	0.5	0.03
Case 2	1	0.03
Case 3	0.5	0.05
Case 4	1	0.05

图 9.27 给出了不同工况对应的全场温度云图及局部细节。从图中可以看出,四种工况下前缘温度都在材料许可范围以内,证明组合冷却理论的可行性。Case 1 和 Case 2 冷却剂质量流量都为 0.03 kg/s,发散面厚度不同,对比图中结果,Case 2 中多孔介质区域及固体区域的温度要更低,冷却效果更好;同样,Case 3 和 Case 4 冷却剂质量流量为 0.05 kg/s,发散面厚度不同,从结果上来看,虽然 Case 3 中从第一气膜孔中流出的冷却剂在前缘表面覆盖范围更大,但是从整体上看,Case 4 前缘温度要远低于 Case 3。这验证了 9.3 节中的观点,增加多孔介质厚度可以提高冷却剂在多孔介质内的换热面积,对前缘下游直线段的冷却效果提升明显。

图 9.28 给出了不同工况下前缘部分的温度云图,从图中可以看出,几种工况下前缘温度都较低,最高温度不超过 1 100 K,在材料的承受范围以内。此外,当多孔介质厚度为 0.5 mm 和 1 mm,以及质量流量为 0.03 kg/s 和 0.05 kg/s 时,前缘峰值温度都存在于第二气膜孔延长线附近。在组合冷却结构中,增大冷却剂质量流量可明显地降低前缘内部的温度。冷却效果最好的是 Case 4,对应多孔介质厚度 1 mm,冷却剂质量流量为 0.05 kg/s。

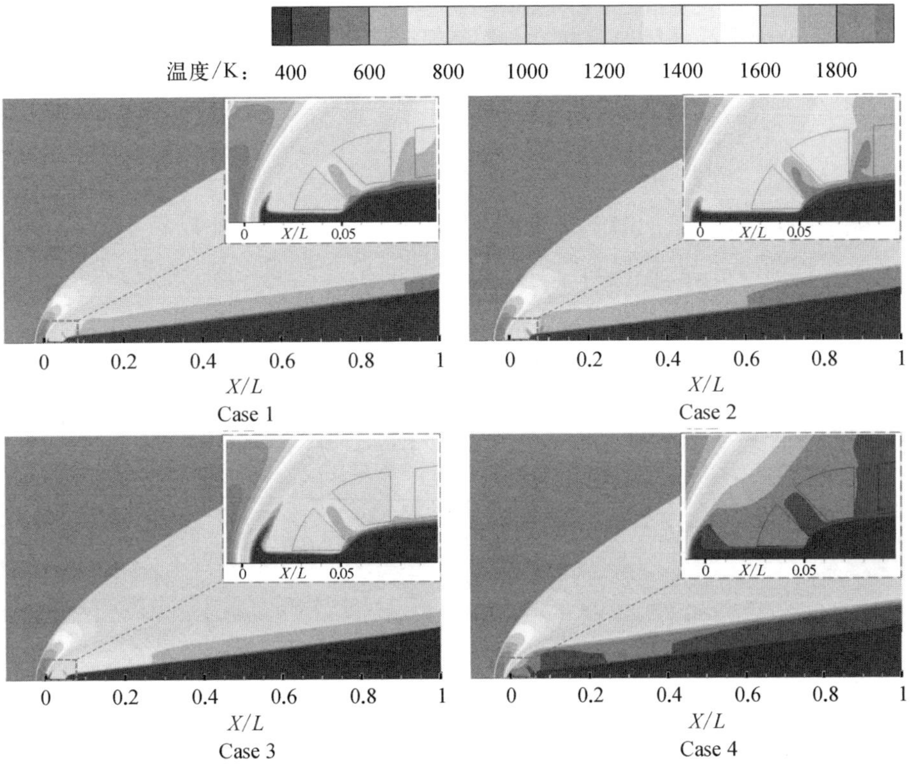

图 9.27　不同工况下组合冷却全场温度云图

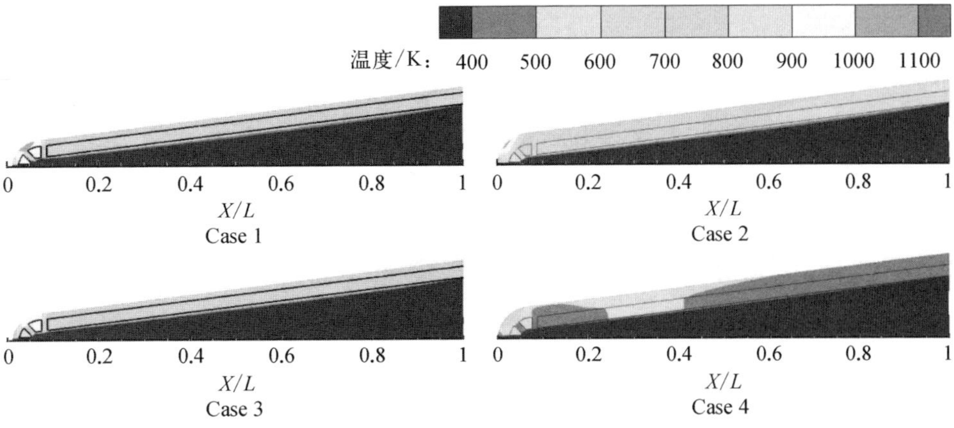

图 9.28　不同工况下组合冷却前缘温度云图

图 9.29 给出了不同工况下前缘内部及周围的冷却剂质量分数云图。从图中可以看出，Case 1 和 Case 3 中多孔介质内部的冷却剂质量分数要小于 Case 2 和 Case 4，因为多孔介质厚度越小，冷却剂更容易从多孔介质中流出，缩短了冷却剂在多孔介质流动换热的行程，这也使得其冷却效果明显地差于发散面更厚组合。由于在前缘曲面段的固体区域之间开有离散的槽缝，这使得冷却剂可以合理地分配进入到曲面段的多孔介质内，解决了单一发散冷却前缘曲面段冷却剂分配不均匀的问题，同时采用气膜-发散组合冷却方式，能以较小的冷却剂质量流量实现前缘冷却，相比高冷却剂消耗量的单一气膜冷却，气膜-发散冷却有更好的经济性和更强的冷却能力。

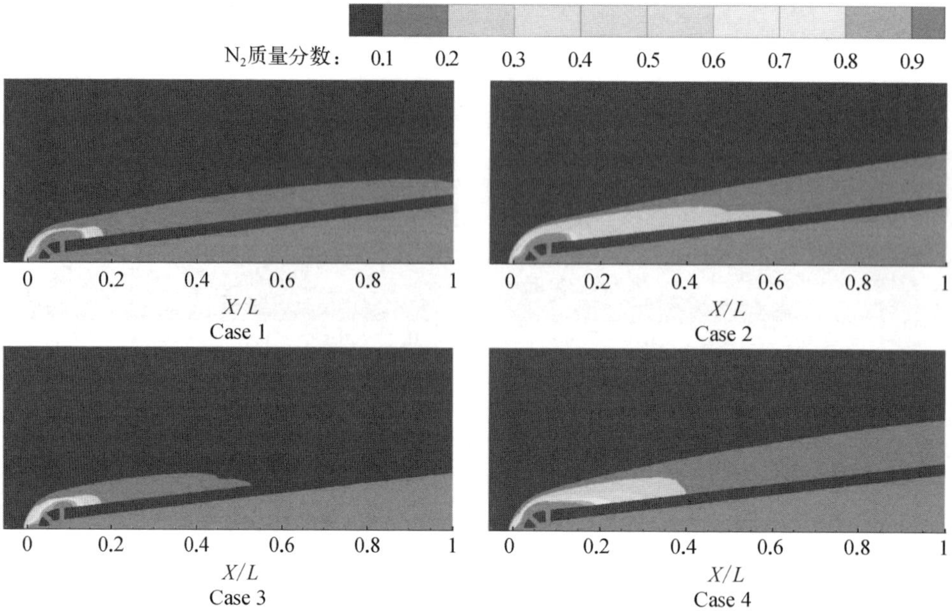

图 9.29　不同工况下组合冷却前缘冷却剂质量分数

9.5　冷却剂对组合冷却特性的影响

9.5.1　给定质量流量

冷却剂是影响主动冷却效果的重要因素之一，国内外已有大量关于冷却剂对气膜冷却效果、发散冷却效果影响的研究，而关于冷却剂对组合方式冷却效果影响的研究则较少。为了给组合冷却工程化应用提供冷却剂选择参考，需要分析高超声速物理场下不同冷却工质的冷却特性。本节以高超声速飞行器前缘气膜-发散组合冷却结构为研究对象，对比不同冷却剂及冷却剂质量流量对前缘组合冷却结构效果影响，揭示流动换热规律。本节采用的冷却介质为 CO_2、N_2、He 和 H_2，冷却剂质量流量为 0.03 kg/s 和 0.05 kg/s。

图 9.30 给出了当冷却剂入口质量流量为 0.03 kg/s 和 0.05 kg/s 下，不同冷却剂全场温度云图。从图中可以看出，强流动冲击及剪切流区域的温度较高，伴随着主流的强扰动，在前缘曲面段附近形成了弓形激波。波后前缘附近温度升高，当不采取冷却措施时，驻点区域温度接近主流总温。不同的冷却剂从前缘多孔介质中喷出使得驻点区域的温度出现不同程度的降低，而结构金属层外包裹了多孔介质层，由于冷却剂的出流形成了气膜，抵御了近壁面高温流体的热量传

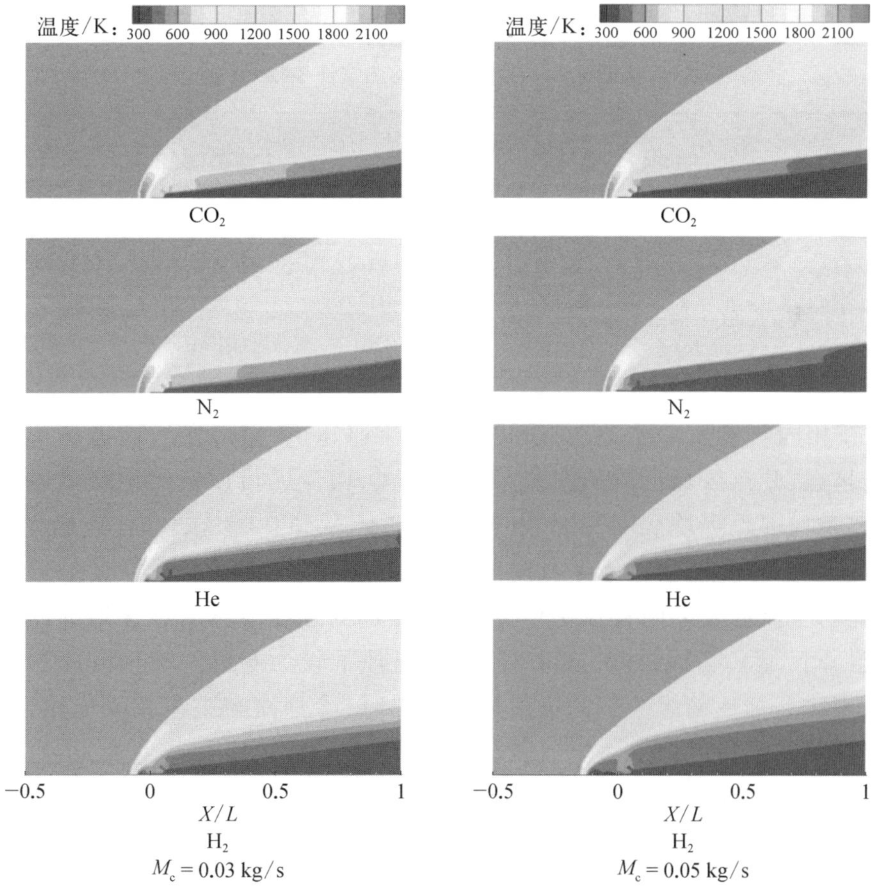

图 9.30　冷却剂质量流量为 0.03 kg/s、0.05 kg/s 时全场温度云图

递。因此,从总体上看,前缘表面温度比附近的主流温度低得多。

在气膜-发散组合冷却结构中,温度沿流向保持降低趋势。然而,即使在相同质量流量下,不同的冷却剂也表现出不同的冷却能力。结果表明,密度较低的冷却剂能提供更好的冷却效果,尤其是在驻点区域附近现象更为明显。这是由于在相同质量流量下,密度更小的冷却剂会有更高的喷流速度。当冷却剂质量流量为 0.03 kg/s 和 0.05 kg/s 时,四种冷却剂冷却能力大小顺序为 $H_2>He>N_2>CO_2$。

$$U_c = \frac{M_c}{\rho S} \tag{9.11}$$

根据式(9.11),当冷却剂的质量流量恒定时,流速与流体的密度成反比。不同冷却剂的热物性参数如表 9.7 所示。

表 9.7　不同冷却剂的热物性参数

气　体	CO_2	N_2	He	H_2
摩尔质量/(g/mol)	44	28	4	2
密度/(kg/m^3)	1.797	1.14	0.163	0.082
比热容/[J/(kg·K)]	0.845	1.04	5.200	14.313
热导率/[W/(m·K)]	0.016 8	0.026	0.156	0.187

在相同质量流量下,密度越低的气体流速越快,弓形激波被推离头部的距离越远,驻点区域形成的回流区面积越大,回流区可以极大地降低驻点温度,改善局部热环境。图 9.31 为 $M_c=0.03$ kg/s 和 0.05 kg/s 时,前缘周围 X 方向速度云图及流线。水平方向的速度不仅反映了前缘弓形激波的形成位置,还与主流静温之间存在密切关系,即较小的速度意味着该区域的高静温(如驻点区域)。从流线分布来看,前缘出现了较为明显的流动分离和剪切流。当冷却剂从前缘头部的贯通槽中喷出时,冷却流与主流相互作用,冷却剂在气膜孔出口处形成一层气膜,对此区域进行覆盖冷却。另外,当冷却流以较大速度喷射时,由于压差的存在,前缘会形成回流区,对驻点区域有较好的热防护作用。这是由于回流区域的速度较低,可防止高温主流侵入前缘内部。当冷却剂质量流量为 $M_c=0.05$ kg/s时,以 H_2 为冷却剂的回流区面积最大。

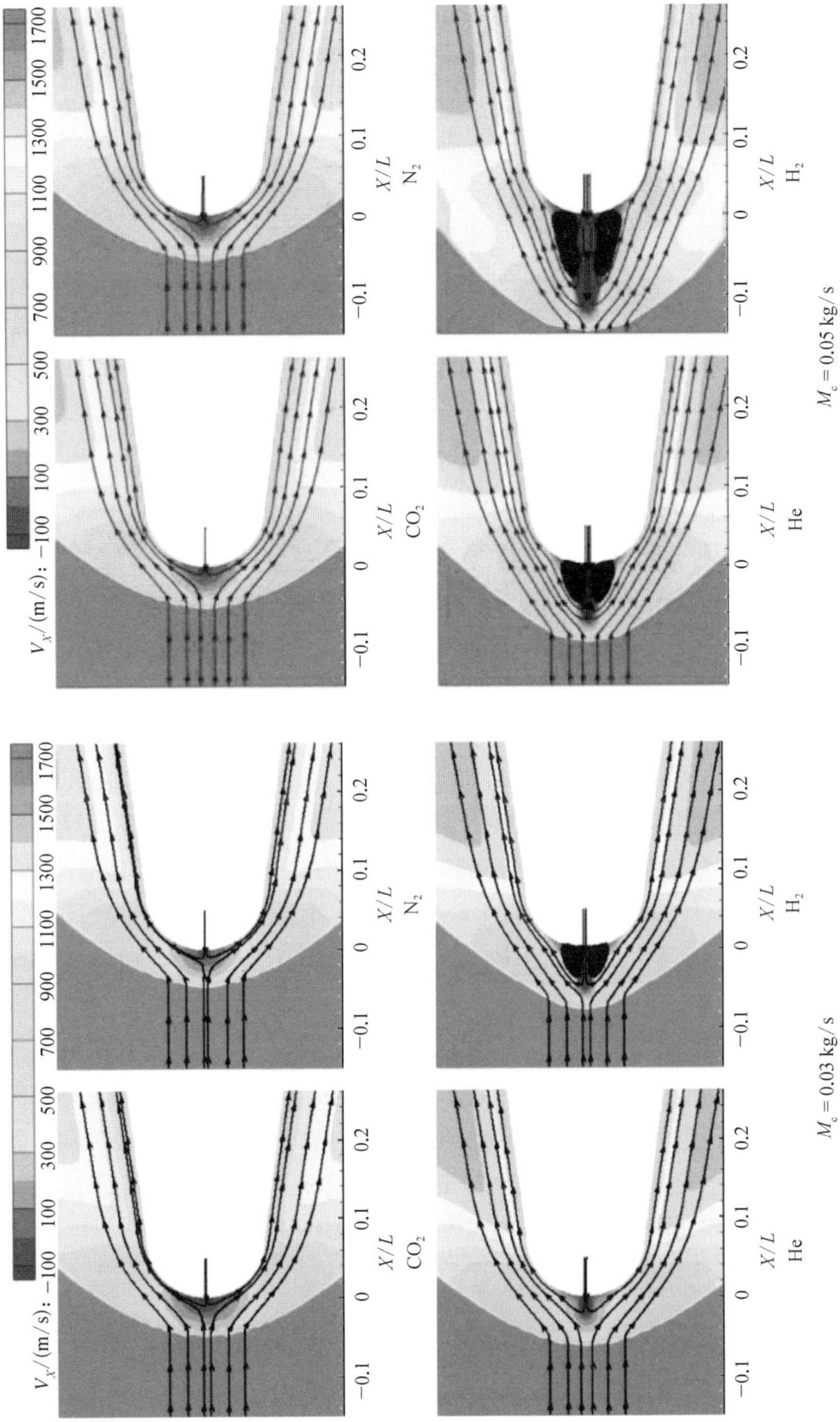

图 9.31 前缘周围 X 方向速度云图及流线

图 9.32 显示了在 $M_c=0.03$ kg/s 和 $M_c=0.05$ kg/s 时，四种冷却剂在前缘表面的温度分布差异。总体而言，前缘表面温度比附近主流温度低得多，这是因为在前缘周围形成的气膜抵御了高热负荷。从图中可以看出，前缘的峰值温度出现在靠近驻点的区域。由于在头部设置有正对着来流的气膜孔，所以驻点温度不再处于前缘的正前方。

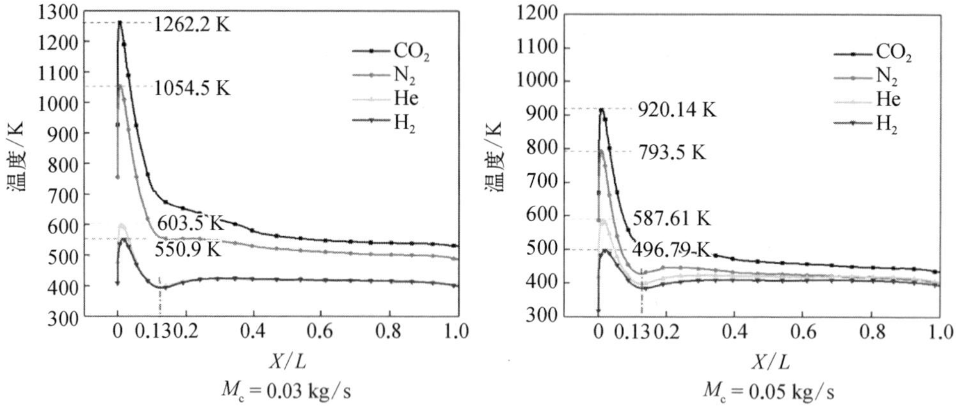

图 9.32　不同冷却剂及流量下沿 *X* 方向前缘外表面温度分布

当表面温度达到峰值点后，之后沿流向降低，最后趋于稳定。在几组工况中，最高前缘温度都出现在使用二氧化碳作为冷却剂时，前缘表面温度峰值排序为 $CO_2>N_2>He>H_2$，这一现象与图 9.30 中表现的冷却能力有较高的一致性。CO_2工况下得到的最高峰值温度为 1 262.2 K，而 H_2 工况下得到的最低温度为 496.79 K，出现这一现象的原因是 H_2 的喷射速度和热容量较大。随着冷却剂质量流速的增加，前缘表面的温度也在下降。

图 9.33 展示了不同冷却剂在 $M_c=0.03$ kg/s、0.05 kg/s 时的前缘区域温度云图。头部喷流改变了流场的结构，因此，峰值温度的位置不在正前方，而在贯通槽和第一个气膜孔中间的区域。温度分布沿着流向有下降的趋势。在靠近驻点的区域内温度急剧上升，并在组合冷却的作用下迅速下降。从温度分布可以看出，双层发散冷却对降低前缘的整体温度有很大的作用。

图 9.34 展示了不同质量流量下计算域内冷却剂的质量分数。从图中可以看出，冷却剂进入冷却腔后会从前缘驻点区域喷射出来。当冷却剂喷出并沿前缘表面形成冷气膜时，冷却剂在压力差的驱动下沿多孔介质区域向下游扩散。观察发现，冷却剂主要分布在前缘的曲面段，这一段是前缘承受气动加热最为严

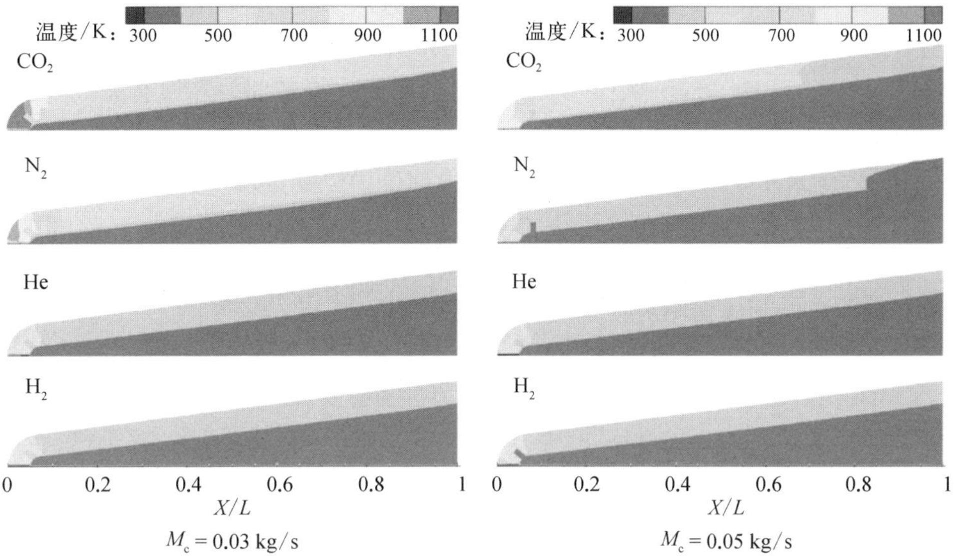

图 9.33　不同冷却剂在 $M_c = 0.03$ kg/s、0.05 kg/s 时的前缘区域温度云图

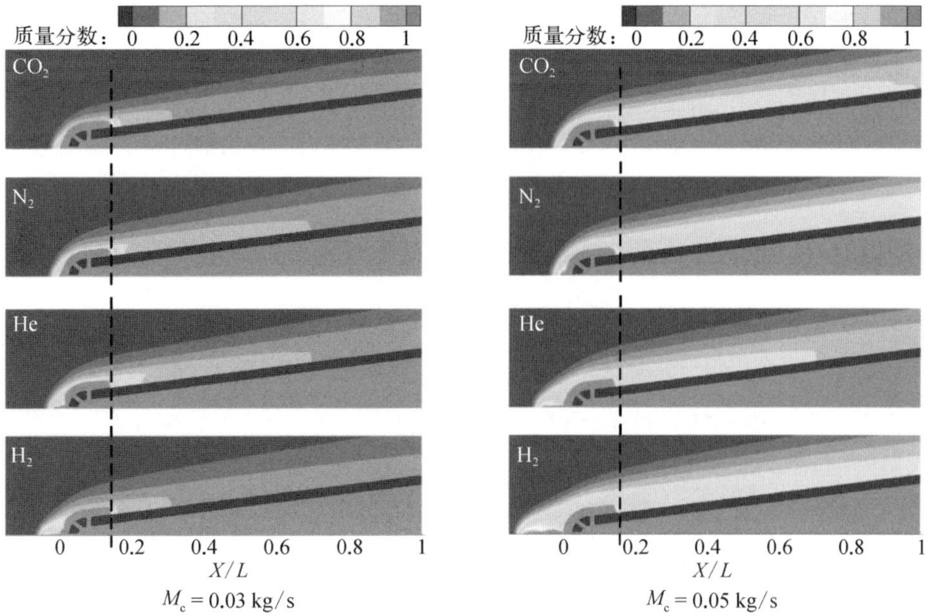

图 9.34　在不同质量流量下计算域内冷却剂质量分数分布

重的部位,通过离散孔可以让更多的冷却剂进入该区域。可以看到,当冷却剂质量较小时($M_c=0.03$ kg/s),CO_2工况下多孔介质下游的冷却剂的质量分数和H_2接近,N_2工况和He接近,多孔介质内的渗透作用与冷却剂的黏性有关,这决定了冷却剂在前缘周围的流动模态。

图9.35展示了不同质量流量下前缘内部压力分布情况。为了能从正前方的贯通槽中喷出,冷却剂在整个冷却腔内的压力都相对较大。当使用CO_2作为冷却剂时,驻点区域的压力较大。当使用N_2、He、H_2作为冷却剂时,头部前端形成回流区,近壁面流域中的高压区位置发生了移动。

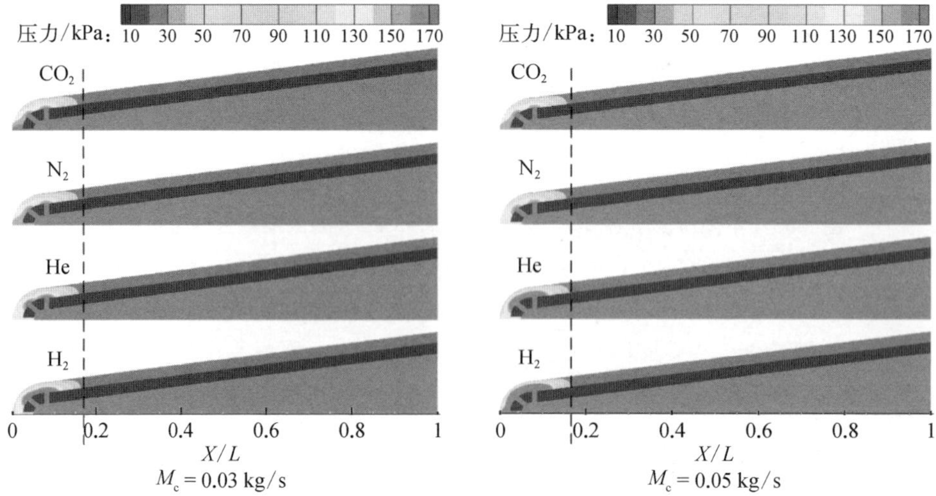

图9.35 不同质量流量下前缘压力云图

图9.36给出了不同质量流量下沿前缘表面的压力分布曲线。在He和H_2工况下,由于前缘头部前方存在回流区,压力分布先增大到峰值温度后迅速地降低,但最大压力仍低于CO_2和N_2工况。在较大的质量流量下($M_c=0.05$ kg/s),仍表现出相同的规律。观察发现,下游区域的压力($X/L>0.1$)稳定在一个相对较低的值,约为0.2倍的总压。

9.5.2 给定流动速度

当质量流量一定时,不同冷却剂的喷射速度相差较大。在本节的研究中,给定入口处的冷却剂流动速度,研究不同种类冷却剂对冷却效果的影响。本节研究所采用的入口速度与9.5.1小节中工质为N_2、质量流量$M_c=0.03$ kg/s时的入口速度一致。

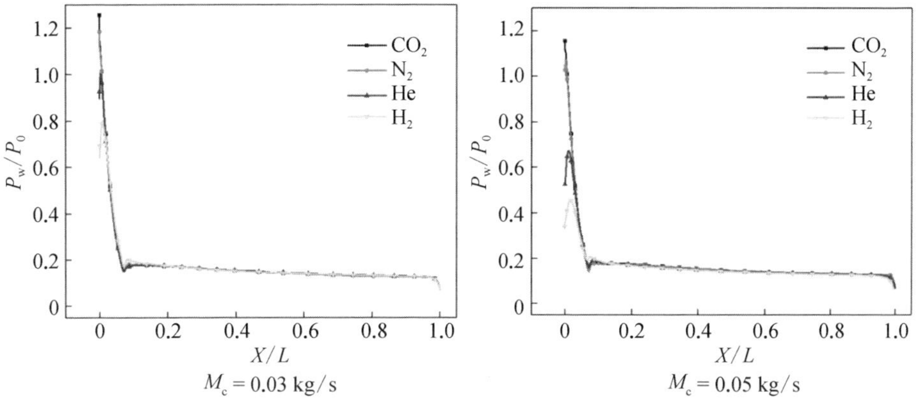

图 9.36　不同质量流量下前缘表面压力分布曲线

图 9.37 给出了四种冷却介质下整个计算域的温度云图，可以发现，不同工况下前缘近壁面流场温度分布相似，而内部温度分布存在着差异。冷却剂渗透到多孔介质中，使局部温度降低，传递到固体区域的热量减小，同时冷却剂在腔内流动过程中与固体区域进行了充分的换热，即固体区域受到了冷却剂的良好保护。此外，从图中可以看出当入口速度为 2.7 m/s 时，前缘下游区域整体温度都低于 900 K。

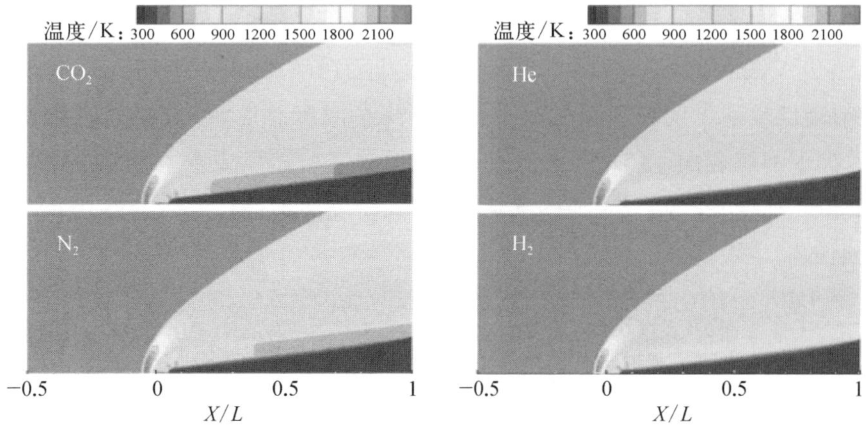

图 9.37　不同冷却剂在相同入口速度时的温度云图(V=2.7 m/s)

图 9.38(a)为不同冷却剂下前缘温度云图。从图中可以看出，在相同入口速度下，温度的变化趋势与模拟结果基本一致。在四种冷却剂中，无论是以壁面温度

峰值还是以表面温度均值为评价指标，N_2都提供了最佳的冷却性能。图 9.38(b)为前缘表面温度沿 X 方向分布曲线，沿流向看，几种工况下温度都是快速上升到峰值点，之后沿流向降低，CO_2和 N_2持续保持降低趋势，而 He 和 H_2工况中温度到达波谷后会二次上升，四种工况温度最后都趋于稳定。四种冷却剂中，N_2和 H_2对应前缘头部温度最低，CO_2和 N_2工况下游平均温度相对较低，即 CO_2和 N_2向下游输运距离更远。当冷却剂以相同速度喷射时，高密度冷却剂表现出更明显的降热效果。

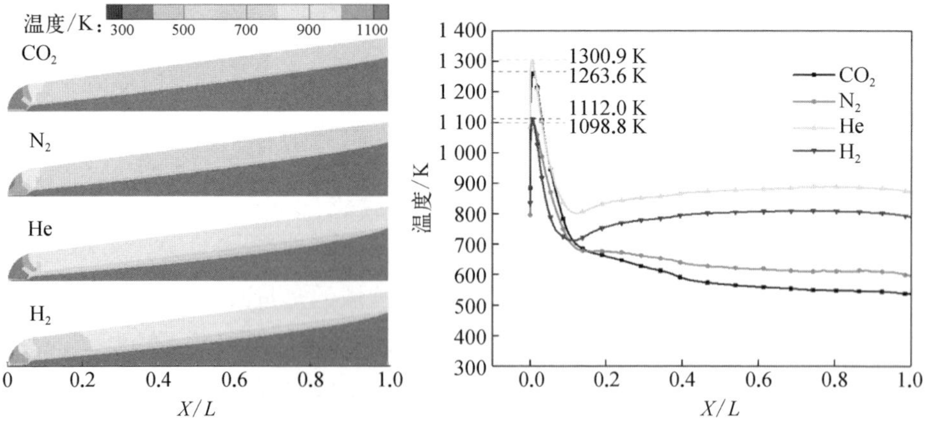

(a) 前缘温度分布云图　　(b) 前缘表面温度沿X方向分布曲线

图 9.38　当入口速度一定时，不同冷却剂下前缘温度分布情况(V=2.7 m/s)

图 9.39 为相同入口速度下不同种类冷却剂在前缘周围的速度云图及流线，图中清晰地呈现了前缘周围弓形激波的产生和发展状态，冷气膜与主流相互作用，保护了前缘表面。CO_2和 N_2密度较大，相同入口速度下具有更强的动能，因此，模拟时前缘头部出现了逆向喷流，同时大密度冷却剂在下游的多孔介质中具有更远的输运距离。

图 9.40(a)给出了相同入口速度下冷却剂在计算域的质量分数分布情况。从图中可以清楚地看出，密度较大的冷却剂(即 CO_2和 N_2)，在多孔介质中输运的距离更远，深度更大。冷却剂主要集中在冷却孔所在的前缘区域，在整个前缘中 CO_2与 N_2质量分数高于 H_2和 He 的质量分数。图 9.40(b)给出了相同入口速度下前缘附近的压力分布。从图中可以看出冷却腔内的压力都很大，充分地确保了冷却剂能够从前缘区域的多孔介质中排出，但四者之中 CO_2和 N_2的压力又略大于 H_2和 N_2。

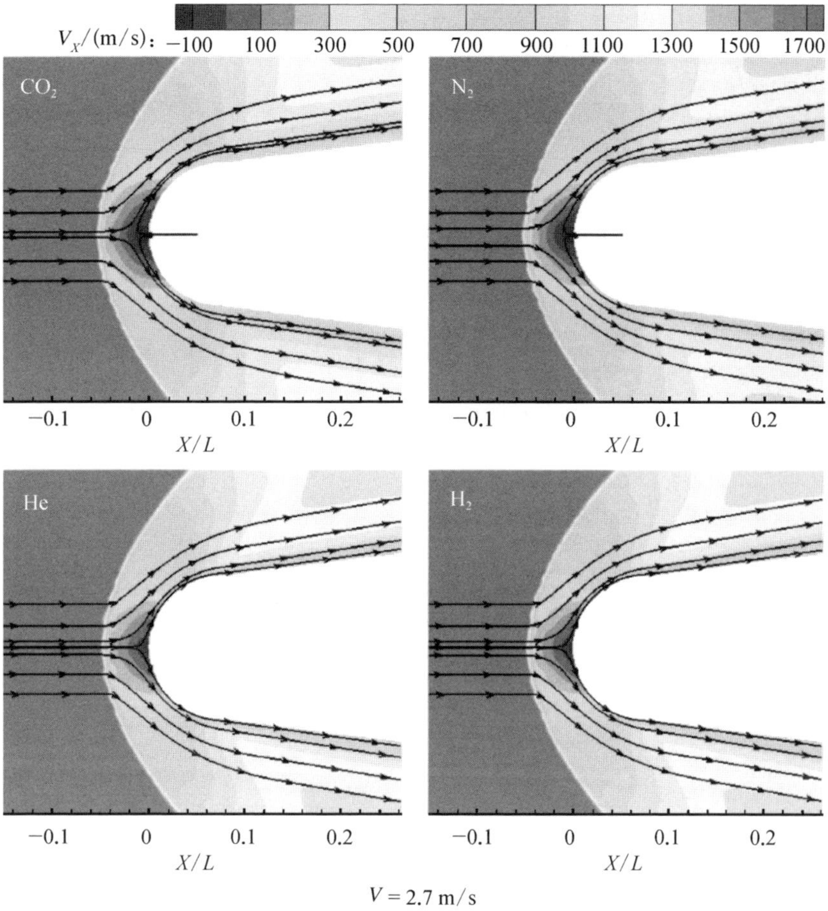

图 9.39　前缘周围 X 方向速度云图及流线

冷却剂 H_2 和 He 在出流后主要集中在多孔介质上游，向下游扩散较少。相较于前两者，使用 CO_2 和 N_2 作为冷却工质时，多孔介质下游分布更多的冷却剂，这使得 CO_2 和 N_2 的下游温度明显低于 H_2 和 He。H_2 的质量分数虽然与 He 相同，但是 H_2 的比热容是 He 的 2.75 倍，比热容越大代表吸热能力更强，因此，比热容在这里发挥了重要的作用。同样，虽然从质量分数云图中看到 CO_2 在多孔介质下游的分布要大于 N_2，但是由于 CO_2 的比热容略小于 N_2，因此，下游的温度也略高于 N_2。

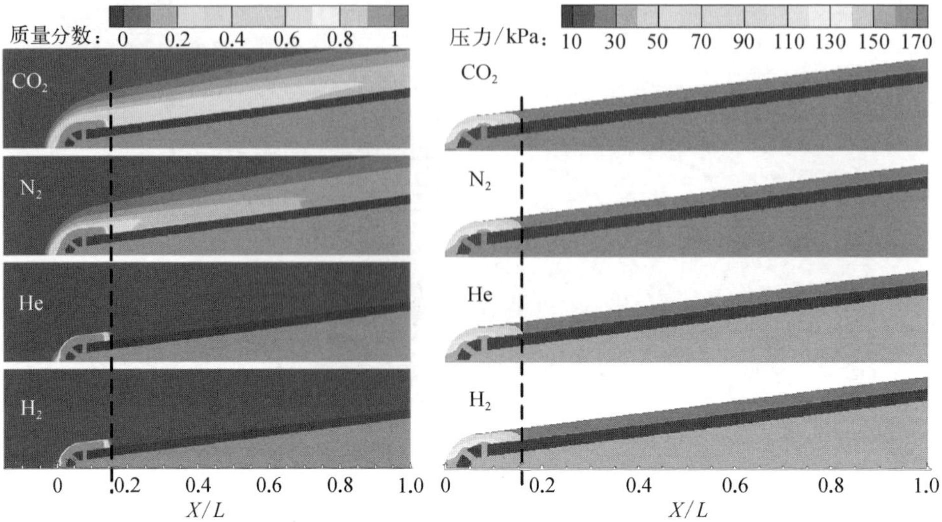

(a) 前缘质量分数分布云图 (b) 前缘压力分布云图

图 9.40 当入口速度一定时，不同冷却剂下前缘质量分数及压力分布情况（V=2.7 m/s）

9.6 本章小结

本章建立了气膜冷却与发散冷却数值计算模型，以高超声速飞行器前缘为研究对象分别对气膜冷却、发散冷却和气膜-发散组合冷却的流动换热特性及冷却效果开展研究。其中，前缘气膜冷却主要研究了不同的气膜孔数量及冷却剂流量的影响；前缘发散冷却主要研究了不同多孔介质厚度及冷却剂流量的影响；前缘组合冷却主要研究了多孔介质厚度及冷却剂流量的影响。此外，考虑到冷却剂是影响主动冷却效果的重要因素，针对冷却剂种类及质量流量对组合冷却效果的影响规律进行了研究。主要研究结论如下：

（1）采用单气膜孔气膜冷却方案时，由于冷却剂只有一个出口，因此，冷却剂的质量流量对冷却效果有较大的影响。在以防热为目标时，综合冷却效果和冷却剂流量消耗，可选取质量流量为 0.05 kg/s；若以减阻和防热为目标，可选取较大的质量流量为 0.1 kg/s。采用双气膜孔和三气膜孔气膜冷却时，质量流量由 0.03 kg/s 变化到 0.1 kg/s，冷却剂均无法从前端的气膜孔中流出，因此，无法对前缘曲面段进行有效的热防护。

（2）采用单一前缘发散冷却时，多孔介质厚度为 2 mm 时的冷却效果明显地优于多孔介质厚度为 1 mm 时。当多孔介质厚度较小（1 mm）时，增大冷却剂的质量流量无法使前缘曲面段的峰值温度降到结构熔点以下。

（3）采用气膜-发散组合冷却结构时，离散槽缝可以合理地分配冷却剂，使得前缘曲面段峰值温度明显地降低，当多孔介质厚度分别为 0.5 mm 和 1 mm 时，冷却剂质量流量为 0.03 kg/s 和 0.05 kg/s 情况下，前缘曲面段最高温度不超过 1 100 K，下游平均温度也较低，可以看出气膜-发散组合冷却结构的冷却效果明显较单一气膜冷却和单一发散冷却高。

（4）当控制冷却剂入口处质量流量一定时，密度较低的冷却剂（H_2 和 He）与密度较大的冷却剂（CO_2 和 N_2）相比，无论是前缘曲面段的峰值温度还是多孔介质下游的平均温度都较低。当质量流量一定时，低密度的冷却剂具有较大的喷射速度，提供了更大的动能从前端的气膜孔中喷射出去，当喷射速度足够大时，前缘前方形成的回流将位于停滞区的高温区域推离前缘，此外，冷却剂还进一步深入多孔介质中向下游扩散，对外壁面进行冷却。

（5）当控制冷却剂入口处的流速一定时，密度较大的冷却剂（即 CO_2 和 N_2）能为整体前缘区域提供良好的冷却性能，尤其在下游区域，高密度冷却剂的冷却效果明显地优于低密度冷却剂。当冷却剂的质量分数较为接近时，比热容成了影响组合方式冷却效果的主要因素，并且比热容更大的冷却剂对应冷却效果更好。

参考文献

[1] 庙智超.高超声速飞行器前缘发散冷却特性研究[D].长沙：中南大学，2022.

[2] Ding R, Wang J H, He F, et al. Numerical investigation on a double layer combined cooling structure for aerodynamic heat control of hypersonic vehicle leading edge[J]. Applied Thermal Engineering, 2020, 169: 114949.

[3] 丁锐.发散冷却在高超声速飞行器上的应用可行性研究[D].合肥：中国科学技术大学，2020.

[4] Wang J H, Wang H N. A discussion of transpiration cooling problems through an analytical solution of local thermal nonequilibrium model[J]. Journal of Heat Transfer, 2006, 128(10): 1093 – 1098.

[5] 欧阳小龙.多孔介质传热局部非热平衡效应的基础问题研究[D].北京：清华大学，2014.

[6] Liu Y Q, Jiang P X, Jin S S, et al. Transpiration cooling of a nose cone by various foreign gases[J]. International Journal of Heat and Mass Transfer, 2010, 53(23 – 24): 5364 – 5372.

[7] Xiong Y B, Zhu Y H, Jiang P X. Numerical simulation of transpiration cooling for sintered

metal porous strut of the scramjet combustion chamber[J]. Heat transfer engineering, 2014, 35(6-8): 721-729.

[8] 韦健飞,米振昊,章思龙,等.氢与碳氢燃料超声速气膜冷却和减阻规律及其影响机制[J].实验流体力学,2025,39(1): 8-20.

[9] 陈静,单勇,张序墉,等.二元塞式喷管塞锥气膜冷却特性研究[J].航空动力学报,2024,39(0): 114-123.

[10] 叶林,郭昊,姜培学,等.超声速气流中扩张孔横向射流冷却特性研究[J].工程热物理学报,2023,44(10): 2778-2785.

[11] 王子超,王维,田海平,等.基于模态分析的非定常气膜冷却数值研究[J].热能动力工程,2023,38(8): 44-52.

[12] Luo S B, Miao Z C, Liu J, et al. Effects of coolants of double layer transpiration cooling system in the leading edge of a hypersonic vehicle[J]. Frontiers in Energy Research, 2021, 9: 756820.

第 10 章

高超声速飞行器气膜-发散组合冷却

当气膜-发散组合冷却方法应用于高超声速飞行器气动加热关键部位时，需要进一步考虑真实构型与飞行环境的变化才能更充分地评估其减阻降热效能。本章基于气膜-发散组合冷却方案，研究来流攻角和前缘构型楔角对高超声速飞行器组合冷却特性的影响机制，探究飞行速度和飞行高度对组合冷却性能的影响规律，为工程应用提供理论指导。

10.1　来流攻角对组合冷却特性影响

本节选取来流攻角为 0°、4°和 12°，其他边界条件与 9.4 节保持一致，分析攻角对组合冷却效果的影响[1]。图 10.1 给出了攻角变化对前缘外流场的影响。从图中可以看出，随着攻角的增大，激波的形成位置不再是前缘正前方，而是沿

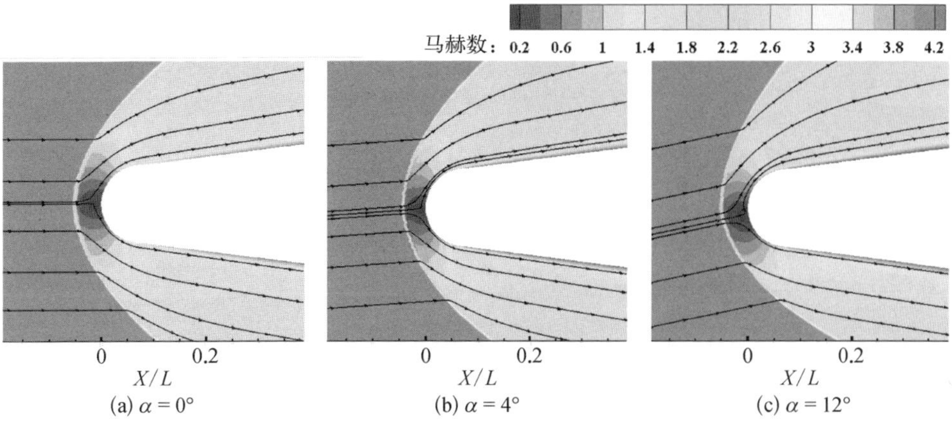

图 10.1　攻角变化对前缘外流场的影响

着逆时针方向转动,因此,流场结构不再对称。

图 10.2 为不同攻角下的全场温度云图。迎风面受到来自主流的流动冲击加强,迎风面的气动加热情况更严重,其温度明显地高于背风面的温度。通过对比三种工况,发现攻角变化对多孔介质和结构金属层内温度分布有较大的影响。

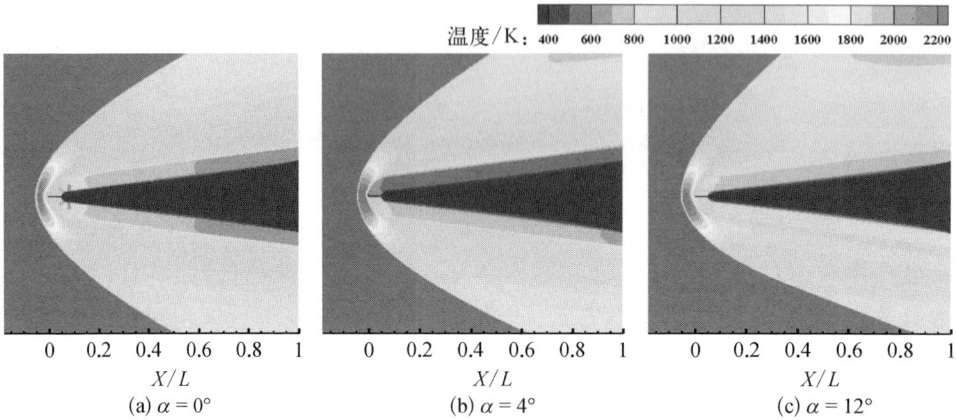

图 10.2 不同攻角下全场温度云图

图 10.3 为沿 X 方向多孔介质外壁面温度变化曲线。首先,不同攻角下温度曲线变化趋势一致,$X/L=0$ 至 $X/L=0.33$ 为温度快速变化段,$X/L=0.33$ 至 $X/L=1$ 为温度缓慢变化段。其次,攻角改变使多孔介质上、下壁面出现了较大

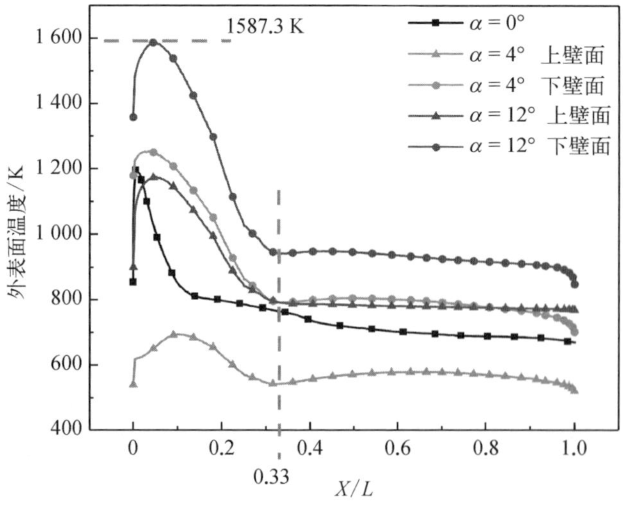

图 10.3 不同攻角下外壁面温度沿 X 方向变化

的温差，$\alpha=4°$时上、下壁面温差达到 639.2 K，$\alpha=12°$时温差达到 459.2 K。从图中可以看出，从 $\alpha=0°$到 $\alpha=4°$时，峰值温度提高了 4.2%，而从 $\alpha=0°$到 $\alpha=12°$时峰值温度提高了 32.8%，且峰值温度所在坐标也向下游移动。从图 10.3 中可以看出，在所有的温度曲线中，$\alpha=12°$时下壁面峰值温度为全域最高温度，达到 1 587.3 K，虽然此时尚未超过多孔介质骨架材料 Inconel－600 熔点，若较长时间保持 12°攻角飞行，随着热量积累，有可能会导致多孔介质局部温度过高，影响发散冷却的效果。针对此种情形，可以增大冷却剂质量流量及采用熔点更高的材料作为多孔介质骨架。

图 10.4 为不同攻角下全场压力云图和流线图，图 10.5 为不同攻角下沿 X 方向的多孔介质外壁面压力变化曲线。从图 10.4 中可以看出，当 $\alpha=4°$和 12°时，多孔介质外壁面的压力分布不均匀，且下壁面的压力要明显地大于上壁面的压力。在 $\alpha=0°$时，压力最大值出现在气膜孔出口区域，而随着攻角增大，头部高压区域也沿着多孔介质表面逆时针转动，导致冷却剂更难从多孔介质下表面中流出，发散冷却效果减弱，因此，下表面温度明显地高于上表面。

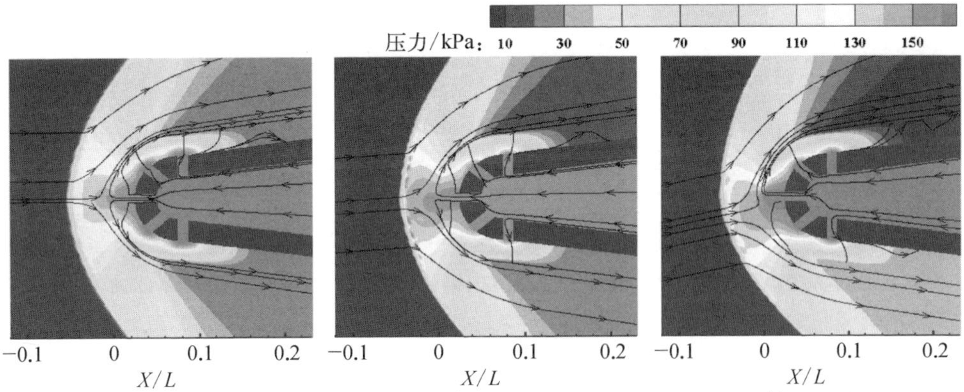

(a) $\alpha=0°$　(b) $\alpha=4°$　(c) $\alpha=12°$

图 10.4　不同攻角下压力云图和流线图

图 10.6 为 $\alpha=0°$、4°和 12°时近壁面冷却剂质量分数云图。从图中可以看出，冷却剂从右边入口注入后，一部分会从前端气膜孔流出，在主流作用下形成气膜，对头部区域进行覆盖；另一部分冷却剂通过结构金属层之间的离散槽缝进入多孔介质内，冷却剂主要集中在 $X/L=0$ 至 $X/L=0.15$ 段，从图 10.2 和图 10.3 可知此区间是前缘承受气动力/热载荷最剧烈的区域，均匀分布的离散槽缝发挥了合理分配冷却剂的作用。$X/L=0.15$ 至 $X/L=1$ 段外表面压力明显地减小，一

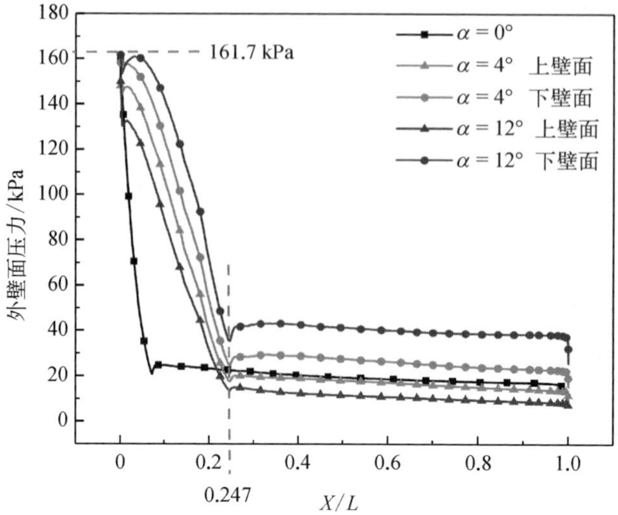

图 10.5　不同攻角下外壁面压力沿 X 方向变化

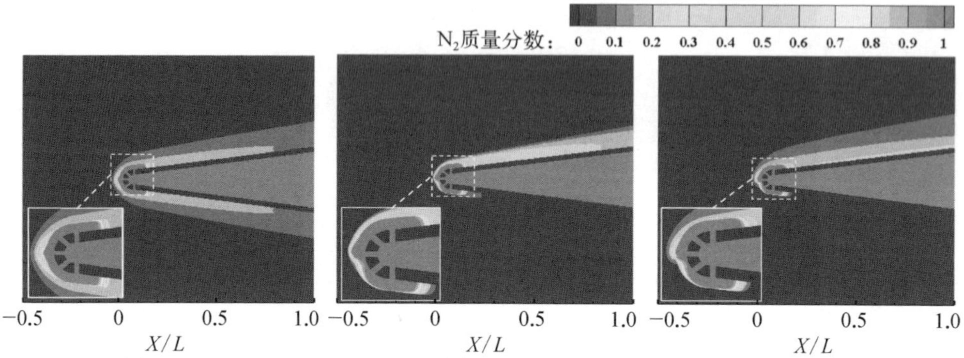

(a) $\alpha=0°$　(b) $\alpha=4°$　(c) $\alpha=12°$

图 10.6　不同攻角下冷却剂质量分数云图

部分冷却剂会在压力驱动下向下游扩散。

当 $\alpha=0°$时，多孔介质上半段和下半段冷却剂质量分数一致，当 $\alpha=4°$和 12°时，多孔介质上半段内冷却剂的质量分数要远大于下半段。当 $\alpha=4°$时，多孔介质上半段内冷却剂质量分数明显地大于其他两种工况，且冷却剂附面层脱离壁面的距离较短，多数附着在上壁面。因此，在 $\alpha=4°$时，气膜冷却和发散冷却对上壁面有明显冷却作用。此外，通过冷却剂在主流中的分布可以看出，当攻角增大到 12°时，从气膜孔喷出的冷却剂不易附着在表面，更多的冷却剂耗散在主流中，这也导致了在 $\alpha=12°$ 时前缘头部的温度较高，表现出的结果与图 10.3 中的现象一致。

10.2　楔角对组合冷却特性影响

为研究楔角对组合冷却结构冷却效果的影响规律，以对称前缘构型(图 10.7)为研究对象，选取楔角为 3°、5°和 9°进行了分析，其他条件与 9.4 节保持一致。

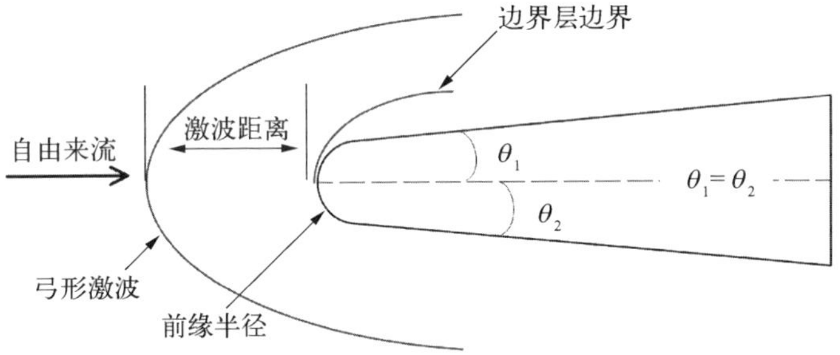

图 10.7　对称前缘构型示意图[2]

图 10.8 展示了对称构型下不同楔角对应的全场温度云图。分析结果表明，楔角变化会导致组合冷却结构内部的温度分布发生明显改变。特别地，当楔角为 3°时，前缘直线段平均温度达到最低值，介于 500～600 K。随着楔角增大，多孔介质及固体区域内的温度梯度更为明显，冷却剂从前缘正前方喷出时在出口

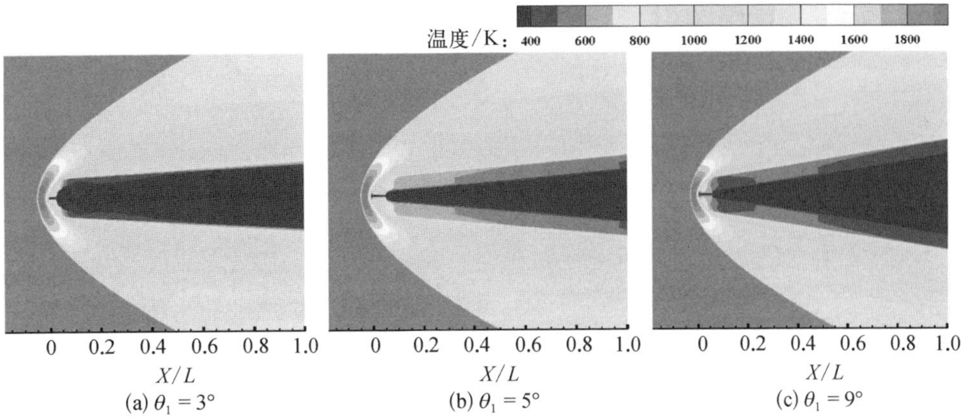

图 10.8　对称构型不同楔角下全场温度云图

处形成的低温区域面积扩大。

图 10.9 给出了对称前缘构型不同楔角下冷却剂的质量分数云图。从图中可以看出，随着楔角的增大，头部区域冷却剂质量分数不断地增加，说明楔角改变使得冷却剂更容易流向头部区域，特定部位温度降低幅度更加明显。

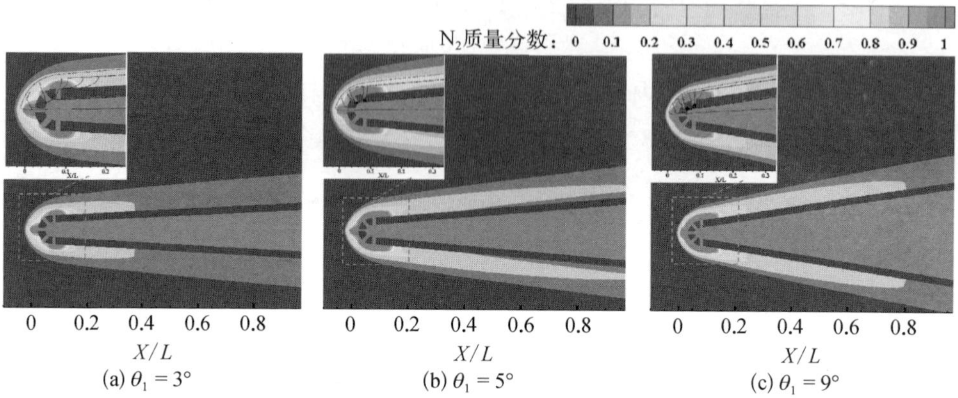

图 10.9 对称构型不同楔角下冷却剂的质量分数云图

图 10.10 给出了对称构型不同楔角下外壁面温度沿 X 方向分布曲线。从图中可以看出，$\theta_1=3°$和 5°时外壁面峰值温度相近，但是 $\theta_1=3°$对应曲线在达到峰值温度之后，温度下降的幅度和速度都较大，且曲线下游区域温度相较于较 $\theta_1=5°$的曲线下降了近 200 K。$\theta_1=9°$对应曲线峰值温度是三种楔角下最低的，只有

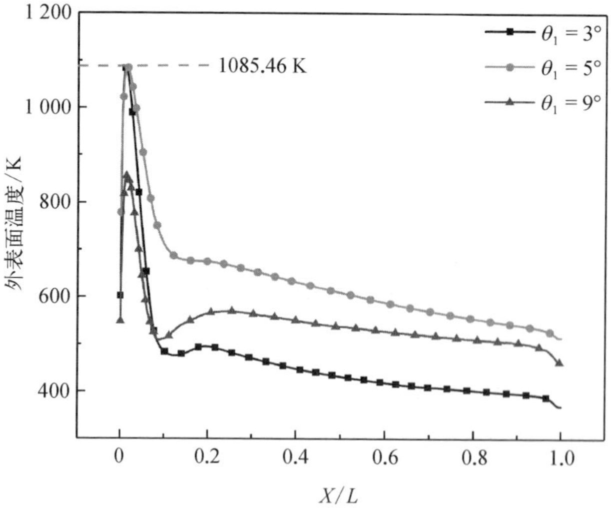

图 10.10 对称构型不同楔角下外壁面温度沿 X 方向变化

855.17 K，相较其余两条曲线下降了约 230.3 K。此外，从图中可以看出，楔角为 3°与 9°时外表面温度曲线都存在明显波峰状和波谷状特征，而楔角为 5°时这两个特征却不明显。

图 10.11 给出了对称构型不同楔角下外壁面压力沿 X 方向分布的曲线。从图中可以看出，三种楔角对应的外壁面压力变化趋势较为接近，在 $X/L=0$ 至 $X/L=0.079$ 内，三种楔角下外壁面压力相近，而在 $X/L=0.079$ 至 $X/L=1$ 内外壁面压力随着楔角的增加而增大。

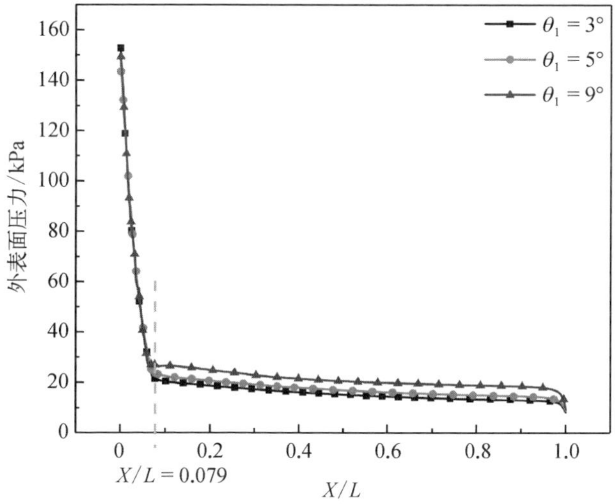

图 10.11 对称构型不同楔角下外壁面压力沿 X 方向分布的曲线

10.3 非对称构型组合冷却特性

乘波构型凭借其高升阻比的气动特性，成为最适合具有高升阻比需求的高超声速飞行器外形之一[3]。乘波构型前缘通常较尖，为了满足防热要求，在工程化应用中通常采取前缘钝化操作，如图 10.12 所示。钝化前缘可以降低乘波体头部侧缘面的防热需求，但同时也会引起升力特性减弱，气动阻力增加。因此，为了给前缘提供有效热防护，减小前缘钝化程度以维持构型高升阻比特性，有必要对非对称前缘构型进行研究。

在本节研究中，控制前缘下楔角 $\theta_2=9°$，取上楔角分别为 $\theta_1=0°$、3°和 5°，研

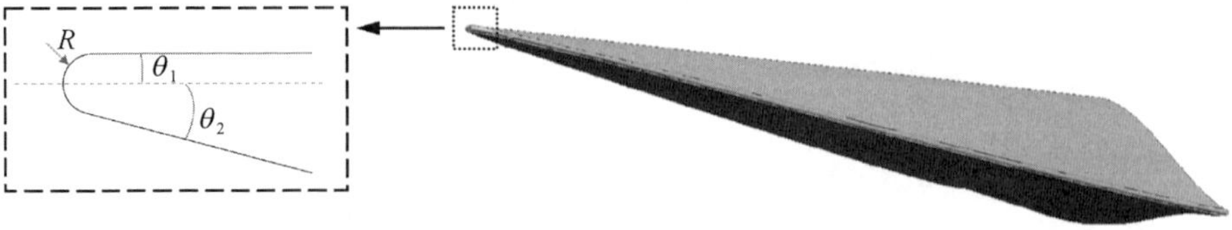

图 10.12 钝化前缘乘波体示意图[4]

究组合冷却方法在非对称前缘构型出的应用效果。图 10.13 为不同上楔角的全场温度云图,从图中可以看出,前缘外流场特征相似,这是因为在改变楔角的过程中,头部半径保持不变。而楔角的增大使得多孔介质内整体温度提高,并引起多孔介质内温度梯度分布发生改变。

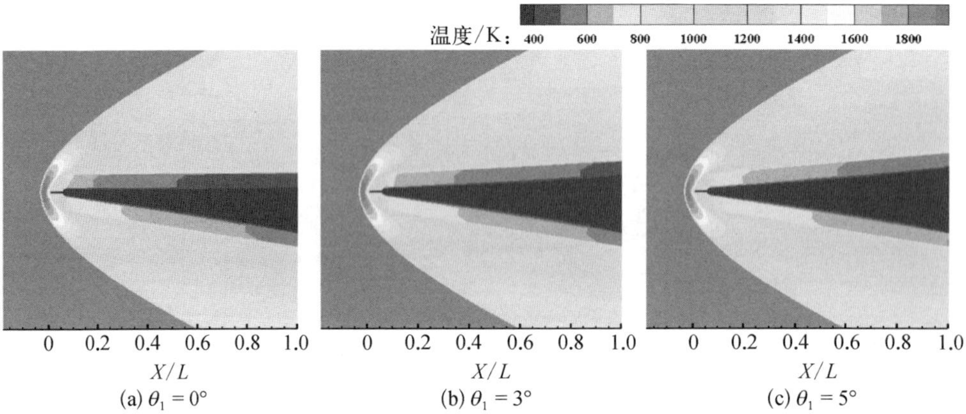

图 10.13 不同上楔角工况全场温度云图

图 10.14 为 $\theta_1 = 0°$、3°和 5°时,多孔介质外壁面的温度分布曲线。从图中可以看出,不同楔角对应外壁面温度曲线变化趋势一致,并且峰值温度所在坐标相同。随着上楔角的增大,前缘头部峰值温度出现较小幅度的增加,壁面最高温度可达 1 339.8 K。在不同工况中,构型下壁面温度都始终大于上壁面温度,当 $\theta_1 =$ 0°、3°和 5°时,上、下壁面最大温差分别为 148.9 K、110.4 K 和 93.5 K,随着构型逐渐接近于对称,上、下壁面所呈现出的温差逐渐缩小。

图 10.15 通过提取 $\theta_1 = 0°$和 5°的壁面温度数据进行插值得到 $\theta_1 = 3°$时的插值温度,并与 $\theta_1 = 3°$的实际壁面温度进行对比。从图中可以看出,$\theta_1 = 3°$时实际壁面温度的数据点基本都落在插值温度曲线附近,上壁面实际温度与插值温度之间的平均误差为 2.6%,下壁面实际温度与插值温度之间的平均误差为 2.0%。

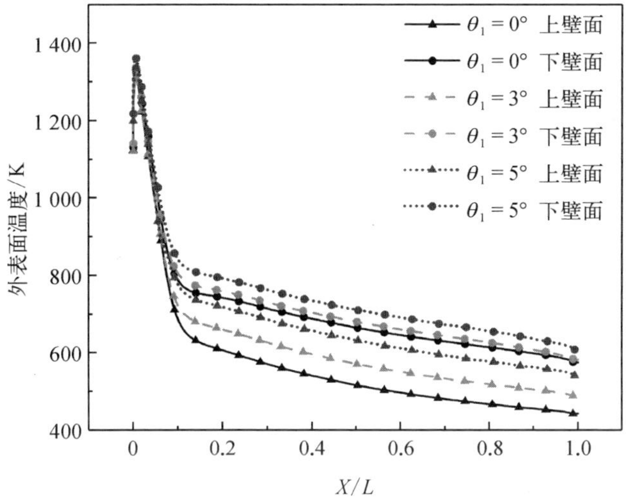

图 10.14　不同上楔角工况外壁面温度沿 *X* 方向变化

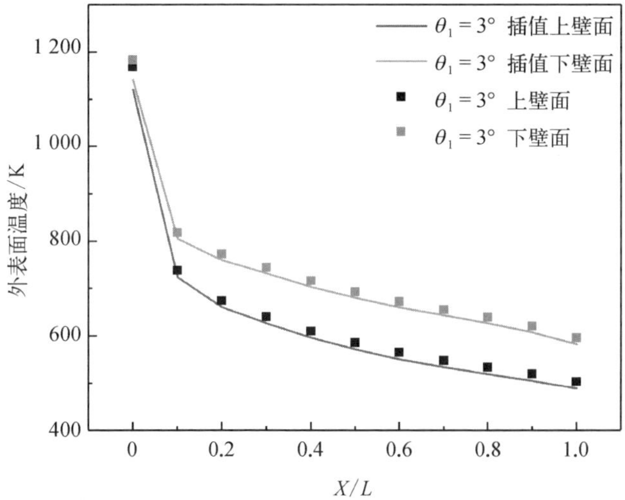

图 10.15　上楔角 3°时插值温度与实际温度对比

因此,可知上、下壁面温度都随楔角呈现近似线性变化。

图 10.16 为 $\theta_1 = 0°$、3°和 5°时冷却剂质量分数云图。从图中可以看出,当上楔角增大时,冷却剂在多孔介质内向下游扩散距离减小,而多孔介质下半部分冷却剂质量分数几乎不受上楔角变化的影响。此外,可以看到 $\theta_1 = 0°$时,前缘上半段的第一个槽缝出口处的冷却剂质量分数明显地小于 $\theta_1 = 3°$和 5°时。

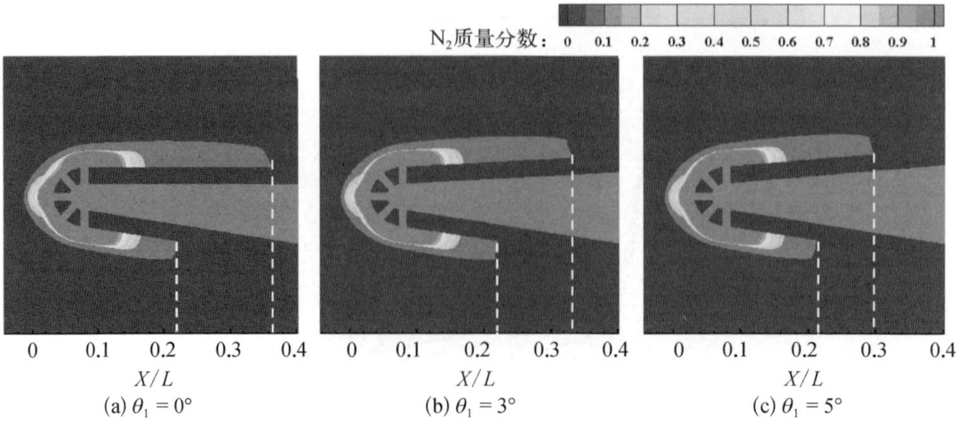

图 10.16　不同上楔角工况冷却剂质量分数云图

图 10.17 为不同楔角下计算域内压力云图和流线图。从图中可以看出当 $\theta_1 = 0°$ 时，多孔介质上半段离散槽缝出口处压力值较小，未能和周围的环境形成压力梯度，从流线可以看出在槽缝入口处有明显的回流现象，因此，冷却剂很难从该槽缝注入多孔介质中，这解释了图 10.16 中该处冷却剂质量分数明显地小于其他两种工况的原因。冷却剂从前端的气膜孔喷出过程中会有一部分直接进入多孔介质中，经换热后又流出表面，观察发现，楔角越小时，冷却剂通过此方式注入多孔介质内的质量越多，冷却剂会向下游低压区扩散，提高下游冷却效果。

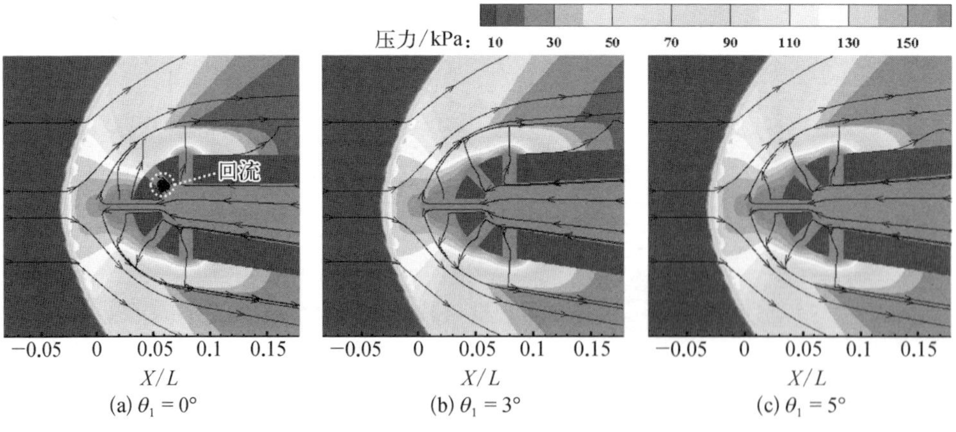

图 10.17　不同上楔角工况压力云图和流线图

图 10.18 为 $\theta_1 = 0°$、3°和 5°时，多孔介质外壁面压力分布曲线。从图中可以看出，不同楔角情况下，压力曲线变化趋势一致，下壁面压力几乎不变，这是因为

下楔角始终为 $\theta_2=9°$，前缘下半部分外流场结构未受到影响。在 $X/L=0$ 至 $X/L=0.077$ 区间，上壁面的压力相近，而在 $X/L=0.077$ 至 $X/L=1$ 区间，上壁面的压力随楔角增加小幅度地增大。

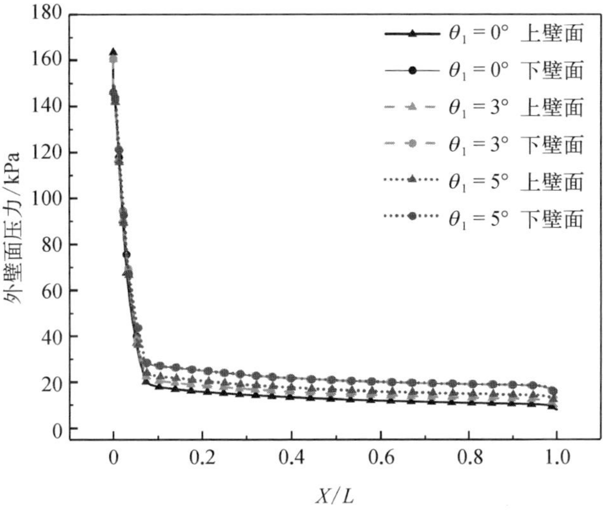

图 10.18　不同上楔角工况外壁面压力沿 *X* 方向变化

10.4　飞行速度对组合冷却特性影响

高超声速飞行器正向宽速域、大空域、长航时发展，对飞行器热防护能力提出了更高挑战[5-7]。要将组合冷却方法应用到高超声速飞行器头部[8-10]、舵前缘[11,12]等关键部位的热防护中，需要分析飞行环境改变对组合方法冷却效果的影响。飞行环境改变主要影响了来流参数，包括静温、静压、当地声速及气体密度等。10.4 节与 10.5 节分别选取飞行环境中的飞行速度和飞行高度作为影响因素，首先给定冷却剂质量流量，分析改变飞行速度对组合冷却效果的影响。通过定质量流量的结果，研究在不同飞行速度下，实现有效热防护所需冷却剂流量。同理，采用此步骤对飞行高度进行研究。

10.4.1　定质量流量

本节主要针对给定质量流量时组合冷却结构在不同的飞行马赫数下的冷却

能力进行研究，并对流动换热过程进行分析。取来流马赫数为 6、8 和 10，飞行高度为 30 km，对应的来流静温与来流静压分别为 226.51 K 和 1 197.03 Pa。图 10.19 给出了冷却剂质量流量为 0.005 kg/s 时，不同马赫数下的整场温度云图。从图 10.19 中可以看出，随着飞行马赫数的增大，前缘近壁面温度出现较大幅度的增长。此外，通过将气膜孔出口处的温度云图放大进行观察，可以看到，随着马赫数的增大，冷却剂从气膜孔中流出后将激波推离前缘的距离缩短，在出口处形成的低温区域面积不断减小，当飞行马赫数增加到 10 时，出口处的低温区域几乎已经消失。

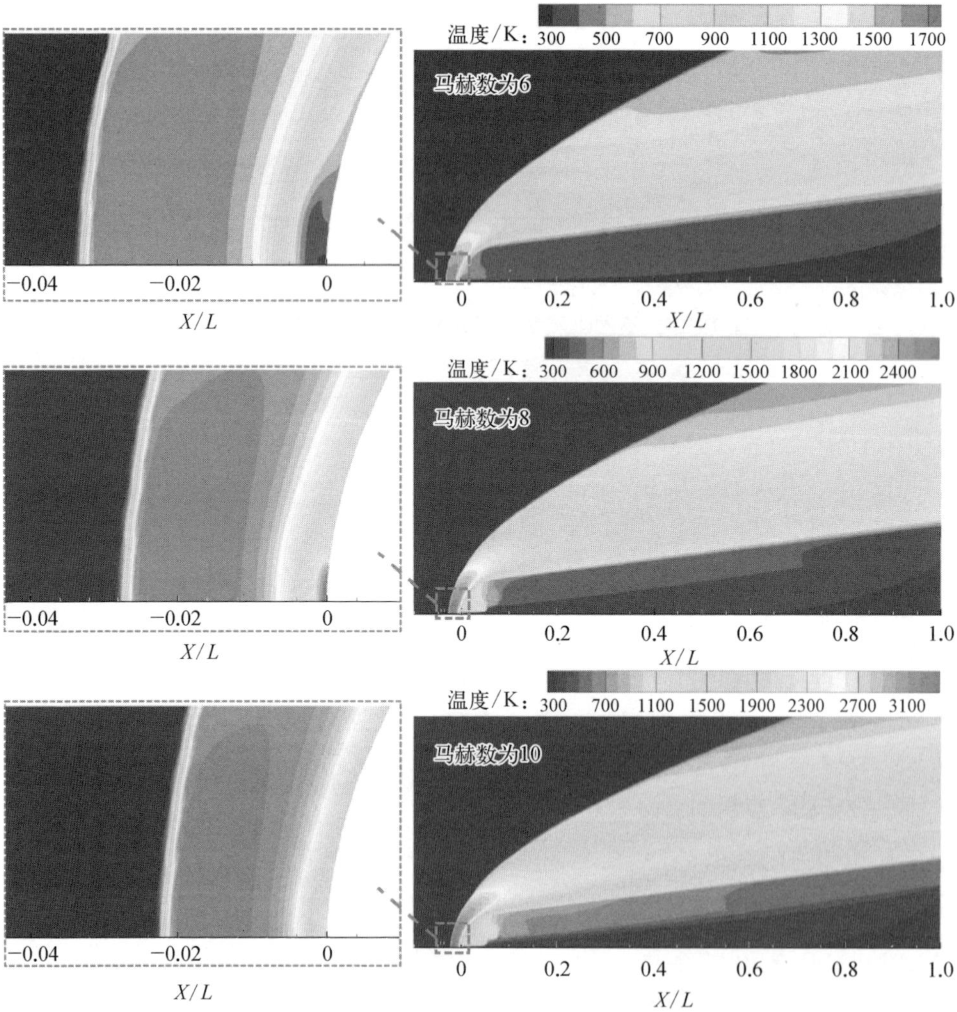

图 10.19 质量流量一定时变飞行马赫数下组合冷却整场温度分布

图 10.20 给出了前缘温度、质量分数分布及周围区域的质量分数云图。由图 10.20(a)可以看出，马赫数为 6 时前缘峰值温度为 570.15 K，相比来流总温为 1 697.16 K 冷却效率达到 66.41%；马赫数为 8 时前缘峰值温度为 1 303.68 K，相比来流总温为 2 588.61 K 冷却效率达到 49.64%；马赫数为 10 时前缘峰值温度为 1 715.05 K，相比来流总温为 3 286.46 K 冷却效率达到 47.81%。但是马赫数为 10 时前缘峰值温度超过了材料的熔点，需要加大冷却剂质量流量，研究能否将峰值温度控制在许用范围。由图 10.20(b)可以看出，马赫数为 6 时前缘内部冷却剂质量分布和马赫数为 8 时类似，但马赫数为 6 时下游的冷却剂质量分数略大于马赫数为 8 时。马赫数为 10 工况前缘曲面段的冷却剂质量分数分布小于马赫数为 6 工况和马赫数为 8 工况，但下游质量分数明显大于二者。

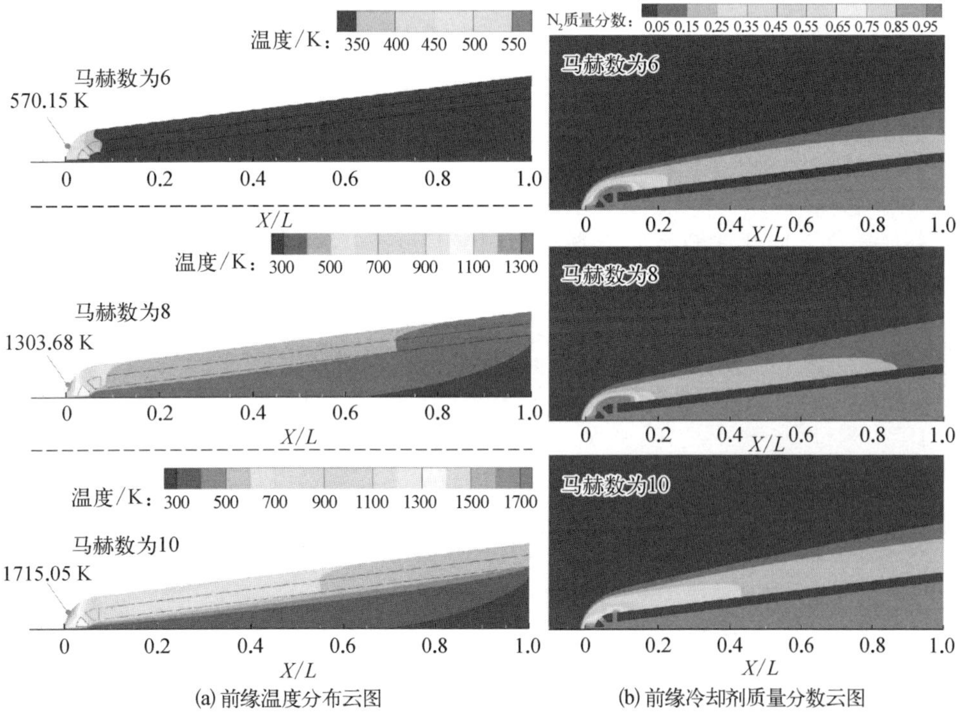

图 10.20　冷却剂质量流量一定时变飞行马赫数下前缘温度及冷却剂质量分数分布

10.4.2　变质量流量

在 10.4.1 节中已经对定冷却剂质量流量进行了研究，可以看出在飞行高度 30 km、飞行马赫数 8 以下，采用 0.005 kg/s 的质量流量就可以实现对前缘的有效冷却,在马赫数为 6 时冷却效率最高,达到了 66.41%。但是随着飞行马赫数的增大,冷却效率不断下降,马赫数为 8 时已经降到 50%以下,并且在马赫数为 10 时前缘表面峰值温度已经超过了材料熔点,此时组合冷却不再适用。前期研究表明,提高冷却剂质量流量可以提高组合方法的冷却效率,为了探寻极端工况下所需冷却剂的流量,本节将对变质量流量及变飞行马赫数工况下组合方法的冷却效果进行研究。设计工况如表 10.1 所示,马赫数分别为 6、8 和 10,对应冷却剂质量流量分别为 0.005 kg/s、0.01 kg/s 和 0.02 kg/s,呈倍数增长。

表 10.1　不同工况对应马赫数及冷却剂质量流量

工　况	飞行马赫数	冷却剂质量流量 M_c/(kg/s)
Case 1	6	0.005
Case 2	8	0.01
Case 3	10	0.02

图 10.21 给出了不同工况下组合冷却整场温度和压力云图。可以看出,多孔介质内部及固体区域的温度和图 10.19 中相近,对气膜孔出口处温度分布观

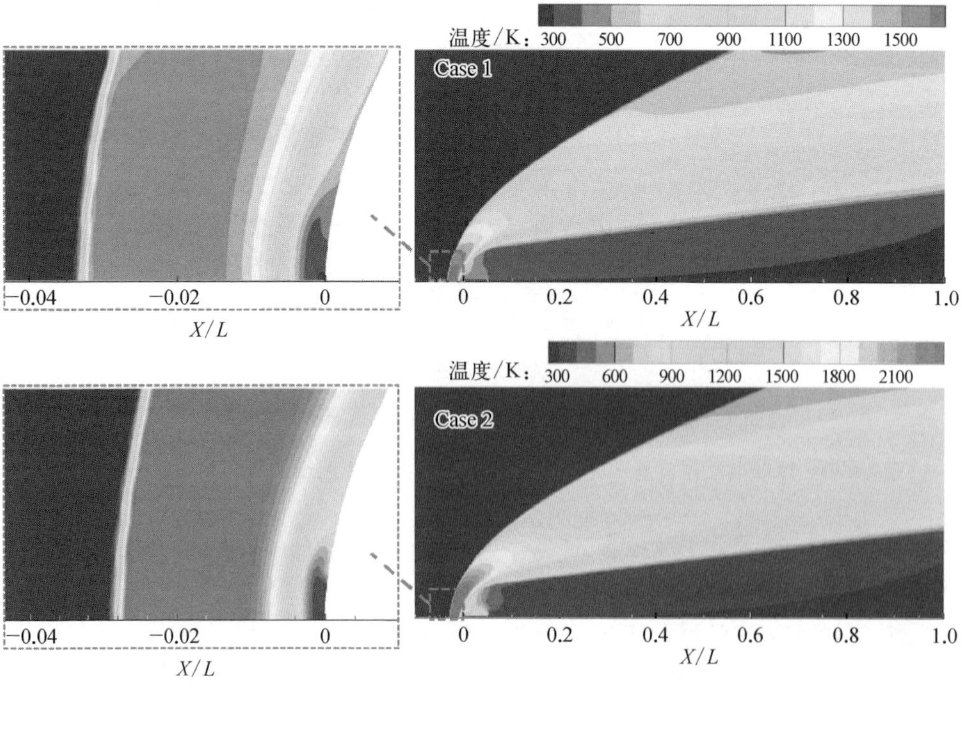

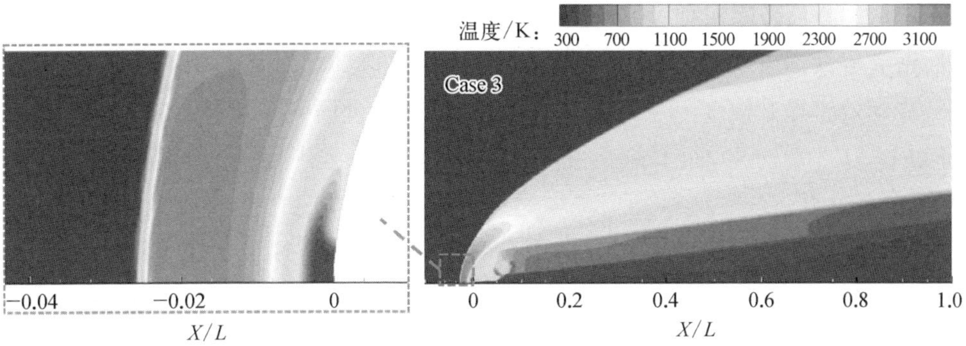

图 10.21　不同工况下组合冷却整场温度及压力分布

察发现，增大冷却剂的质量流量可以增大低温区域的面积。

图 10.22(a)给出了前缘温度分布，图 10.22(b)给出了前缘近流域质量分数分布。图 10.22(a)中，Case 2 前缘峰值温度为 953.88 K，相比来流总温 2 588.61 K 冷却效率达到 63.15%；Case 3 前缘峰值温度为 1 535.91 K，相比来流总温为

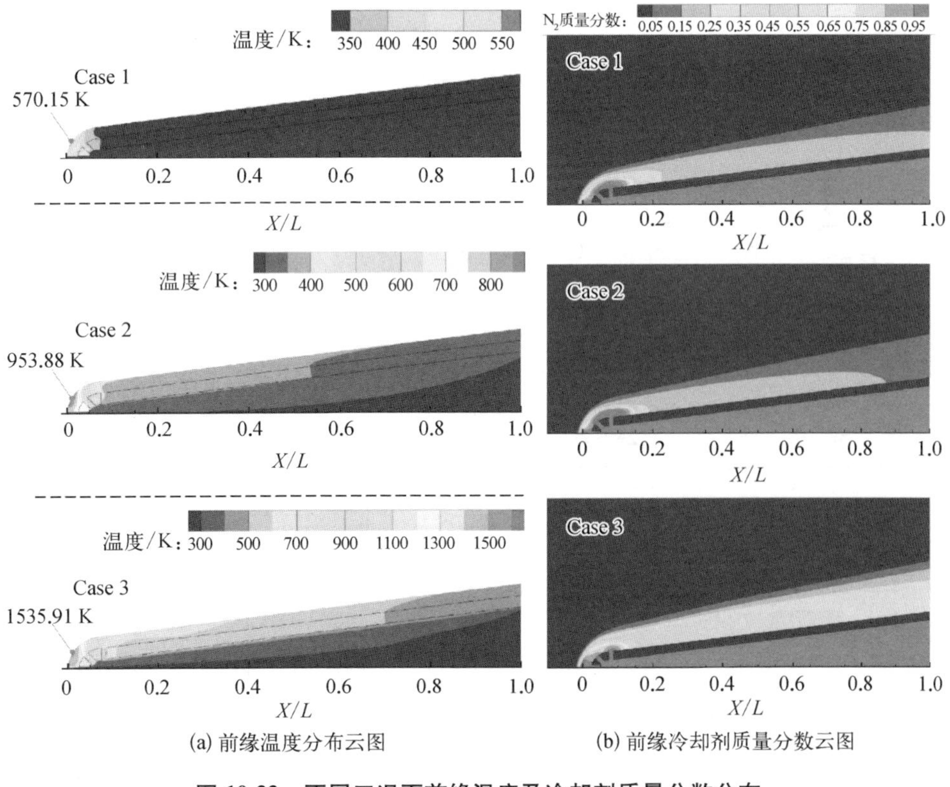

(a) 前缘温度分布云图　　(b) 前缘冷却剂质量分数云图

图 10.22　不同工况下前缘温度及冷却剂质量分数分布

3 286.46 K冷却效率达到53.27%。对比 10.4.1 节中定冷却剂质量流量的计算结果,增大冷却剂流量明显地提升了组合方法冷却效率,但是在不同飞行马赫数下,冷却效率提升幅度不一致,Case 2 中冷却剂流量增大了 1 倍,冷却效率提升量为13.51 个百分点,而 Case 3 中冷却剂流量增大至 4 倍,冷却效率仅提升了5.46个百分点。

从图 10.22(b)中可以看出,由于 Case 2 冷却剂质量流量相比 10.4.1 节中的对应工况只增大了 0.005 kg/s,因此,对前缘质量分数分布的改变较小,而 Case 3 增大至 4 倍,前缘曲面段及直线段冷却剂质量分数都出现明显的增大,这说明有更多冷却剂通过曲面段的离散孔进入多孔介质,并且向下游扩散的冷却剂质量分数增大,输运距离增长,下游壁面冷却效果提升。

10.5 飞行高度对组合冷却特性影响

本节主要针对在给定质量流量(0.005 kg/s)和定马赫数($Ma=6$)下,对组合冷却结构在不同的飞行高度(25 km、30 km、35 km 和 40 km)下组合冷却方法的冷却能力进行研究,并对流动换热过程进行了分析,研究工况如表 10.2 所示。

表 10.2 不同飞行高度下来流参数

飞行高度/km	来流静温/K	来流静压/Pa	当地声速/(m/s)
25	221.552	2 549.22	298.39
30	226.509	1 197.03	301.71
35	236.513	574.595	308.32
40	250.35	287.144	317.19

图 10.23 给出了冷却剂质量流量为 0.005 kg/s 时,不同飞行高度下全流域温度云图。从图 10.23 中可以看出,飞行高度为 25 km 时,前缘壁面平均温度最高,内部温度梯度最为明显,其他三种工况下前缘温度都较低,且温度分布情况类似。

将气膜孔出口处的温度云图进行放大,可以观察到,随着飞行高度增加,从气膜孔中流出的冷却剂将激波推离前缘壁面的距离也相应地增加,气膜孔出口与壁面交接位置的低温区域面积扩展。在给定飞行马赫数和冷却剂质量流量情况下,出现此现象是因为随着飞行高度增加,来流静压以接近 50%的速率下降,

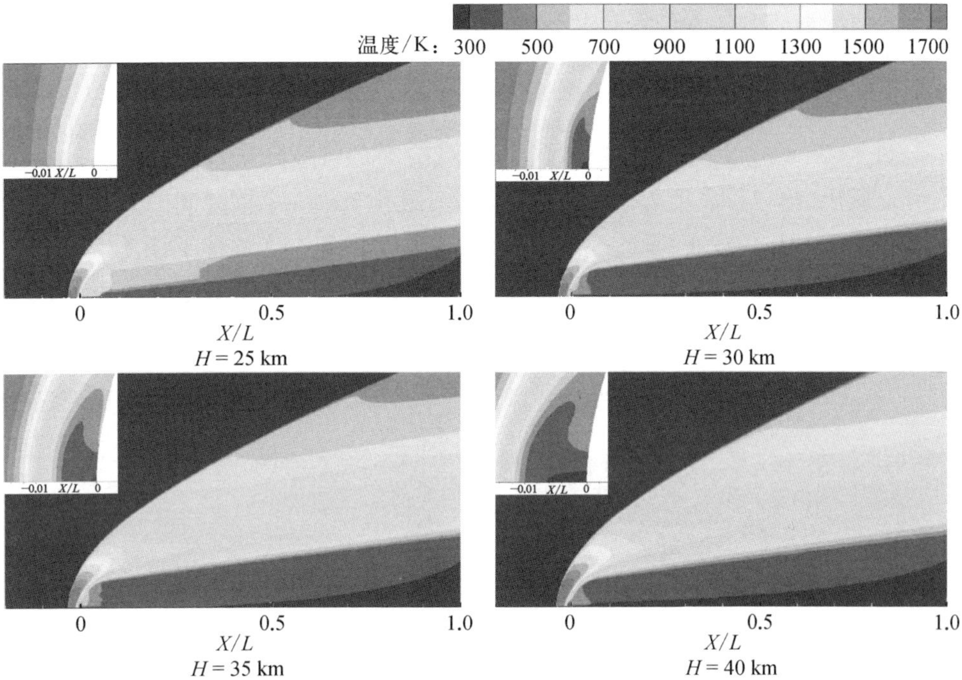

图 10.23　质量流量一定时变飞行高度下组合冷却整场温度分布

前缘滞止区静压也随之减小，冷却剂驱动压力不变，因此，二者间压差增大，冷却剂更容易从前端气膜孔中流出。

图 10.24 给出了前缘的温度云图。从图中可以看到，飞行高度为 25 km 时，前端气膜孔和第一个槽缝之间的区域温度较高，可达 1 000 K 以上，而其他三

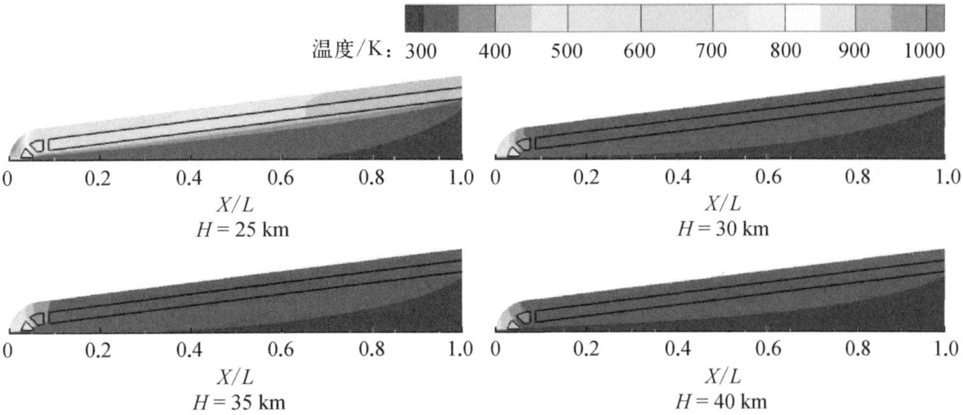

图 10.24　质量流量一定时变飞行高度下前缘温度分布

种工况对应前缘温度都维持在 600 K 以下，出现此种现象的原因是 25 km 时，从前端气膜孔流出的冷却剂较少，无法对处于驻点区域附近前缘壁面进行冷却。

图 10.25 给出了前缘内部及近壁面流域冷却剂质量分数云图及流线。从图中可以看出，当飞行高度为 25 km 时，前端气膜孔与第一个槽缝间的多孔介质区域冷却剂质量分数较小，前缘近壁面气膜层厚度较薄。这解释了图 10.24 中飞行高度为 25 km 时，前缘头部区域存在高温区，以及下游壁面温度要大于其他三种工况的成因。

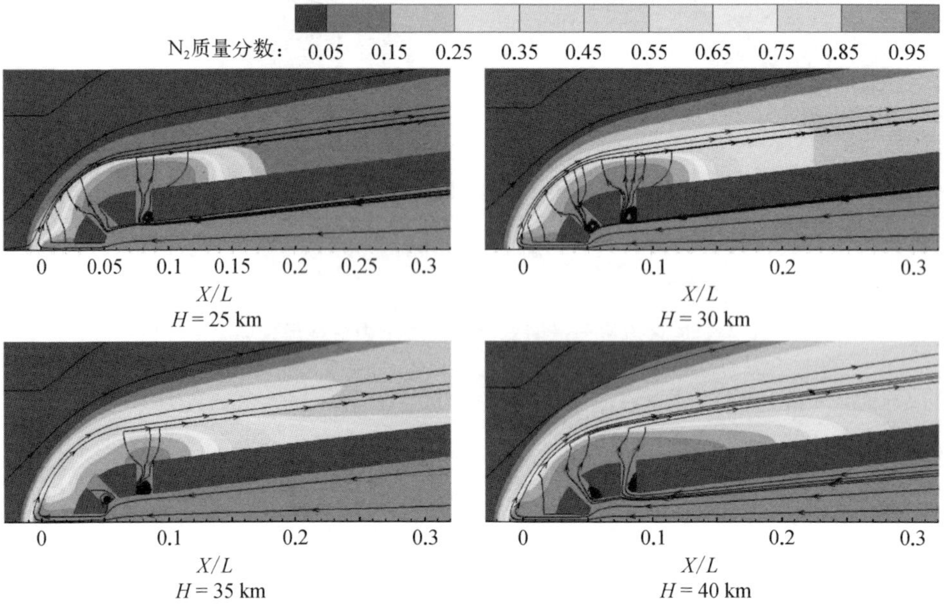

图 10.25 质量流量一定时变飞行高度下冷却剂质量分数云图及流线

图 10.26 给出了外壁面压力沿 X 方向变化情况。由图可知，外壁面压力在整个前缘上变化趋势一致，在 $X/L = 0$ 至 $X/L = 0.075$ 区间，压力快速下降；在 $X/L > 0.075$ 时，压力值缓慢下降直至平稳。随着飞行高度增加，前缘壁面压力整体减小，25 km 时最大压力为 118.51 kPa，40 km 时最大压力为 12.3 kPa，当高度从 25 km 上升到 40 km 时，壁面峰值压力下降了 89.62%。在冷却腔内压力一定的情况下，升高飞行高度，冷却剂更容易从前端气膜孔流出，同时由于多孔介质参数不变，在多孔介质内的压降恒定，壁面压力减小时，冷却剂也更易从多孔介质表面流出，形成气膜对外表面进行冷却。

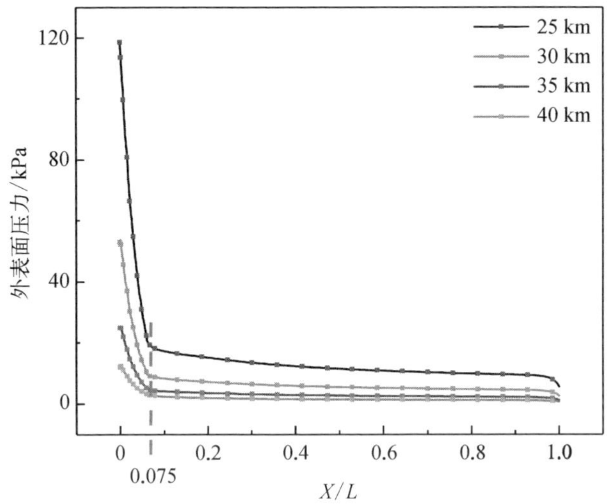

图 10.26　质量流量一定时不同飞行高度下外壁面压力沿 *X* 方向变化

10.6　本章小结

本章研究了不同来流攻角和前缘构型楔角对气膜-发散组合冷却特性和流动换热特性的影响,进一步探究了飞行速度、飞行高度变化与高超声速飞行器气膜-发散组合冷却效果的对应关系,获得了确保热防护系统有效所需的冷却剂流量范围。主要研究结论如下:

(1) 攻角变化对高超声速飞行器前缘近壁面流场的影响较大,流场对称性特征被打破,由此引发前缘近壁面流场压力和温度变化明显。其中,压力大小决定了冷却剂从多孔介质中流出到外表面形成气膜的难易程度和冷却剂在多孔介质中的输运能力。当攻角为 4°时,上、下壁面温差达到了 639.2 K,攻角为 12°时,最高温度可达 1 587.3 K,局部温度过高对热防护结构带来了巨大考验,在极端工况中,需要对结构进行进一步优化设计,或考虑进一步加大冷却剂流量及采用更加耐热的骨架材料等。

(2) 当前缘截面构型不再对称时,上楔角的改变影响了多孔介质内部温度分布,随着上楔角增大,冷却剂向多孔介质下游输运距离减小。通过数据对比发现外壁面温度随楔角增大近似呈现线性增长。当楔角为 0°时,在多孔介质上半段的离散槽缝入口处出现了明显回流现象,冷却剂很难从此槽缝进入多孔介质中。

（3）当飞行高度为 30 km，来流马赫数为 6 时，采用较低的冷却剂质量流量（0.005 kg/s）即可实现前缘有效冷却，冷却效率达 66.41%。而相同质量流量下，来流马赫数为 10 时前缘峰值温度高达 1 715.05 K，虽然此时冷却效率较高（47.81%），但仍然超过了前缘最外层多孔介质材料的熔点。

（4）针对高马赫数的飞行工况，通过增大冷却剂质量流量可以降低前缘峰值温度，当质量流量较大（0.02 kg/s）时，前缘峰值温度为 1 535.91 K，在材料可承受范围内。

（5）在给定冷却剂质量流量 0.005 kg/s 及飞行马赫数 6 情况下，由于飞行高度增加，主流静压和总压也随之减小，组合冷却结构前端气膜孔出口处压差增大，使得冷却剂更容易从该孔中喷出。在飞行高度为从 25 km 增大到 40 km 的过程中，组合冷却方法可以一直为前缘提供较好的热防护效果。

参考文献

[1] 庙智超.高超声速飞行器前缘发散冷却特性研究[D].长沙：中南大学，2022.

[2] 张禹.高速飞行器前缘热结构分析与设计[D].哈尔滨：哈尔滨工业大学，2012.

[3] 曹赟琪.高超声速乘波体的气动特性分析[D].哈尔滨：哈尔滨工程大学，2020.

[4] 郭帅旗，刘文，张陈安，等.高超声速钝化前缘乘波构型优化设计研究[J].力学学报，2022，54(5)：1414－1428.

[5] 蔡巧言，杜涛，朱广生.新型高超声速飞行器的气动设计技术探讨[J].宇航学报，2009，30(6)：2086－2091.

[6] 栾芸，贺菲，王建华.临近空间飞行器发汗冷却研究进展[J].推进技术，2023，44(1)：6－20.

[7] 叶友达，张涵信，蒋勤学，等.近空间高超声速飞行器气动特性研究的若干关键问题[J].力学学报，2018，50(6)：1292－1310.

[8] Boehrk H. Transpiration-cooled hypersonic flight experiment: Setup, flight measurement, and reconstruction[J]. Journal of Spacecraft and Rockets, 2015, 52(3): 674－683.

[9] Boehrk H. Transpiration cooling at hypersonic flight－AKTiV on SHEFEX II[C]. Texas: 11th AIAA/ASME Joint Thermophysics and Heat Transfer Conference, 2014.

[10] Gülhan A, Siebe F, Thiele T, et al. Sharp edge flight experiment-II instrumentation challenges and selected flight data[J]. Journal of Spacecraft and Rockets, 2014, 51(1): 175－186.

[11] Schwanekamp T. System studies on active thermal protection of a hypersonic suborbital passenger transport vehicle[C]. Atlanta: 19th AIAA International Space Planes and Hypersonic Systems and Technologies Conference, 2014.

[12] 罗世彬，庙智超，宋佳文.高超声速飞行器前缘主动冷却影响因素[J].航空学报，2022，43(12)：7－17.